U0322822

NAME THAT FLOWER

The Identification of Flowering Plants

给花起个名字

有花植物图鉴

Ian Clarke　Helen Lee

〔澳〕伊恩·克拉克　〔澳〕海伦·李 著
柳菁　万佳 译

北京联合出版公司
Beijing United Publishing Co.,Ltd.

目　录 >>>

致　谢 >>>

首先，对参与过本书前两版筹备工作的诸位再次表示感谢。在过去几十年里，本书获得了众多植物学相关领域的师生以及业余或专业博物学家的不断认可，这令我们备感振奋。可以说，没有大家给予的持续关注与积极回应，就没有《给花起个名字：有花植物图鉴》第三版的诞生。在这一版的编写过程中，我们得到多方的协助，感谢大家帮助我们解决复杂的计算机问题、摄影中的植物定位问题及植物学文献的溯源问题等，更要感谢各位对本书初稿提出的宝贵意见。

需要特别感谢的有菲利普·伯特林（Philip Bertling）、乔安娜·伯奇博士（Dr Joanna Birch）、大卫·坎特里尔教授（Prof. David Cantrill）、杰夫·卡尔（Geoff Carr）、安东尼（Anthony ）、罗伯·克罗斯（Rob Cross）、达西·杜根（Darcy Duggan）、琳恩·汉拉罕（Leanne Hanrahan）、梅格·赫斯特博士（Dr Meg Hirst）、特蕾莎·勒贝尔博士（Dr Teresa Lebel），丹·墨菲博士（Dr Dan Murphy）、苏·墨菲博士（Dr Sue Murphy）、罗杰·斯宾塞博士（Dr Roger Spencer）、瓦尔·斯特耶西克（Val Stajsic）、莎莉·斯图尔特（Sally Stewart）、弗兰克·乌多维奇博士（Dr Frank Udovicic）和内维尔·沃尔什（Neville Walsh）。

感谢比德尔先生（Mr A.W. Beudel）提供图版 9f 和 9i，副教授李博士（Assoc. Prof. Dr B.T.O. Lee）提供图版 27a，菲利普先生（Mr T. Phillips）提供图版 28h，奥布赖恩先生（Mr C. O'Brien）协助拍摄了图版 8a 和 8b。

在担任维多利亚州国家植物标本馆及维多利亚州皇家植物园的名誉研究员期间，伊恩·克拉克（Ian Clarke）筹备了本书的第三版。本书的顺利出版还得益于那里丰富的植物标本收藏、资料齐全的图书馆和设施、先进的植物标本馆以及所有工作人员的大力支持，尤其感谢馆长兼首席执行官蒂姆·恩特威斯尔教授（Prof. Tim Entwistle）和科学馆执行馆长大卫·坎特里尔（Prof. David Cantrill）教授。

前 言 >>>

无论是园丁、丛林旅行爱好者这类非专业人士，还是其他生物学领域的专业科学家或博物学家，手头都没有易于携带的能用来识别有花植物的信息源。尽管市面上有许多与有花植物相关的精美图册，但如果你没有从中找到自己感兴趣的植物该怎么办？事实上，随着电脑和互联网的出现，只需将鼠标轻轻一点，海量的植物图片便近在眼前。但你能确定它们的特性吗？尽管技术革命的影响已经延伸至 21 世纪人们生活的诸多方面，但植物科学显然还没有适应其发展节奏。

目前，网络上虽然出现了越来越多可用来鉴定植物的资源，但实际的有花植物鉴定仍依赖于解剖、观察和阐释等技能，同时需要借助日积月累的知识和经验，而这些都是不易被整合到电子设备中的特性。我们试图在记录传统植物鉴别法时采用一些新方法，如应用多路径检索等，这些都符合电子时代的特征。

此书前两章介绍了花的结构和鉴定过程，旨在开门见山地引入正题。这与其他已出版的书做法相同，如野外植物指南与植物志等（植物志是记载相关某地区所有植物的书，通常带有文字描述和鉴别图例，有些已成为网络可用资源）。植物学语言因难度较高，常被人们视为学习障碍。因此，尽管许多术语已经在正文中解释过，书中的词汇表（在第三版中已大幅拓展）依然会将在当前植物区系中使用的大多数术语列在其中，该词汇表也许对想要研究植物学文献的读者有所帮助。

植物鉴定的原则彼此相通，因此这里介绍的基本信息放之四海而皆准。许多线图和图版呈现了极其广泛的植物品种，有些甚至远远超出其原有范围。而线图中的样本均来自澳大利亚东南部的野生植物或花园植物。

本书中所使用的植物学名称遵循的是最新网络版《维多利亚植物志》（https://vicflora.rbg.vic.gov.au）及《澳大利亚东南部园艺植物志》（https://hortflora.rbg.vic.gov.au）。

本书为第三版（修订版），在原有版本的基础上进行了诸多调整。这一版最明显的改动之处在于：通过先进的 DNA 分析技术，我们对于植物间亲缘关系的理解在近几十年中得以快速进步。这些发展为大幅修改旧版植物分类体系提供了依据，并推动发布了一套全新的、更具协作性的分类方法，这套方法已获得植物学界的广泛认可。全新的分类体系（详见第六章）使得我们不可避免地要对现有的植物科进行重新排序（在第八章中，我们对不同的植物科进行了编号，旨在帮助读者明确每种植物在文中的位置，这些数字仅在本书范围内有参考价值）。同时，第三版中还添加了几种额外的植物科的介绍，并调整了其他一些植物科的范围，因为与之前的相比，有些科中的植物数量有所减少，而另有一些则有所增加。总之，本书中精选的植物科不仅呈现出了范围较广的植物体系，同时还保证了本书内容处于可控范围中。再者，数码摄影技术和计算机软件改善并拓展了我们对各种植物的摄影范围，特别是那些借助显微镜拍摄的特写镜头。

此外，本书中现有的分种检索表主要是为了例证分种检索表的构成方式，还有帮助确定某种未知植物标本是否与线图相匹配。

第一章　入门指南 >>>

背景介绍

陆生植物的出现最早可追溯到大约 4.6 亿年前的奥陶纪时期。人们发现，早在那时便已经出现了由类似苔藓的植物所产生的孢子。在进化过程中，陆生植物分化出茎干，拥有了能够传输水分的组织，并产生了种子，这一切令植物王国变得丰富多彩，还开发出了全新的生态位。到了石炭纪时期（距今约 3.58 亿—2.98 亿年），已显树形的蕨类、裸子植物以及原始种子植物构成的热带森林主载着北半球，这片浩瀚的森林最终变为储量惊人的煤炭资源。一些我们今天所熟知的被称为植物界祖先的树木都出现于石炭纪后期（距今约 3.15 亿年），如针叶树（松树、冷杉、云杉、智利南洋杉）等。南非、澳大利亚东部、印度和南美洲的重要储煤区形成得相对较晚，这里主要由位于南纬 80 度的南温带地区落叶林组成。白垩纪时期见证了植物界最为壮观的一次变革。在大约 1 亿年前，主要由针叶树、蕨类植物以及一些早已灭绝的种子植物构成的植被体系被跃升至生态优势区的显花植物取而代之。目前，仅有 5 个系谱的种子植物存活至今，其中最具多样性的是总数约有 30 多万种的显花植物。陆生植物走过的漫长历史以及它们所展现出的多样性，与人类的进化形成了鲜明的对比。地球上最早的人类活动痕迹距今不过 210 万年，而智人只有 30 万年的生存史。

在英语中，表示“植物学”的术语“botany”源于希腊语中意为“植物”的“Βοτανική”一词，指的是专门研究植物的学科。不过，植物在人类经济生活中发挥重要作用的时间远比人们对它进行科学研究的时间长得多。为了生存，人们必须去主动了解植物：哪些植物可以食用，哪些对人体有害，哪些有药用价值，哪些能用来搭建房屋、编制篮子及缝制衣物……在最早发现的非宗教类书籍中，有一些讲解植物药用特性和草药配方的书。一些有致幻作用的植物也成为许多地方民间文化中的组成部分，其地位在宗教仪式中尤为突出——在中世纪的欧洲，马铃薯和番茄的“近亲”颠茄成为女巫毒酒中的重要成分。人类的大麻应用史同样记录得很完善，例如，埃及人使用大麻的历史长达4000余年是有据可查的。

系统学和分类学是现代植物学中两个相互联系的分支，其研究主题包括分析植物的形态、比较植物间的相似与差异之处、寻求恰当的分类方法以保证同类植物能体现出其进化过程，以及制定出适用于不同植物的描述法和命名法。可是，植物的名称究竟为何如此重要？试想，如果一个人知道某种植物的名称，那么当提到这种植物时，或者想把它买回家装点花园时，肯定比在不知道的情况下行动要轻松许多。每一种植物都有国际认可的专属学名，这些学名就像是打开植物学信息宝库的钥匙，在宝库里可以找到相对应的科学文献及日渐丰富的网络资源。尽管许多业余博物学家对这些学名敬而远之，但是这些学名使我们在判断植物间的亲缘关系并对它们进行精准辨识时可谓是举足轻重，它们也是研究一切植物学相关学科的根本前提。

必备常识

若想以一种既科学又准确的方式来识别所有显花植物，我们需具备以下常识：

了解花的生殖器官与营养器官结构；

理解描写性文字中所使用的植物学术语；

懂得如何使用参考书，特别是植物分类学书籍；

掌握有关植物亲缘关系（分类系统）的知识。

以上问题将在第二章至第七章中进行更为充分的探讨，而下面的段落将开始介绍一些植物学必备常识的术语及概念。

现用植物命名体系由瑞典博物学家卡尔·林奈（Carolus Linnaeus）于1753年创立。林奈在《植物种志》一书中提出“双名命名法”时，世界上的一切生物体还处于仅被分为植物和动物的阶段。那时，区分生物是植物还是动物的标准是看这个生物体是否能够移动、呼吸且进食，如果符合该标准的就是动物，不符合的就是植物。新的生物一旦被发现，便会被纳入这两大类中的一类。然而，到了20世纪初，这种传统的生物体分类法已明显无法满足人们日益增长的分类需求。为了降低入门难度，我们先用一种简化的方法对植物进行分类。简单来说，植物可以分为藻类植物（包括海藻和淡水藻）、苔藓及其他苔藓类植物、蕨类植物、针叶植物（松树、柏树、冷杉及其亲缘植物）以及显花植物。而包括霉菌、蕈菌和毒菌在内的真菌类则不再被纳入植物范畴。

很多花的花朵硕大，艳丽芬芳，有些则看起来平淡无奇，但无论怎样，“有花植物”由它们共同构成。这类确定了学名的植物类群有被子植物门、木兰植物门和显花植物门。从传统意义上来说，公认的显花植物亚群主要有双子叶植物和单子叶植物两类。在过去数十年间持续开展的植物研究中，高科技在植物DNA样本提取和对比中的应用是值得一提的，这使得植物学家们需要对传统的植物分类重新进行评估。

有花植物可被进一步划分为目、科、属和种。“种”指的是具备一套相似特征的一类植物，而相似的“种”又可归为一“属”。表示种名的拉丁文学名由两个单词组成，比如金合欢的拉丁文学名为“*Acacia pycnantha*”，其中第一个单词是属名，第二个单词是种加词，这种花的俗名为金荆花。植物的分类和命名问题将在第六章进行更充分的讨论。

与学名不同的是，俗名不受任何词法结构规则或使用准则的约束。许多植物在其生长地区会被赋予一个或多个俗名，但是有些植物根本没有俗名。此外，俗名并不具有普遍性（一个俗名在不同地区也许指的是不同植物），因此仅使用俗名可能会引起错误和混淆。鉴于此，植物学名的使用备受推崇，一方面是因为用学名确定植物能避免许多错误，另一方面是因为学名具有国际通用性。

本书中大部分内容由对花相关的描述和线图构成。我们为什么要如此重视和强调花的结构？这是因为林奈氏分类系统的依据是植物生殖器官的特征，这些特征大多体现在植物的花上。即使到了今天，尽管我们能获取许多植物相关的额外信息，比如其解剖学、化学和遗传特征，但是花的结构在植物分类中仍然很重要。了解花的构造是识别植物的一大关键，这是因为花通常很容易看到，而同一物种即便因栖息地不同也会导致其整体外观有可能存在着十分显著的变化，但相对可靠的是，花朵不同部位间的相对位置（花的结构）并不会改变。举例来说，与茎和叶的特征相比，花各部分的数量、外观和相对位置等特征更容易描述，足以让我们看出不同花之间的差异。此外，对于那些希望了解植物的人来说，无论他们是出于专业还是兴趣，花朵通常会给他们留下更深刻的印象，而且花朵结构上的细节也有助于在他们心中建立对种和群的记忆。

了解花的构造方式，熟悉花的描述语言，将有助于让读者明白植物并非孤立的生物，相反，它们构成了彼此相互联系的自然类群。一些类群很容易被认出，比如兰属、金合欢属、桉属和红千层属植物。不过，同一科中属间的密切联系并非总能被一眼认出，比如桉属和白千层属，或山龙眼属和银桦属的分类。我们希望读者能够通过使用本书了解这些植物间的联系，并走进丰富多彩、充满魅力的有花植物世界。

需要指出的是，本书并未涵盖所有与花的结构相关的知识，而是介绍了最常见的结构模式及常见变体，并不包括一些不常见的变体和特例。本书中的例子均来自澳大利亚东南部常见的花园植物和荒野植物，因此并未涉及众多热带植物科。不过，植物鉴别原则并不受地域的限制，其基本信息适用于任何地域。掌握了这本书的内容后，对植物感兴趣的读者们在阅读世界其他地方的植物鉴别手册时就会容易许多。

关于植物名称读法的指南和惯例可以参阅：维普斯塔拉（Wapstra）等所著的《塔斯马尼亚的植物名称》（*Tasmanian plant names unravelled*），斯宾塞（Spencer）和他人合著的《植物名称：植物学命名指南》（*Plant names: A guide to botanical nomenclature*）以及夏勒（Sharr）所著的《澳大利亚西部的植物名称及其含义》（*Western Australian plant names and their meanings*），其实际用法各不相同，特别是会因国家而异。

使用指南

要想了解有花植物的结构并掌握相关术语，从头到尾通读本书，并尽可能多地将生活中鲜活的植物作为参照是一个好方法。在本书中，重要术语在首次引入时均以**粗体**表示，这些术语在有关植物鉴定的书籍中也十分常见。

另一种方法是，比如将倒挂金钟属植物或银桦属植物的线图或图版与花园里的花作比较。配有准确线图的植物并非必不可少，通常相关的物种会非常相似，这些线图可作为各科植物中常见花的结构类型的视觉辅助。许多情况下，在一个属中有两个或两个以上的种由线图表示，因此读者能够鉴别它们结构上的密切相似性（见线图28-29，48-50，58-62，84-88，105-106）。不熟悉的术语可以查阅术语表，术语表与正文中的图示是对应的。本书提供许多线图的目的便是展现术语的广泛应用。

在正文中，我们选择性地选用了一些说明植物结构特征的线图，当然，还有较多未被引用的例子。为了便于内容查找，我们在第八章中按顺序对植物分科进行了编序。

我们要知道，就像人类一样，同种植物的不同个体也会存在某种程度上的外观差异。如果你想清晰地概括每个物种（属或科）的特征，在这个过程中必定会存在忽视不寻常品种的风险。实际上，所有与具有特定特征的每种植物类群有关的解释都应以“通常”开头。

线图说明

第八章的线图均根据实际标本绘制而成，以便尽可能多地展示其相关特征。为了便于比较，大多数花的茎都绘在底部。这可能并不是它们在植物上自然呈现的样子，希望大家有些心理准备。这些线图都力求准确，但可能会有一些自然变异——这是了解植物的必经之路。在某些情况下，为了提高清晰度，些许的夸张也是必要的，如增大相邻部分之间的间隙，虚线通常指出切掉的部分以显示后面的结构（如线图22b）。

为了说明胚座，本书给出了不同情况的子房横切面（T.S.）图示。它可能不是一个真正的“截面”，因为有时为了使植物的器官更为明显，必须增加纵深感。

在半花截面（精确的一半）中，切面是没有阴影的，而相邻面通常是有阴影的，这么做是为了使前者更为清楚，子房内的阴影表示包含胚珠的室或腔。线图21便显示了花的切割方式，给出了大部分线图中的绘制视角。

线图和图版中的有些部分难以准确或清晰地描述，因此有时会省略对这些部分的标记。在某些情况下，子房等复合结构是很难用一个箭头来标记的。第二章中的图表将会阐明这一点。

线图22-132所示物种的植物学名称大多是其学名，有些在括号内标注了其俗名。线图说明通常包含有一个花程式，能够总结在线图中所示的花的基本结构。这些公式在第二章的末尾进行了解释。为使该物种能够被“鉴定”，对植物的简短描述和线图应提供足够的信息，以便在实践中使用，第七章解释了这个过程。

线图每个部分的放大倍数都附在线图最后，线图上的测量值乘以放大倍数就能得出真实尺寸。有时真实尺寸会非常小——如贝叶石南中的子房（见线图106）大约是半毫米宽。

除了放大倍数被省略外，线图说明也遵循了类似模式——在说明中给出的测量值会反映实际大小。如果花的细节不可见，则没有花程式。

第二章　花的结构 >>>

本章能够让我们了解一些基本的花的结构的常识，其后我们会认识一些简单的变化类型，更复杂的例子我们将在第八章中讲解到。本章讲述的基本内容如下：

- **花的基本结构**
  - 花被
  - 生殖器官
- **花的结构变化**
  - 植物部位的排列组合
  - 花被
    - 花萼
    - 花冠
      - 对称性
      - 花被卷叠式
  - 生殖器官
    - 雄蕊群
    - 雌蕊群
      - 胎座式
      - 花柱和柱头
      - 花盘和蜜腺
  - 花朵各部分的联系
  - 花管
  - 每轮的部分数量
  - 单性花
- **花程式**

花的基本结构

一般来讲，一朵花（见线图 1 和图版 1）的**花托**上有四个**同心轮**（或环），这是对**花梗**（花茎）膨大端的描述。两个外轮合称为**花被**，与生殖无直接联系。生殖结构位于内轮。

花被

花的外轮称为**花萼**，由两片或两片以上的**萼片**组成，通常为绿色，在花蕾期将花的其余部分包围起来。**花萼**内是由**花瓣**组成的花冠，通常为白色或鲜艳的颜色。萼片和花瓣的数量通常相等。

生殖器官

一轮雄蕊称为**雄蕊群**，位于花冠内，通常被认为是花的雄性部位。每个雄蕊有

图版 1a–h　玉树花（*Crassula ovata*）
科 16　景天科

肉质、多分枝的柔软灌木，高约 1.5 米；叶肉质；花朵直径约 1.5 厘米，在分枝顶端排成聚伞圆锥花序；萼片在基部合生；花药不到 2 毫米长；心皮约 7 毫米长，每个柱头从花柱上无明显分化；单小果泡是小膏葖果。原产于南非，通常作为观赏植物而种植。花期为秋季至冬季。参照线图 1 和线图 55。
花程式为 K(5) C5 A5 G5 边缘胎座

图版 1　花的结构：一朵普通的花

一细长的**花丝**（茎），在顶端有一个产生**花粉**的**花粉囊**。花粉粒携带着雄性生殖单位。

位于花中心的是由心皮组成的**雌蕊群**，每个**心皮**通常由三部分组成：膨大的基部称为**子房**，内含有胚珠；茎状的中心部分称为**花柱**；顶端部分称为**柱头**。胚珠含有卵细胞，柱头表面可以接受亲和花粉。胚珠经过受精和进一步发育后形成种子。成熟的心皮与内含的种子发育成果实。雌蕊群通常被认为是花的雌性部位。

线图 1b 描绘了一朵展开的花，花的不同部位彼此离生。线图中的花托置于线图底部，其他部分从外向中心依次排列。线图 1a 展示了俯视图度的花，并说明了相邻部位中的各部分通常是如何相互交替的。线图 1c 从侧面描绘了同一朵花。

花的结构变化

花结构的变化主要体现在四个方面：

现有轮数（有时会缺少一轮或多轮）；

任何轮中部分的数量；

在特定的轮内或在相邻轮间部分的结合程度；

子房相对于其他部分的位置。

花部的排列组合

虽然大多数种类的花各部分以轮排列，但有些花的诸多部分在一个细长的花托上呈螺旋状排列，这在北美木兰属（见线图 22）及鹅掌楸属植物中（见图版 6a–d）可见。

轮内各部分可通过相邻的边合并成一个近似的单一结构。例如，花瓣可合生成管状（见线图 2j、k）。合生的程度可能很小，也可能不完全，但都被认为是合生的；被视为**离生的**部分应是完全离生的（并且随着花龄的增长，每一部分通常会从花托中单独掉落）。有些文本使用的术语为**分离的**，而不是离生的。

花被

花萼

线图 1 中的萼片可以彼此离生，也可以完全或部分合生（见线图 99；图版 14b，21b）。有时真正的花萼外附着一层额外的萼片状部分，这部分被称为**副萼**，常见于木槿属（见图版 21h）和锦葵科（见线图 99；图版 21）的一些成员中。有时萼片随着花开而脱落，如在罂粟属（见图版 4）的许多种类中；有时花瓣脱落前，萼片可能先脱落，如在海桐花属（见线图 131）中。其他种类的花萼在花凋谢时仍然存在，并成为果实的一个显著特征，如酸浆属（见图版 30i）。

花冠

花瓣也可彼此离生或合生。当合生时，合生程度及离生部分的形状和排列会产生各种类型的花冠，其中一些如线图 2 和图

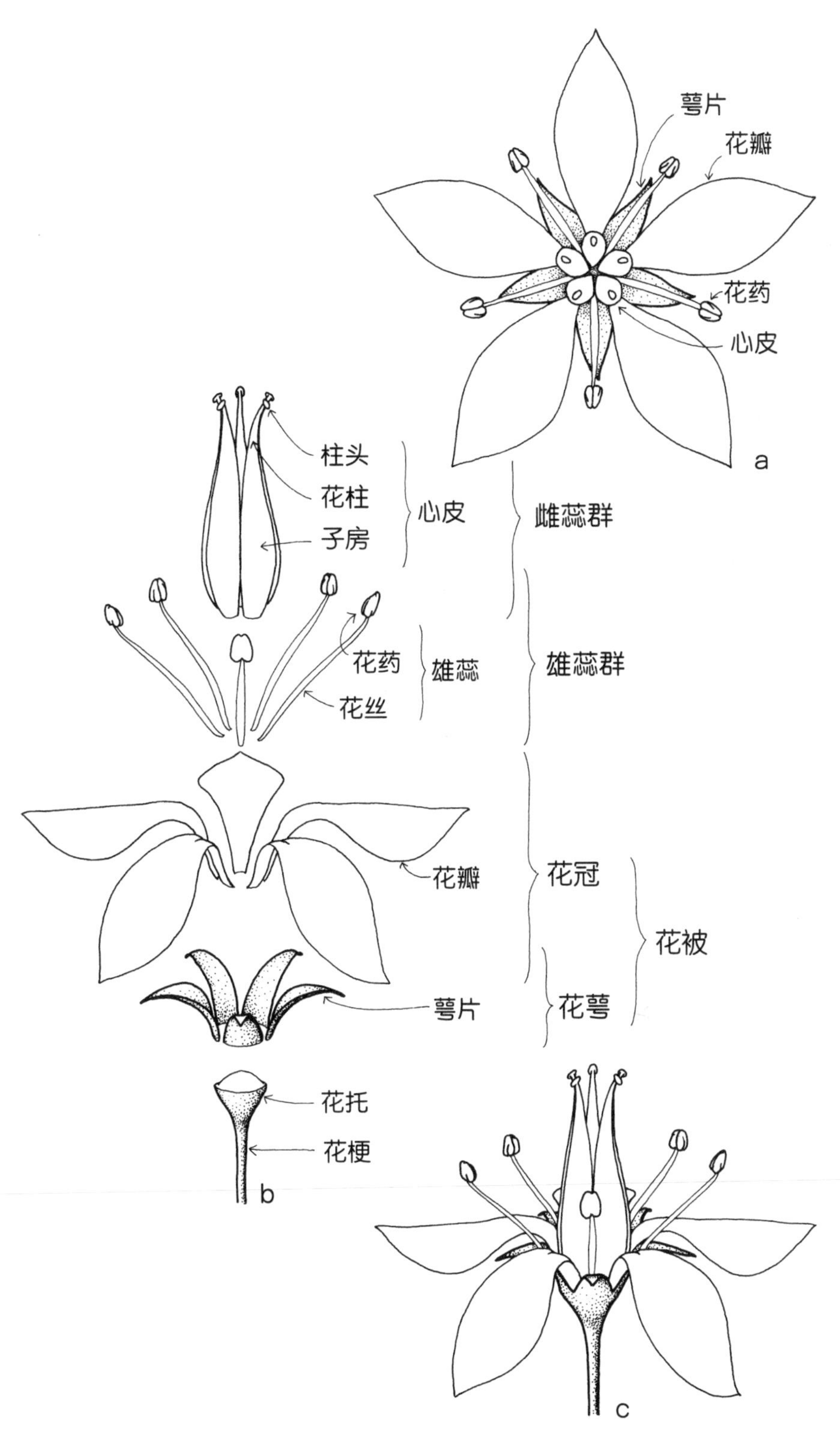

线图 1　花的基本结构：**a** 俯视图；**b** 展开花，展示了花的每一部分；**c** 侧视图。

图版 2　花的结构：各部分离生，子房上位

图版 2a-c　匍枝毛茛（*Ranunculus repens*）
科 13　毛茛科

一种多年生草本植物，生长旺盛，具有匍匐茎，高约 60 厘米，能蔓延形成广阔的类群；叶深裂；花直径约 3 厘米，单生，或排成疏松的聚伞圆锥花序；单个果实为约 3 毫米长的瘦果。原生于欧洲和西亚，现在广泛分布于其他地方，常常分布在潮湿的路边和排水系统。花期大多在春季。花程式为 K5 C5 A∞ G$\underline{\infty}$ 基生胎座

b 单花上的果实（接近成熟）

c 单心皮上的果实（不成熟且有裂口的瘦果）

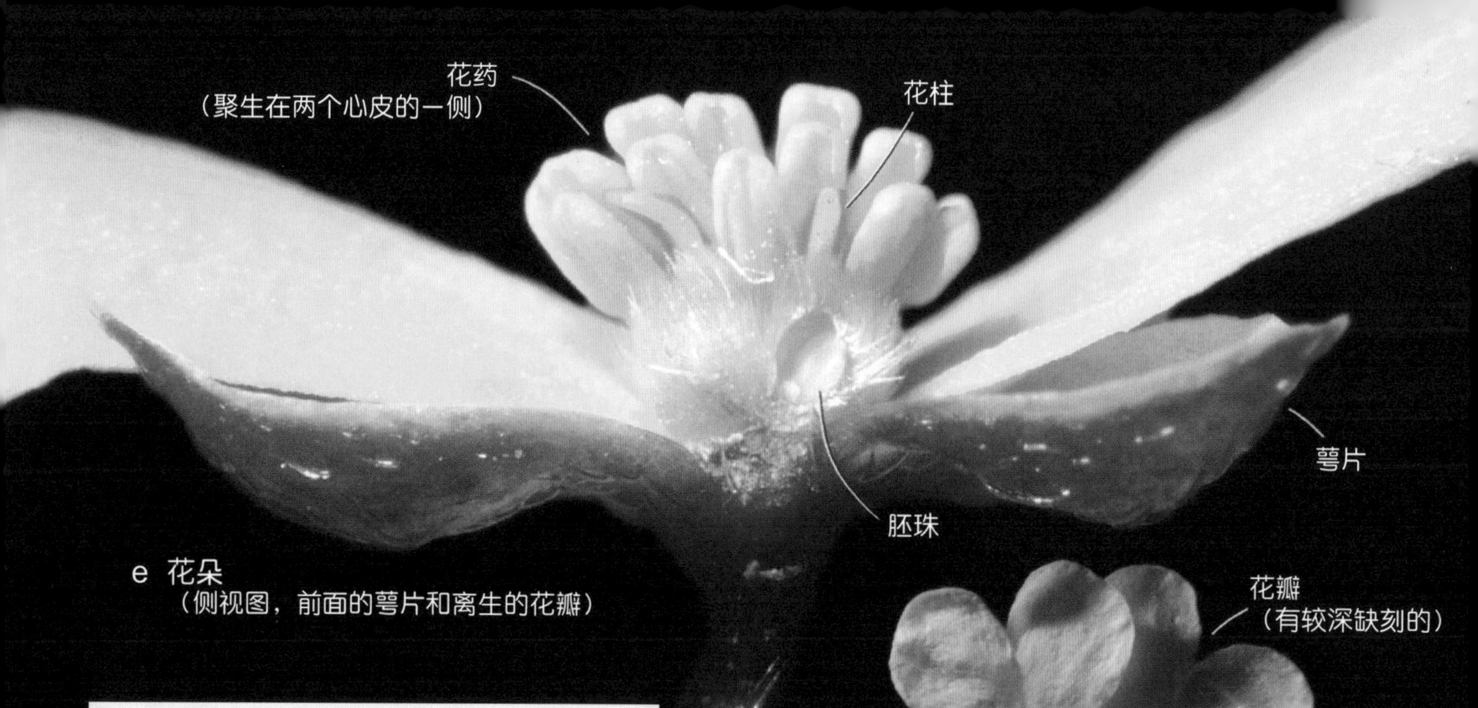

花药
（聚生在两个心皮的一侧）
花柱
萼片
胚珠
e 花朵
（侧视图，前面的萼片和离生的花瓣）

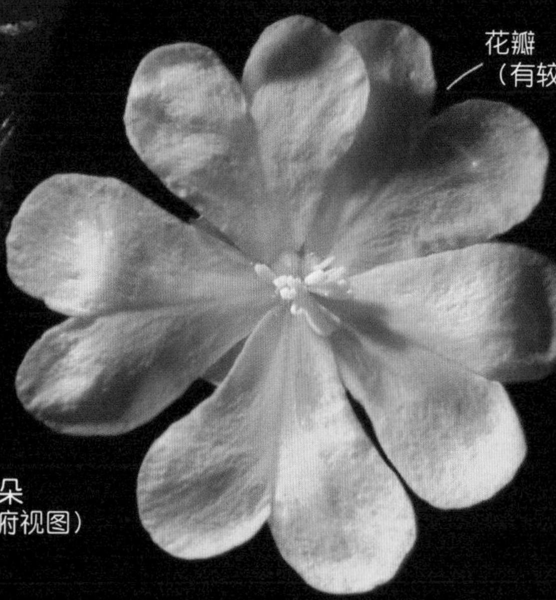

花瓣
（有较深缺刻的）
d
花朵
（俯视图）

图版 2d、e　岩叶束蕊花（*Hibbertia empetrifolia*）

科 15　五桠果科

一种蔓生的小灌木，高约 50 厘米，花直径约 1.5 厘米。右侧多毛子房的细胞壁上有切口，其子房室中有可见的胚珠。广泛分布于澳大利亚东部，有时被用作装饰物。在春季开花，参照线图 54。

花程式为 K5 C5 A∞ $G\underline{2}$ 边缘胎座

图版 2f、g　珍珠绣线菊（*Spiraea thunbergii*）　科 18　蔷薇科

一种簇生的小灌木，具有细分枝，高约 1.5 米，花直径约 1 厘米；黄色腺体位于花丝和心皮间；每片心皮发育成一个小蓇葖。原生于中国和日本。有时可在花园里看到。在早春开花。

花程式为 K5 C5 A∞ $G\underline{5}$　花管可见，胚珠下垂

f
花朵
（俯视图）

花药（裂开的）
花瓣
半萼片
花管
花梗
萼片
腺
胚珠
g
花朵
（纵切图）

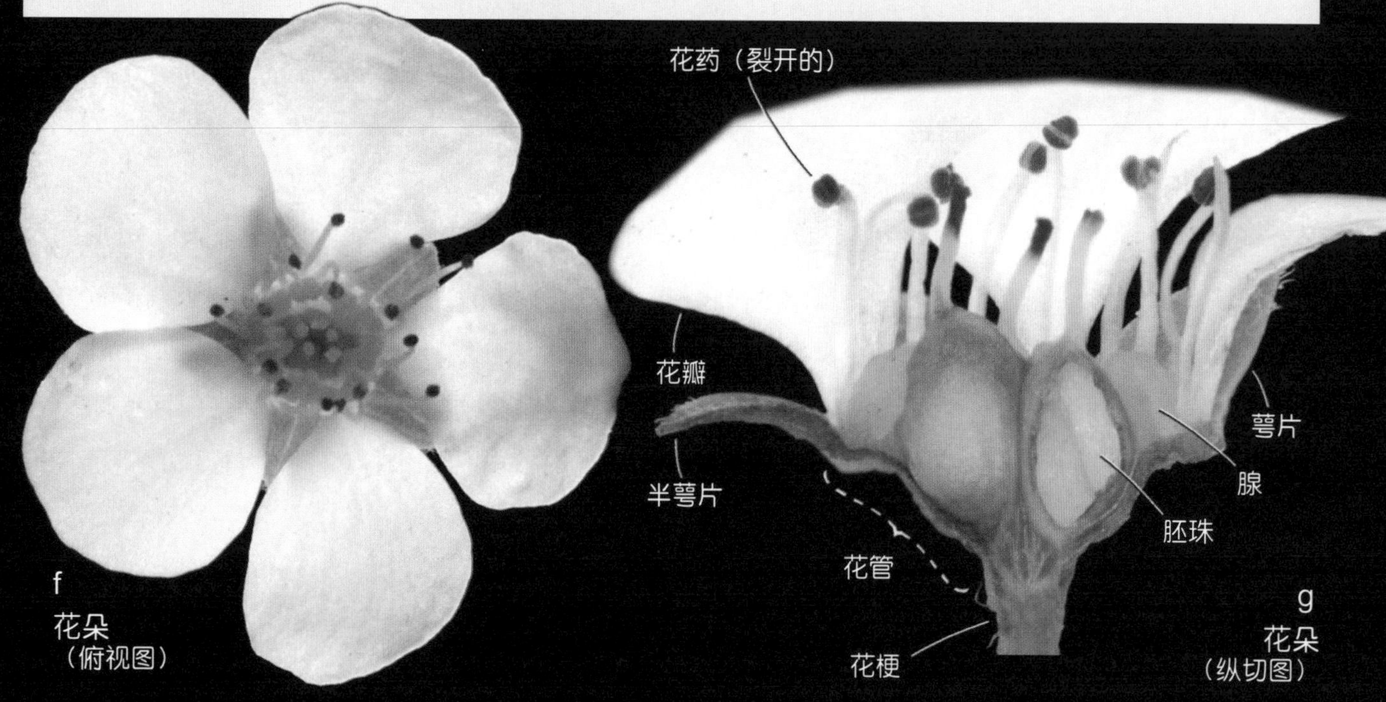

版 28-31 中所示。我们常用**花冠管**来描述一般的管状基生部分，**咽喉状部分**指管的顶部，**冠檐**指在咽喉状部分和管上方的花冠的扩展部分（见线图 2j)。此术语也适用于离生花瓣的扩展上部，有一个狭窄的基部称为爪（见线图 2i；图版 25d)。可合生为非常短的管，如在昙石南（见线图 110）中，或者基部花瓣离生的管，如在钟南香属的某些种类和野烛花属（见线图 2k，75）中。后来，人们认为花冠管是**有爪的**。在草海桐科中，花瓣是合生的，但花冠通常从一侧裂开（见线图 115a；图版 5e)。

花瓣上的附属物存在于一些类群中，如水仙属（黄水仙和长寿水仙）的副花冠或管状冠，毛剪秋罗（见图版 25d）的冠状鳞叶及花距——花瓣上的管状突出物，常见于刺金鸾花中。

花冠颜色对于鉴定植物可能并不重要，如在澳石南（见图版 28h）中，花冠可能是白色、粉色或红色的。

虽然有时花被片分别在两个轮上，但其大小、颜色和结构却是相似的，通常会保留总术语花被（或在这种情况下的特定术语周角)，指**花被部分**或**被片**的单位（见线图 23，32，35)。此类花通常被认为是典型的百合，属于许多科（见图版 8h–l，11a–f)。

在一些植物类群中，花被部分只有一轮。花被一词可被用来指单轮生，即使人们认为它是花萼或花冠。单花被常见于银桦属（见线图 49，50；图版 3a、b)、铁线莲属（见线图 42）和广泛分布的茴香（见线图 132）中。有时，所有的花被部分缺失或缩小，往往变为棕色，呈鳞片状。在异木麻黄属（木麻黄属的一种，见图版 17d–g）中，雌花没有花被，雄花的花被退化为锋利的棕色鳞叶。

对称性

当从上方观察一朵花时，萼片和花瓣对称地排列在花托上，可通过花中心的多个切面，将花分成相等的部分（见线图 2a–c；图版 1b，2f，3d)，此种花被称为**辐射对称的**或**辐射状对称的**。有时花可能是不对称的，只可以沿着一个平面切割成相等的部分，此种花被称为**两侧对称的**或**左右对称的**（见线图 2d–f；图版 3b，5e、g)。有些两侧对称的花冠明显呈**二唇形的**，其中一两片花瓣聚集在花的一侧，其余的在另一侧（见线图 2f)。玄参科（见图版 31）和唇形科的许多植物都有二唇形花冠，在后者中，花萼也可能是二唇形的。

花被卷叠式

此术语用于描述花的部位（通常是花瓣）在芽中的排列。如果花瓣边缘彼此相邻而互相不覆盖，则被称为**镊合状**排列；但当花瓣边缘彼此重叠时，则被称为**覆瓦状**排列。许多其他术语描述了更为特殊的排列方式，但这些术语在鉴定文本中并不常见。

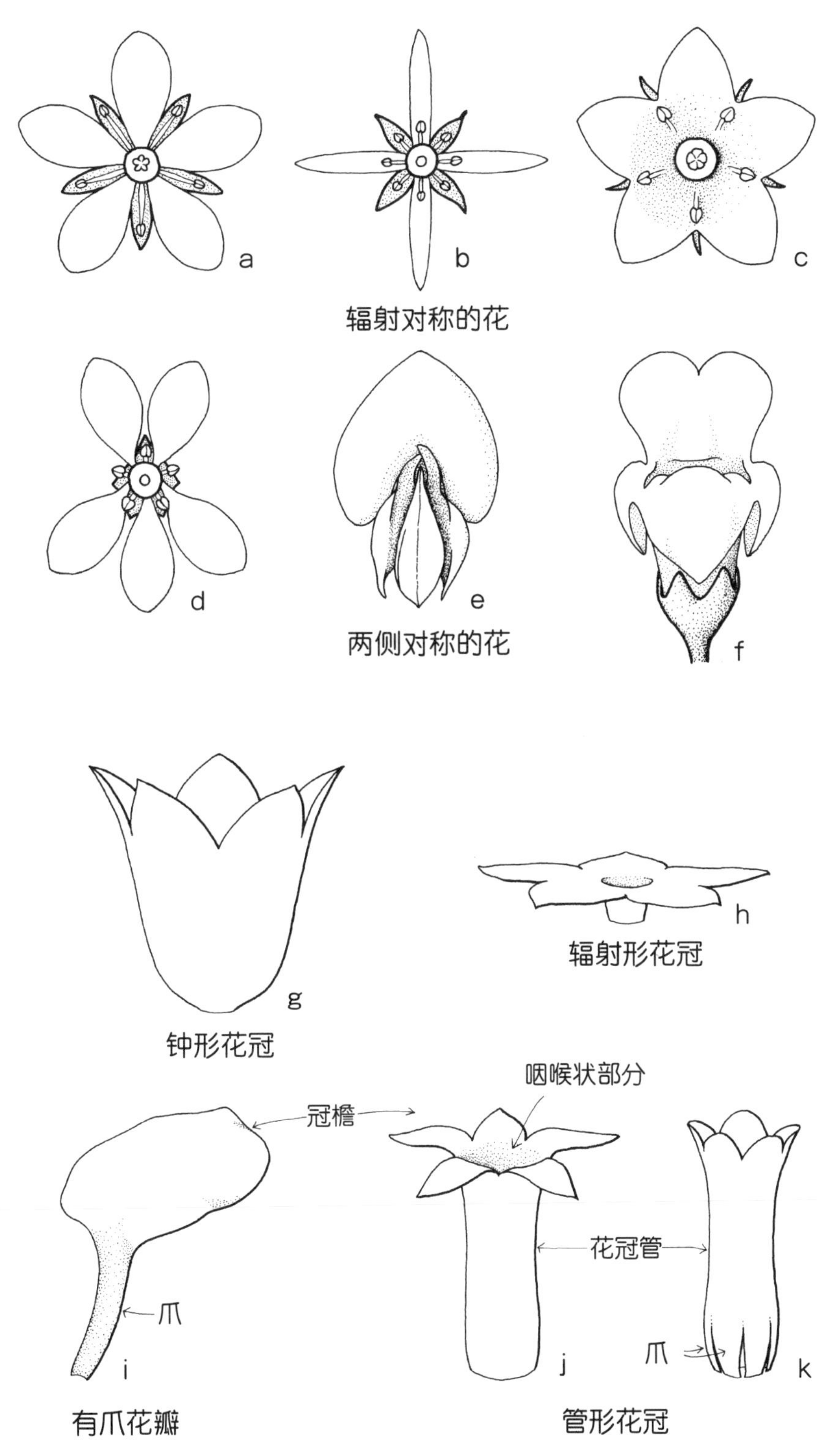

线图 2　花冠：一些描述形状和对称性的术语

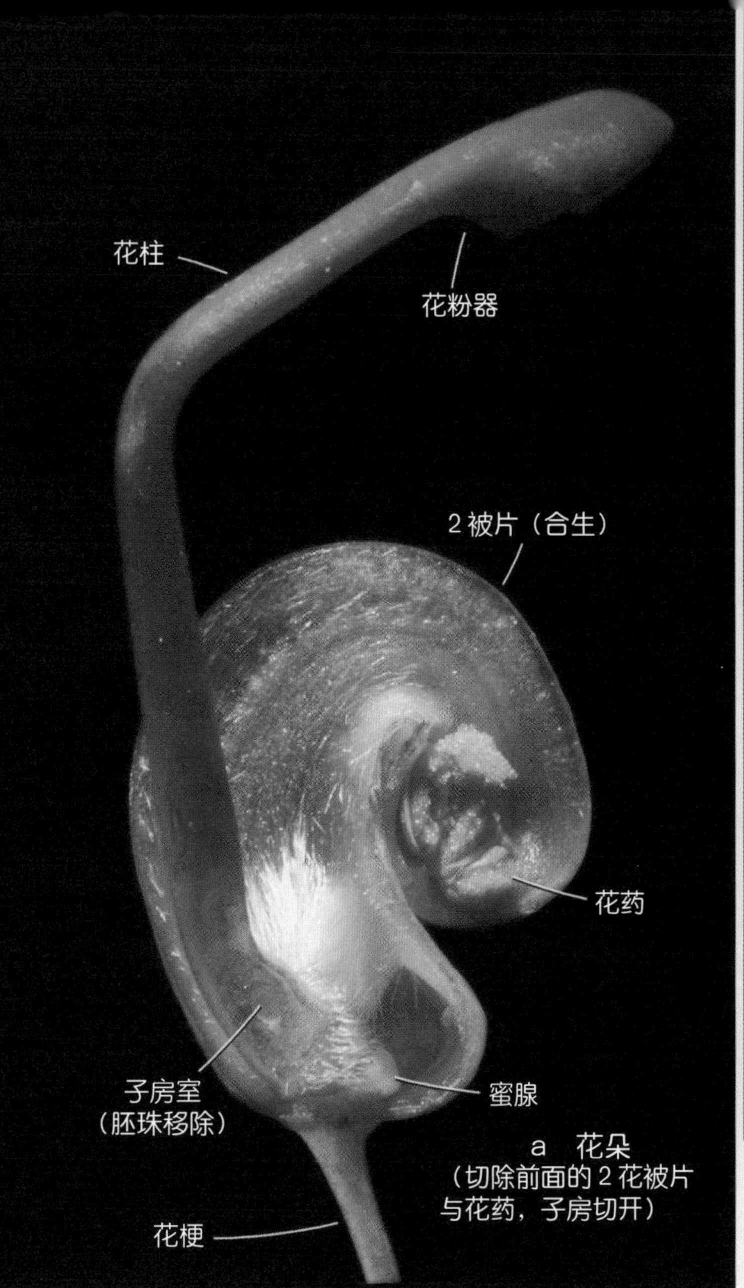

图版 3a　迷迭香叶银桦（*Grevillea rosmarinifolia*）

科 14　山龙眼科

切去绿色子房以显示子房室；每个淡色的花药（有淡色的花粉）是无柄的且直接着生于被片上。见线图 50。

花程式为 P(4) A4 G1

图版 3b　冬青银桦（*Grevillea aquifolium*）

科 14　山龙眼科

高约 2 米的可变浓密灌木丛，多刺，叶多裂；单侧的总状花序；左边的幼花开始开放，花柱向外弯曲穿过花被。生于南非，多见于维多利亚州的格兰屏山区。用作观赏植物。花期为春季。参照线图 48—50。

花程式为P(4) A4 G1

图版 3c–g　樱桃月桂（*Prunus laurocerasus*）

科 18　蔷薇科

高约 8 米的大灌木或小乔木；花直径约为 12 毫米，总状花序腋生。原生于欧洲巴尔干半岛地区，有时栽培在花园中，有时在邻近的原始森林地带中自然驯化。花期为春季。参照线图 72。

花程式为 K5 C5 A∞ G1　花管可见

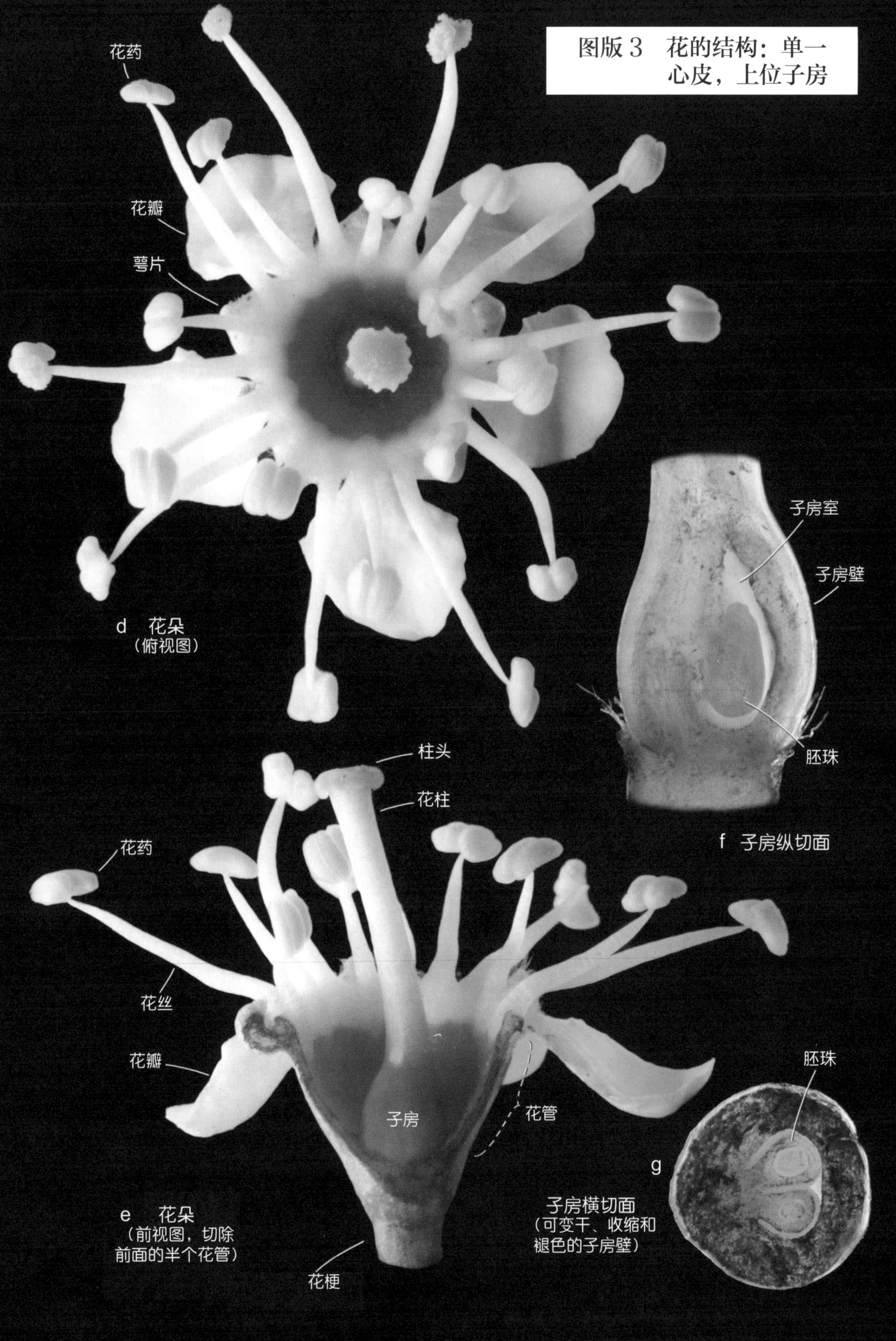

图版 3　花的结构：单一心皮，上位子房
花药
花瓣
萼片
d　花朵
（俯视图）
子房室
子房壁
胚珠
f　子房纵切面
柱头
花柱
花药
花丝
花瓣
子房
花管
e　花朵
（前视图，切除前面的半个花管）
花梗
胚珠
g
子房横切面
（可变干、收缩和褪色的子房壁）

生殖器官

雄蕊群

紧靠花冠的是一个或多个雄蕊，统称为“**雄蕊群**”（见线图 1），这个词源于希腊语，意为“雄室”。当雄蕊数量众多时，可能在超过一个轮上排列。每个雄蕊有一个**花丝**或支撑**花药**的茎。花药通常有两片平行的裂片，由一种称作**药隔**的组织连接，在很多情况下，实际上是花丝的延伸（见线图 3a）。每个花药裂片包含两个产生花粉的**囊**。

当花药为**基着药**（见线图 3b；图版 1d，15h）时，花丝附着在花药裂片的基部；当花药为**背着药**（见线图 3c；图版 4i）时，则附着在背部。当附着点较小时，花药可围着花丝自由移动，被认为是**丁字着药**。如果花丝与花药的顶端相连，则裂片为**下垂的**（见线图 3d），如果裂片相互不平行则称为**个字药**。有些雄蕊有额外的附属物，如在花药裂片上方有一凸出的药隔（见线图 3i，94）或在裂片基部有一延伸的不育组织（见线图 3h；图版 28d）。

当花粉成熟时，每个花药裂片的壁通常会产生一个纵向裂缝（见线图 3e；图版 1e）或一个顶生小孔（见线图 3f；图版 4l）用于释放花粉。花药的分裂和随后的花粉释放被称为**开裂**。另一种不太常见的花粉释放方式出现在樟科植物中，其花药上有裂开的瓣（见图版 6h，7e、h、l）。每颗成熟的花粉粒都含有一个生殖细胞，当条件适宜时，这个生殖细胞最终会产生两个精细胞。

雄蕊通常彼此离生，但也可能由花丝或花药合生。如在木槿属（见图版 21h）和荆豆属中，大部分花丝合生形成一管，但花药是离生的（见线图 3j，69，99）。在白千层属和红胶木属中，由于花丝的基部合生，雄蕊聚生成束（见线图 91；图版 19j，20c）。在菊科中，花药合生形成一个围绕花柱的管，但花丝仍是离生的（见线图 3k，117d，123c、d；图版 32 e、i）。

雄蕊并不总是长在花托上，也可能着生在花瓣或花萼上。如果雄蕊着生于花瓣上，则称为**瓣生雄蕊**，如在澳石南科（见线图 104）和木曼陀罗属（见图版 29h）中；如果与雄蕊着生在花萼上，则称为**萼生雄蕊**，如在早花百子莲（见线图 35b）和号筒花（见图版 11b）中，有时雄蕊退化为只剩下花药。在银桦属（见线图 50c；图版 3a）中，花药直接与花被片相连，没有可辨别的花丝。

有时花药会退化为一片裂片，如在彩烟木属植物的一些花的雄蕊中（见线图 47d）。在一些植物中，某个或某些雄蕊因不能产生花粉而变得不育，或者花药可能变形或缺失。在后一种情况下，花丝可能缩短或变形为花瓣状（见线图 3l），发育不全的雄蕊称为**退化雄蕊**（见图版 6h，7i，31d）。

在有相同数量的萼片、花瓣和雄蕊的花中，雄蕊总是与花瓣交替出现，因此与萼片是相对的（见线图 1a；图版 1b）。但在鼠李科的一些植物中有例外，其中花瓣

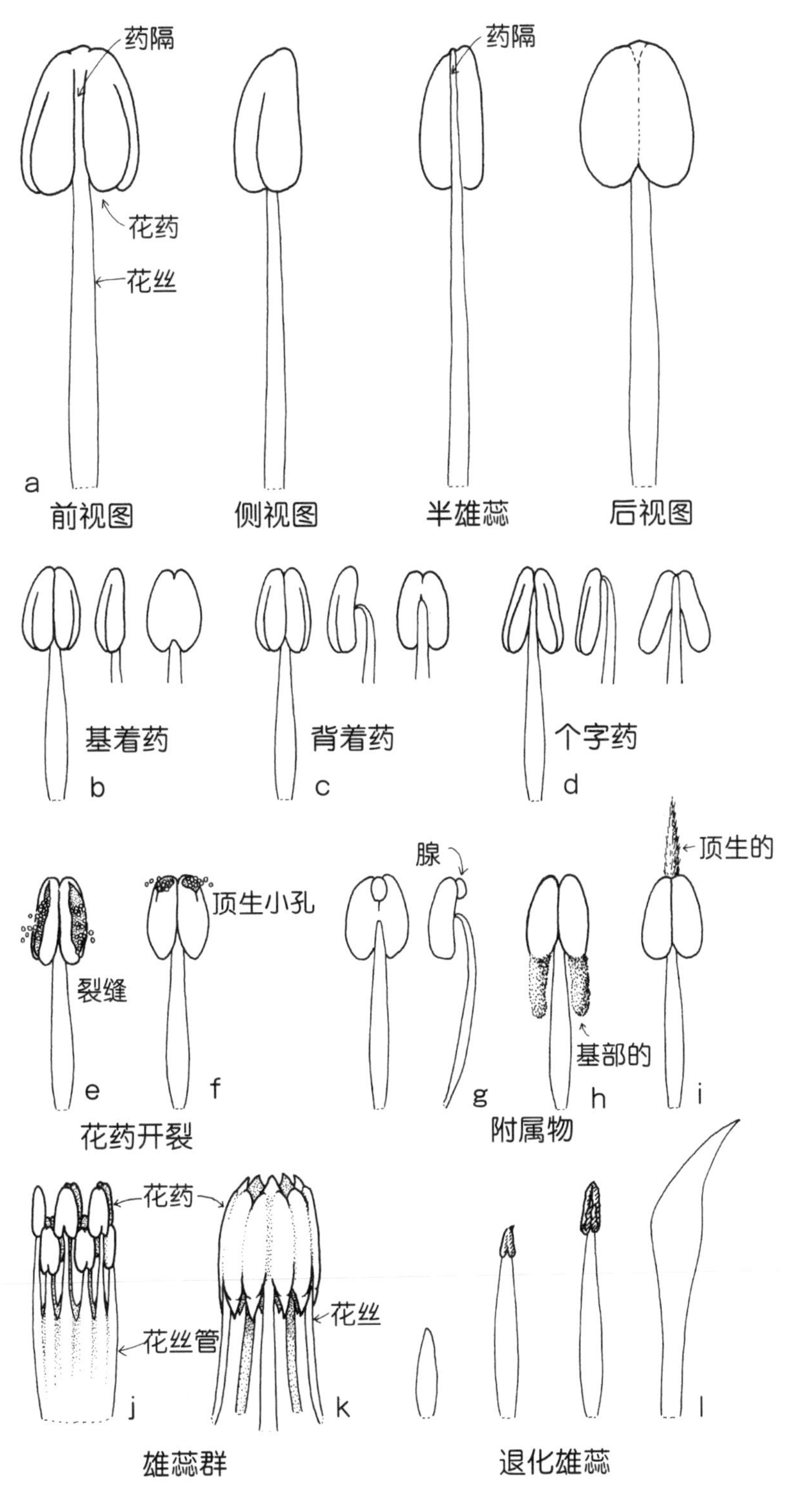

线图 3　雄蕊群——雄蕊：**a** 雄蕊结构；**b–d** 花药附着方式；**e–f** 花药开裂（见线图 77）；**g–i** 附属物（见线图 36，94，95；图版 28d）；**j** 花丝合生（见线图 91；图版 21h、i）；**k** 花药合生（见线图 117）；**l** 退化雄蕊（见图版 6h，7i，31d）。

图版 4　花的结构：合生心皮，上位子房

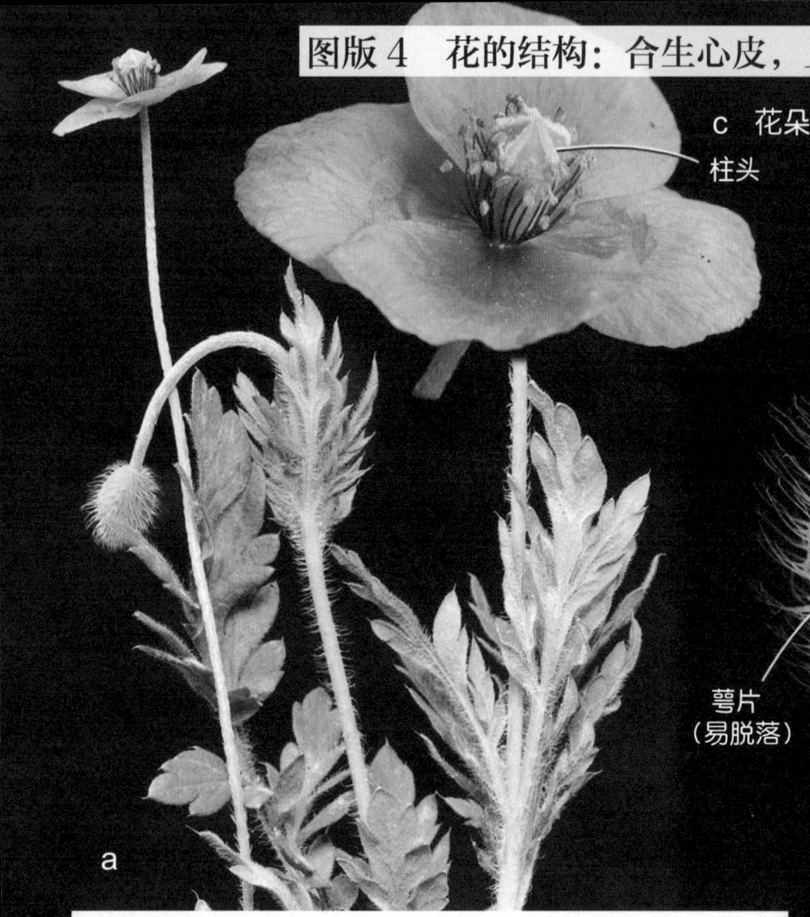

c　花朵
柱头
a

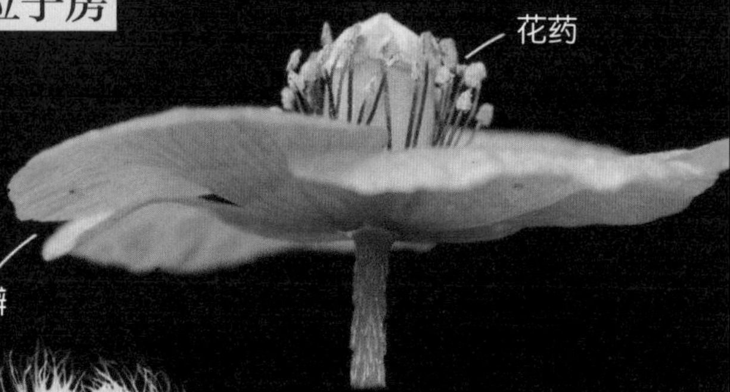

花药
花瓣

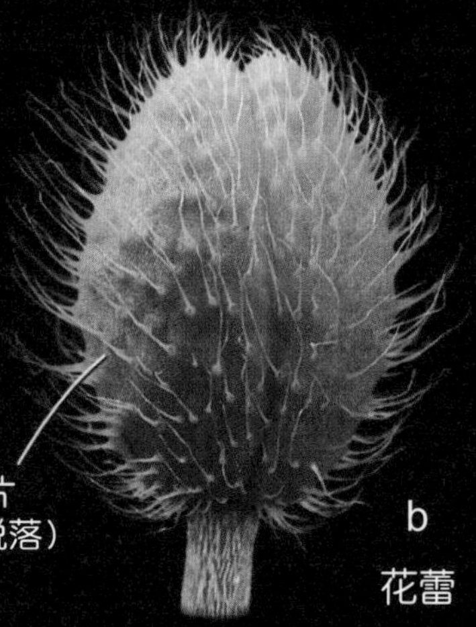

萼片
（易脱落）
b
花蕾

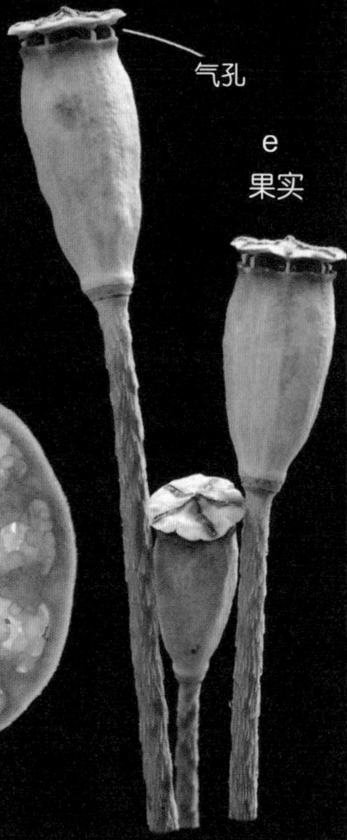

气孔
e
果实

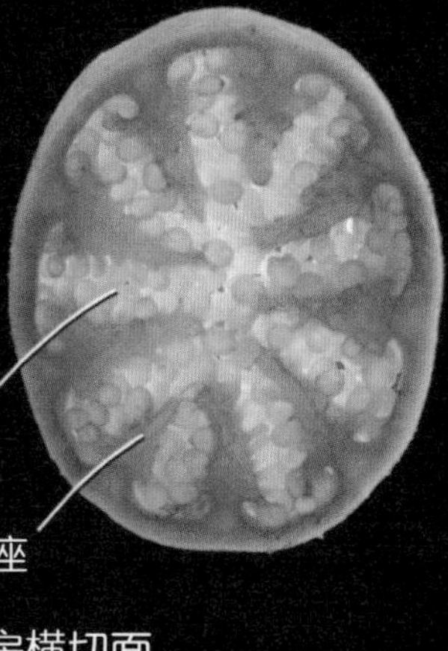

子房壁
胚珠
胎座
d　子房横切面

图版 4a–e　长荚罂粟（*Papaver dubium*）
科 12　罂粟科

高约 70 厘米，一年生草本植物；花直径约 3 厘米，通常单生在茎的末端；蒴果长约 2 厘米，孔裂。原生于欧洲和亚洲西南部，在澳大利亚东部和东南部自然驯化。花期为春季。
花程式为 K2 C4 A∞ G $(\underline{5-9})$ 侧膜胎座

图版 4f、g　冰岛罂粟（*Papaver nudicaule*）
科 12　罂粟科

丛生的小型多年生草本植物；叶基生，羽状浅裂，大致为淡灰绿色，长约 10 厘米；花直径约 7 厘米，生长于纤细、直立的花葶上；柱头呈黄色，在子房顶部呈星状（无肉眼可见的花柱）；蒴果，孔裂。原生于北半球的北极地区。重瓣花和颜色齐全的可用作观赏植物。花期在早春。
花程式为 K2 C4 A∞ G$(\underline{8})$

萼片
（易脱落）
f
花蕾

g
花朵

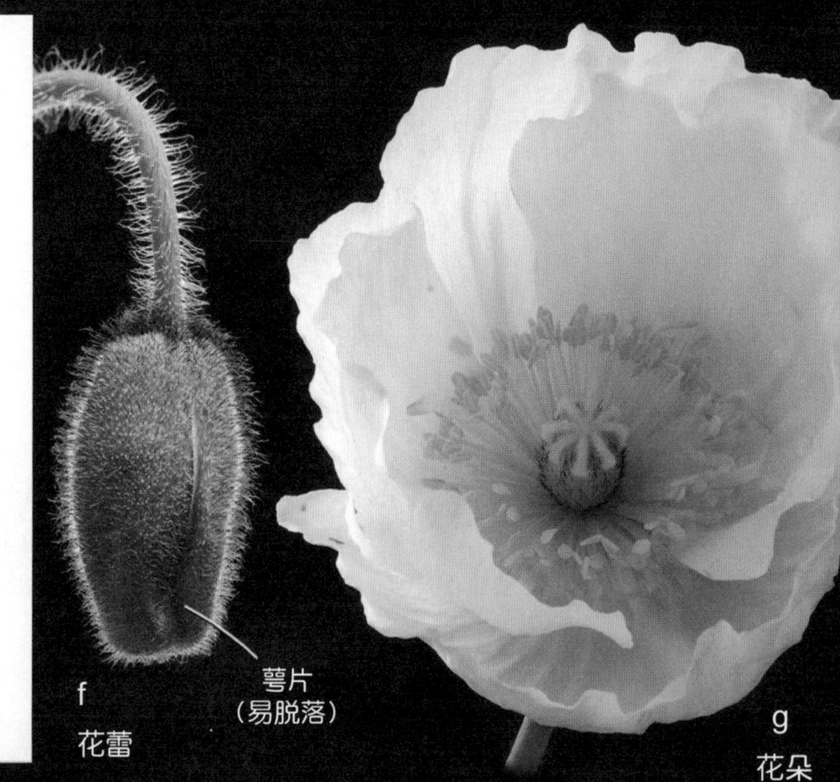

图版 4h、i　香波龙（*Boronia muelleri*）

科 28　芸香科

灌木或高约 7 米的小乔木；叶对生且呈羽状，具灰白色油腺点；花直径约 1 厘米，腋生聚伞花序；花丝具毛，背着药；暗色花盘包围着绿色雌蕊群。原生于维多利亚州东部和新南威尔士州，有时会种植在花园中。花期大多在春季和夏季。参照线图 92。

花程式为 K4 C4 A4+4 G(4)

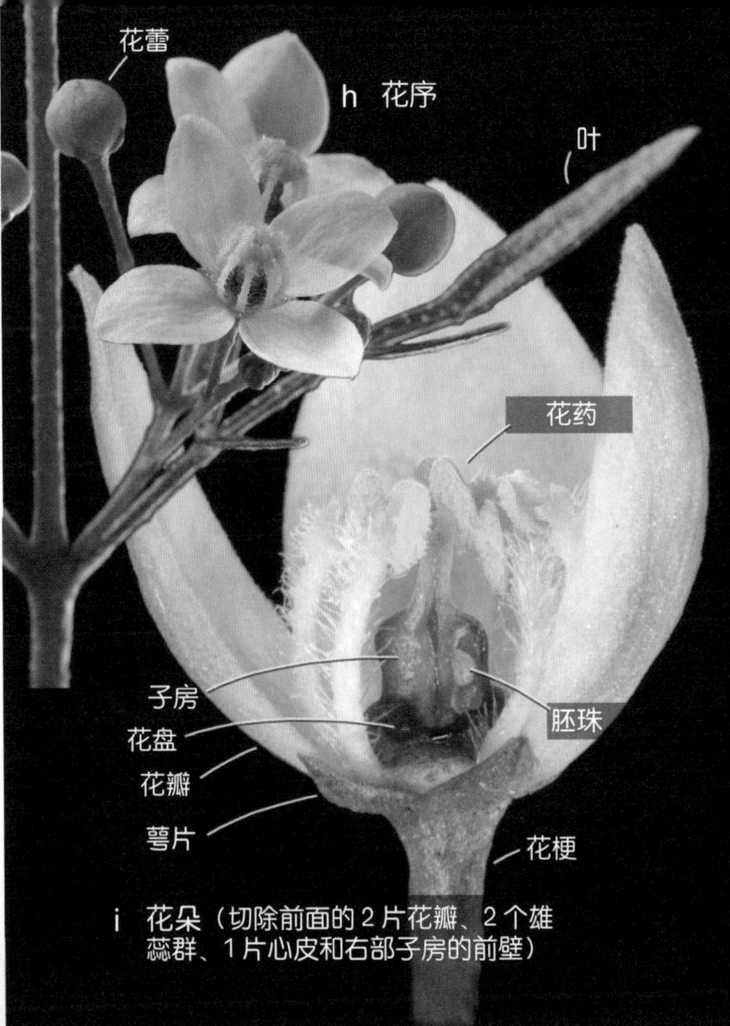

i　花朵（切除前面的 2 片花瓣、2 个雄蕊群、1 片心皮和右部子房的前壁）

图版 4j、k　浆果金丝桃（*Hypericum androsaemum*）

科 24　金丝桃属

高约 80 厘米的小灌木；叶对生；子房半球形，突出位于花的中心；胎座生于从三处伸入子房室内的片形组织上。原生于欧洲南部和西部，也被引种到其他地区。花期在春季和夏季。

花程式为 K5 C5 A∞ G(3) 侧膜胎座

j　花朵

k　子房横切面

图版 4l　粉红杜英（*Tetratheca bauerifolia*）

科 23　杜英科

高约 30 厘米的灌木；叶轮生；1 或 2 朵花生于上部叶腋中；基着药，顶孔开裂。

原生于澳洲东南部的大陆。参照线图 76，77。

花程式为 K4 C4 A8 G(2)

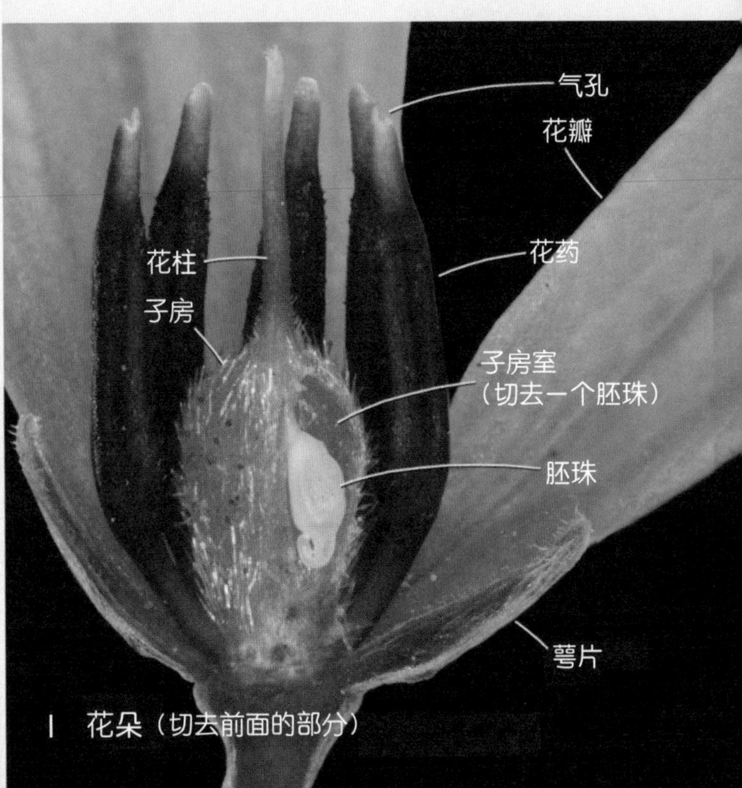

l　花朵（切去前面的部分）

是对生的，并且覆盖在小雄蕊上，如银叶菊或苦刺绒茶（见线图 73）。

雌蕊群

花的最内轮称为**雌蕊群**（见线图 1），这一术语也源自希腊语，意为“雌室”。雌蕊群由一个或多个称为**心皮**的结构组成，单个心皮的外视图如线图 4a 和图版 3e 所示。基部的膨大部分是**子房**，子房顶部的茎是**花柱**，花柱顶端是**柱头**，柱头是一个特殊组织，可着生花粉且其上的兼容花粉能发芽（参见第四章授粉部分）。

线图 4a 也展示了一个从上到下垂直切割的心皮，在图版 1f 中也可以看到，这种视图被称为纵切面。子房内部的腔称为**子房室**，内含有胚珠，胚珠经过受精和随后的发育形成种子。每个胚珠都由一个**珠柄**（有时非常短的茎）着生到**胎座**上，胎座是排列在子房内壁的组织（见图版 3f，5c，10d，20f、g）。

只有一个心皮的雌蕊群常见于许多大科中，如豆科和山龙眼科，后者包括银桦属和班克木属（如图版 3，14，15）。

大多数花有两个或两个以上的心皮，有些是离生的，有些是完全合生或部分合生的。具有离生心皮的雌蕊群被称为**心皮离生的**（见线图 4b、c；图版 1，2），常见于木兰科（见线图 22）、毛茛科（参见线图 42c；图版 2a–c）和景天科，景天科中包括许多多肉植物，如青锁龙属植物（见图版 1）和景天属植物（见线图 55）。

由两个或两个以上心皮合生形成的单一结构被称为**合生心皮**。合生程度可以变化，其中一些变种如线图 4d–g 和图版 4，9c、d，25d 所示。

线图 4d 展示了有两个合生心皮的雌蕊群。此处的子房完全分为两个**子房室**（**腔**），子房室间的壁称为**隔膜**。在这种情况下，隔膜上长有胎座。在此线图中，花柱和柱头是离生的，这表明是不完全合生的，但它通常应该是完全合生的，只有一个花柱和一个柱头（见图版 4l，20f、i，22g）。

有时，合生心皮的雌蕊群只含一个子房室。在这种情况下，所包含的心皮数量通常由分开的花柱和（或）柱头来表示（见线图 5e），或由子房内存在一个以上的胎座来表示（见线图 5g）。西番莲属就是一个典型的例子，它的雌蕊群由三个合生心皮、三个花柱和柱头以及一个**单室的**子房组成。当西番莲被切开且除去果肉时，在果皮内可以看到种子着生的茎，这表明了三个胎座的位置。

部分合生的心皮常见于芸香科的某些属，如芸香属（见线图 92；图版 4i），在这些花中，心皮在基部是离生的，但在上部却是合生的，因此只有一个花柱和柱头（见线图 4f）。

实际上，在与植物鉴定直接相关的文献中，很少使用雌蕊群这个术语。花的雌性部分的特征被子房、花柱、柱头和心皮

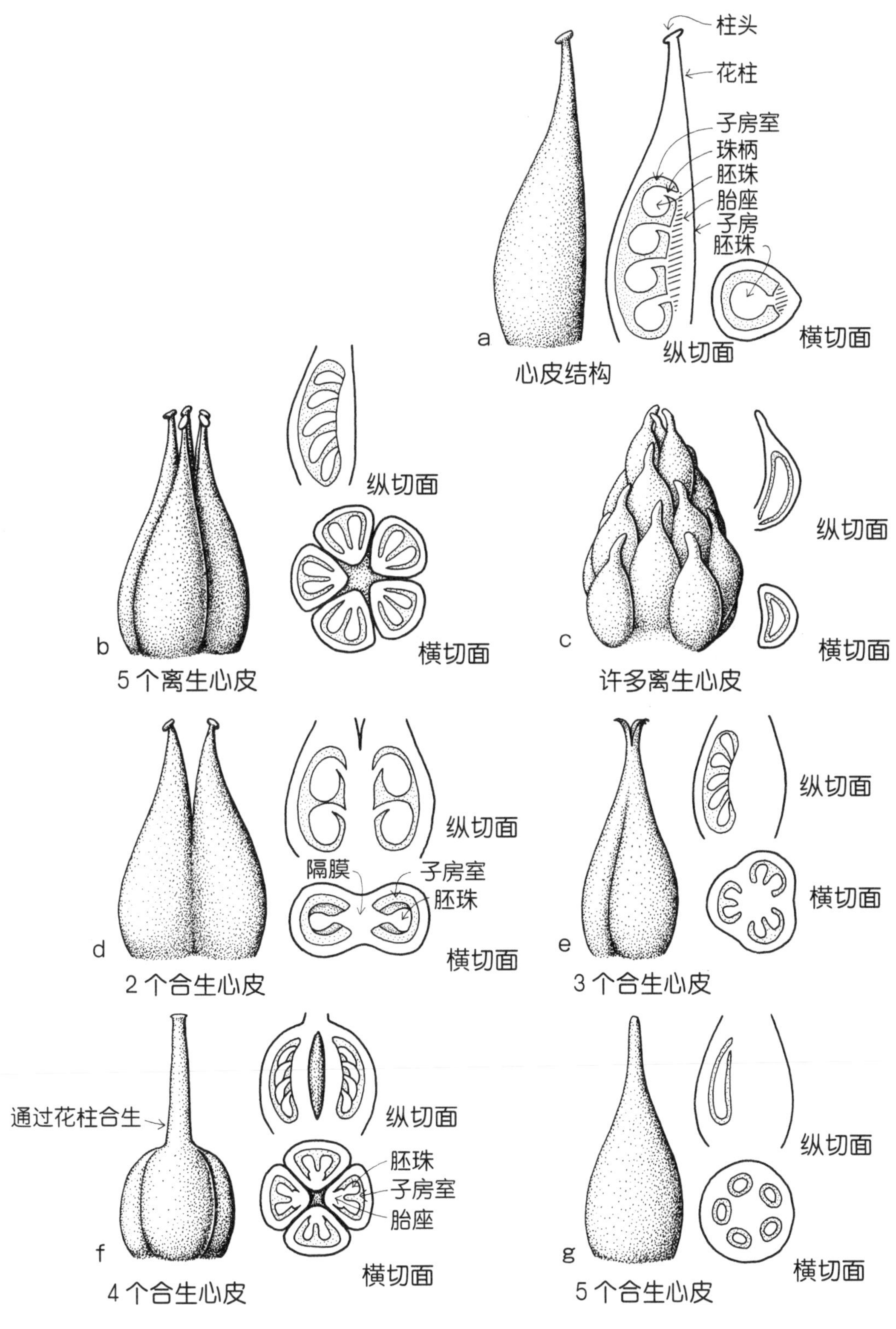

线图 4　雌蕊群——离生或合生心皮的可能组合：**a** 单一心皮结构；**b–c** 离生心皮；**d–g** 合生心皮。

图版 5　花的结构：合生心皮，下位子房

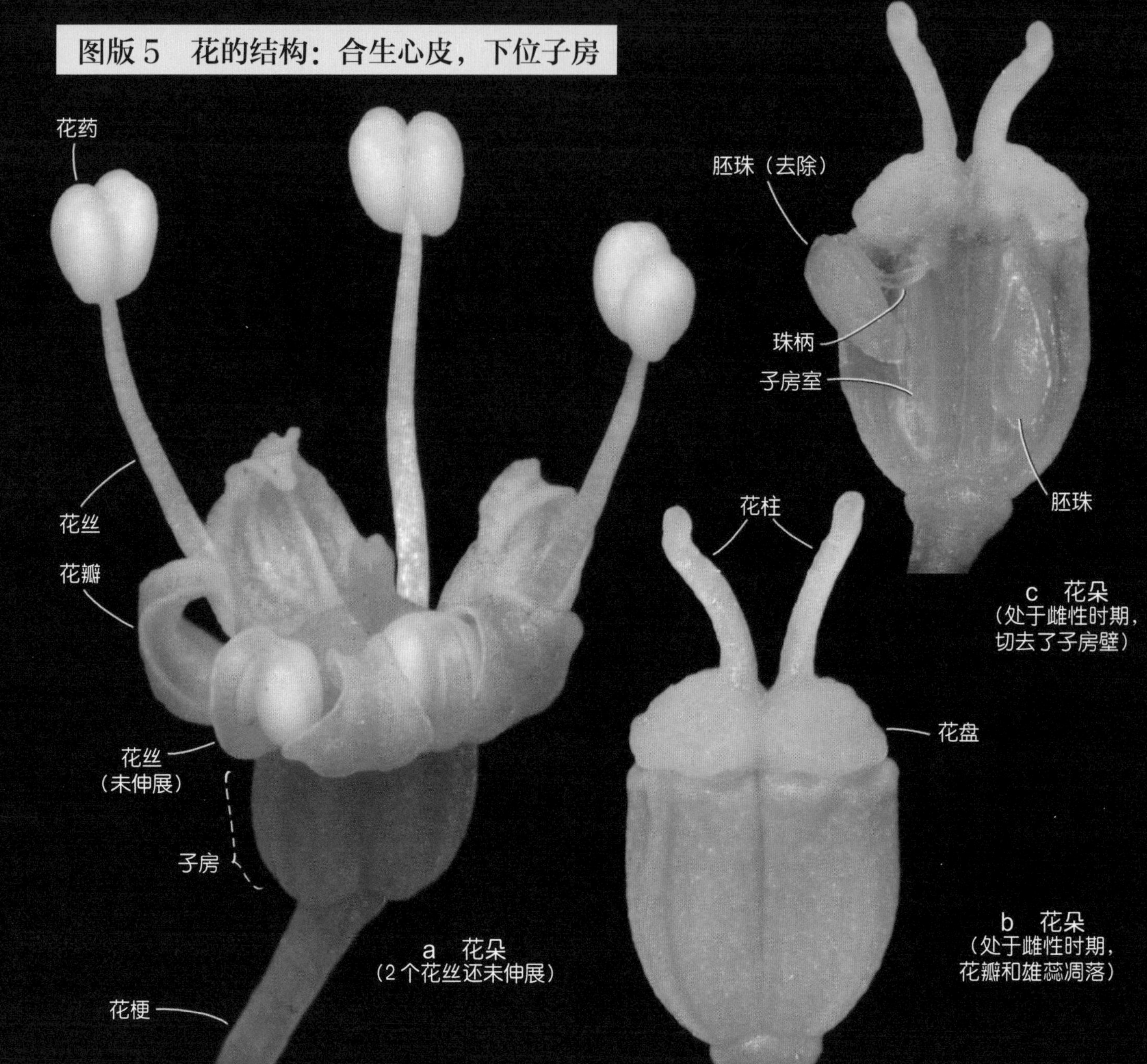

图版 5a–c　皱叶欧芹（*Petroselinum crispum*）

科 46　伞形科

二年生的芳香草本植物，高约 80 厘米；花直径 2~3 毫米，生长于复合伞形花序中。原生于欧洲，现在的许多品种可用于烹饪。花期大多在天气暖和时。参照线图 132，图版 34。

花程式为 K0 C5 A5 G($\bar{2}$) 顶生胎座

图版 5d–f　“空中舞者”草海桐（*Scaevola* 'Fan Dancer'）

科 43　草海桐科

低生、丛生或向上生长的形态变化多的多年生植物；花腋生，长约 1.5 厘米；萼片在子房顶部形成小的浅裂边；花冠沿一侧开裂至基部。原生于澳大利亚东南部和东部，可用作观赏植物的栽培品种。花期大多在春季至秋季。参照线图 115。

花程式为 K5 C(5) A5 G (loculi $\bar{2}$) 顶生胎座

图版 5g–i　银鸾花（*Selliera radicans*）

科 43　草海桐科

根生、丛生、形态变化多的多年生植物，能形成大量类群；花长约 12 毫米，有单生和腋生两种，或在总状花序中；花冠沿一侧开裂至基部。原生于澳大利亚东南部、新西兰和智利。花期在春季至秋季。参照线图 115。

花程式为 K5 C(5) A5 G (loculi $\bar{2}$)

囊群盖
花柱
成熟的花药
花冠
裂片
苞片
子房
小苞片
e
花朵
（侧视图）
d
胚珠
（充满子房室）
隔膜
f
子房横切面
柱头
囊群盖
成熟的花药
i
花朵
花冠裂片
萼片
子房
g
幼果
h
根茎
叶子

所掩盖。

这朵花里有多少个心皮?

心皮合生时的数量

切开子房横切面（T.S.），观察囊腔数目：

若囊腔数 >1，则心皮数 = 囊腔数

若只有一个子房室，则心皮数 = {柱头 / 花柱 / 胎座数}

参见线图 4d-g 和 5d-h，以及图版 4d、k，11c 和 20d、g。这些规律适用于大多数情况，但不是绝对正确的。建议在不同角度切开截面，以使其包含隔膜不完整、子房室数量变化等特殊情况，如在子房的基部或顶部。参见有关唇形科和草海桐科的描述。

在植物学描述中，通常会读到这样的表述，如“子房是 3 室的”或“子房是有 1~4 个子房室的”，后者说明了一些类群中心皮数量的变化程度。

在一些文本，通常是美国文献中，“雌蕊”一词可被用来指花的雌性部分，在不同的语境下有多种含义：一朵只有一片心皮的花可被描述为只有一个“单雌蕊”，或一朵有许多离生心皮的花可被描述为有“一些离生雌蕊”。当两片或两片以上的心皮合生时，这朵花就有了“复雌蕊”。

胎座式

胎座是子房中胚珠着生的组织。胚珠（之后胎座的位置）在子房内的排列被称为**胎座式**，有时在鉴定植物时需要鉴定胎座式。

在有许多胚珠的单一心皮中，胎座为**边缘胎座**（有时也称为侧生胎座，见线图 5a；图版 1f）。如果只有一个胚珠(或很少)，胎座可能着于在子房室顶部，则为**顶生胎座**（见线图 5b），若胚珠为**下垂的**，或着生于子房室底部，则为**基生胎座**（见线图 5c；图版 2c）。

如果雌蕊群是合生心皮的（由两个或两个以上的合生心皮构成），并且在子房内有两个或两个以上的子房室，那么胎座通常位于中轴，其胎座式被称作**中轴胎座**（见线图 4d-f，5f；图版 11c，28e，29i）。而如果每个子房室中只有一个胚珠（或少数），胎座式可能是顶生胎座或基生胎座（见线图 5d、e；图版 5c）。

若子房是单室且有多个合生心皮时，胎座式的类型并不是太常见。例如，子房室内的胎座在中央柱上突起，则称胎座式为**特立中央胎座**（见线图 5h；图版 25i）；在报春花科植物中比较常见，如琉璃繁缕属和报春花属。此外，单室的子房中可能包含两个或两个以上着生于内壁上的胎座，这种类型的胎座式被称作**侧膜胎座**（见线图 5g；图版 4k），如西番莲属。另一种类型的侧膜胎座在罂粟属（见图版 4d）中可见：带有胎座的组织的图版向内突出直至子房室中心。

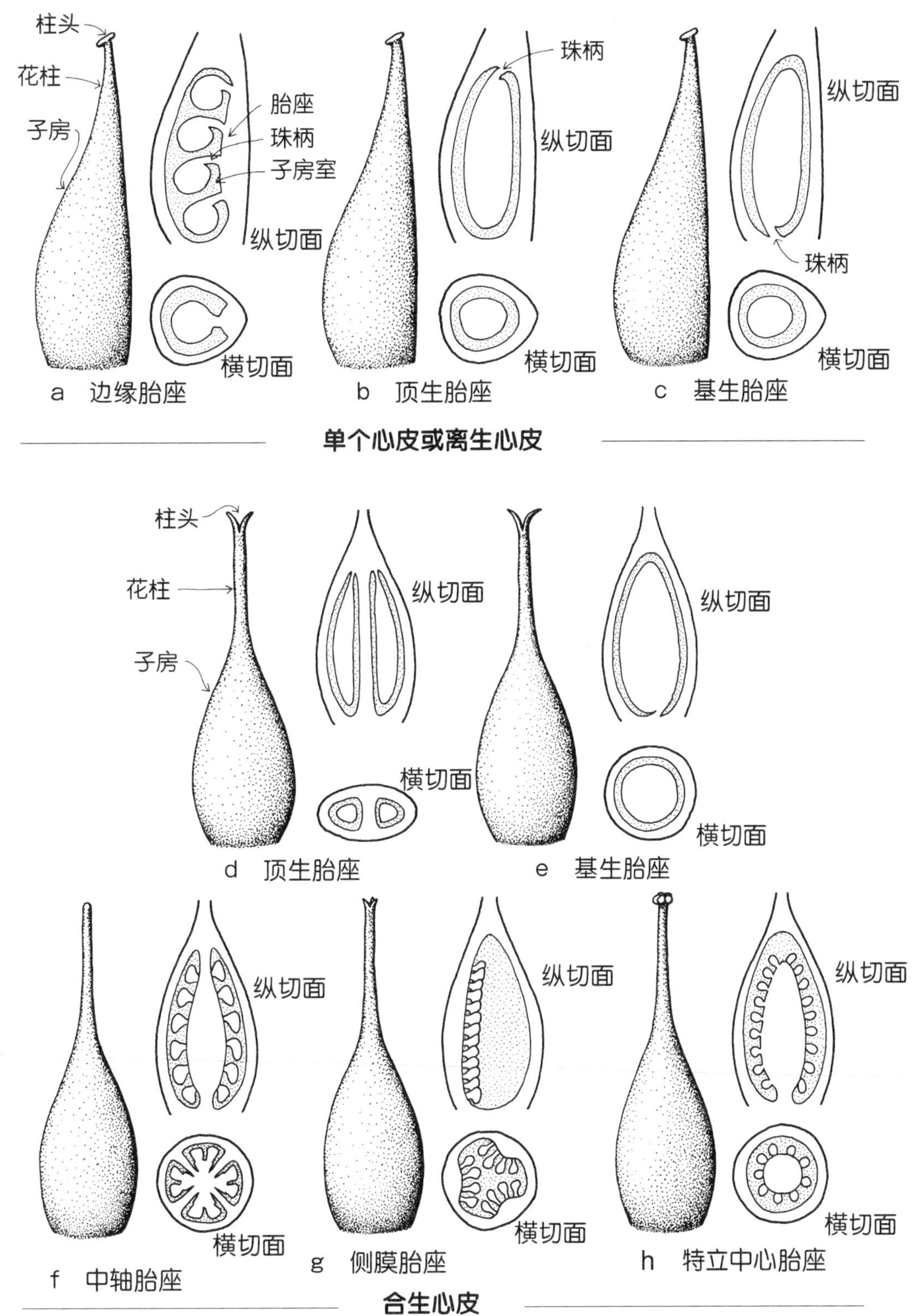

线图 5 胎座式——子房内胚珠的附属物。胎座式类型并不局限于此处展示的例子，如胎座轴胎座式（**f**）可能存在两个或两个以上的合生心皮中。

花柱和柱头

花柱是连接子房顶部和柱头的组织。有时可能是细长的（见线图 5d–h；图版 9c，31m），有时相对来说较短（见线图 5a–c；图版 20f），或偶尔没有（见图版 4c）。花柱通常附着在子房的顶端（见线图 6a），较少出现在子房顶部的凹陷处（见线图 6b，104b），或连接到深裂子房的基部（见线图 6c，113c），此时花柱被称为生于**子房基部的**。

若雌蕊群是合生心皮的，柱头可能是浅裂的（见线图 5g–h，80），或花柱的分枝要么接近子房上的附着端（见图版 25d），要么更靠近顶端（见线图 5d–e），此种分枝被称为**花柱枝**或**花柱分枝**。在大多数情况下，裂片或花柱枝的数目与合生心皮数目相等。

尽管有时花柱与柱头表面间的界限是模糊的（见图版 1f，5b），但柱头通常位于花柱或花柱枝的顶端或顶端附近，表现为可辨别的单独“结构”（见图版 3e，31d）。柱头的表面可能覆盖有短的腺毛或乳突（小的圆形突出物），其上有可供亲和花粉发芽的接受组织（参见第四章授粉部分）。若柱头部分占据了大部分柱头枝，为便于识别，柱头枝和柱头可互换。

虽然单个心皮的末端通常是完整的，但其展开的方式有多种；如在哈克木属和银桦属（山龙眼科）的植物中，柱头顶端呈圆锥形或盘状（见线图 49，50；图版 3a、b）。

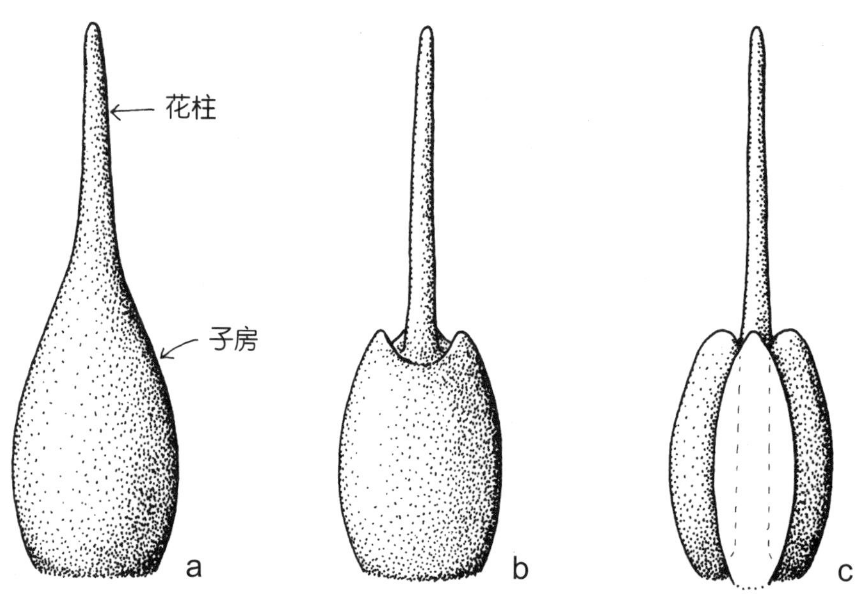

线图 6　花柱在子房上的着生处：**a** 顶生的；**b** 着生于凹陷处；**c** 着生于深裂子房的基部（生于子房基部的）。

花盘和蜜腺

并非所有的植物种类都有花盘，但当花盘存在时，它虽然不是子房的一部分，通常仍与子房相连。位于子房基部的花盘称为**子房下位花盘**，而位于子房顶部的花盘称为**子房上位花盘**。

下位花盘可能是一个连续的环状组织（见线图 7a），也可能是扁平或圆形的裂片（见线图 7c），还可能是子房一侧的突出物（见线图 7b）。花盘通常是绿色的，但也可能是彩色的（见图版 30c）。由于花盘常常分泌花蜜，也被称为蜜腺。单个裂片可被称为分泌花蜜的鳞叶（见图版 1c），芸香属（见线图 92；图版 4i）、澳桔属（见线图 98）、茴香属（见线图 132）、欧芹属（见图版 5b）和玄参属（见图版 31d）植物的图中均有花盘。

花蜜常见于花中，不同种类花的花蜜可由与花任何部分相连接的专门组织产生。例如，许多百合属植物的被片能分泌花蜜（通常在基部附近），如毛茛属植物的花瓣上有专门的区域。由不同种类的萼片或花瓣产生的花距可以分泌花蜜，或作为容纳其他部分所产生的花蜜的容器。在蔷薇科（如李属，见图版 3e）、柳叶菜科（如倒挂金钟属，见线图 80）和桃金娘科（如薄子木属，见图版 20i）植物中的花管通常在某些部分与分泌花蜜的组织相连。在樟科植物（见图版 6h，7）中，蜜腺也可与雄蕊相连。

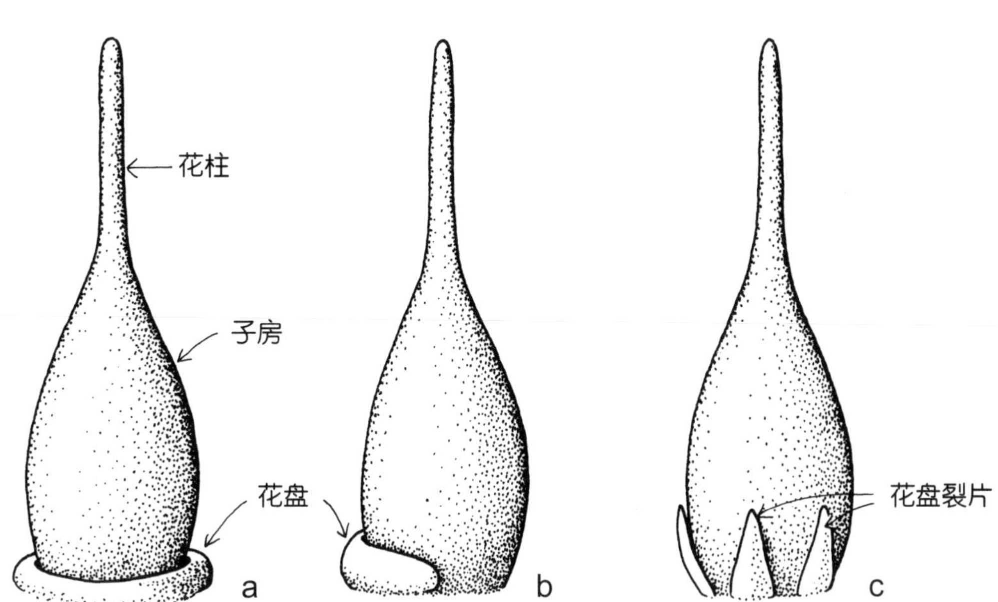

线图 7　位于子房基部的一些常见花盘种类。花盘通常分泌花蜜，因此也可称作蜜腺（见线图 92，98，132c；图版 1c，3a，4i，30c，31d）。

a　下位花；上位子房

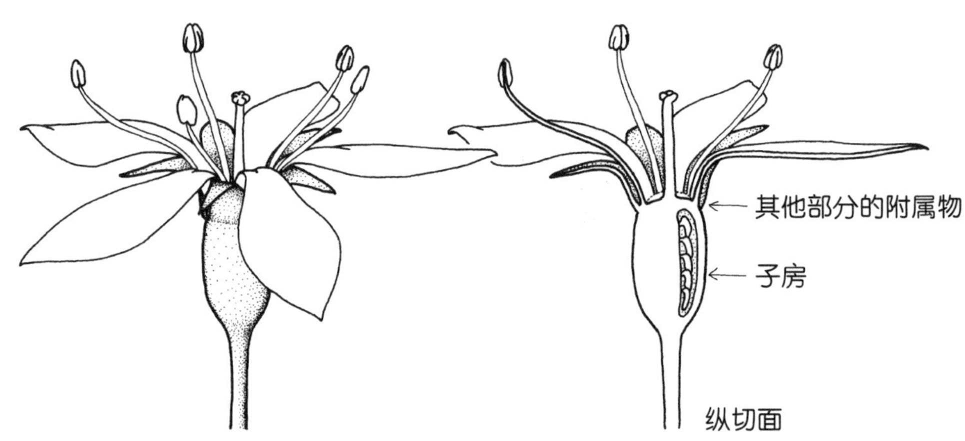

b　上位花；下位子房

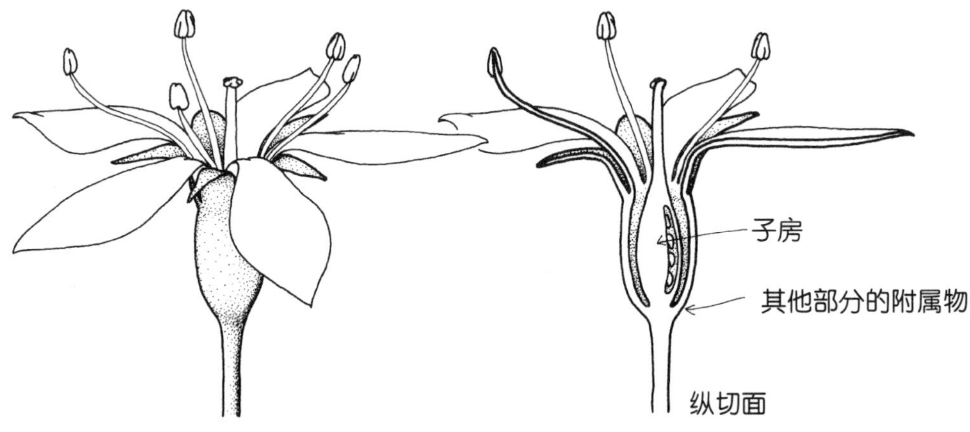

c　周位花；上位子房

线图 8　花的类型和子房位置：三种常见花的类型和相应的子房相对于花被和雄蕊附属物或花管的位置。

不同种类植物心皮上的不同位置的组织可分泌花蜜。在某些情况下，花蜜可由整个外表面分泌。当心皮合生时，花蜜可能由子房内的组织分泌，如子房室间与隔膜相连的组织。据记载，许多长有像百合花的属都有隔膜蜜腺，如龙舌兰属、号筒花（见图版 11c）和水仙属（水仙和长寿花）。在这些特殊的情况下，可以在子房的横切面中看到蜜腺，蜜腺形成每层隔膜的一部分，但颜色略有不同，而且很容易渗出液体。

花各部分的关系

在大多数花中，相邻轮的部分相互交替；因此萼片与花瓣，带有雄蕊的花瓣以及带有心皮的雄蕊（见线图 1；图版 1）轮流出现。这种排列方式也可描述为：雄蕊与萼片对生，心皮与花瓣对生。回顾这种典型的模式可以帮助说明有特殊结构的花，如轮的部分缺失。

> 花各部分的相对位置是说明花朵结构的重要线索之一。

当花各部分排列在花托上时，萼片从而处于最低处，紧接着依次是花瓣和雄蕊，心皮（无论是离生的还是合生的）位于顶部，这样的花被称为是处于**下位的**，子房是处于**上位的**（见线图 1，8a；图版 1，4）。

有时在有上位子房的花中，花托呈杯状，因此萼片、花瓣和雄蕊产生于子房附近，此种花被称为是**周位的**（见线图 8c），杯状结构可称为花管。蔷薇科的一些属有周位花，如李属（见线图 72；图版 3e）、蔷薇属和绣线菊属（见图版 2g）。

若萼片、花瓣和雄蕊出现在子房顶部，则称该花为上位的，子房为下位的（见线图 8b，132；图版 5a–c）。有时，花有下位子房，但子房顶部向上的突出部分超出了长有萼片、花瓣和雄蕊的尖端，那么此种子房被称为是半下位的，如在牛筋茶属（见线图 74c）和薄子木属（见图版 20i）的某些植物中。

> 相对于其他花的部分（花被和雄蕊）的着生点，子房是上位的或下位的。

花管

花管可被认为由花被部分（如果有花萼和花冠）和雄蕊（见线图 9a–b）的合生基部组成（注意可能没有花被，如在稻花属中——见线图 101 所示）。花管应与有合生花瓣的花冠管有明显区别，如在澳石南属（见线图 104）和木曼陀罗属（见图版 29g、h）中。

花管历来是争论的焦点，特别是它的来源，不同学者给出了不同的名称。文献中并未广泛使用中性词“花管”。最常见的替代词是**隐头花序**，其他替代词有**花管**、**花托管**和**花托**。有时术语花萼管可指花管，

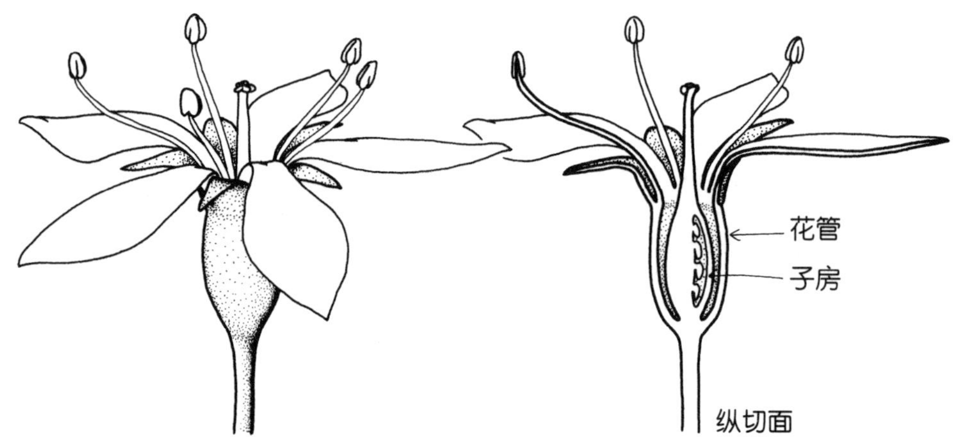

a　花管可见；萼片、花瓣和离生雄蕊；上位子房

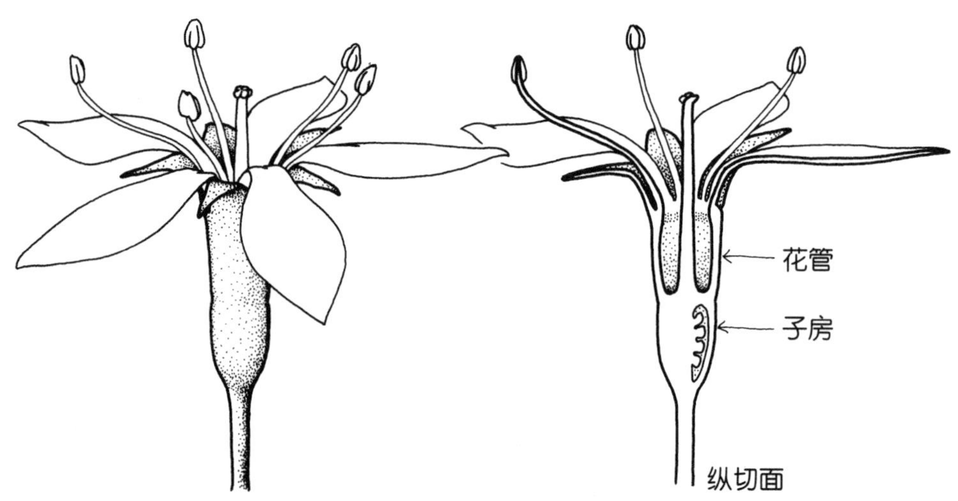

b　花管可见；萼片、花瓣和离生雄蕊；下位子房

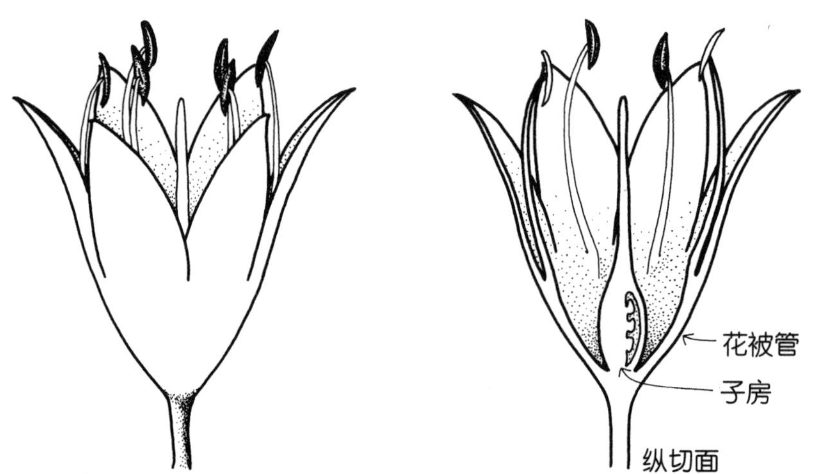

c　未鉴定花管——现有花被管；合生被片，萼生雄蕊；上位子房

线图 9　花管

但并不绝对正确。要注意，术语“torus”（花托）也与“receptacle”（花托）同义，这意味着花管是花托的分枝或花托的一部分。因此，一朵花可被描述为“中空的杯状花托”，这一解释被 J.M. 布莱克（J.M. Black）广泛应用于较早的文本《南澳大利亚植物志》（*Flora of South Australia*）中。

有时子房被描述为“贴着花管生的”，这意味着子房是下位的，或者至少是半下位的。在这个意义上，花管可能不是明显的单独结构，因为子房壁的组织和花管是整体合生的，如在倒挂金钟属（见线图 80；图版 19d）中，花管可被描述为“贴着子房且在子房上面产生”。

花管对鉴定植物来说应该不是问题，但可能决定花被部分是离生的还是合生的。当花管可见时，萼片和花瓣明显不同，并独自出现在花管顶部，它们通常被认为是离生的（见线图 9a，90；图版 20h、i）。

严格意义上来说，当花管可见但花被没有明显分化成萼片和花瓣时，我们可能会忽略花管，而将花被描述为合生的。于是，雄蕊可被视为与花被管相连，并可使用“萼生雄蕊”一词（见线图 9c，35；图版 11b）。在这些情况下，花管通常表现为花被的延伸部分。

在许多科的植物中可能存在花管，如：

卫矛科	野烛花属（见线图 75）
桃金娘科	桉属、白千层属等（如线图 90；图版 20f、i）
柳叶菜科	倒挂金钟属（见线图 80；图版 19d），月见草属（见图版 19b）
鼠李科	刺绒茶属（见线图 73）
蔷薇科	芒刺果属（见线图 70），木瓜属（见线图 71），李属（见线图 72；图版 3d、e），绣线菊属（见图版 2g）
瑞香科	稻花属（见线图 101）

当花管可见时，即整个花被和雄蕊的基部是合生的——决定各部分是离生的或合生的：
若萼片和花瓣明显不同，则位于花管顶部；
若萼片和花瓣的大小、颜色和结构相似，则位于花管底部。

每轮部分数量

花的每轮部分的数量因植物而异，其变化的程度是相当大的，从零到无数个（后者通常适用于部分数量超过约 10 个的花）。部分数通常是花瓣数的倍数，例如 5 片萼片，5 片花瓣，5 或 10 个雄蕊和 5 个心皮。大多数有花植物都有 4 或 5 朵花，但许多科中也有 3 朵花的，如百合科、鸢尾科、木兰科和樟科。

生殖器官数量减少较为常见，例如在分裂为 4 或 5 部分的花中通常只有两个心皮，或雄蕊数比花瓣数少。

单性花

大多数花都有雄蕊和心皮，因此是两性的。然而，有一些花却没有雄蕊，因此是单性的且具有雌花的功能。同样地，没有心皮的花具有雄花的功能。单性花可长在同一株植物上，如在黄瓜、西葫芦和南瓜中，有时也会出现在异木麻黄属中，这种植物被称为**雌雄同株**（希腊语中意为“一室”）。当雄花和雌花分别长在不同的植株上时，就称此植物为**雌雄异株**，如铁线莲属植物（见线图 42）、獐牙花属植物（见线图 23）和异木麻黄属（见图版 17d–g）的大多数植物。

若想进一步了解花的结构，可参阅鲍斯（Bowes，1996）、贾德（Judd，2016）等、劳伦斯（Lawrence，1951）以及韦伯林（Weberling，1989）等人的文献。

花程式

花程式是记录花的基本结构的简写方法，下面列出了花的器官的标准符号（尽管在有些文本中可能略有不同）。大多数线图中都使用了花程式，这些公式被尽可能简单地表达出来，以便表明花中最易看到的部分。

P	花被	花被片
K	花萼	萼片
C	花冠	花瓣
A	雄蕊群	雄蕊
G	雌蕊群	心皮

	$\underline{G}$ 子房上位
	–G– 子房半下位
	$\overline{G}$ 子房下位
∞	数量较多的部分（>10）
（ ）	合生轮的部分
〔 〕	在本书中用来指每轮各部分最初是合生的且随着花龄的增长而变得离生，或者各部分特别紧密地合生
⌒	连接不同部位的合生部分
+	表示各部分位于 1 个以上的轮中
,	将单个轮内的多个部分分开
—	连接两个数字，表示每轮内的部分数的可能范围

举例如下：

线图 1			
K5 萼片 5 片 离生	C5 花瓣 5 片 离生	A5 雄蕊 5 枚 离生	$G\underline{5}$ 心皮 5 个 离生 子房上位
景天属　线图 55			
K5 萼片 5 片 离生	C5 ⌒ 花瓣 5 片 离生	A5+5 雄蕊 2 轮 5 枚离生 5 枚着生于花瓣	$G\underline{5}$ 心皮 5 个 离生 子房上位
澳石南属　线图 104			
K5 萼片 5 片 离生	C（5）⌒ 花瓣 5 片 合生	A5 雄蕊 5 枚 离生 着生于花瓣	G（$\underline{5}$） 心皮 5 个 合生 子房上位

续表

茴香属　线图 132			
K0 萼片缺失	. C5 花瓣 5 片 离生	A5 雄蕊 5 枚 离生	G $(\bar{2})$ 心皮 2 个 合生 子房下位
山黧豆属　线图 66			
K(5) 萼片 5 片 合生	C (2), 3 花瓣 5 片 2 合生 3 离生	A (9), 1 雄蕊 10 枚 9 合生 1 离生	G$\underline{1}$ 心皮 1 个 子房上位
松海桐属　线图 79（雄花）			
K(5) 萼片 5 片 合生	C5 花瓣 5 片 离生	A (∞) 雄蕊 多枚合生	G0 心皮 缺失
银桦属　线图 49			
P (4) 被片 4 片 逐渐离生		A4 雄蕊 4 枚 离生 着生于花瓣	G$\underline{1}$ 心皮 1 个 子房上位
百子莲属　线图 35			
P (3+3) 被片分布于 2 轮 每轮 3 片 合生		A3+3 雄蕊分布于 2 轮 每轮 3 枚 离生 着生于花瓣	G $(\underline{3})$ 心皮 3 个 离生 子房上位

在少数情况下，“G”（子房室）用来表示在子房横切面可见的子房室数量，而不是表示在雌蕊群中心皮的数量（如线图 112，113，115）。

第三章　花序：花在植物上的排列方式 >>>

我们可将花序视作一种为产生花而改良的茎轴系统，熟悉花序的主要类型对植物的鉴定极有帮助。一些花序很独特且代表全部科的特征，如伞形科植物（胡萝卜属和芹属，有时被称为伞形花科，如图版 34b、c）中的伞形花序和菊科（如图版 32c、h）中的头状花序。这两科的旧名称反映了二者的一般花序类型。

单生花

当植株只开一朵花，或当一朵花生长在彼此相距甚远的侧枝顶端时（见图版 4a，8j），花被描述为是单生的。实际上，一丛灌木的花序在许多嫩枝的每个叶腋上都长有一朵花，这种花序通常被描述为“花在叶腋上是单生的”。

多花花序

多花花序有时相对简单，有时则发育成较复杂的花枝系统，通常与植物的营养部分截然不同。

植物间整体外观的差异大多是由少许特征的变化而决定的，这些特征包括分枝的模式、分枝和花柄的相对延伸、花生长的序列（即在花龄较大和较小的花的花序中的位置），以及在一个更为复杂的花序中基本有花“单位”的重复。

花序结构的重要方面之一涉及主茎轴的性质，**有限的**花序是指花序主茎轴的末尾是一朵花。相反，若主茎轴继续生长且无确切的顶端，从而产生较小或较大数量的侧枝花，则花序是**无限的**。随后长出的花可能继续不完全发育，并沿着茎轴的顶端退化。

花序的分枝形式主要有两种：总状的和聚伞状的，有些花序是两者的组合。

总状分枝

总状的分枝模式习惯上被定义为一个无限主茎轴，其顶端继续生长，从而产生发育为花或花芽的侧芽（见线图 10），这种分枝模式被描述为单轴的。花龄最小的花蕾或花朵最接近顶端，它们广泛分布在十字花科（见图版 23，24a-e）植物中，其中包括许多栽培属，如芸薹属、芝麻菜属和萝卜属有此种性质的花序。

聚伞状分枝

相反，聚伞状分枝的花序在主茎轴顶部长有一花。随后，花朵后面的一个或多个侧芽开始生长，最后形成一朵花，从而结束生长，这种分枝模式被描述为合轴的。虽然已经鉴定了许多不同类型的花序（有些如线图 11 所示），但花可能被简单地描述为“聚伞花序”，表示这是一般的花序类型，避免了进行具体的描述。聚伞状分枝的花序在石竹科（见图版 25）中很常见，其中包括许多常见的花园植物，如丝石竹属和蝇子草属植物，以及卷耳属和繁缕属植物中常见的野草。

头状花序和伞形花序等花序类型可长有总状或聚伞状分枝。在这些花序类型中，聚伞状分枝的特征之一是花龄最小的花朵朝向花序的外侧，而不是朝向中心，如线图 10d 和 10f 所示。当一个花序中长有这两种形式的分枝时，花序通常表现为总状的主茎轴和聚伞状的侧枝，此种花序被称为聚伞圆锥花序（见图版 31b）。

穗状花序、伞形花序和圆锥花序等花序类型的名称在复合花序的描述中常作为形容词使用。术语“穗状的”通常描述一种狭窄的穗状形态，从茎的顶部呈辐射状生出的分枝花序可被描述为伞状的。实际上，在不考虑其分枝模式的条件下，术语“具圆锥花序的”可指一个多分枝的花序。

伞状花序是一种顶部平坦的总状花序，由侧枝或花茎产生，二者伸长到不同的程度，从而使花朵大致在同一水平面上。术语“伞状花序的”可描述任意顶部平坦的花序，如在复合词“伞状圆锥花序”中（见线图 10g）。

非正式术语“簇”只在一般意义上使用，并不指任何特定的分枝模式。

还有许多其他的术语通常被用来描述花序：长有花序的梗通常被称为**花序梗**，每

一些花序类型描述的线图和图版标号

单生花	裂缘兰属见线图 25；喉唇兰属见线图 24；澳石南属见线图 103，图版 28h；蜜源葵属见图版 21a、b；鹅掌楸属见图版 6a、c；罂粟属见图版 4a；茄科见图版 30a
穗状花序	多花相思树见线图 59；海岸相思树见图版 14j；红千层属见线图 81；白千层属见图版 19j；野烛花属见线图 75
总状花序	芸薹属见图版 23b；荠属见图版 24a、b；倒挂金钟属见图版 19d；银桦属见线图 48，50，图版 3b；山黧豆属见线图 64；苜蓿属见图版 16h；南洋楹属见图版 14a；鳄梨属见图版 7j；李属见图版 3c；决明属见线图 56，图版 15b；花柱草属见线图 114；纸毡麻属见线图 100
圆锥花序	彩烟木属见线图 46；澳桔属见线图 97
伞状花序	百子莲属见线图 34；孤挺花属见图版 11a；桉属见线图 85
复伞形花序	胡萝卜属见图版 34b；茴香属见线图 132

续表

头状花序	金合欢属见线图 58，60—62，图版 14d、g、h；菊科见线图 116—125，图版 32，33（除 33k、l）；稻花属见线图 101
复头状花序	鳞叶菊属见线图 126；澳洲鼓槌菊属见图版 33k、l
聚伞花序	卷耳属见图版 25f；毛刷木属见图版 20c；蝇子草属见图版 25a
聚伞圆锥花序	青锁龙属见图版 1a；天鹅绒灌木属见图版 22f；澳桔属见线图 97

朵花的梗被称为花梗。当没有花序梗或花梗时，此种结构被描述为**无柄的**。梗较短时使用术语**几无柄**，从而避免了有或无的具体描述。花序的中茎轴（实际上将花序梗一直延伸超过了第一个花序分枝或花朵）被称为**花序轴**。

在许多情况下，花序分枝和花朵生长在**苞片**腋部（见线图 10a、b；图版 5e，32a），腋是苞片和茎之间的“角”，通常还可描述为分枝或花朵“由苞片包围”。苞片通常较小，是植物上“正常”叶子的缩小版，该术语也可用于描述更明显及色彩艳丽的结构，如马蹄莲属（见图版 8d）植物的大片白色苞片，在这种情况下，苞片有时也称为佛焰苞。

在检查花序时，留意花朵的相对位置和其下的苞片是有帮助的。在总状花序中，苞片常常包围着花朵且与花朵长在茎轴的同一侧。若为聚伞状分枝，则可看到苞片位于顶花侧面的分枝下或包围着分枝（因此常常出现在花轴相反的一侧，如线图 11a 所示）。

苞片并不总是存在，一些植物类群的花序中明显缺少苞片——苞片可能在花序发育的早期便停止了生长，或者完全缺失。

按照通常的定义，“**小苞片**”一词指一种长在花梗或花萼上的小型苞片状结构，在小苞片中，从腋部没有进一步生长。在许多植物类群中，小苞片成对产生（如线图 42；图版 28b）。然而，一些作者更广泛地使用此术语来指其他位置上较小的苞片状部分。

花序术语应用惯例

在植物鉴定的文本中，对于花序术语的应用，照惯例似乎允许一定程度的灵活性和不精确性存在。例如，一些作者认同即将凋落的几无柄花在“头状花序”（如图版 16e）和“穗状花序”定义中的排列方式（有时很明显是有柄的）。在这些情况下，花梗通常隐藏在密集的花簇或苞片中。在一些分枝花序中，很难确定这些分枝是“真正的”穗状花序还是总状花序，或者植物本身在此特征上存在变化。一些文本通过采用不太明确但仍具描述性的语言来解决这个问题，如“穗状分枝”。

另一个例子是“圆锥花序”一词在各种分枝花序中的广泛应用。

金合欢属的花通常排成头状花序，头状花序随后可排列成通常被称为总状花序

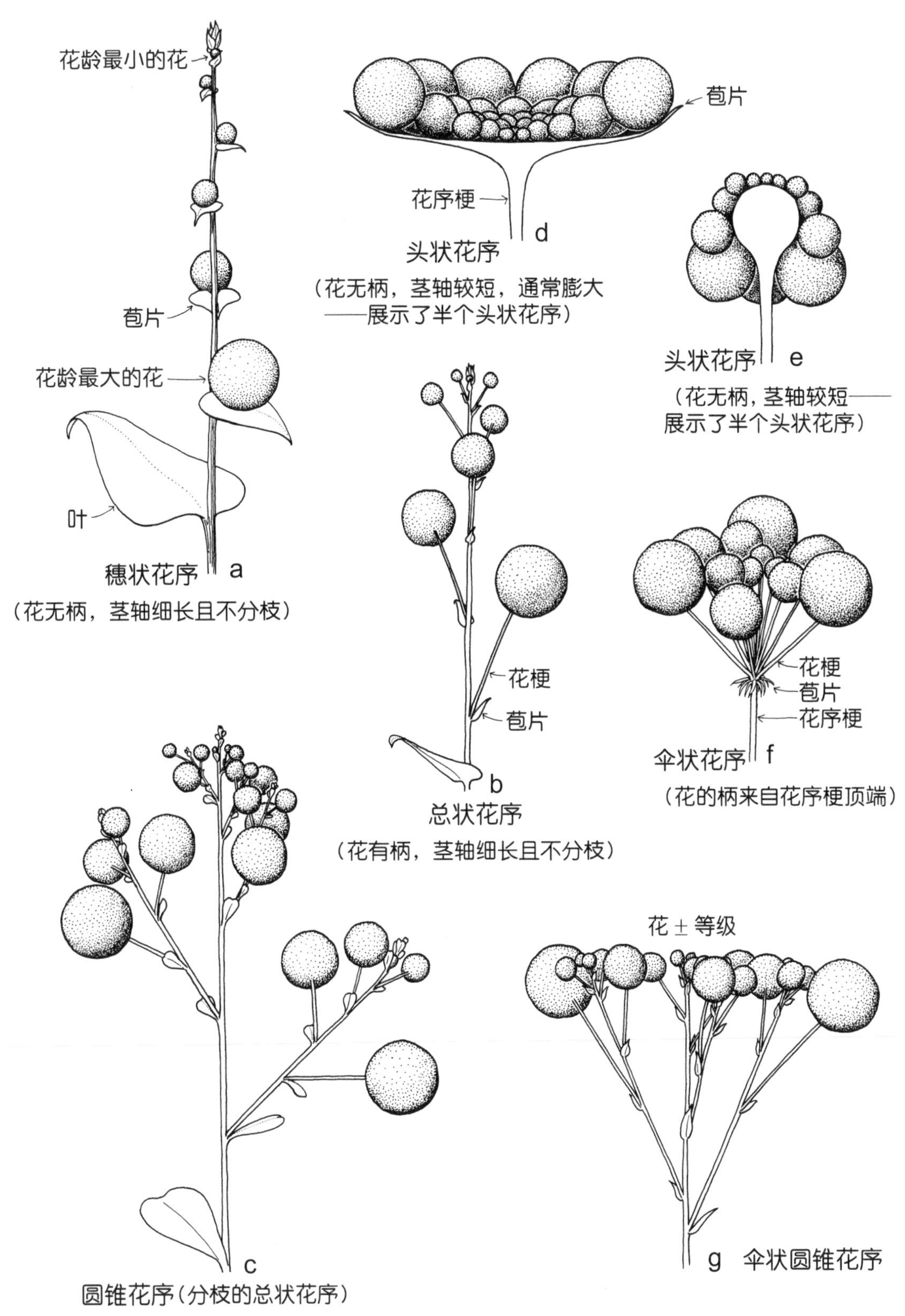

线图 10　总状花序：最小的球体代表花龄最小的花

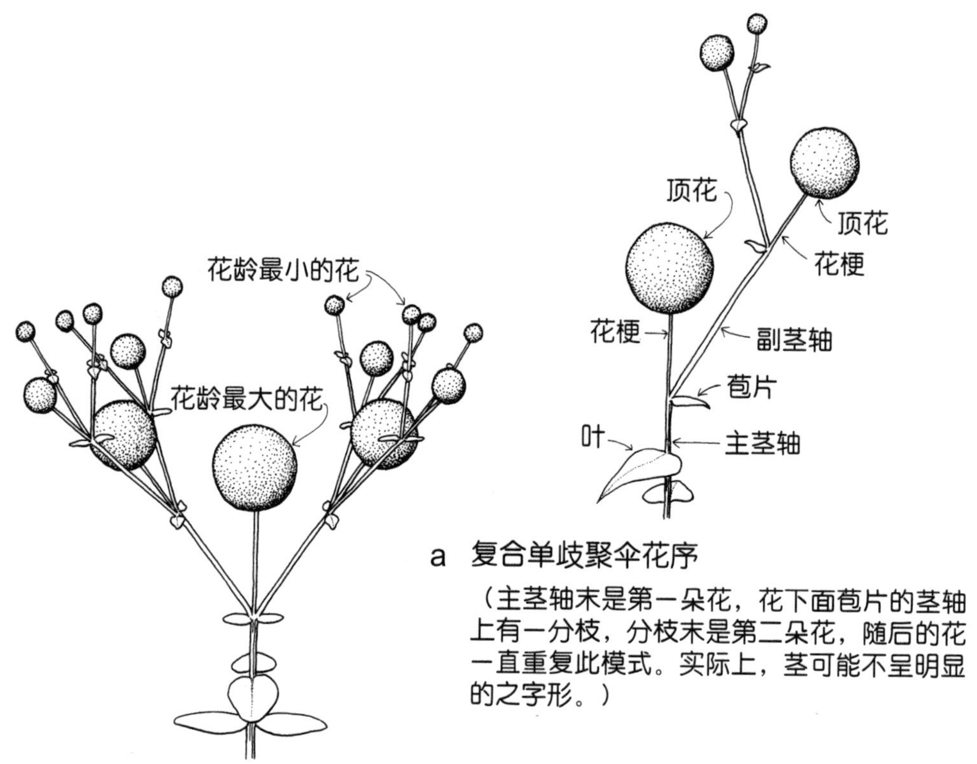

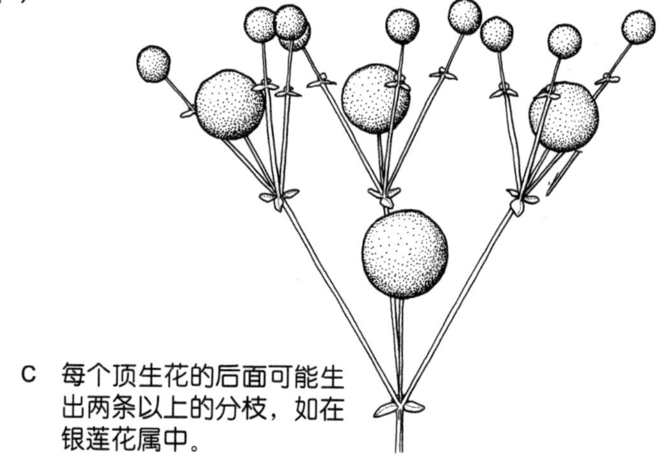

线图 11　一些聚伞状分枝的花序

最小的球体代表花龄最小的花。简单的单歧聚伞花序类似于 **a** 的结构，但只包括两朵最低处的花。简单的二歧聚伞花序由最高处的顶花和两朵侧花组成，聚伞状分枝的花序在石竹科（见图版 25）中很常见。

或圆锥花序的较复杂花序。为了应用到头状花序中，这种对总状花序和圆锥花序定义的扩展通常指花的排列方式，它反映了禾本科植物花序的基本单位是小穗状花序。在后者中，花梗一词的定义也被“引申”为小穗状花序的梗。

在植物学期刊等专业文献中，作者们有时会质疑惯例，并提出全新且更为准确的理解并比较花序的方法以及一整套新术语，许多新提出的术语细化、修改或弃用了现有定义。在简洁的植物类群描述中或在普通文本中是否容易采用新方法仍有待观察。目前，在现有的英语植物类群中，除了最近看到的一两个新术语外，似乎沿袭了以往的惯例。本书的术语表中包含了一些新术语。

贾德（Judd，2016）等人著的高等教育植物学教科书通常介绍花序结构。若想了解更详细、更专业的描述，可参阅韦伯林（Weberling，1989）的书。

第四章　有花植物的繁殖 >>>

有花植物的繁殖方式分为有性繁殖和无性繁殖两种。有性繁殖是指雄性和雌性的生殖细胞，即配子的融合。在无性繁殖中，没有配子发生融合，而是由球茎、块茎、鳞茎、插条等营养器官进行繁殖。

有性繁殖可分为以下阶段：

授粉——花粉从花药到柱头的转移；

受精——雄配子和雌配子的结合；

种子发育；

果实发育；

种子萌发。

授粉

携带雄配子的花粉会通过不同方式转移到柱头上。许多植物都是靠风来传粉的，如针叶树（松树及其同类）和草类植物等，以及许多生长在北半球的树木，如桦树、桤木和橡树。这些植物的花会产生大量的花粉并将其释放到空气中，花粉可飘浮或被吹落到亲和柱头上。靠风传粉植物的柱头通常较大且如羽毛般柔软，这能帮助它们更好地传播花粉。

昆虫是花最重要的传粉者。它们采集花蜜或花粉，在此过程中便把一些花粉从一朵花传到另一朵花上。昆虫根据气味确定花的位置，然后受其颜色和形状的影响。众所周知，蜜蜂喜欢黄色或蓝色的花；而在晚上活动的飞蛾则喜欢白色或奶油色的花，因为这两种颜色的花在晚上更容易看到。

鸟类，尤其是吸蜜鸟科的，是长有管状花冠的花的重要传粉者，它们会被管状花冠上的大量花蜜所吸引。当鸟在寻食花蜜时，花粉会沾到它们头部的羽毛上，从而被带到其他的花上。鸟类似乎会受红色花朵的吸引，但如果有花蜜，它们也会选择其他有颜色的花朵。侏儒负鼠、滑翔负鼠和小袋鼠等小动物也被认为是某些植物的传粉者。

由昆虫和鸟类传粉的植物通常有大而鲜艳的花朵且分泌花蜜。相反，靠风传粉的植物花朵通常较小，呈绿色或棕色，通常没有花瓣和花蜜。

受精

成熟时，大多数花粉粒含有 3 个核，其中 2 个是精子（或称雄配子），而另外一个被称为管核，与花粉管的发育有关。

成熟的胚珠含有一个胚囊，最常见的胚囊类型是 7 个细胞中含有 8 个核。卵细胞或称雌配子，两侧各有 1 个助细胞位于胚囊的一端；中间是 2 个极核，另一端是剩下的 3 个反足细胞。

当花粉粒在柱头上萌发时，花粉管形成并通过花柱和心皮壁向下生长，从而进入胚珠和胚囊。管核随着花粉管的成熟端向下移动，两个精子核紧随其后（见线图 12）。精子核进入胚囊后，其中一个与卵细胞融合形成受精卵，受精卵是所有生物体受精细胞的总称。第二个精子核与两个极核融合形成初生胚乳核，它分裂得非常快，会产生一种叫胚乳的组织。

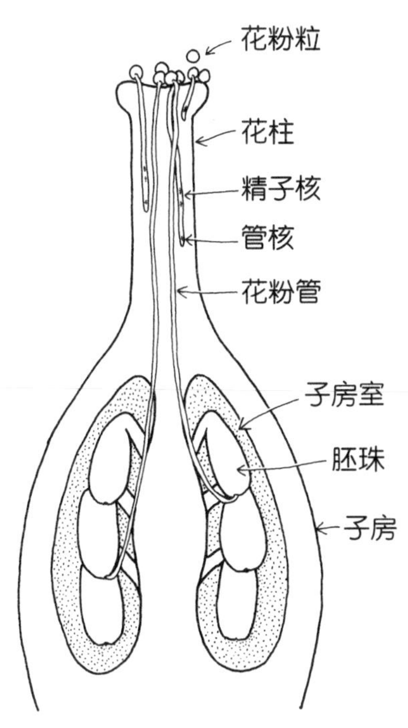

线图 12　传粉后两个合生心皮的纵切面，其中可见花粉管沿着花柱生长。

花粉的萌发取决于花粉粒壁和柱头表面上分泌液之间的化学作用。分泌液之间的有利反应能使花粉萌发，花粉管向下生长进入花柱。在这种情况下，花粉与柱头相容。若分泌液抑制了花粉的萌发，则花粉是不相容的。许多植物是不相容的，即自身的花粉不会在同一植株的柱头上萌发。为了能够受精，须将这些植株与同一植物不同植株上的花粉进行异花授粉。通常，柱头会排斥其他物种的花粉，但当不同的物种确实会互相受精时，它们就进行了杂交。

种子的发育

受精卵在形成后分裂并发育成胚，这一过程至少要从胚乳中吸收一部分的营养。成熟的胚由一个茎轴（以后发育为根系）和一两片有时称为种子叶的子叶组成，这些种子叶是两个主要的传统有花植物类群名称的基础，这两个植物类群分别为单子叶植物和双子叶植物。然而，现在双子叶植物得以重新被评估并从中离生出了一些类群（见第六章）。

通常双子叶植物的胚有两片子叶，而单子叶植物的胚只有一片子叶。在双子叶植物中，贮藏在胚乳中的剩余营养物可能被子叶吸收，子叶因此而变得肥厚且肉质，如在豆科豌豆属和金合欢属植物中；胚乳可能留在成熟的种子内，如在蓖麻和一些藜科植物中。单子叶植物的种子都含有胚乳，在萌发过程中子叶吸收了胚乳。成熟的胚由种皮或**外种皮**（见线图 13）包围，但在禾本科等单子叶植物中，外种皮与果壁合生。**种脐**（见线图 13）是种子上的叶柄疤，标记着珠柄的着生点。

果实的发育

果实由单花的雌蕊群或花序发育而来。**聚合果**由单一心皮或合生心皮的雌蕊群发育而来，下面将给出更详细的解释。有离生心皮的花产生聚合果（见图版 2b），如草莓和覆盆子（见蔷薇科章节）。**复果**由花序发育而来，如菠萝和无花果。菠萝由许多着生在中轴上的肉质单位组成，坚韧外皮上的图案展示了单个果实的边界。在无花果中，中空的花序轴中包裹着花（随后发育为小果实），花序轴成熟时变成肉质的（见图版 17c）。

果壁或果皮通常由心皮壁发育而来，如在苹果和玫瑰果中，其中可能包括花管。果皮有时明显地分为三层，最外层是外果皮，中层是中果皮，内层是内果皮。如樱桃有三层：果皮是外果皮，果肉是中果皮，包裹种子的果核是内果皮。在成熟的干果中，层次不完全分化。有时花被着生于果实上，并随着果实的生长而增大。在这种情况下，便使用术语“生成的花被”或“着生于果实上的花被”。

果实成熟时可能是肉质的或干硬的。果皮干燥的果实有时是开裂的（裂开成缝以释放种子），有时是不开裂的。由多室的子房发育而来的干果有时会分裂成许多小果，如在钟南香属和芸香科的一些植物中。

在植物学中，“果实”一词包括许多蔬菜，如豌豆、黄豆、黄瓜、辣椒和南瓜，在有关蔷薇科的章节中描述了一些常见的蔷薇科果实。在有关植物鉴定的文献中，附属的果实类型列表包括一些众所周知的例子。果实的类型见下面的术语表。

干果	开裂的果实	蓇葖	班克木属（见线图 44b），银桦属（见线图 48b），哈克木属（见线图 52），澳洲坚果属，青锁龙属的单小果（见图版 1h）和酒瓶树属（见图版 22e）
		豆类菜豆，小扁豆，豌豆，花生	山黧豆属（见线图 65b），决明属（见线图 56）
		孢蒴	红千层属（见线图 81），桉属（见线图 85，87），百合属（见图版 9e），白千层属（见图版 19j），罂粟属（见图版 4e）
		翅果	鹅掌楸属植物的单小果（见图版 6d）
		短角果	荠属（见图版 24b、e）
		长角果	芸薹属（见图版 23g）

续表

干果	果皮不开裂果实	坚果	橡子
		连萼瘦果	菊科的单小果，包括千里光属（见线图 121），万寿菊属（见线图 117），蒲公英属（见线图 124），牛膝菊属（见图版 33e），欧洲猫耳菊属（见图版 32k）
		瘦果	毛茛属植物的单小果（见图版 2b、c）
肉果		核果	李属，枣属，浆果藜属（见图版 26d）
		浆果	费约果属（见图版 19g），番石榴属，西番莲科，以及许多茄科植物（见图版 30，包括番茄和茄子）

在自然环境中，果实表现出了有利于传播的多种适应性，种子因此得以传播。鸟类通常吃多肉的果实，然后把种子藏在远离获得果实的地方。猬莓属植物（见线图 70）等的果实和苜蓿属的某些植物都有芒，芒会附着在动物的皮毛上，更不用说人的袜子了，因此果实可能会被带离母体植株。

蓟属和菊属果实上的柔毛以及榆属、桦属和白蜡树属果实翼瓣上的柔毛有助于风的传播。一些植物会形成高度开裂的豆荚，从而释放出种子。椰子树的种子覆盖有厚厚的纤维外壳，椰子成熟后掉入海中会随洋流漂流到许多偏远的岛屿上。其他生长在海滩附近的植物也以此种方式传播。

种子的萌发

把豌豆或蚕豆的种子在水中浸泡一段时间有助于去皮（见线图 13）。种子内是两片肉质的子叶，若打开子叶，则可在叶间看到胚，子叶在子叶节上与胚轴相连。节上方的茎轴称为上胚轴，上胚轴上长有顶端分生组织，通常也有第一对叶片（见线图 13d）。节下方轴称为下胚轴，胚根的下端是幼根。

萌发时通常最先形成幼根，经过充分的发育后，将幼株固定在土里。在豆科、金合欢属和桉属等植物中，下胚轴会伸长，从而使种子破土而出，随后从外种皮生出的子叶展开且逐渐变成绿色；紧接着上胚轴延伸，两片叶展开并开始生长。在可食用的豌豆等植物中，上胚轴首先伸长，种子和子叶留在土壤中。萌发时，植物从胚乳或子叶吸收养分，直到它可以通过光合作用来供养自身（见第五章）。单子叶植物种子的结构是可变的，但还是遵循一般原则。在所有情况下，单子叶都是从胚乳吸收营养以支持幼植的发育。

许多种子在从果实中释放出来后不会立即萌发，而是会进入所谓的休眠期，在自然条件下，休眠期可以确保幼苗在存活概率最高时萌发。许多植物，特别是那些生长地的冬天很寒冷的植物，产生的种子必须在低温下冻结一段时间后才能萌发。这个过程被称为分层，可以通过把种子储存在冰箱里来模拟。在自然界中，较低的

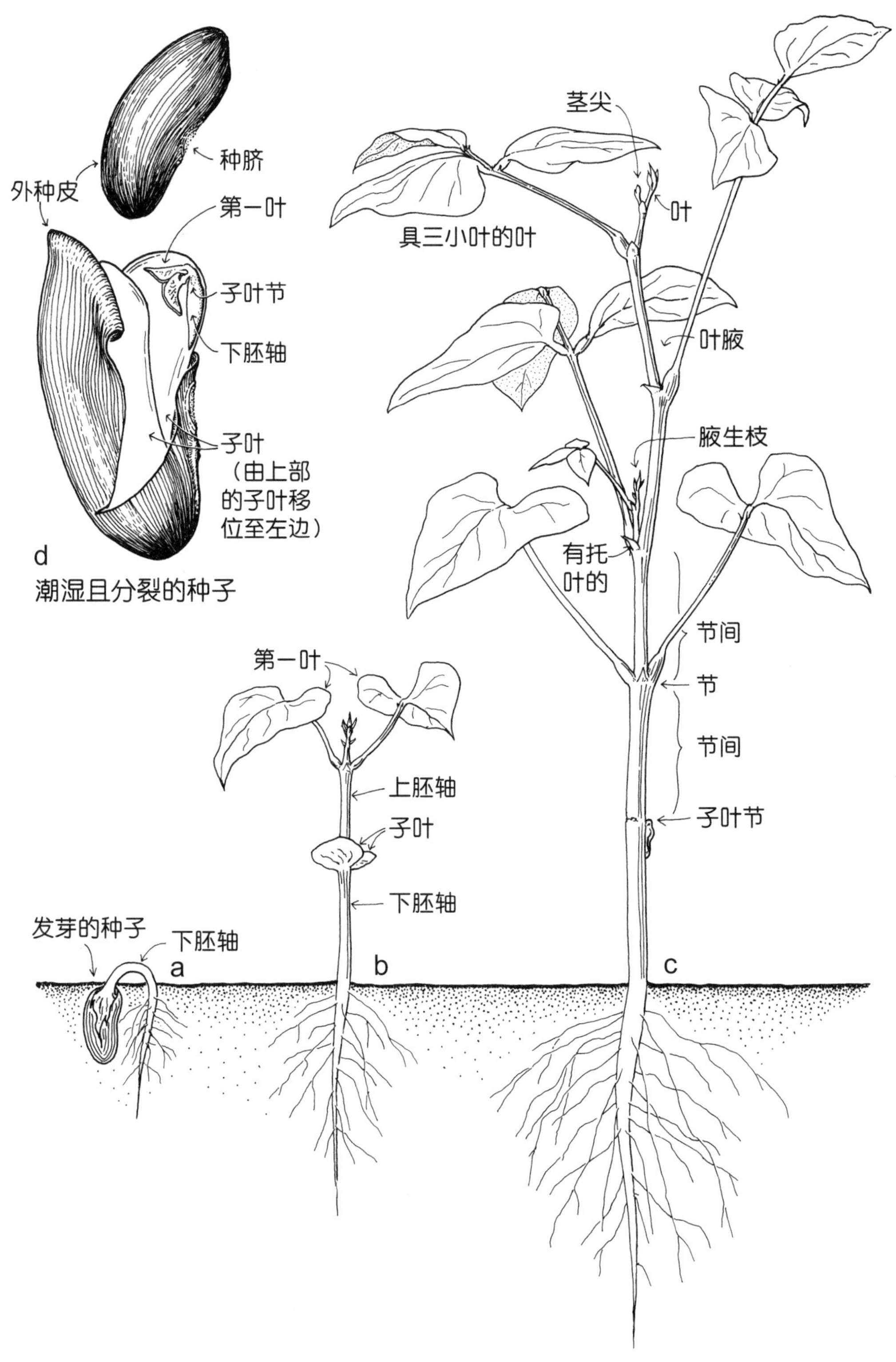

线图 13　豆类的种子、萌发及早期发育
（a–c × 0.3，d × 1.7）

土壤温度保证了种子只有在适宜条件下才会萌发。

金合欢属植物的种子有非常坚硬的外种皮，这些外种皮有时逐渐腐烂，有时在高温下开裂。大火过后，大量的幼苗出现在野外的栖息地，没有竞争再加上能从烧焦的植被中获得额外的营养，所以这些幼苗的生存率较高。澳大利亚的许多植物的种子能够长时间在土壤中存活，等到大火过后再萌发。研究发现，烟有助于种子不受高温的影响而萌发。可以用一个盛水的容器来传递植物燃烧产生的烟，即用“烟熏水”来给种子的托盘浇水。

有些沙漠植物种子的外种皮含有抑制性化学物质，因此在发芽前必须通过土壤中的水分过滤出来。在另外一些植物中，种子在穿过鸟类或其他动物的肠道后才能生长。有时这个过程可用酸化来模拟，但也有其他情况，种子穿过动物肠道的作用尚不清楚。

第五章　有花植物的结构与功能 >>>

线图 13 是一株典型的幼嫩植物及其各部分的排列，大多数植物有名为茎轴的茎－根系统。茎支撑着叶、花和枝干，根则把植物固定在土壤里。

细胞

所有生物的结构单位都是细胞。植物细胞和动物细胞在许多方面都很相似，但在一些基本结构却又不同。每个植物细胞都有一层由纤维素构成的细胞壁，这是一种由葡萄糖分子相连而形成的纤维素分子所组成的复合碳水化合物，纤维素分子形成了刚性纤维。细胞壁内有一层由薄膜包裹着的细胞质，细胞质由悬浮在水状液体中的薄膜、细胞器和液泡组成。由其他薄膜包裹的液泡中含有各种酶和细胞的代谢物。在成熟的植物细胞中，液泡通常是不流动的，一个大的液泡占据了细胞的大部分，一层薄薄的细胞质将液泡与细胞膜分开。

在植物和大多数藻类中存在一种名为叶绿体的细胞器。叶绿体内膜上含有色素，其中叶绿素的量最多，它使叶绿体和暴露在阳光下的植物细胞呈绿色。细胞核是细胞内最大的细胞器，它含有一种名为脱氧核糖核酸（DNA）的化合物，所有控制细胞结构和功能的遗传信息都在 DNA 中编码。当细胞分裂时，DNA 与蛋白质结合形成染色体，染色体将 DNA 从一代传递到下一代。

茎

大多数茎可分为**草质**的和**木质**的。草本植物的茎通常呈绿色且较柔软。豌豆和蚕豆等一年生植物都具有此特征，它们在一个季节内完成生命周期，而茅膏菜科和兰科等一些植物埋在地下的休眠器官每季都发芽。乔木和灌木是多年生植物，二者的茎部通常是木质的，比草本植物的茎部坚硬。

植物有多种生长方式。许多植物直立生长且自给自足，但攀缘植物需要外界的支持才能向上生长。紫藤属和远志科等植物的茎，铁线莲属植物的叶柄以及葡萄上名为卷须的变态枝条，会缠绕在任何能够缠绕的物体上，通常是另一种植物。匍匐植物的茎是平卧的，有的每隔一段时间就会在地上生根。草莓被描述为是有匍匐茎的，因为它们在名为**匍匐茎**的水平茎端形成了新生根的嫩枝。

在进化过程中，一些植物的茎变态从而具有了不同的功能。在仙人掌等植物中，茎通常是绿色且扁平的，而叶则是缺失或发育不完全的。同样，天门冬科等（见图版 11d）植物的侧枝可能呈绿色且为叶状，这种茎和分枝被称为**叶状茎**（**枝**）。仙人掌也是肉质植物，含有蓄水组织。马铃薯**块茎**是储存养分的肉质地下茎；它的表面是营养芽，每个营养芽都能产生新枝。兰花和芜菁菜等植物形成的块茎在一个生长季节结束后仍留在土壤中，在下一个生长季节又会长出新的植物。**球茎**是贮藏养分的密集茎且表面具有芽，如在唐菖蒲属（见图版 10a）植物中。在洋葱等**鳞茎**植物中，肉质的叶基长在短茎上，在茎的外面，通常是由干而薄的叶基形成的一层保护层。百合属（见图版 9a）植物的外部没有薄且干的叶基。**根状茎**是地下茎，大致与土壤表面平行，不时产生气生枝。常见的根状茎植物包括一些鸢尾科、莎草科和灯芯草科植物。

叶

叶在茎上的着生点称为**节**，茎在两个节之间的部分称为**节间**（见线图 13）。叶（见线图 14）的两个主要部分分别是**叶片**和**叶柄**。

当没有叶柄时，叶被描述为无柄的叶。叶片由叶脉系统支撑，当主脉或有许多分枝的中脉形成网时，该**脉序**被描述为网状的（如图版 6a，19f，20b，29h），这种模式在双子叶植物中比较常见。当几个大小相近的叶脉相互平行时，其脉络被描述为**平行的**，这种排列方式在单子叶植物中比较常见（见线图 14b、c；图版 13g）。

仅有一个叶片的叶为**单叶**（见线图 14a–c），有多个的叶片则被称为**复叶**，由**羽片**组成（见线图 14d）。当小叶从叶轴上长出时，复叶是**羽状的**，是叶柄的延伸。当小叶从叶柄顶端分叶时，复叶是**掌状的**（见线图 14g）。羽片进一步分化为小羽片，而后成为**二回羽状的**复叶（见线图 14e、j）。

叶序的描述词有互生的、交互对生的、两列的、对生的、基生的和轮生的，其解释及定义可在线图 15 和术语表中查询。许多术语描述叶的形状和边缘的缺裂，其中一些可见线图 16–18。

叶与有支撑作用的茎间的夹角处称为**叶腋**。大多数侧芽在叶腋中生出，发育成花序或成为分枝的嫩枝。有些植物的叶基上有一对名为**托叶**（见线图 14a，15；图版 16d、h）的分枝。在矮豌豆（见线图 67b）等植物中分枝可能微小且无关紧要，而在蔷薇属和山黧豆属（见线图 64）等植物中却较大且叶较多，在多刺金合欢等植物中的托叶有时是带刺的。

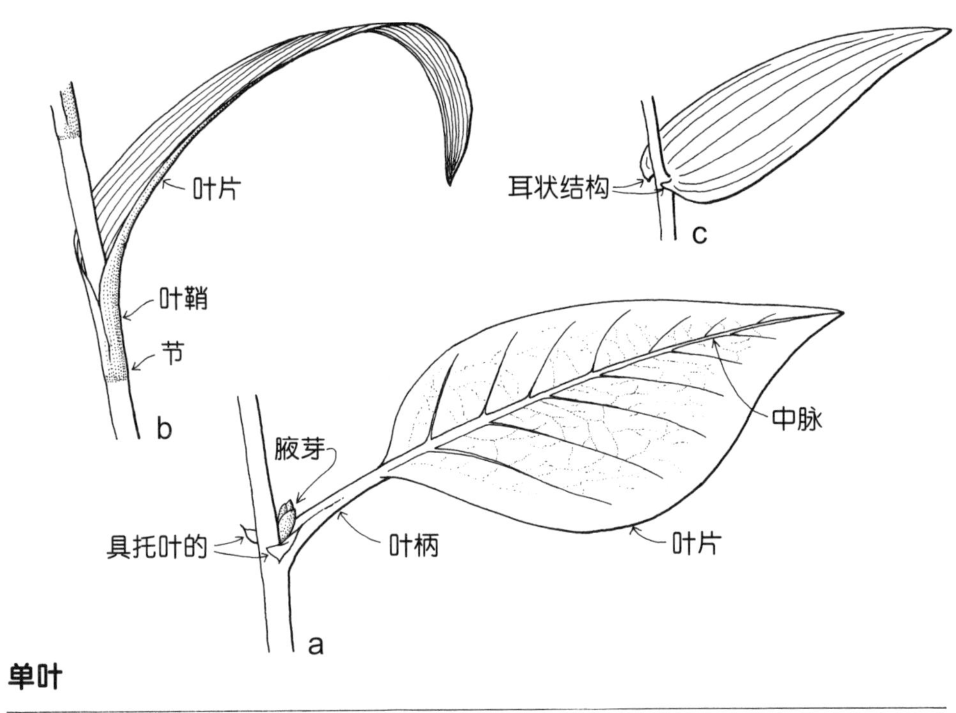

单叶

复叶

小叶（羽片）
叶轴
叶柄
腋芽
d
（复叶）羽状的

羽片
叶轴
小花轴
小羽片
叶柄
e
二回羽状的

顶生小叶

f 具三小叶的　g （叶）掌状的　h （复叶）羽状的　i （复叶）羽状的　j 二回羽状的

线图 14　叶——单叶和复叶：**a** 单叶，有柄，有托叶，具网状脉序；**b** 单叶，有基部鞘和平行脉序；**c** 无柄，有耳状结构和平行脉序的单叶；**d–j** 复叶。

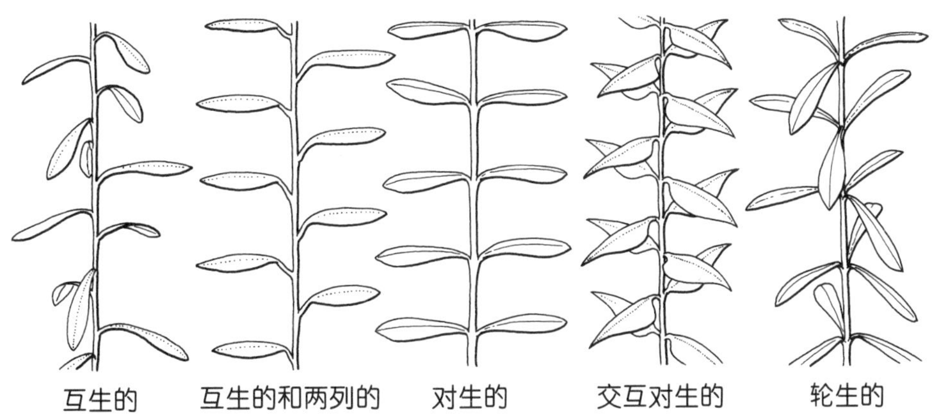

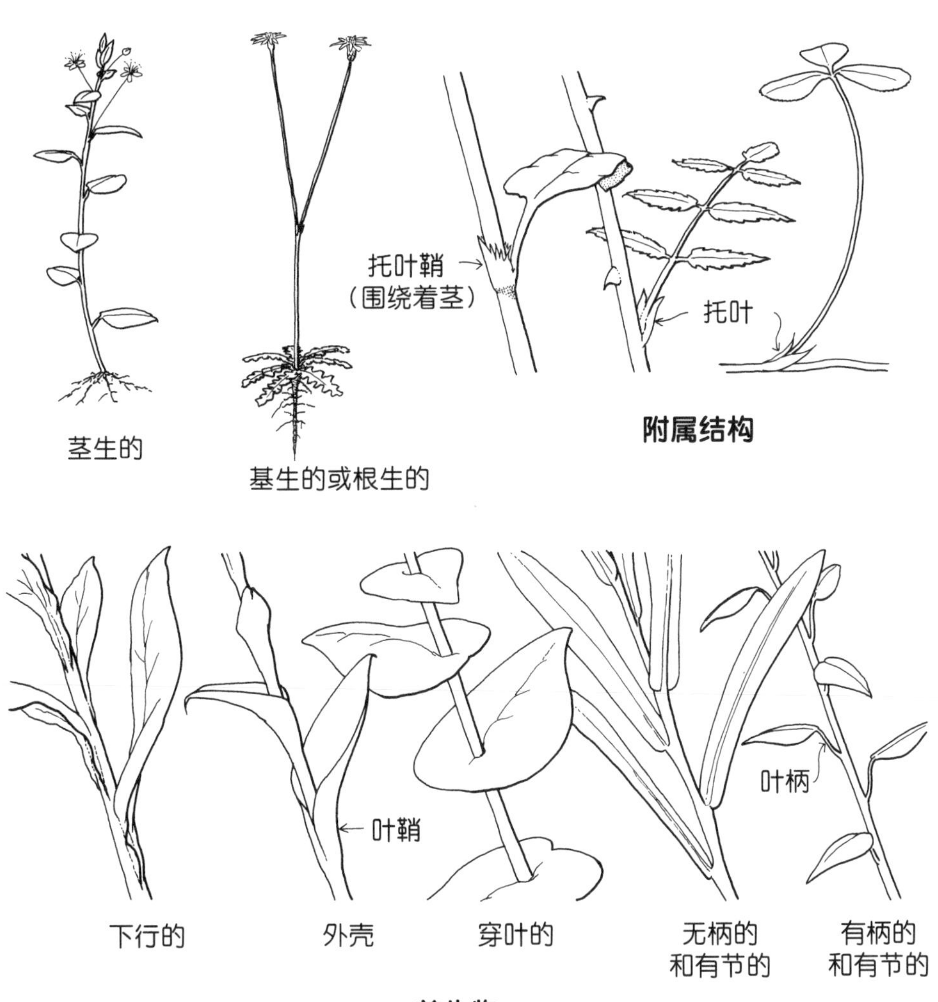

线图 15　叶——排列方式和着生、附属结构

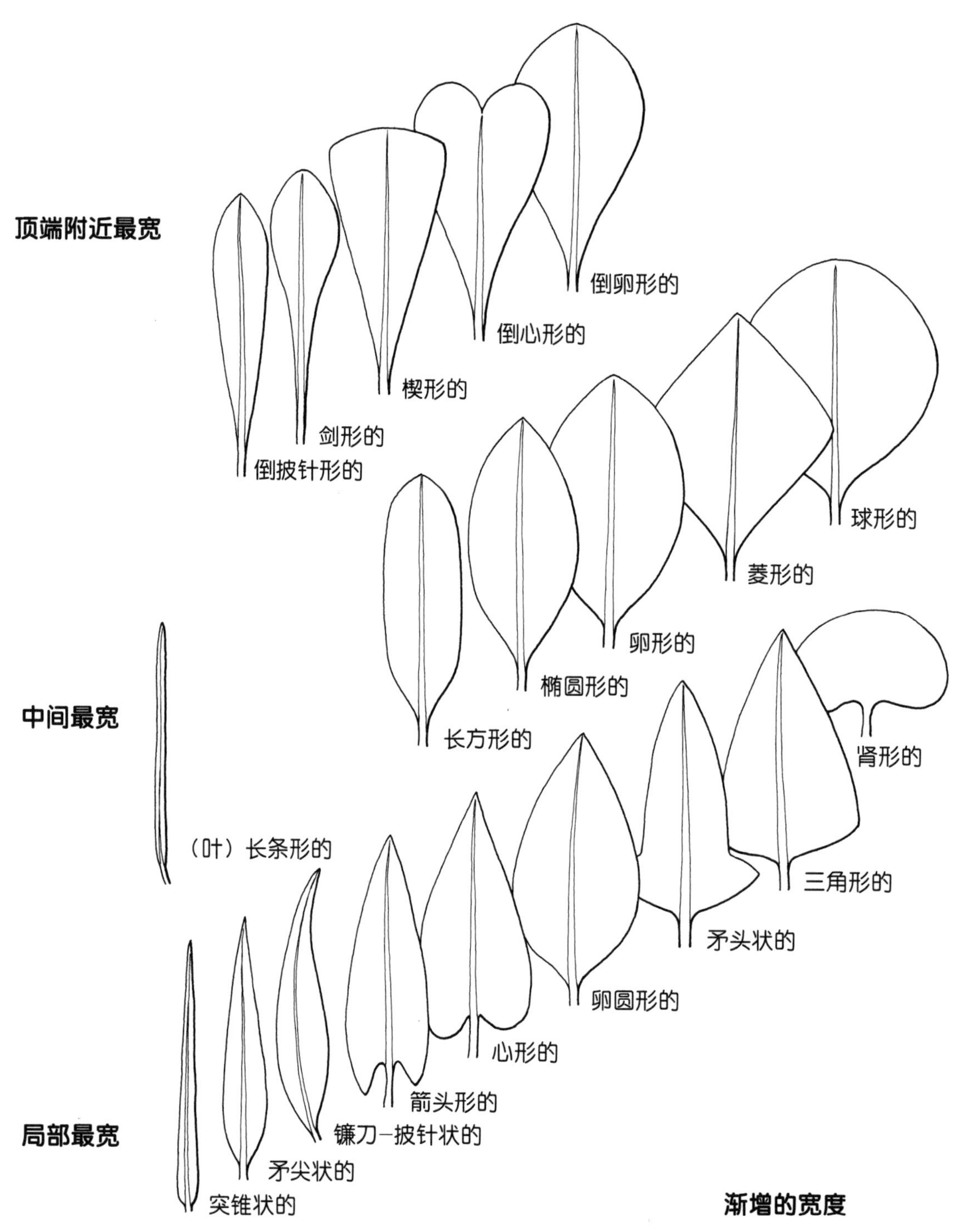

线图 16　叶——形状：该线图包括大多数常用的术语，但需要指出是，形状的定义并不严格；当出现较大的变化时，经常同时使用两个或多个术语。

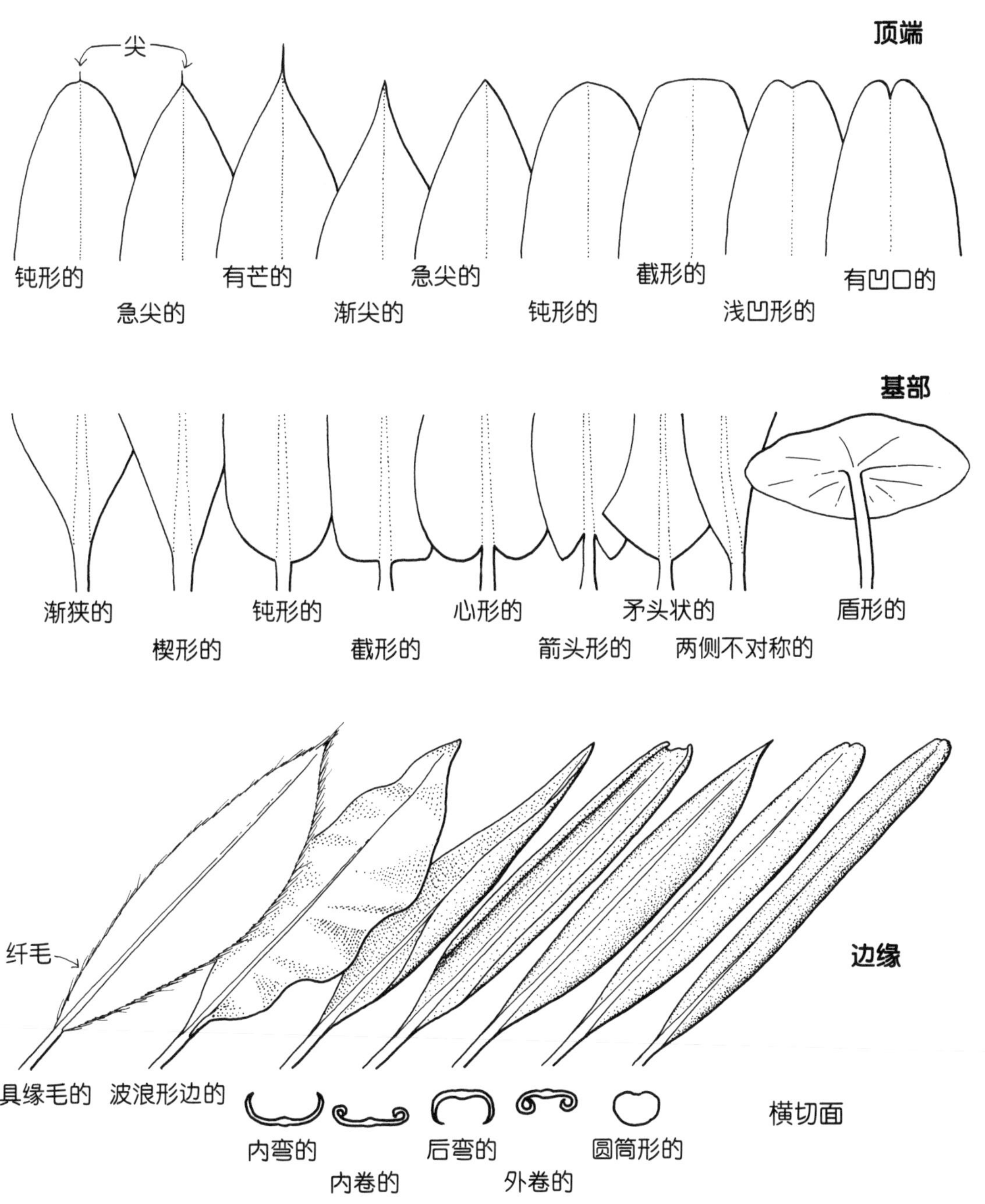

线图 17 叶——顶端、基部和边缘

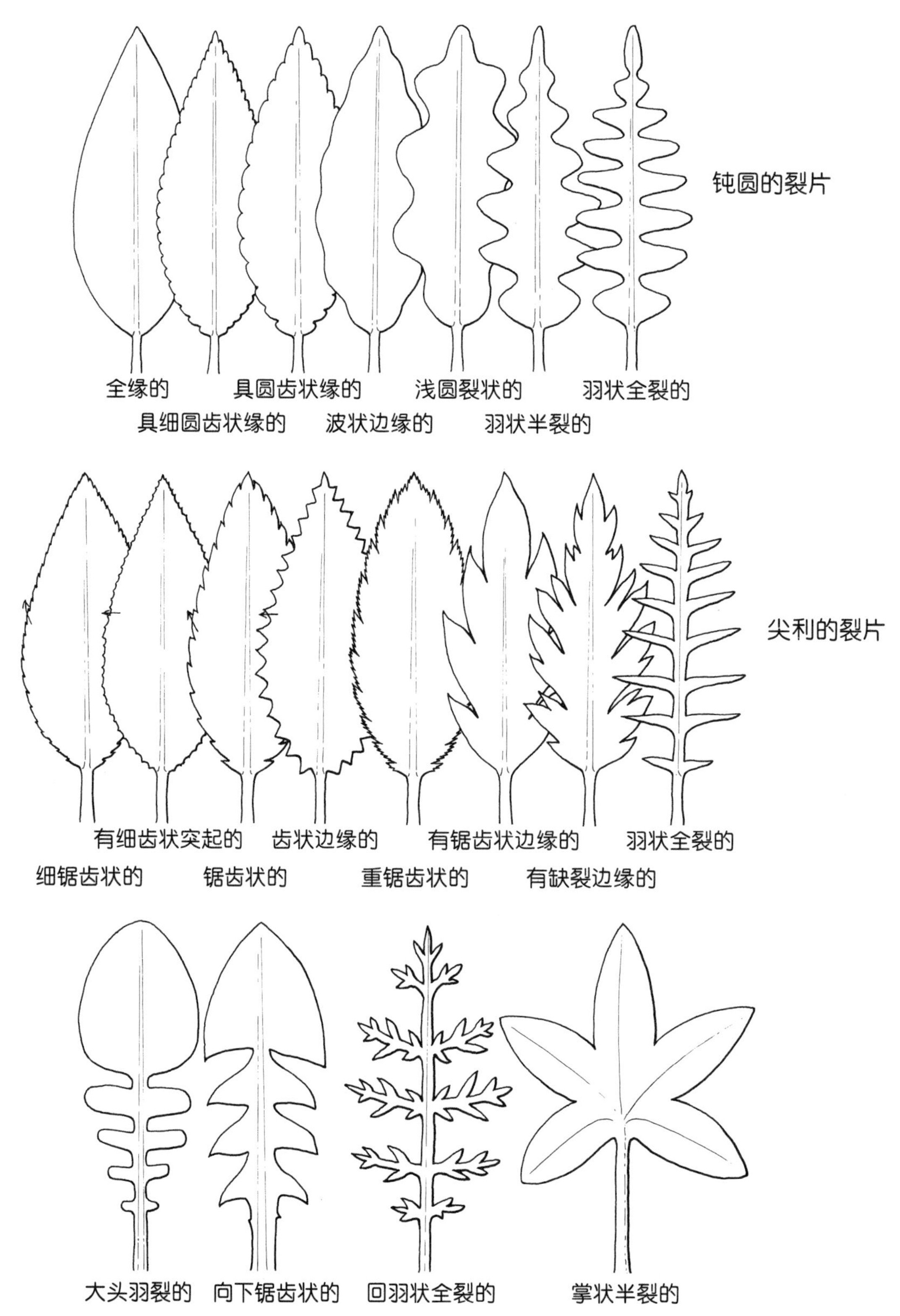

线图 18　叶——边缘：图中的叶虽然有的深裂，但都是单叶。

叶有时会得以改良从而具有不同的功能。例如，香豌豆的卷须（见线图 64）是复叶的变态叶，而日中花属的肉质叶具有特殊的储水组织；茅膏菜属的植物上覆盖有腺毛的叶（见图版 24h），而捕蝇草和猪笼草的叶为了捕捉昆虫而进行了适应性的改变。

叶状结构通常比植物的**苞片**小，它们通常存在于花序内分枝的基部或包围着单花（见线图 10；图版 5e，32a）。在休眠芽上形成保护层的褐色芽鳞也可称为苞片，如在白蜡树属、其他落叶植物和一些常绿植物中。**小苞片**指一种小的、形似苞片的结构，通常成对存在，存在于花梗或花萼上（见线图 68a，112a；图版 28b）。

绿叶的一个重要功能是吸收水和二氧化碳制造碳水化合物。这个过程叫作**光合作用**，因为它依赖于光，发生在存在于叶细胞特殊组织的叶绿体。光合作用可概括为：

二氧化碳 + 水 + 光能 = 糖类 + 氧气

名为**气孔**的特殊小孔吸收了空气中的二氧化碳，水从根部向上流动。糖类被转化成复杂的碳水化合物和蛋白质，氧气可用于植物呼吸或分散到大气中。

根

由主根和侧根组成的根系在“双子叶植物”中比较常见。侧枝的重要性在一定程度上由植物的存活周期决定，而在树木中，侧枝通常较大且四处延伸。与茎的分枝不同的是，侧根不是由表面的芽产生，而是在根组织内生长。许多植物，特别是单子叶植物，没有主根而是形成了大量相对较小的须根。此种根系通常随着不定根的形成而增加，不定根的生长源于茎的基部（见线图 120）。

维管系统

包括蕨类、松属及其同属植物和有花植物在内的许多植物类群都拥有一个专门的细胞系统，水和营养物质通过此系统在植物周围流动。所谓的维管系统由两个组织组成：**木质部**主要负责输导水分，**韧皮部**负责运输光合作用的产物。木质部包括导管和其他有支持植物体作用的细胞，这些细胞的细胞壁增厚并形成了许多灌木和乔木的木质组织。韧皮部含有薄壁的筛管，起运输营养物质的作用，也可能含有结构细胞。这两种组织都含有与周围的细胞进行气体和营养交换的贮存细胞，并与韧皮部的筛管相连接。在木本植物中，韧皮部位于树皮下的一层，因此，当树木有“环割树皮”时，由于树根的养分供应中断以及枝叶的水供应部分中断，因此树木最终会死亡。

植物的生长

茎和根的大部分延伸生长发生在根尖附近。在名为分生组织的区域，通过分裂形成新的细胞，而在分生组织后面的细胞分化成茎或根的各种细胞类型。茎尖则分生组织近似圆顶状，在圆顶的侧面有叶原基的小突起，最终发育为成熟的叶片。根的顶端分生组织位于根冠细胞的后面，当根扎进土壤时，根冠负责保护分生组织。

分生组织稍微往后是根毛区，根的最外细胞层上有成千上万的单细胞细毛。根毛的存活周期相对较短，但却非常重要，因为植物需要的大部分含有溶解矿物质的水都是由它吸收的。

有根毛的幼根必须不断再生，特别是在多年生植物的根系中。广泛分布的肉桂菌等真菌会腐蚀这些幼根，受损的植物通常会因为无法吸收足够的水分而枯死。

木本植物周长的增加也是因为分生区的存在。在大多数木本植物中，分生区横向位于树皮下不远的地方。一部分由这种分生组织产生的细胞会增加到木质部，其他部分则用来提供新的韧皮部细胞，因为在大多数植物中，韧皮部细胞的存活周期不到一个季节。

植物生长的一个有趣现象是，植物在整个生命周期中都会形成新的细胞和组织，即使是年龄超过 100 岁的树木也是如此。新叶只能由主枝和侧枝上的茎尖产生，因此必须维持这些分生组织。若茎尖受到破坏，一个或多个在后面的侧芽通常会继续产生新叶。

第六章　有花植物的分类法与命名法 >>>

分类法

生物学分类法将不同的生物体和类群置于某种逻辑体系中，通常为分类体系。在有花植物中，这一过程最初是根据外观上的相似性（尤其是花的相似性）试图反映一个“非凡的计划”。随着时间的推移，研究和记录的植物特征范围也扩大了，而将进化视作一个过程则极大地影响了分类方法。随着我们细节观察能力的逐渐提升，解剖学、胚结构以及生物化学等一系列的内部特征补充了对外部形态的观察。近几十年来，提取和比较 DNA 序列等能力的发展极大地深化了先前有关植物关系的理论，有时也对其提出了质疑。

现有的有花植物分类系统大多是为了反映植物和类群的进化过程，从而反映它们之间的关系。这就要求每个现有的类群代表一个进化谱系，这些类群被描述为单系类群的。研究人员一直致力于调查科及以上等较高层次，有一种观点认为这些类群的界限已经建立，因此发生进一步改变的可能性正在减小。然而，在科以下的水平中要确保如所有属均为单系类群物种等方面，仍有许多工作要做。

当用图解法描述时，分类表通常是多枝状和树形的，在理想情况下是立体的。在有关一个植物区系的文本或类似的文本中，分类表必须被转化成一个线性序列，本书会尽可能把相关的类群放在一起。

第八章所介绍的科系序列与 2016 年提出的被子植物种系发生学组（以下简称 APG）的最新分类密切相关。

为了方便起见，本书中的各科都有编号，但这些编号并无其他意义。APG 是一个专家组，他们整理了包括近几十年来发表的许多分子研究等大量的数据，以得出一个能够在更广泛的植物类群中应用的分类。从 1998 年到 2016 年间他们的分类有四个版本，每个版本都比之前的更完善。当然，许多当前出版的植物志都是基于以前的分类法，但 APG 的建议已经产生了影响并被纳入一些在线植物志的电子版中。现在的总趋势似乎是制作新型的网络植物志，传统的纸质植物志中可能再也不会出现 APG 分类。

在过去几百年里，人们提出了许多分

类表，但是，在比APG版本更早提出的最新分类表中，有将近六种方案在随后的评价和评判中备受关注，其中任何一种都可能出现在现存的植物志中。对于植物鉴定的学习者而言，最显著的结果可能体现在不同植物志中不同的分类体系和有关分科的内容上。例如在《澳大利亚植物志》（*Flora of Australia*，1981— ）和《维多利亚植物志》（*Flora of Victoria*，Walsh & Entwisle，1994）中，蔷薇科（蔷薇属及同类）和百合科（百合属）的涵盖范围更广。相比之下，在《新南威尔士植物志》（*Flora of New South Wales*，Harden，1990— ）中，这些类群的植物被归纳在一些较小的科中。

《**植物志**》是记录植物生命历程的书，通常包括对科、属、种的描述，以及检索表（鉴定指南）、线图和照片。《植物志》通常是区域性的，存在于世界各地。澳大利亚有许多州植物志和区域植物志，如《澳大利亚中部植物志》和《悉尼植物志》。第一本覆盖整个澳大利亚大陆的植物志是乔治·边沁（George Bentham）的《澳大利亚植物志》（*Flora Australiensis*），出版于1863年至1878年，但新的澳大利亚植物志亟待出版，迄今已出版了33卷复印本《澳大利亚植物志》，（*Flora of Australia*，从1981年起），其中26卷涉及有花植物科。

电子表格形式的植物志可通过互联网查阅，其优点是可将获取的新信息进行整合，即在资源允许的情况下，植物志能够更容易更新。在过去，收录特殊分类表的新植物志只能出版一次。分类表有稳定的外观，用户有时间来熟悉。当今的电子时代日新月异，迅捷的网络似乎和训练有素的记忆力一样有益。

尽管存在差异，但这些早于APG的分类表确实有很多共同之处，如在许多植物志中，木兰科和毛茛科位于开头部分，而菊科通常在最后。这并不是说菊科植物是由类似木兰的原种进化而来的，而是说木兰和毛茛及其同属植物更接近于原种而且更早地分化出来，通常认为菊科植物与原种有花植物的差异比木兰大（即变异的程度更大）。

当讨论进化变异时，植物学家有时会使用“遗传的”和“衍生的”二词来形容植物出现的特征（特征状态）。通常认为遗传的特征状态在进化过程中的变异较小，而衍生的特征状态经过进化后与原始形态明显不同。有时会使用意义稍有不同的术语，该讨论可能涉及“原始的”和“高级的”植物特性。

在约1990年以前，从化石记载中只能收集到有限的有关原始花的结构信息。一般来说，表示较原始状态的特征包括：木本习性，有单生且对称的花朵，有许多呈螺旋状排列的离生部分和上位子房；而表示进化上的高级或衍生状态的特征包括：草本习性，在较复杂的（通常是专门的）花序中有不对称的花朵，轮生的部分逐渐减少和下位子房。在过去的几十年里，无论是在探索新化石层还是在调查和解释化石结构方面，都取得了较大的进展，特别是发现了许多保存完好的花化石。大量的证据正在挑战旧理论，提出了将什么特征视作遗传的或派生的才是合适的理论。“像木兰的”一词的原始形态正在被重新评估。

与木兰科（见线图 22）或景天科（见线图 55）相比，菊科和兰科是两个具有特定花或花序的类群。这两科植物经常与特定的传粉者（通常是昆虫）联系在一起，人们认为有花植物的进化在很大程度上是植物和传粉者间的关系日益专业化的发展史。

有花植物可分为两大类：单子叶植物和双子叶植物。这是指子叶或者生在种皮内胚上的种叶，在萌发后不久便为幼苗提供养分。单子叶植物有一片子叶，双子叶植物通常有两片。除此之外的其他特征见于下表中，但并不限于这些。

	单子叶植物	双子叶植物
种子	1 片子叶	2 片子叶
根系	通常纤维状	通常是带有成熟侧根系的主根
习性	几乎都是草本植物	木本植物或草本植物
叶	脉序通常平行	脉序通常网状
花	花的各部分通常 3 层	花的各部分通常 5 层，有时 4 层

近几十年来，随着对高等类群间关系的进一步了解，双子叶植物不再被视作一个进化谱系。因此，一些较小的类群从双子叶植物中离生了出来，剩下的种类形成的类群属名为真双子叶植物（见线图 19）。这个名称并不正式，因为它不符合《国际命名法》的规则——实际上只是一个普通名称。单子叶植物被认为是单系类群的，并保留了其传统的定义。

所有有花植物的主要类群又进一步细分为目、科、属和种，每一级都在分类表中各占一个特定的层次或**等级**。如果一个特定的类群较大和（或）其变异有待详究，那么还可分成其他等级（如亚目或族或亚属）。显然，科位于属之上，而属又位于种之上，种是分类单位，这三个等级在植物鉴定中的联系最为密切。

有花植物或双子叶植物的主要类群尚未确定专业名词，但已经使用了其他名称。比如，有花植物按门可称为有花植物门、被子植物门，按纲可称为被子植物纲、双子叶植物纲。有人认为，将植物界视为一个整体时，有花植物的等级高于实际情况。为了解决这个问题，有提议指出应将有花植物归在亚纲中，如下页表（Chase & Reveal，2009）中的灰色背景所示。

种被视作具有独特的花、果实和营养态个体的集合，通常表示为“一种植物”，同种的植物在形态上会比其他种的植物更为相似。人们曾认为种可指一群自我延续的个体，它们不与其他类群交配，但这并不适用于所有物种，因为有些物种会进行杂交或产生中间形态。

界　真核生物（有细胞核的生物体）
门　种子植物（有花植物，被子植物）
纲　双子叶植物纲（双子叶植物）
目　桃金娘目
科　桃金娘科（桃金娘及其同科植物）
亚科　细籽亚科
族　细籽族
属　桉属
种　蓝桉
亚种　蓝桉亚种
品种　—

纲　木贼纲（陆生植物）
亚纲　木兰亚纲（有花植物）
超目　蔷薇超目
目　桃金娘目

蓝桉的分类展示了《澳大利亚植物志》(*Flora of Australia*，vol. 1, 2nd edn）中依次采用的主要等级。许多其他的正式等级也可用（总共超过 20 种），但并不全部适用于任何特定的种，结尾为下划线的表示特定的种。

每个主要类群（如有花植物）应占有的特定等级仍有待讨论。为了在整个植物界（包括绿藻等）寻求一种更均衡的方案，于 2009 年提出的另一个方案建议将有花植物从门降到亚纲，并在纲和目间使用两个等级，如灰色背景所示。

有时种是非常多变的，但变体不足以为鉴定附加种提供依据。较低级的分类可表示这一点，按等级排列为亚种（ssp. 或 subsp.）、变种（var.）和变型（f.），其中一个例子是小叶佛塔树。

相关的种可归为属。同属内的物种显然是有关联的，因为它们的外观通常是相似的且具有许多共同特征（通性）。在某些情况下，只有通过近距离观察才能注意到两个相似物种的特征，相关属可归为科。然而，一个科的所有成员共有的特性少于一个属的成员所共有的特性。尽管如此，许多科还是易于辨认的。

在讨论植物分类时，有时会涉及等级和分化单位。这两个词都指那些因为某种特殊原因而被识别的类群，或者只是当时正在讨论的类群，但它们在分类表中都没有正式等级。一个分化单位是一个单系类群（即代表一个进化谱系），而一个等级则不是单系类群的。

ANA 等级包含 175 个左右的物种，分布在无油樟目、睡莲目和木兰藤目 3 个目中（因此称 ANA，见线图 19）。它们保留了许多与假定的原生有花植物相似的特征，而且在最新的分类图表中处于基础的位置。木兰藤目由乔木、灌木或藤本植物组成，无油樟目只包括生自新喀里多尼亚的特有灌木——无油樟。睡莲目是水生草本植物。

命名法

瑞典自然学家林奈（Linnaeus，1707—1778）将有性生殖器官的特征作为植物分类的基础。他根据一个双名法系统给它们命名，这个双名法系统给每个物种都起了两个词的名称。第一个词是属名，第二个是适用于属中的一个物种的俗名或种加词，属名是用大写的首字母和小写的种加词书写的。在书面或印刷品中，“双名法的属名 + 种加词”通常标有下划线，在印刷出版物中以斜体标出。

种加词并不只适用于一个属，例如，桉属、金合欢属和银桦属是 3 个有相同种名的不同物种。

双名法以全名形式出现后，随后再提及的属名通常缩写作第一个字母。例如，第二次提到金合欢属时写作 *A. alpina*，而本属的其他物种可写作 *A. stricta* 或 *A. suaveolens*。

双名法后的人名通常是缩写词，如在金合欢属的英文 *Acacia microcarpa* F. Muell 和哈克木属 *Hakea ulicina* R.Br 中。双名词组后的这些英文缩写代表描述和命名该物种的人：F. Muell 是 Ferdinand von Mueller（费迪南·冯·穆勒）的缩写，R.Br. 是 Robert Brown（罗伯特·布朗）的缩写。作者的名字被称为“权利方”，经常出现在植物志和官方出版物中。当命名人改变时，括号内是原命名人的权利方，后面跟着变更的作者。因此，当含羞草属（英文 *Mimosa suaveolens Sm*）变更为金合欢属时，就被引证为 *Acacia suaveolens*（Sm.）Willd。另一种常见权利方引证的形式是单词“ex”，如在 *Daviesia genistifolia*（蝶形花亚属）A. Cunn. ex Benth 中。将两个缩写连在一起的“ex”表示本瑟姆（Bentham）描述并发表了由坎宁安（Cunningham）首次鉴定却并未发表的物种名称。

许多名称都有拉丁语或希腊语词根，通常表示这种植物真实或假想的特征：*Leptospermum*（薄子木属）由 *leptos*（细长的）和 *sperma*（种子）衍生而来；*grandifolium*（大叶）由 *grandis*（大）和 folius（叶）衍生而来；而 *microcarpa*（细叶榕）由 *micros*（小）和 *carpus*（果）衍生而来。

其他的名称与著名的植物学家、探险家或收藏家有关。贝克斯属（又叫班克木属）是以约瑟夫・贝克斯爵士（Sir Joseph

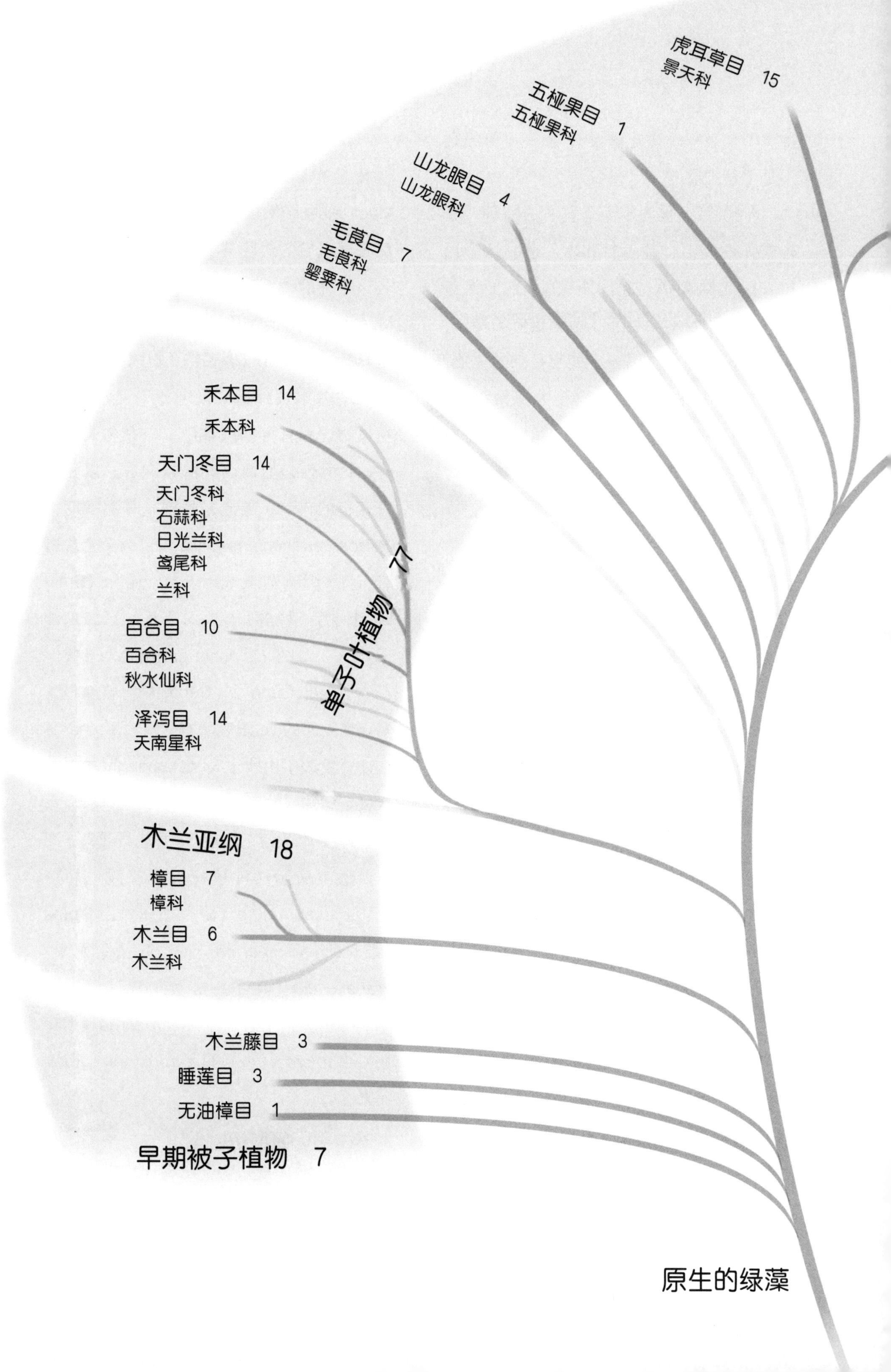

虎耳草目 15
景天科

五桠果目 1
五桠果科

山龙眼目 4
山龙眼科

毛茛目 7
毛茛科
罂粟科

单子叶植物 77

禾本目 14
禾本科

天门冬目 14
天门冬科
石蒜科
日光兰科
鸢尾科
兰科

百合目 10
百合科
秋水仙科

泽泻目 14
天南星科

木兰亚纲 18

樟目 7
樟科

木兰目 6
木兰科

木兰藤目 3
睡莲目 3
无油樟目 1

早期被子植物 7

原生的绿藻

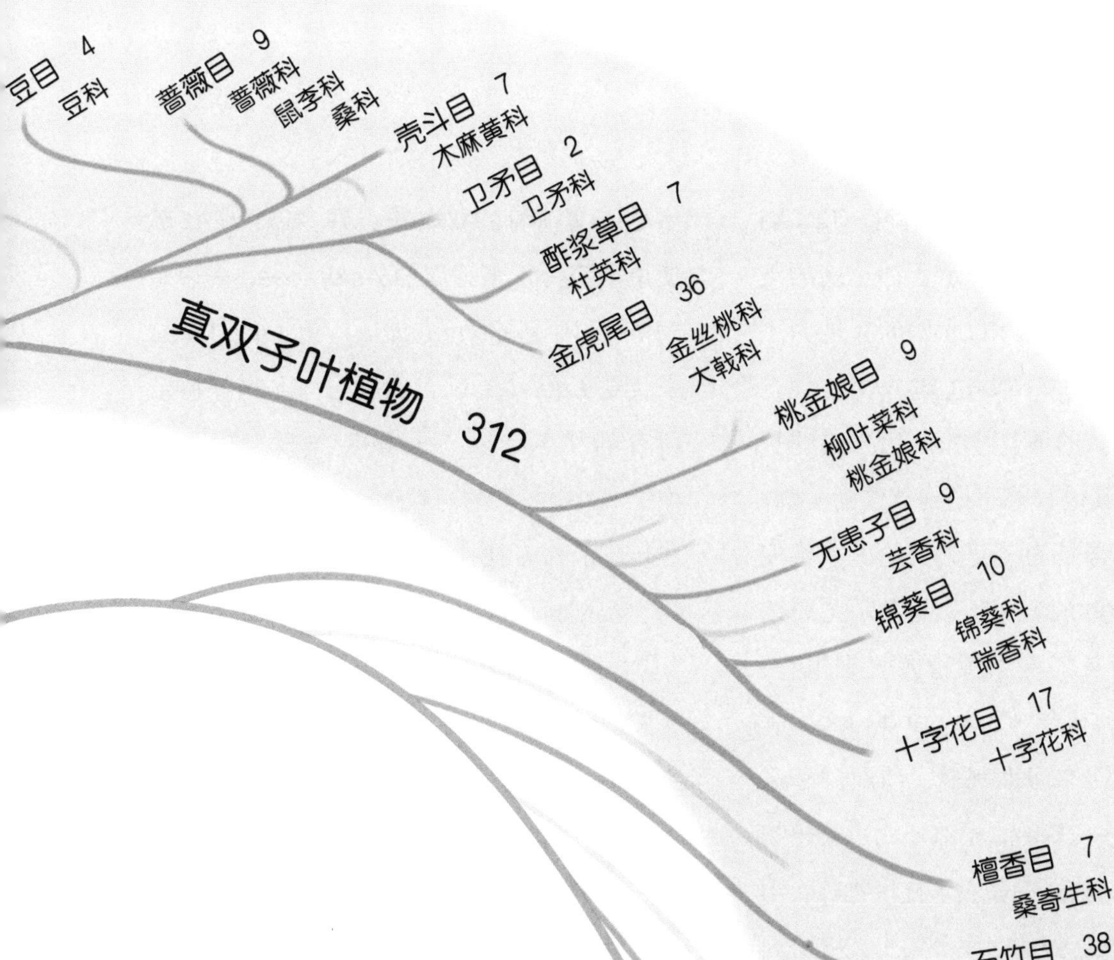

线图 19 本书讨论的有花植物的目和科：主要类群的示意线图

此类图表展示了类群随时间衍生的假定顺序。

在英语中，“目”的名称以 -ales 结尾，而“科”的名称以 -aceae 结尾。本页最大字体表示的名称通常是指其所属的主要类群，它们的构成不符合命名规则。

每个类群中科的数量均已表明，显示了实际的规模，因此单子叶植物有 77 科，在百合目的 10 科中，本书只描述了百合科和秋水仙科。第六章简单地提到了美国自然协会（ANA）的类群等级，但没有做进一步的讨论。最浅的灰色分枝代表本书中未涉及的目。

Banks）的名字命名的，他是库克（Cook）第一次航海时的同伴。表示蓝针花属的英文种加词 *brownianus* 和 *brownii* 都是为了纪念罗伯特·布朗（Robert Brown），他是弗林德斯探险队的博物学家，后来描述和命名了许多由其他收藏家送到英国的植物。还有许多种加词是为了纪念艾伦·坎宁安（Allan Cunningham），他受贝克斯之命前往澳大利亚为英国皇家植物园收集植物，并陪同奥克斯利和金（Oxley and King）去探险。坎宁安还在澳大利亚、新西兰和诺福克岛进行了多次探险，后来成为悉尼植物园的管理员。他描述并命名了许多物种，学界权威艾伦·坎宁安的名字经常出现在美国的植物志中。有关植物名称及其含义的词典，可以参阅夏勒（Sharr，1996）和维普斯塔拉（Wapstra，2010）等。有关早期澳大利亚植物学研究人员的两种描述见卡尔（Carr，1981a，b）。

栽培植物或花园植物也有植物学名，有些植物因为其属名而为人所知，有些则因为俗名而为人所知，例如百日草、金鱼草、罂粟（见图版 4f、g）和欧洲橡木，此处的命名人“L.”代表林奈（Linnaeus）。

除了少数例外，科名来源于科中的属名，后来被称为模式属。山龙眼科来源于南非的山龙眼属，在澳大利亚，该科还包括班克木属、哈克木属和山龙眼属。早期一些科的名称与其明显的特征相关，如菊科描述了菊科和唇形花科的花序，后者是常见于薄荷科的双唇花。许多最近的文献使用了来源于紫菀属的 *Asteraceae* 来表示菊科而不是 *Compositae*，用 *Lamiaceae* 来代替 *Labiatae* 以代表唇形科。这保持了所有的科名都以“aceae”结尾（通常读作“*-ay-see*”）的一致性。重视命名法历史和传统的作者往往会保留原来的名称，《植物学法则》（国际植物命名法则，以下简称“ICN”）中在给某 8 科命名时批准了此做法。相关的科被归纳在名称以“ales”结尾（通常读作“*-ay-lees*”）的目中。

变更名能不断地激发植物研究者做出改进，这些改进表明人们正在努力完善分类系统。改名的原因之一是在修订科或属的过程中，发现了比目前使用的更早的植物名称和描述。《国际藻类、菌物和植物命名法规》（ICN，Turland et al.，2018）确立了植物的命名法则，其中一项法则规定优先使用根据该规则发布的最早名称。有时植物分类不正确往往是材料不足的结果，因此随后的修订需要更改名称。科的划分常常因不同的观点和阐释而异，所以若一个属不是很适合一个科，可能会被移到另一个与其密切相关的科中。

自从第十八届国际植物学大会上（于 2011 年在澳大利亚墨尔本举行）通过了这项决议后，为了遵守这些规则，所有的变更或新名称必须以适当的形式在合格的出版物中出版或以电子形式通知。如果人们普遍接受，新的名称或其他变化将被广泛使用并纳入植物志中。大会通过的另一项决议允许在拉丁文或英文的新物种出版物中添加描述（鉴定说明），而在过去，拉丁文是必须使用的，而英文翻译则视选择而定。

由选择过程（也可能包括杂交）产生的栽培植物称为栽培种（cv.），这些栽培种的名称通常会用引号括起来以便区分。碧桃的栽培种包括“双白桃”和“双粉红桃”。一些栽培种是从野生种群中选择的结果，它们的栽培种名可暗示其地理起源，例如，米切式密叶银桦是位于格兰屏山区的高原名称的变体形式；银桦属等植物可通过插条来持续选优，大多数果树可使用嫁接到另一母株上的方法。

乘法符号表示已知的杂交种时位于双亲之间，表示已经正式命名的杂交种时位于种加词前，二乔玉兰（见线图 22）是玉兰和紫玉兰的杂交种。

许多植物除了植物学名称外还有在其生长的国家或州的语言中使用的俗名。然而，由于俗名并不是通用的，而且可能因地区而异，因此使用时很容易出现错误和混淆，在强调准确性时建议使用植物学名称。

分类表中的例子见 APG（1998，2003，2009，2016），卡尼斯等（Kanis，1999）和塔赫他间（Takhtajan，2009）的著作；贾德（Judd，2016）、劳伦斯（Lawrence，1951）和雷文（Raven，1986）等人的标准文本提供了概述；瑞威尔和皮雷斯（Reveal & Pires，2002）和蔡斯（Chase，2004）在其著作中讨论了单子叶植物分类和系统发育的进展；APG 网站提供了大量详细、简明的信息；克兰（Crane，2004）和弗里斯（Friss，2011）讨论了化石和植物的系统发育；帕尔默（Palmer，2004）提供了“生命树”的概述也可在路易斯和库尔（Lewis & Court，2004）与佐尔蒂（Soltis，2004）的著作中查证。

此外，马伯利（Mabberley，2017）提供了当时鉴定的 APG 中的目和科的列表，简洁地总结了科系特征。

关于命名法，还可参见布里克尔（Brickell，2016）、格莱德希尔（Gledhill，1989）、斯宾塞（Spencer，2007）和蒂兰（Turland）等人的著作（2013 和 2018）。

第七章　有花植物的鉴定 >>>

若对植物的特征事先并不了解，在鉴定前涉及的步骤包括：

观察植物的特征，特别是花的结构；

使用恰当的植物学检索表——要知道植物是在野外生长的还是栽培生长的，因为大多数参考文献对此方面的描述较少；

与权威来源核对检索表给出的结果——可能包括植物标本室的参考标本，准确命名的照片或图纸，以及在植物志中的详细描述。

必要设备

基本要求：单面刀片；2根织补针——插进软木塞后做把手；1把镊子；1个放大10倍的手持透镜，或1个安装在实验台上的玻璃镜片或放大镜。

更高要求：1把或2对带细尖的镊子；双筒解剖镜。安装好的解剖针可在磨刀石上进一步磨尖。

选择观察的花

为了在鉴定过程中积累经验，刚开始可以检查本书中描述的一种花，然后将自己的观察结果与图画和线图说明进行比较。

这意味着你将知晓植物的名称，它们会通过这把钥匙为你导航。从一种结构简单的大型花着手也不失为一个好办法，从中可以感受到整个解剖过程。起先要留意花瓣多的园艺植物，如蔷薇科、石竹科和一些倒挂金钟属植物，但要避开菊科植物。另外要注意，两性的物种有时会产生单性花。同样，从多须草属（见图版 11g–k）等具有单性花的物种中获得的栽培种可通过组织培养进行繁殖，由此产生的植株可能是单性的。如果可以的话，要尝试收集单性花的雌株和雄株。

有些植物的物种是非常多变的，因此假定一株植物或一个种群中的所有花朵都是相同的是不明智的。颜色不同或一些花朵多了一片花瓣等细微的变化并不重要，但要尽量选择有代表性的花朵。雄蕊通常会依次开放，早期的雄蕊可能会在最后一个雄蕊开放前脱落，所以如果对雄蕊的数量有疑问，可以看看花蕾。另一方面，花龄较大的花朵通常能更清楚地显示子房的结构。如果方便的话，可以收集一些果实来记录习性和叶的特征。

呈现结果

小心地取出花朵的各部分，把它们摆好，注意以下几点：

花被 轮生数 1 或 2，或呈螺旋排列的各部分；有萼片和花瓣；萼片数可能非常小；

花萼 离生或合生；其他特征：具毛，边缘多裂；花瓣数；离生或合生；

花冠 其他特征：彩色，外部或内部具毛；雄蕊数为 1~10 枚或多数；离生或合生；

雄蕊群 瓣生或与花托相连；其他特征：附属物，被毛，有退化雄蕊；

雌蕊群 离生的心皮——心皮数 1~10 个或多数；合生的心皮——上位子房或下位子房；心皮数——由记法决定：单个花柱或有分枝的花柱，单个柱头或有裂片的柱头；子房中的子房室数（切去一个横切面）——若只有 1 个子房室，则指胎座数；胎座式（切出一个横切面和纵切面观察，见线图 21；图版 1f、g，3f、g，15d、e）。

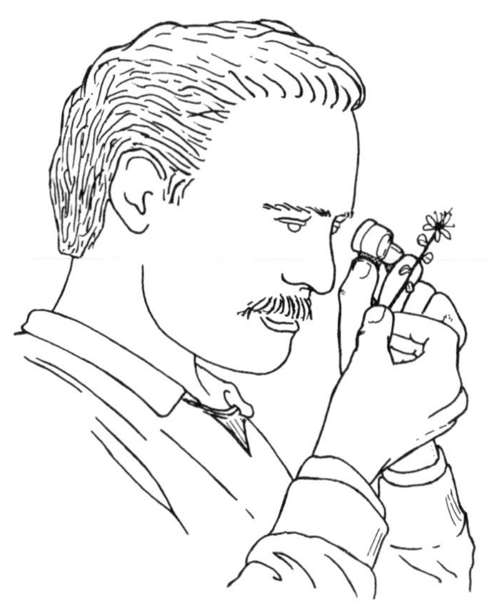

线图 20 手持透镜的使用：握住镜头靠近眼睛，把植物移到焦点的位置。

截面观察

横切面（T.S.）

鉴定子房时，要握住花梗，沿水平方向切分。若切出一小片，放在刀片的边缘上用镜头观察，就能更容易看到子房室。若花朵很小且有上位子房，最好是握住花瓣，从花萼的基部开始切分。

纵切面（L.S.）

检查子房外部以标示其结构，通常会有表明隔膜和子房室位置的线条或折痕，尽量沿着至少一个子房室中心切开。如果切口有点偏离中心，就很难解释你的观察结果。

在将一朵辐射对称的花切成两半时，可以从任何平面切开，但通常一个精准的半朵花会呈现出符合标准的子房切面。如果花是左右对称的，则要选择一个或多或少能把花分成相同两半的平面来切。将花侧放，谨慎沉稳地切下（线图 21）。

使用检索表

你现在需要一本书（通常是一本植物志）

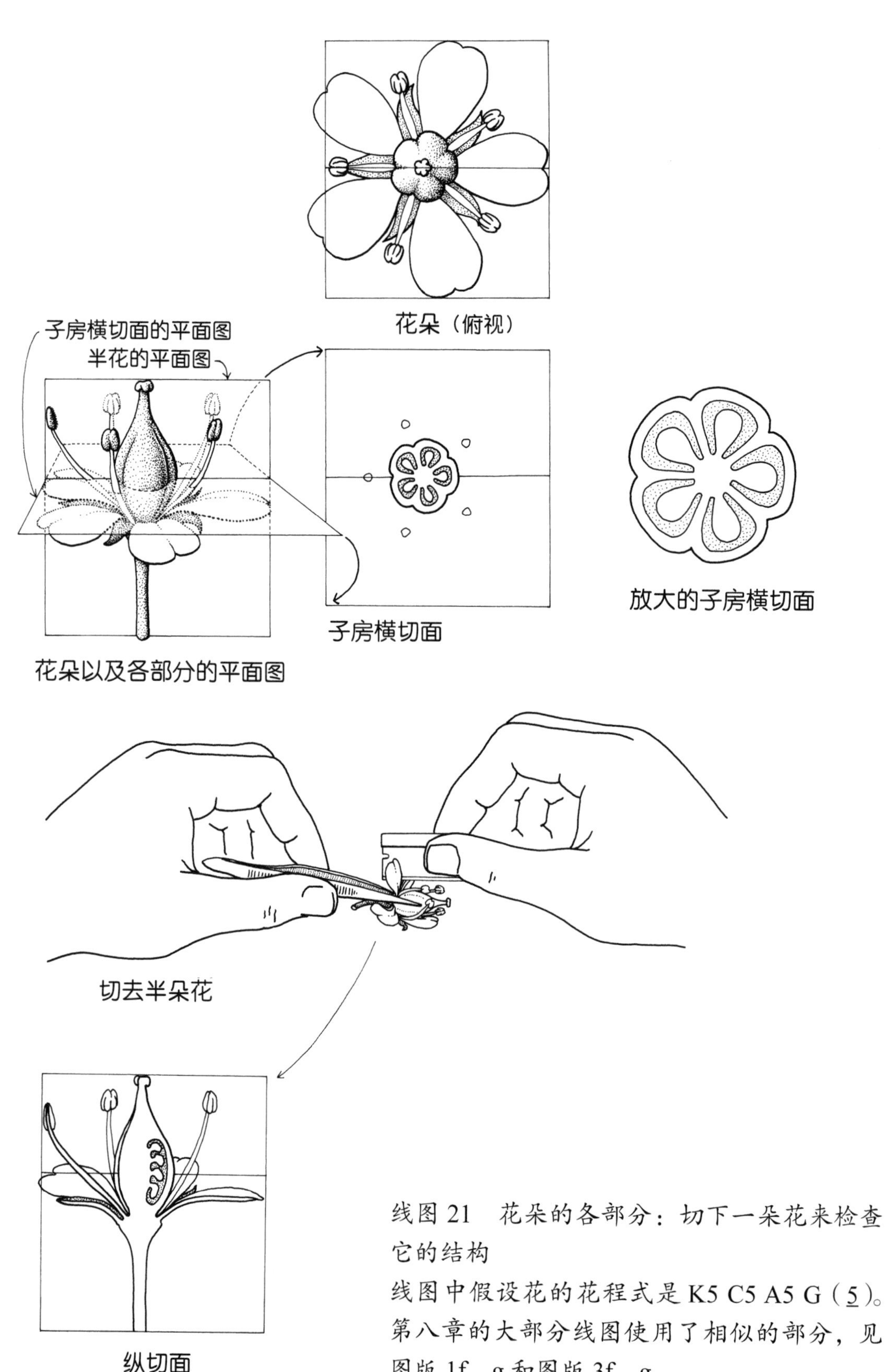

线图 21　花朵的各部分：切下一朵花来检查它的结构

线图中假设花的花程式是 K5 C5 A5 G（5）。第八章的大部分线图使用了相似的部分，见图版 1f、g 和图版 3f、g。

或在你所在地区适用的网站，其中包括植物各科的检索表。参考列表包括一些澳大利亚植物志中使用的检索表，以及贝利（Bailey，1949）、斯宾塞（Spencer，1995— ）和卡伦（Cullen，2011）的著作中涉及的适用于花园植物的检索表。

检索表提供了一种通过排除法来鉴定植物的方法。从某种意义上来说，它们通常是较为随意的，因为大多数检索表没有考虑到真实的关系，只考虑了物种间的区分特征。植物志的第一个关键步骤通常是将蕨类和松柏类等不开花的植物与有花植物区分开。假设你的样本是一种有花植物，下一步就是继续利用相互排斥的特征将该物种分成若干组，这些特征对名为相对特征对，包括“花被 1 轮 / 花被 2 轮”“花瓣离生 / 花瓣合生”或“子房上位 / 子房下位”。每一组相对特征对中的特征描述词都是一个引词。引词是相互排斥的，即一种植物只能匹配一个引词。

在现已出版的检索表中，有花植物可初步分为单子叶植物和双子叶植物。由于分类法的变化（见第六章），互联网上的检索表越来越不可能将双子叶植物作为一种已鉴定的类群包括在内。后来，检索表系统地将主要类群分为科、属和种。

实际上，在某些相对特征对中可能有 3~4 个引词——方便作者且未必会增加复杂性。两种常见的检索表类型——平行式和定距式只在布局上有所不同。在平行式检索表中，一组相对特征对的引词一起陈述。使用前面提到的特征对时，一个合理的平行式检索表可能是：

1 花被 2 轮…（见相对特征对 2）……… 2
花被 1 轮…（ “ “ “ 3）……………… 3
2 花瓣离生 ………………………………… 4
花瓣合生 ………………………………… 5
3 花被各部分离生 ………………………… 6
花被各部分合生 ………………………… 7
4 子房上位 ………………………… A 组
子房下位 ………………………… B 组
5 子房上位 ………………………… C 组
子房下位 ………………………… D 组
6 子房上位 ………………………… E 组
子房下位 ………………………… F 组
7 子房上位 ………………………… G 组
子房下位 ………………………… H 组

使用相同特征对的缩进检索表排列如下：

1 花被 2 轮
2 花瓣离生
3 子房上位 ……………………… A 组
3 子房下位 ……………………… B 组
2 花瓣合生
4 子房上位 ……………………… C 组
4 子房下位 ……………………… D 组
1 花被 1 轮
5 花被离生

6 子房上位 ………………………… E 组

6 子房下位 ………………………… F 组

5 花瓣合生

7 子房上位 ………………………… G 组

7 子房下位 ………………………… H 组

以上两种方法都将科分为 8 组，每组的特征组合如下：

A 花被 2 轮，花瓣离生，子房上位

B 花被 2 轮，花瓣离生，子房下位

C 花被 2 轮，花瓣合生，子房上位

D 花被 2 轮，花瓣合生，子房下位

E 花被 1 轮，花瓣离生，子房上位

F 花被 1 轮，花瓣离生，子房下位

G 花被 1 轮，花瓣合生，子房上位

H 花被 1 轮，花瓣合生，子房下位

在平行式检索表的第一组相对特征对中，A 组的花朵符合第一个引词，然后继续前进到第二组相对性状。在这组相对特征对中，样本再一次与第一个引词匹配，并前进到相对特征对四。相对特征对四中的正确描述——子房上位将样本引至 A 组。

在许多科或属的定距式检索表中，相对特征对的第一和第二引词可能不在同一页上，因此在继续之前有必要进行核对。在本书的例子中，每组相对特征对中相反的两个引词都标上了相同的数字；有时使用字母或其他符号，如 A 和 AA，A 和 A’ 等。G 组的一种植物符合第一组相对特征对的第二个引词，接下来索引至相对特征对五。第二个引词得以再次应用，第七个相对特征对中的第一个引词将样本指向 G 组。

注意事项

重要的是，在做出选择之前要阅读这两组或所有的相对特征对。并不是所有的相对特征对都像我们在前一部分的开头所举的关于使用检索表的例子一样清晰，一份检索表的相对特征对往往会复杂许多。

在浏览检索表时，写下所采取的步骤是非常有用的。如果出现错误，那么检查过程就更容易了。若你没有得到一个满意的答案，很可能是你出错了，但要注意，检索表并不是绝对正确的。有时，一个物种会千变万化，因此编写一个面面俱到的检索表便极具挑战性。大多数检索表是为某个特定地区的植物所编写的，可能不包括一些野草和大多数花园植物。有时，此类植物可能很容易给出错误的答案，因此，根据描述或线图检查鉴定是很重要的。

互联网上有很多植物图片，这是一个非常有用的信息来源。然而，强调准确性时，未经权威来源核实便接受网络图片的鉴定可能是不明智的。

一些科的植物在形态上有很大的差异，不可能将它们划分为一个单独的类群。一些属的类群遵循着不同的方法，因此一个科可能会出现多次。在属的检索表中，一个特定的属可能出现不止一次。

计算机和检索表

互联网上的植物鉴定文献越来越多，植物标本室或植物园等机构也开始通过官网提供之前已出版的植物志。虽然有时只需轻击一下鼠标就能将布局从缩进切换为加括号的形式，但计算机文本中的植物检索表可能与以前印刷版的检索表没有任何实质性的不同。因此，想要通过检索表来访问一些图片并存取其他相关的信息，以快速验证植物生长过程的准确性，依然是可行的。

另一种必须在计算机上使用的检索表适用于特定的某些植物类群。这些电子检索表（有时也被称为多道检索表）与传统的印刷检索表大体相似，但有一个显著的优点——用户不必从头开始查找，也不用按照特定的相对特征对顺序浏览整个检索表。有关待鉴定样品的特征信息可以按任何顺序录入计算机，信息录入后，计算机将系统地在存储的各种植物群特征中进行搜索，并剔除不匹配的信息，留下逐渐减少的可“匹配”信息。

理想状况是只有一个最终答案，但如果输入的信息有限（如样本没有花朵时，只能借助植物的特征），计算机会提供一个可能的答案列表。相比受待鉴定样本质量限制的传统检索表，这绝对是一个优势。例如，当样本有花而无果实，对检索表中下一组相对特征需要果实信息时，要么检索停止，要么继续追踪这两个关键词，以使检索表中的正确路径变得清晰。

不过要牢记，用户仍然需准确说明待鉴定样本的特征。电子检索表通常用小型图表给出指导，解释描述性术语的用法。可能被包含在内的附加特征还有通过选定“最精准”特征来最有效地区分剩余组别的能力，以及能够查看所选组别间的相似性和差异性的选项。

大概是录入所有数据的任务过于繁重，因此现有可用的多路存取检索表的数量相对较少，如维多利亚州桉树和雏菊，澳洲金合欢、桉树和雨林植物的检索表等。

本书中附线图物种的平行式检索表

下面的检索表只包含线图 22-132 和图版 1-34 中所示的物种（为了节省空间，检索表通常只给出属名）。此检索表有以下几种功能：(1) 作为使用检索表的实践工具；(2) 作为介绍不同类群鉴定特征的方法；(3) 如果可能的话，还可将未知植物与现有线图进行匹配。

在这些索引关键词中，有人尝试使用了所谓的“检索表特征”。由此，该检索表可能对同属中的其他物种同样适用，即使此处没有这些物种的线图，也能实现正确的属系鉴定。不过，这种鉴定的结果不一定百分之百正确。对于单性花的物种而言，检索表假设两种性别都适用。为了简化检索表，下面将首先描述一些具有独特花朵或植物特征的有花植物，之后不再提及。为了便于理解此内容，可在官网查阅“植物检索表”词条，深入地了解下其使用方法。

- 花序较小（直径约 5 毫米）；花单性，高度退化，结实于杯状结构内；无花被；雄花 1 至多数，每朵 1 枚雄蕊；雌花 1 朵，具花柄，子房 3 室，突出杯状总苞之外………………大戟属（见线图 78；图版 18a、b）
- 花序近似球状，花单性，完全由中空的圆形茎轴包裹………………无花果属（见图版 17a–c）。
- 水生、无根且漂浮在水面上的小型植物（约 1 毫米长）；很少开花……无根萍属（见图版 8a、b）
- 茎成段，肉质；无叶；花朵深陷在茎或小枝末端……盐角草属（见线图 102），澳海蓬属（见图版 26g、h）
- 乔木，看似无叶，实则退化为小枝上轮生的齿状结构；花单性……异木麻黄属（见图版 17 d–g）。
- 多年生盘绕寄生植物，看似无叶；花朵直径约 2 毫米，多数排成短的穗状花序；果实球状，肉质……无根藤属（见图版 6e–i）。

1. 花序由单花组成（有时小，或密集生长于头状花序中，但不在小穗内）…………………… 2
1. 花序由小穗状花序组成——叶基生，花小，具一至多枚紧密排列的苞片（草本植物和莎草植物，见图版 12a–i，13）………………………………………………… 159
2. 具花被，一或多个部分………………………………………………………………… 4
2. 无花被…………………………………………………………………………………… 3
3. 草本植物；雄花（上部）和雌花花序生长于肉质叶腋中，外部由 1 片大苞片包围 .... 盔苞芋属（见图版 8f、g），马蹄莲属（见图版 8c–e）
3. 灌木植物；雌花簇生于上腋中 ………………………………………… 滨藜（见图版 27e–g）
4. 花被合生为一层或两层帽状体，花开放时脱落…………………… 桉属（见线图 84–88）
4. 花被离生或合生，花开放时不完全脱落，形成一层或两层帽状体（在彩穗木属中，只有花瓣像帽状体一样脱落）……………………………………………………………… 5
5. 寄生植物，具有下垂且易断的小枝；花序下垂，伞形花序，3 或 4 朵生于主枝上；子房结

构不明显……………………………………………………… 垂榭寄生（见图版 24f、g）

5. 多年生，雌雄异株，丛生草本植物；叶狭条形，长约 70 厘米；花朵近似管状，长约 4 毫米；雄蕊 6 枚，其中内部的 3 个与花瓣相连；心皮 3 个，合生… 多须草属（见图版 11g–k）

5. 与前两个索引关键词不匹配的植物………………………………………………………… 6

6. 花被 1 轮或多轮，各部分相似…………………………………………………………………… 7

6. 花被 2 轮，颜色和（或）形状和（或）大小各不相同（萼片和花瓣；兰科植物只有一片花瓣特异；在杜鹃花属中花萼大多退化且呈环状）………………………………………………70

7. 高约 50 厘米的直立小型亚灌木，分布在荒地和林地中；花单性；在有棱、通常无叶的茎上簇生；4~5 被片；合生，心皮 3 个 ……………………………… 开花大戟（见图版 18c–g）

7. 与上述特征不匹配的植物……………………………………………………………………… 8

8. 子房下位或近似下位……………………………………………………………………………… 9

8. 子房上位………………………………………………………………………………………………31

9. 由 1 或多枚苞片包围着小花排成的头状花序（见线图 116，121；图版 32b–e）或由许多小头状花序组成的复头状花序（每个小头状花序由苞片包围着的小花组成，见线图 126；图版 33l）（雏菊属）…………………………………………………………………………………………10

9. 花序类型多样，既不是由总苞片包围的头状花序，也不是复合头状花序…………………23

10. 头状花序舌状，其小花均不对称，每个花冠的一侧形成带状的舌叶（见图版 32i）……11

10. 头状花序盘状、辐射状或复合，其上的小花均对称（花冠呈管状，见线图 121c；图版 33d），或花管一些管状，一些舌状 ……………………………………………………………12

11. 花茎不分枝；小花间的花托裸露在外 ……………… 西洋蒲公英（见线图 124，125）

11. 花茎通常分枝；小花间的花托上具有膜性托片 ……………欧洲猫耳菊（见图版 32f–k）

12. 复头状花序（见线图 126；图版 33l）…………………………………………………………13

12. 头状花序 ……………………………………………………………………………………………14

13. 叶互生；复头状花序球状，直径约为 3.5 厘米 …………… 澳洲鼓槌菊（见图版 33k、l）

13. 叶对生；复头状花序椭圆形，直径约为 1 厘米 ………… 柠檬美人菊（见线图 126，127）

14. 头状花序全部为管状花（很少有小花无花冠）………………………………………………15

14. 头状花序中心为管状花，周围有一或多轮舌状小花 ………………………………………19

15. 总苞片颜色鲜艳且纸状，从头状花序的中部呈辐射状展开 ………… 蜡菊（见线图 119）

15. 草质或干膜质的总苞片，多长于头状花序周围 ………………………………………………16

16. 叶面光滑、（半）水生的多年生草本植物；叶基部具鞘；头状花序近似半球状…………臭

荠山芫荽（见图版 33j）

16. 有时具毛的一年生或多年生陆地植物；叶基不具鞘 …………………………………………17

17. 多年生植物；叶线形至披针形、全缘；总苞片流苏状，多层…………鳞叶钩吻菊（见线图 122，123）

17. 多年生植物；叶大致呈椭圆形、倒披针形、倒卵形，羽状浅裂；总苞片非流苏状………18

18. 粗壮多年生植物，叶灰绿色，头状花序很大，近球状，直径约 10 厘米…………………洋蓟（见图版 33m）

18. 一年生小型绿色植物；头状花序圆柱形，直径约 3 毫米 …………………………欧洲千里光（见线图 120，121）

19. 冠毛鳞片状 ……………………………………………………………………………20

19. 冠毛为茸毛或刚毛，或无 ……………………………………………………………21

20. 总苞片 1 层，合生 …………………………………………万寿菊属（见线图 116，117）

20. 总苞片 1 至多层，离生 ………………………………………牛膝菊属（见图版 33a–e）

21. 雄花盘状；无冠毛；肉果…………………………………………滨藜菊（见图版 33f–h）

21. 两性盘状小花；有冠毛；干果……………………………………………………………22

22. 一年生植物；舌片常为紫色 ……………………………缕丝千里光（见图版 32b–e）

22. 多年生草本植物；舌片为黄色 …………………………………铜线雏菊（见图版 33i）

22. 木本植物，灌木或乔木；舌片为白色 ……………………………绢毛榄叶菊（见线图 118）

23. 花被多轮，每轮 3 枚 ……………………………………………………………………24

23. 花被 1 轮，每轮 5 枚 ……………………………………………………………………28

24. 雄蕊离生或合生，不与花柱或柱头合生 ……………………………………………25

24. 雄蕊和柱头合生成 1 中柱 ………………………………………太阳兰（见图版 9g）

25. 雄蕊 3 枚 …………………………………………………………………………………26

25. 雄蕊 6 枚 …………………………………………………………………………………27

26. 花药排列在花朵一侧 ………………………………………唐菖蒲属（见图版 10a–e）

26. 花药均匀排列，与外层被片对生 ……………………………丽白花属（见线图 30）

27. 花被片为粉色；花期无叶……………………………………孤挺花属（见图版 11a–c）

27. 被片白色，顶端有绿点；花期具叶 …………………………夏雪片莲（见线图 34）

28. 总状花序或圆锥花序；心皮 3 个 ………………………………沿海牛筋茶（见线图 74）

28. 花多数，排成复伞形花序；心皮 2 个 …………………………………………………29

29. 花序无苞片和小苞片；花为黄色或青黄色 ……………………………………………… 30

29. 有苞片和小苞片；花通常为白色 ………………………………… 野胡萝卜（见图版 34）

30. 顶端小叶宽度小于 1 毫米；果实长 4~7 毫米 ……………………… 茴香（见线图 132）

30. 顶端小叶宽度大于 1 毫米；果实长约 3 毫米 ……………………… 荷兰芹（见图版 5a–c）

31. 约 3 米高的粗壮树干，线形叶具呈冠状密集于顶部；花约 2 米长，生长于密集顶生穗状花序中 ………………………………………………………… 澳洲黄脂木（见图版 10i、j）

31. 与上述特征不匹配的植物 …………………………………………………………… 32

32. 花被 2 轮，每轮 3 或 2 基数 ……………………………………………………… 33

32. 花被 1 轮，每轮 4 或 5 基数 ……………………………………………………… 48

33. 花被 2 轮，每轮 2 基数 ………………………………………… 月桂（见图版 7f–i）

33. 花被 2 轮，每轮 3 基数 ………………………………………………………… 34

34. 乔木；雄蕊 3 轮，每轮 3 枚 ……………………………………………………… 35

34. 簇生或具有根状茎的草本植物或攀缘草本植物；雄蕊 2 轮，每轮 3 枚 …………… 36

35. 花直径约为 10 毫米，总状花序腋生……………………………… 鳄梨属（见图版 7j–l）

35. 花直径 3~4 毫米，排成圆锥花序 ……………………………… 樟属（见图版 7a–e）

36. 雄蕊花丝具毛（有时只朝向基部），花药下的花丝膨大或花药基部有附属物……… 37

36. 花丝和花药不具毛，不膨大，且无附属物 …………………………………………… 40

37. 簇生植物；叶基生 ……………………………………………………………………… 38

37. 具叶状气生茎的植物；叶二列状排列 …………………………… 弯药百合（见图版 10h）

38. 叶圆柱状，中空；具毛花丝基部进一步膨大，遮蔽子房；柱头 3 裂………… 葱叶阿福花（见图版 10f、g）

38. 叶近似平整（或有沿中线的折痕）；花丝间的子房可见；柱头未分裂 ……………… 39

39. 花丝具细毛；花药无附属物；叶二列状排列……………………… 簇绒蓝百合（见线图 31）

39. 花丝不具毛；花药基部有具毛附属物；叶基部抱茎，非二列状排列…巧克力百合（见线图 36）

40. 伞状花序 ……………………………………………………………………………… 41

40. 穗状花序或圆锥花序，花单生或生于小型聚伞花序中 ……………………………… 42

41. 簇生、多叶、粗壮的多年生植物；花序由两枚苞片包围……早花百子莲（见线图 34–35）

41. 细长的再生草本植物，有 1~2 片叶；花 2~9 朵；花序由与花同数的苞片包围………… 伞花博查德草（见图版 81）

42. 簇生植物；叶大多基生，或退化为基生鞘 ………………………………………… 43

42. 长有叶状气生茎的植物（天门冬属表面的叶实际上是叶状茎）……………………………… 44

43. 叶少数，急尖；花少数；被片为蓝色………………………………… 蓝星百合属（见线图 32）

43. 叶退化为基部叶鞘；多花；被片大多淡绿色，带有些许红褐色（逐渐褪色变为淡黄色）……………………………………………………………………………… 灯芯草（见图版 12j–l）

44. 叶退化为鳞片状，包围着长约 1.5 厘米的线形叶状茎，每节 3 片叶；花直径约 5 毫米且为白色 …………………………………………………………………非洲天门冬（见图版 11d–f）

44. 叶不退化，长度不足 3 厘米；花直径大于 8 毫米 ……………………………………………… 45

45. 再生鳞茎或球茎形成的多年生植物；1 朵或少数几朵花顶生，总状花序或穗状花序…… 46

45. 多年生根生或攀缘植物；花腋生或单生，或少数花排成小聚伞花序 ……………………… 47

46. 花通常为单性，直径约 2 毫米；花被片白色，通常有紫色的窄横带状条纹 ………… 洁白安圭拉氏兰（见线图 23）

46. 花朵两性，形似喇叭，长约 15 厘米；花被片白色，中线的，外部略带紫色或绿色…… 百合属（见图版 9a–e）

47. 攀缘植物；叶尖尾状并延伸成很长的卷须；单生花直径约 8 厘米；花被片上半部亮红色，下半部黄色 ……………………………………………………………… 嘉兰百合（见图版 8j、k）

47. 茎直立无分杈，由根茎发育而来，非攀缘植物；叶急尖，无卷须；花直径约 2.5 厘米，生于小的聚伞花序中；花被片浅粉色 ………………………………… 铁线百合（见图版 8h、i）

48. 花被片 4 ……………………………………………………………………………………… 49

48. 花被片 5 ……………………………………………………………………………………… 58

49. 攀缘植物；单性花白色；雄蕊和心皮均为多数…………………… 小叶铁线莲（见线图 42）

49. 灌木或乔木；花朵通常两性，颜色各异；雄蕊 2~4 枚，心皮 1 个（在稻花属中尤是如此）…………………………………………………………………………………………… 50

50. 高约 50 厘米的小灌木；叶对生；头状花序顶生；花管可见；雄蕊 2 枚………………………………………………………………………………… 白霜稻花（见线图 101）

50. 灌木或乔木；叶互生；花序类型多样；无花管；雄蕊 4 枚（包括可能退化的雄蕊）……… 51

51. 复叶 …………………………………………………………………………………………… 52

51. 单叶 …………………………………………………………………………………………… 53

52. 直立或伸展的灌木，高约 1.5 米；叶掌状分裂成 3~5 片圆柱状的裂片；分枝的顶端长有一两朵花 …………………………………………………………… 顶生壶状花（见线图 43）

52. 高约 30 米的乔木；叶为二回羽状深裂，裂片 10~25 片；多排成单侧总状花序 ………… 银

桦（见线图 48–49）

53. 花白色，二唇形，或黄色且辐射对称；果实不裂 …………………………………………… 54

53. 花两侧对称，颜色各异；蓇葖果 ………………………………………………………………… 55

54. 花带白色，二唇形，圆锥花序顶生；干果 …………… 维多利亚彩烟木（见线图 46–47）

54. 花黄色，辐射对称，单生于叶腋内；核果 ……………………… 多刺金钗木（见线图 51）

55. 4~6 朵花簇生于叶腋；蓇葖果的裂片坚韧，木质延叶 ……………………………………… 延叶哈克木（见线图 52–53）

55. 多花排列成密集穗状花序，或一两朵生于顶生总状花序；所结果实的裂片中空 ……… 56

56. 高约 10 厘米的灌木或小乔木；花黄色，生于密集的穗状花序中 ………… 银叶佛塔树（见线图 44–45）

56. 通常较浓密的灌木，高约 2 米；总状花序中长有红色、粉色、淡绿色以及淡黄色的花 …… 57

57. 线形叶长约 2~4 厘米，是急尖的；每个总状花序中有将近 10 朵花 …… 迷迭香叶银桦（见线图 50；图版 3a）

57. 叶近乎椭圆形，长 3~10 厘米，宽 1~4 厘米，通常有齿或浅裂；裂片是急尖的；每个总状花序中长有许多花（通常不低于 20 朵）……………………………… 刺叶银桦（见图版 3b）

58. 至少在小枝和（或）花上有星状毛；子房具 3 室 …………………………………………… 59

58. 无星形毛；子房 1 或 5 室 ……………………………………………………………………… 61

59. 叶近似倒披针形，长约 2~6 毫米；白色花，单生或两三朵簇生 …… 刺绒茶（见线图 73）

59. 叶椭圆形、披针形或卵圆形，长度大于 10 毫米；花粉色或淡紫色，排成总状花序或圆锥花序 ………………………………………………………………………………………………… 60

60. 叶状托叶；被片较薄，有几分像纸 ………………………… 纸毡麻（见线图 100）

60. 无托叶；花被片，薄纸质 …………………………………… 粉绒毛灌木（见图版 22f、g）

61. 高约 35 米的乔木；花鲜红色，排成疏松的圆锥花序；腋生；蓇果，常几枚果片分裂…… 槭叶酒瓶树（澳洲火焰木，见图版 22a–e）

61. 草本植物或灌木；花色多样，但无鲜红色；果皮不开裂……………………………………… 62

62. 羽状复叶，具托叶；柱头有许多分杈 ……………………………… 猬莓属（见线图 70）

62. 单叶无托叶；柱头不分杈（通常在两三个花柱或花柱分枝上伸展）………………………… 63

63. 花被草质，通常淡绿色，有时带有些粉红色，有时具有少量可能倒塌的囊状毛（见图版 26b），能够形成一层粉状的覆盖物（见图版 26e）……………………………………… 64

63. 花被干膜质，通常发白，表面光滑 ……………………………………………………………… 69

64. 叶扁平；具有少量可能倒塌的囊状毛，能够形成一层粉状的覆盖物 ………………………… 65

64. 叶圆柱状或近似圆柱状；表面光滑或具毛，但非囊状毛 ……………………………………… 67

65. 直立、似杂草的一年生草本植物，生长在荒地或路边；花朵两性，雌性；小干果不由小苞片包裹 …………………………………………………………………………… 藜（见图版 26a、b）

65. 丛生，雌雄异株（有时雌雄同株），多年生滨海植物；果实肉质，深红色，或有些干燥，由 2 枚小苞片包裹 ……………………………………………………………………………………… 66

66. 叶表面光滑，绿色；雄花较小，单个花明显可见；果实肉质，深红色………………… 海莓盐藜（见图版 26c–e）

66. 叶有的银白色，有的浅灰色；非常密集的簇生（单个花不明显）……………………… 灰滨藜（见图版 27e–g）

67. 雌花花被干燥，具明显的翅，整个果实直径达 1 厘米 ………………………… 三翅银叶相思树（见图版 27b）

67. 雌花花被肉质或草质，直径可达约 6 毫米 ……………………………………………………… 68

68. 浑圆、无毛的小型灌木，高约 70 厘米；雌花花被草质或近似肉质，直径约 2 毫米 …… 南方碱蓬（见图版 27c、d）

68. 平展或直立、有时具毛，高可达 1.5 米；雌花花被肉质，绿色、黄色或红色，直径可达 6 毫米 ……………………………………………………………………… 红宝石滨藜（见图版 26f）

69. 叶对生；花腋生，密集的簇生 ………………………………… 小齿莲子草（见图版 27k–m）

69. 叶互生；花排成密集的穗状花序，顶生及腋生 ……………………… 直穗苋（见图版 27h–j）

70. 灌木或乔木；二回羽状复叶或退化为叶状柄；花通常黄色，生于头状花序、穗状花序或总状花序中；雄蕊多枚，比花瓣长得多；心皮 1 个 ………………………………………………… 71

70. 与上述特征不匹配的植物 ……………………………………………………………………… 72

71. 二回羽状复叶；花具短柄，总状花序腋生 ………………… 羽冠金合欢（见图版 14a、b）

71. 二回羽状复叶或经常退化为叶状柄；花无柄，排成穗状花序或头状花序（随后可能排成总状花序或圆锥花序）……………………… 金合欢属（见线图 58–62；图版 14c–j）

72. 子房上位 ……………………………………………………………………………………………… 73

72. 子房下位 ……………………………………………………………………………………………… 137

73. 花瓣离生 ……………………………………………………………………………………………… 74

73. 花瓣全部或部分合生 ……………………………………………………………………………… 103

74. 花两侧对称（在决明属中并不明显） ………………………………………………………… 75

74. 花辐射对称 ………………………………………………………………………………………… 76

75. 高可达 35 米的乔木；叶长约 30~60 厘米；花朵长约 4~5 厘米；萼片合生…… 栗豆树（见图版 15f–i）

75. 茂密灌木，高可达 2 米；叶长 3~6 厘米；花长约 1.5 厘米；萼片离生 ……………… 决明属（见线图 56–57；图版 15a–e）

76. 心皮单生 ………………………………………………………… 李属（见线图 72；图版 3c–g）

76. 心皮 2 至多数，离生（若明显合生，则中柱上心皮数大于 40）………………………… 77

76. 心皮合生，数目约不少于 15 个………………………………………………………………… 83

77. 叶肉质 ……………………………………………………………………………………………… 78

77. 叶非肉质 …………………………………………………………………………………………… 79

78. 直立灌木；雄蕊 5 枚 ………………………………………………… 翡翠木（见图版 1）

78. 多年生草本植物；雄蕊 10 枚 ……………………………………… 长药景天（见线图 55）

79. 草本植物 ………………………………………………………………… 匍枝毛茛（见图版 2a–c）

79. 乔木或灌木 ………………………………………………………………………………………… 80

80. 乔木 ………………………………………………………………………………………………… 81

80. 灌木 ………………………………………………………………………………………………… 82

81. 叶片具几片尖裂片；果实具翼瓣 ……………………………… 北美鹅掌楸（见图版 6a–d）

81. 叶全缘；果实无翼瓣 ……………………………………………………… 二乔玉兰（见线图 22）

82. 下位花；花瓣黄色 ………………………………… 束蕊花属（见线图 54；图版 2d、e）

82. 周位花；花瓣白色 ……………………………………………… 珍珠绣线菊（见图版 2f、g）

83. 花瓣 3 片；花两性 ……………………………………………… 巧克力百合（见线图 36）

83. 花瓣 4 片；花两性 ………………………………………………………………………………… 84

83. 5 片花瓣（有时具深缺口），或 4 片花瓣、花单性，不过此种情况较少 ……………… 88

84. 草本植物 …………………………………………………………………………………………… 85

84. 木本植物，乔木或灌木 …………………………………………………………………………… 86

85. 萼片 2 片；花色多变；孔裂蒴果………………………………… 罂粟属（见图版 4a–g）

85. 萼片 4 片；花黄色；果长圆形，裂瓣处开裂……………………… 芸薹属（见图版 23）

85. 萼片 4 片；花白色；果扁平，顶端微凹，裂瓣处开裂………… 荠菜（见图版 24a–e）

86. 复叶，通常可见腺点（见图版 4h）；心皮 4 个 ……………………………………… 87

86. 单叶，无腺点；心皮 2 个 ………………………… 掌灯花属（见线图 76–77；图版 41）

87. 雄蕊 4 枚；花盘 4 裂（见线图 98）…………………………………… 臭木（见线图 97–98）

87. 雄蕊 8 枚；花盘全缘（见线图 92d）………………………… 石南香属（见线图 92；图版 4h、i）

88. 花瓣小，5 枚雄蕊，与花瓣对生，花瓣有时浅色，呈帽状罩在花药上方，有时黑色，腺状，位于花丝下面 ……………………………………………………………………………………… 89

88. 花瓣明显，与雄蕊互生（有时雄蕊不少于 10 枚，或少于 5 枚）……………………… 91

89. 花瓣包住花药，白色花冠顶端与花萼裂片互生 ……………………… 珍珠花（见线图 73）

89. 花黑色，位于花丝下面 ……………………………………………………………………… 90

90. 具托叶；被片薄如纸 ……………………………………………… 纸毡麻属（见线图 100）

90. 无托叶；被片较厚，不似纸 ………………………………… 粉绒毛灌木（见图版 22f、g）

91. 花单性；多枚雄蕊，合生成实心的中心柱状；心皮 3 个；通常是雌雄同株的浓密灌木，叶对生，线形，长可达 3.5 厘米 ……………………………………… 松海桐（见线图 79）

91. 花通常双性；雄蕊不多于 10 枚，若有多枚，则离生或合生，雄蕊柱中空，包裹着花柱；植株习性各异 ……………………………………………………………………………………… 92

92. 雄蕊在花柱周围的中柱上合生 ……………………………………………………………… 93

92. 雄蕊离生 ………………………………………………………………………………………… 96

93. 乔木，高约 15 米；花粉色，直径约 5 厘米，腋生 ………………… 蜜源葵（见图版 21a–d）

93. 灌木或草本植物 ……………………………………………………………………………… 94

94. 一年生草本植物，高通常小于 1 米；叶片圆形或肾形；花在叶腋处簇生 ………… 锦葵属（见图版 21e–g）

94. 多年生灌木，高通常大于 1.5 米；叶片卵圆形（顶端微尖）；花朵单生于叶腋中 ……… 95

95. 花长约 5 厘米；花瓣直立，相互重叠 ……………… 垂花悬铃花（见线图 99；图版 21i）

95. 花直径约 17 厘米；花瓣大幅展开 ……………………………… 木槿属（见图版 21h）

96. 草本植物 ………………………………………………………………………………………… 97

96. 灌木或乔木或攀缘植物 ……………………………………………………………………… 99

97. 花瓣全缘，亮粉红色；雄蕊 10 枚；叶（全株）表面覆盖有一层白色的绵茸毛 ……… 毛剪秋罗（见图版 25a–e）

97. 花瓣全缘，白色；雄蕊 5 枚；叶片上表面具长柄腺毛…………………… 茅膏菜（见图版 24h）

97. 花瓣锯齿状，白色；雄蕊 5 枚或更少；叶片具毛或无毛，但并非全部具有上述特征…… 98

98. 花柱 3 个；蒴果裂齿数 6……………………………………………… 繁缕属（见图版 25j、k）

98. 花柱 5 个；蒴果裂齿数 10 ……………………………………………… 卷耳属（见图版 25f–i）

99. 雄蕊 10 枚或更少；叶互生，上部轮生状 ………………………………………………… 100

99. 多枚雄蕊；叶对生 ………………………………………… 金丝桃属（见图版 4j、k）

100. 雄蕊 10 枚；心皮 5 个 ……………………………………………………………… 101

100. 雄蕊 5 枚；心皮 2 个 ………………………………………………………………… 102

101. 花萼密被鳞片；花药无细尖（但可能有小腺） ………………… 澳新芸香（见线图 95）

101. 花萼无毛（可能具疣或腺）；花药具白色小细尖 ……………… 长叶蜡花（见线图 96）

102. 灌木或乔木；花朵通常不下垂；蒴果，果皮坚硬，种子深陷于黏质的果肉中…………海桐花属（见线图 130–131）

102. 缠绕攀缘植物；花通常下垂；浆果（吊藤莓属）或果皮较薄的蒴果（炽酪藤属）；种子不深陷于黏质的果肉中……………………………… 吊藤莓和炽酪藤（见线图 128–129）

103. 花两侧对称………………………………………………………………………… 104

103. 花辐射对称………………………………………………………………………… 114

104. 花豌豆状；雄蕊 10 枚 ……………………………………………………………… 105

104. 花非豌豆状；雄蕊 4 或 5 枚 ………………………………………………………… 110

105. 雄蕊全部合生或全部分离………………………………………………………… 106

105. 雄蕊 9 枚合生，1 枚离生 …………………………………………………………… 108

106. 雄蕊全部合生；花萼上部的 2 裂片宽圆形，比其他的 3 片大得多 ……………………林地香豌豆（见线图 69）

106. 雄蕊均离生；花萼裂片大小近似 …………………………………………………… 106

107. 有托叶；小苞片着生于花萼上 …………………………………… 矮豌豆属（见线图 67–68）

107. 无托叶或托叶较小；小苞片（通常易凋落）着生于花梗上 ……………………………鹦鹉豆属（见线图 63；图版 15j）

108. 羽状复叶，大多数小叶卷须状；总状花序腋生 ………………… 香豌豆（见线图 64–66）

108. 叶具 3 小叶………………………………………………………………………… 109

109. 荚果伸出老花外；中心小叶的叶柄长于侧生小叶的柄 …………………………………紫花苜蓿（见图版 16g–i）

109. 荚果在残存的花中；小叶柄长度通常大致相同 ………………………… 三叶草属（见实图 16a–f）

110. 子房深 4 裂；花柱生于裂片间的缺口处 ……………………………………………… 111

110. 子房不裂；花柱顶生 ………………………………………………………………… 113

111. 叶对生；茎通常具 4 面；可育雄蕊 2 或 4 枚 …………………………………………… 112

111. 叶互生，和（或）生于 1 基生莲座叶丛中；茎不具 4 面；可育雄蕊 5 枚……… 车前叶蓝蓟（见图版 29a–e）

112. 可育雄蕊 2 枚；花药裂片由 1 个细长的连接组织分离 …………… 鼠尾草（见线图 113）

112. 可育雄蕊 4 枚；花药裂片相邻，不分离 ……………………… 圆叶木薄荷（见线图 112）

113. 草本植物；有退化雄蕊 ……………………………………………玄参属（见图版 31a–e）

113. 灌木；无退化雄蕊 ……………………………………… 喜沙木属（见图版 31j–m）

114. 雄蕊着生于花瓣上…………………………………………………………………… 115

114. 雄蕊着生于花托上或花管顶端………………………………………………………… 130

115. 叶较小，坚韧，通常具急尖，（近）无柄，叶背面通常具独特的平行叶脉（见图版 28f）；花基部具不少于 2 枚的邻近苞片或小苞片……………………………………………… 116

115. 叶不具上述特征；花朵无上述苞片和小苞片 ……………………………………… 121

116. 花密集地簇生于老枝上；每片花冠裂片尖端附近具一簇毛 ……… 开花大戟（见图版 28f）

116. 花生于当季的分枝上，单生或生于短穗状花序或花序丛中；花冠裂片无毛或全具毛…117

117. 花蕾中花冠裂片互相重叠，或有褶皱……………………………………………… 118

117. 花蕾中花冠裂片呈镊合状，无褶皱………………………………………………… 120

118. 花基部由多片相互重叠的苞片包裹；蒴果 ………………………………………… 119

118. 花基部由 1 枚苞片或 2 枚小苞片包围；核果 …………………… 瑞香石南（见图版 28g）

119. 花冠裂片在花蕾中无褶；雄蕊着生于花管喉部 ……………………… 澳石南（见线图 103–104；图版 28h）

119. 花冠裂片在花蕾时弯曲；雄蕊下位或细小花丝部分着生于花管上 … 尖刺辣石南（见线图 111）

120. 花冠内面密被茸毛………………………………… 须石南属（见线图 105–106）

120. 花冠裂片无毛或壁微具疣状突起……………………………… 黄精石南属（见线图 107）

121. 果实通常多籽，蒴果或浆果，或种子少且分裂为多个部分；雄蕊 5 枚 ……………… 122

121. 核果；雄蕊常 4 枚 ………………………………………………… 苦槛蓝属（见图版 31f–i）

122. 蝎尾状聚伞花序（见图版 29b、d）；果实分裂为具单种子的分核（通常为 4） ……… 天芥菜（见图版 29d–f）

122. 多种花序（但无蝎尾状聚伞花序）；蒴果或浆果 …………………………………… 123

123. 浆果……………………………………………………………………………………………… 125

123. 蒴果……………………………………………………………………………………………… 124

124. 茂密灌木，高约 3 米；花腋生 ……………………………………木曼陀罗（见图版 29g–i）

124. 草本植物；松散顶生圆锥花序 ……………………………………澳洲烟草（见图版 30j）

125. 浆果由增大的花萼包裹……………………………………………常青藤酸浆（见图版 30i）

125. 浆果裸露；无 / 少许花萼在果实内增大 …………………………………………………… 126

126. 花冠辐射状，大多颜色均匀；花药顶孔开裂 ……………………………………………… 127

126. 花冠管状，颜色均匀或具对比鲜明的线条；花药纵裂 …………………………………… 128

127. 花萼具齿，花管筒 5 裂，每对花萼齿间各有 1 裂片；花柱弯曲 ………………………红丝线属（见图版 30e、f）

127. 花萼 5 裂；花柱笔直 ……………………………………………… 茄属（见图版 30k–n）

128. 花冠钟形，其上有纵向的黑线条………………………………… 烟叶软木茄（见图版 30h）

128. 花冠呈细管状或壶状，颜色均匀…………………………………………………………… 129

129. 多年生草本植物；花单生、腋生，下垂 …………………… 陀螺人参果（见图版 30a–d）

129. 茂密灌木；花生在顶生圆锥花序中 ……………………………… 智利夜香树（见图版 30g）

130. 叶鞘基状……………………………………………………………………………………… 131

130. 叶直接着生于茎上…………………………………………………………………………… 132

131. 花开放时，花冠上部帽状体脱落；靠近花药的地方变粗 …… 低地彩穗木（见线图 108）

131. 花冠宿存，裂片伸展；花丝细长 ………………………………… 昙石南（见线图 109–110）

132. 茎缠绕；花下垂，1 朵或多朵，生于叶腋中；浆果（吊藤莓属）或薄壁蒴果（炽酪藤属）…………………………………………………… 吊藤莓和炽酪藤（见线图 128–129）

132. 茎直立的草本植物；穗状花序顶生；果实分裂成单籽的各部分（通常 3 部分）………… 野烛花属（见线图 75）

132. 灌木或乔木；花序类型多样；多种果实 …………………………………………………… 133

133. 雄蕊 8 枚……………………………………………………………………………………… 134

133. 雄蕊 5 或 10 枚 ……………………………………………………………………………… 135

134. 花药在分裂前保持合生；蒴果 ……………………………………澳石南（见图版 28a–e）

134. 花药离生；果实分裂为 4 部分 ……………………………… 折瓣钟南香（见线图 93）

135. 花色鲜艳，宽不小于 5 厘米；顶部孔裂 ………………………… 落叶杜鹃（见图版 28i–k）

135. 花直径小于 1.5 厘米；花药纵裂 ……………………………………………… 136

136. 叶无柄；心皮 5 个；中轴胎座 ………………………………辣石南属（见线图 111）

136. 叶具柄；心皮 2 个；侧膜胎座 …………………………… 窄叶海桐（见线图 130）

137. 花瓣离生………………………………………………………………………… 138

137. 花瓣合生，2 花瓣与上萼片合生（翅柱兰属）…………………………………… 155

138. 花两侧对称；花被 2 轮，每轮 3 部分，内轮花被中央 1 片特化为唇瓣（兰花）…… 139

138. 花辐射对称；花被 2 轮，每轮 4 或 5 部分；无特化部分 ……………………… 144

139. 花明显倒置，唇瓣位于蕊柱上方……………………………………………… 140

139. 花具唇瓣，位于蕊柱下方…………………………………………………… 141

140. 花多数，密集生于顶生穗状花序中……………………………… 韭兰属（见图版 9h）

140. 花具梗，1~4 朵生于茎端 …………………………………… 小飞鸭兰（见图版 9i）

141. 唇瓣比其他花被部分长，上表面具浓毛……………………… 紫红胡须兰（见线图 26）

141. 唇瓣比其他花被部分短，流苏状和（或）具疣突状突起，或具分散的愈伤组织…… 142

142. 苞片完全遮盖子房，与花被基部重合………………………… 黑火兰（见线图 27）

142. 花朵苞片不遮盖子房………………………………………………………… 143

143. 2 叶；唇瓣全缘 ……………………………………………… 喉唇兰属（见线图 24）

143. 单叶；唇瓣边缘通常流苏状 ……………………… 裂缘兰属（见线图 25；图版 9f）

144. 4 萼片和花瓣 ………………………………………………………………… 145

144. 5 萼片和花瓣 ………………………………………………………………… 146

145. 灌木；浆果 ………………………………… 倒挂金钟属（见线图 80；图版 19d、e）

145. 草本植物；蒴果或似坚果果实 ……………………………月见草属（见图版 19a–c）

146. 二年生草本植物；复伞形花序 ……………………………… 野胡萝卜（见图版 34）

146. 灌木或乔木；花序类型多样，但无复伞形花序 ……………………………… 147

147. 落叶灌木；分枝通常多刺；具托叶，无芳香油腺点 ……………… 贴梗海棠（见线图 71）

147. 常绿灌木或乔木；无托叶或具易脱落小托叶；叶具多个芳香油腺点 ………… 148

148. 居间穗状花序………………………………………………………………… 149

148. 花序类型多样，但无居间穗状花序 ……………………………………………… 150

149. 雄蕊合生成 5 束…………………………………… 白千层属（见线图 91；图版 19j）

149. 雄蕊离生…………………………………………………… 美花红千层（见线图 81–82）

150. 浆果……………………………………………………………………………… 151

150. 干果，通常为蒴果………………………………………………………………… 152

151. 叶背面被灰白色茸毛；雄蕊红色，长约 2.5 厘米 ……………… 斐济果（见图版 19f、g）

151. 叶无毛，上下表面均呈绿色；雄蕊灰白色，长约 5 毫米 …… 澳洲赤楠（见图版 19h、i）

152. 雄蕊合生成 5 束…………………………………………………… 红胶木（见图版 20a–d）

152. 雄蕊离生………………………………………………………………………… 153

153. 果实不裂；子房 1 室，萼片顶端具长芒 ………………………… 流苏桃金娘（见线图 83）

153. 果实开裂；子房 2 室或多室，萼片顶端不具芒 ……………………………………… 154

154. 雄蕊比花瓣长……………………………………… 昆士亚属（见线图 89；图版 20e–g）

154. 雄蕊比花瓣短……………………………………… 薄子木属（见线图 90；图版 20h、i）

155. 背生萼片和侧生花瓣不同程度合生，从而在生殖器官上方形成盔状花柱……………… 翅柱兰属（见线图 28–29）

155. 萼片（花萼）与花瓣（花冠）离生；无盔状花冠 ……………………………………… 156

156. 花柱和雄蕊花丝合生成花蕊柱（见图版 32a），它有感应性，基部可动 ……… 花柱草属（见线图 114；图版 32a）

156. 花柱与雄蕊离生…………………………………………………………………… 157

157. 具有根状茎的、丛生的多年生植物，通常分布在盐碱地………… 银鸾花（见图版 5g–i）

157. 直立灌木或多年生草本植物，不分布在盐碱地……………………………………… 158

158. 花瓣裂片均排列在花的一侧（扇形），通常蓝色至淡紫色 …… 草海桐属（见图版 5d–f）

158. 花瓣裂片并非都排列在花的一侧，通常呈黄色…………………… 金鸾花（见线图 115）

159. 每朵花由 2 枚绿色或淡紫色的苞片（外稃和内稃）包裹………………………………… 160

159. 每朵花由 1 枚褐色或淡绿色的苞片（颖片）包围……………………………………… 162

160. 背面具脊，通常有 2 枚顶生穗形总状花序…………………… 双穗雀稗（见图版 13f–i）

160. 除花序外侧面具脊…………………………………………………………………… 161

161. 无分杈穗状花序………………………… 多年生黑麦草（见线图 39，40；图版 13c）

161. 2 至多个穗状花序，掌状生于茎端 ………………… 狗牙根（见线图 41；图版 13d、e）

161. 松散圆锥花序……………………………………… 扁穗雀麦（见线图 38；图版 13a、b）

162. 茎细长，近似圆柱形；花序由小穗密集组成；颖片大多褐色，螺旋形排列在小穗上 ……

………………………………………………………………… 鳞叶棒灯芯草（见图版 12d–g）

162. 茎稍扁；紧密圆锥花序，具多数辐射枝；颖片褐色，呈螺旋状排列在小穗上；花柱基部宿存，形成果实上的灰白色帽状结构………………………………鳞籽莎属（见图版 12a–c）

162. 茎绿色，三棱柱状；花序有多数辐射枝（可达 10 个），小穗紧密簇生；颖片淡绿色，二列（小穗侧面压扁）…………………………………………… 密穗莎草（见图版 12h、i）

第八章　植物分科 >>>

本书中植物分科的选择标准之一为：所选内容应包括澳大利亚东南部植被中的普通属。在这版中，新增照片中植物的分布区域较之前更广，同时纳入了许多野草物种。还有一些以一两个属或种为代表的小科也被选入本书，其花朵鲜艳，呈现出丰富的视觉效果，如束蕊花属（见线图 54；图版 2d、e）。本书中也有一些花的结构没能（有）解释得很清楚，如盐角草属（见线图 102）或大戟属（见线图 78；图版 18a、b）中的一些植物。此外，还有其他一些物种因具有捕虫叶或寄生的习性等有趣特征而被收录。总之，本书的总体特征是内容广泛。

本书中的植物科序列严格遵循 2016 年提出的被子植物种系发生学组（APG）中的分类法（见第六章），以线性序列进行排列的相关植物科均尽可能地被罗列在一起，图版中的照片也按相同的序列排序。为了方便读者在文中寻找特定的植物科，本书将出现的植物科进行了编号。需要说明的是，这些编号脱离本书后并无其他意义。

本书为每个植物科都做了简要的说明性背景注释，内容通常包括规模大小：非常大 = 包含 10000 多个物种；大 = 包含 5000~10000 个物种；相当大 = 包含 3000~5000 个物种；中等 = 包含 1000~3000 个物种；相当小 = 包含 500~1000 个物种；小 = 包含 200~500 个物种；非常小 = 包含不到 200 个物种。对于大多数植物科的植物而言，花的结构特征以一种便于与其他科进行比较的方式来描述，其中包括常见的变种，参阅线图有助于仔细观察花的结构并将理论与实际联系起来。同时，本书还会提及一些花序类型相对较少或与众不同的植物科，而针对其他科的讨论将会集中在线图中的例子上。

植物的“识别特征”，即特点，往往较为明显，是特定植物类群的标志。虽然同一类群的每个成员并非都能显现出所有识别特征，但已显现的特点却足以为植物鉴定者提供线索。值得注意的是，有些科的变种只有极少的识别特征，有些甚至完全没有。

为了使本书中的示例适用于各区域植物志的检索表（植物志选集已被列入参考文献），或适用于第七章结尾的检索表，相应的线图和文字说明应尽可能详细。设计此检

图版6　科1　木兰科

图版 6a-d　北美鹅掌楸（*Liriodendron tulipifera*）

直立、单树干的落叶乔木，高约 40 米；花单生于短侧枝上；花被有时指被片；在中轴上的心皮不离生，成熟后可离生；单小果是翅果。原生于北美，通常用作观赏植物。花期从春末至夏季。

花程式为 K3 C3+3 A∞ G<u>∞</u> 或 P3+3+3 A∞ G<u>∞</u>

图版6　科2　樟科

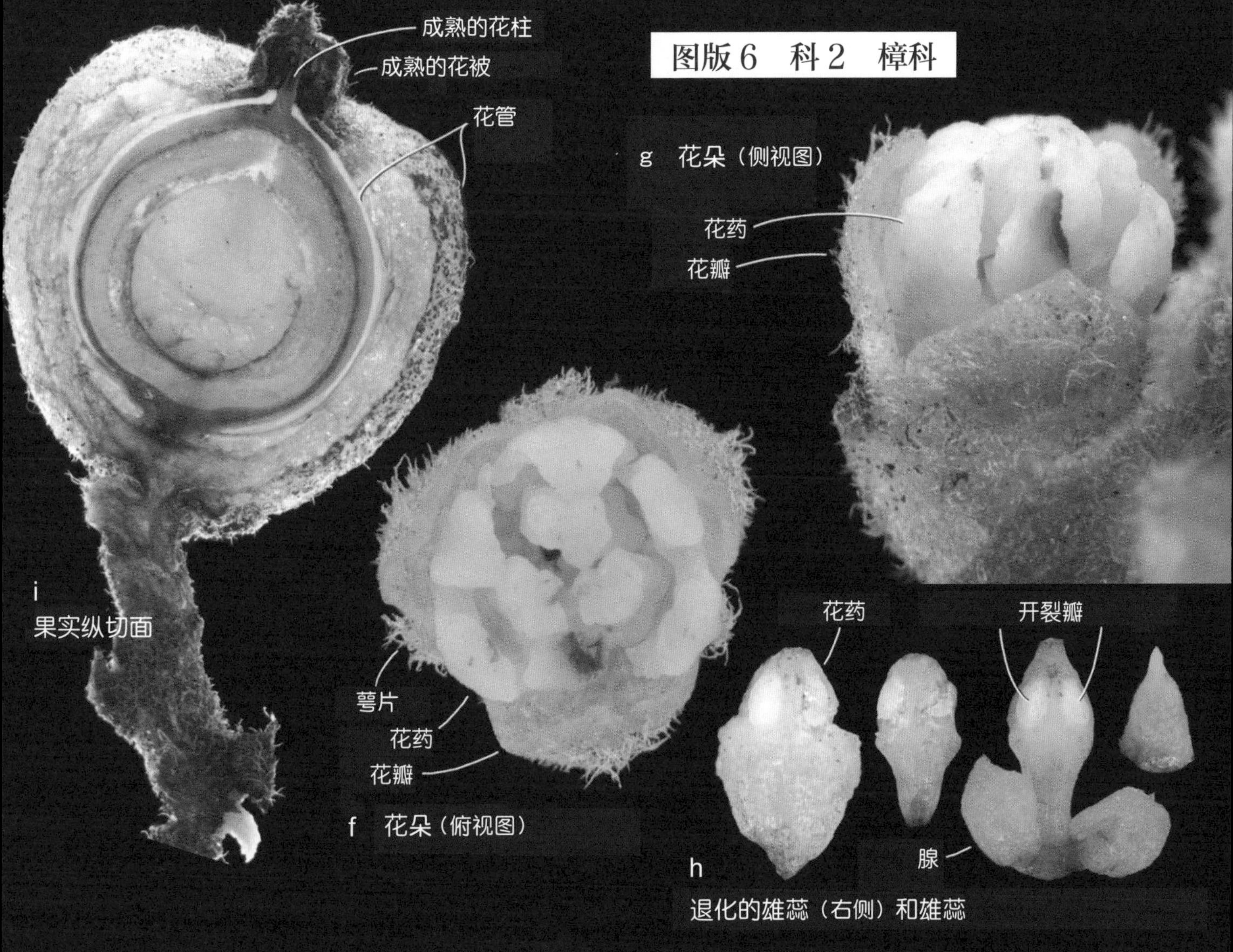
成熟的花柱
成熟的花被
花管
i
果实纵切面
g　花朵（侧视图）
花药
花瓣
萼片
花药
花瓣
f　花朵（俯视图）
花药
开裂瓣
腺
h
退化的雄蕊（右侧）和雄蕊

e

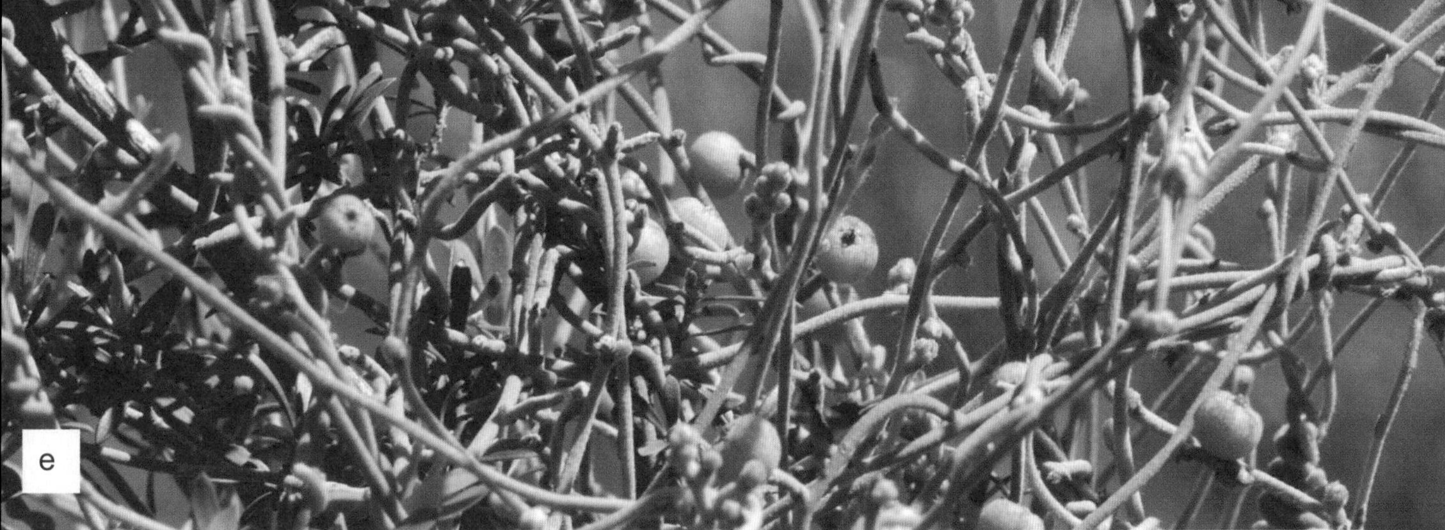

图版 6e–i　短毛无根藤（*Cassytha pubescens*）

寄生的多年生缠绕植物，细枝厚约 1.5 毫米（借助吸器着生于寄主上），有时形成密集的缠绕群；花较小（可参照 f 直径约 2.5 毫米），排成较短、疏松或密集的总状花序、穗状花序或圆锥花序；花被有时指被片；花管扩大，会形成部分果实（成熟时直径约 6~9 毫米）。原生于澳大利亚东南部和东部，通常生长在石南丛生的荒野和开阔的森林中。花期在春季和夏季。

花程式为 K3 C3 A3+3+3+staminodes G loculus $\underline{1}$ 花管可见

索表的目的是为了更全面地解释本书中出现的植物，但同样适用于同属中的其他物种。第二章末尾处解释了线图说明中包含的花程式，这些花程式表示花朵的基本结构。

下表是按花结构的简易程度对本章中所讨论的植物科进行的排序，旨在为想要深入了解植物却无从下手的读者提供指导。

简单结构	特殊或复杂结构
4 秋水仙科 8 日光兰科 10 天门冬科 13 毛茛科 15 五桠果科 16 景天科 23 掌灯花科 45 海桐花科	6 兰科 11 禾本科 14 山龙眼科 19 鼠李科 20 桑科 21 木麻黄科 25 大戟科 30 瑞香科 35 藜科 42 花柱草科 44 菊科

若想进一步了解植物科及其特征，可参阅克里斯滕胡兹（Christenhusz，2017）、考斯特曼斯（Costermans，2009）、海伍德（Heywood，2007）等、希基和金（Hickey & King，1997）、贾德（Judd，2016）等、库比茨基（Kubitzki，1990— ）、劳伦斯（Lawrence，1951）、莫雷和托尔金（Morley & Toelken，1983）等人的著作。沃尔什和恩特威斯尔（Walsh & Entwisle，1994— ）所著的《维多利亚植物志》（*Flora of Victoria*）的在线版已遵照 APG 分类法做了相应的更新。

如果想在线阅读植物科的检索表和描述，可参阅宾（Byng，2014）和卡伦（Cullen，1997）用硬盘拷贝的资料来了解，但后者对科的定义划分现在可能已有所变化。标准的植物志中包括特定区域植物科的检索表和描述；澳大利亚科可参阅第二版《澳大利亚植物志》第 1 卷（*Flora of Australia* volume 1），以及蒂勒和亚当斯（Thiele & Adams，2002）的著作（光盘版）。

若想了解栽培植物科的检索表和描述，贝利（Bailey，1949）、卡伦（Cullen，2011）等和斯宾塞（Spencer）的著述（1995—2005）都是不错的选择。其中，斯宾塞作品的网络版已遵照 APG 分类法做了相应更新。

以下是植物科的详细分类，书中配的图版 1—34 已分别对其做了展示：

图版 1　花的结构：一朵普通的花
图版 2　花的结构：离生，上位子房
图版 3　花的结构：单生心皮，上位子房
图版 4　花的结构：合生心皮，上位子房
图版 5　花的结构：合生心皮，下位子房

木兰亚纲植物

图版 6　木兰科
　　　　樟科
图版 7　樟科

单子叶植物

图版 8　天南星科
　　　　秋水仙科
图版 9　百合科
　　　　兰科

图版 10　鸢尾科

日光兰科

图版 11　石蒜科

天门冬科

图版 12　莎草科

灯芯草科

图版 13　禾本科

双子叶植物

图版 14　豆科

图版 15　豆科

图版 16　豆科

图版 17　桑科

木麻黄科

图版 18　大戟科

图版 19　柳叶菜科

桃金娘科

图版 20　桃金娘科

图版 21　锦葵科

图版 22　锦葵科

图版 23　十字花科

图版 24　十字花科

桑寄生科

茅膏菜科

图版 25　石竹科

图版 26　藜科

图版 27　藜科

苋科

图版 28　杜鹃花科

图版 29　紫草科

茄科

图版 30　茄科

图版 31　玄参科

图版 32　花柱草科

菊科

图版 33　菊科

图版 34　伞形科

木兰亚纲植物
（科 1—2）

早期的植物分类法将木兰亚纲植物归为原始的双子叶植物。木兰亚纲植物这个名称不符合命名规则，因此不够正式，只指由 4 目、18 科、10500 多个物种组成的特殊类群。

木兰亚纲植物主要可分为乔木和灌木，通常气味芬芳，具有较为坚韧的单叶。花被部分通常排列成螺旋状或成 3 轮。该亚纲的雄蕊有个有趣的特点：通常由较宽的药隔连接，花药和花丝间没有明显的界线（见线图 22d；图版 7e）。

1　木兰科

北美木兰类及鹅掌楸类植物

众所周知，木兰科规模甚小，分布在温带地区，从北美东部以南至巴西，在东亚地区则分布在喜马拉雅山至日本，向南到新几内亚。曾经的木兰科包括 12 个属，但目前已减少到只剩 2 个。鹅掌楸属（只

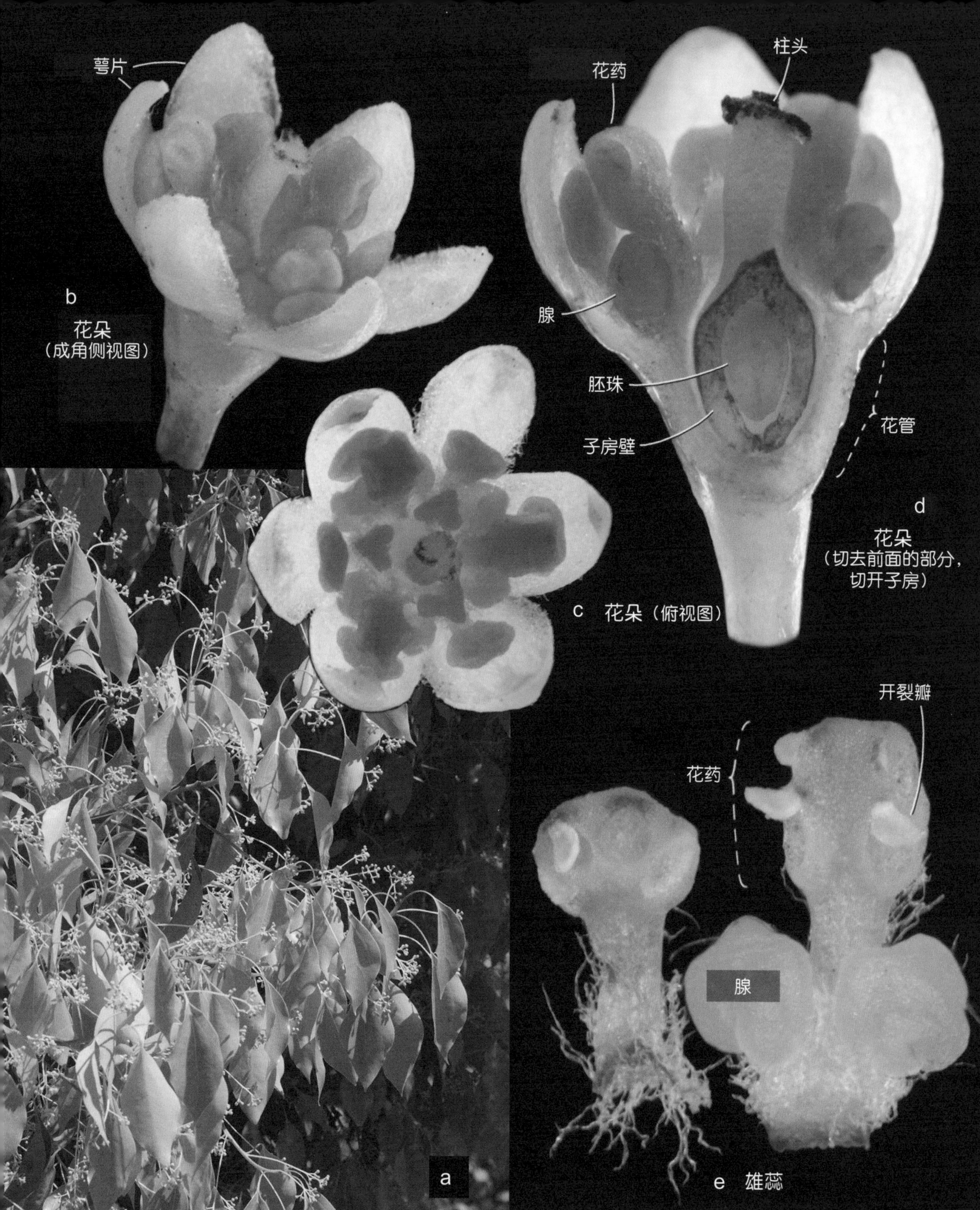

图版 7a–e 樟树（*Cinnamomum camphora*）

常绿大乔木，在野外生长时树冠会大幅度展开；碎叶有樟脑味；花的直径为 3~4 毫米，在腋生圆锥花序中排成聚伞花序；内排的雄蕊具腺。原生于中国和日本，但在其他地方可作为观赏植物和街道种植树木。在较温暖的地区自然驯化。花期在春季。

花程式为 P3+3 A3+3+3+staminodes G$\underline{1}$ 顶生胎座，花管可见

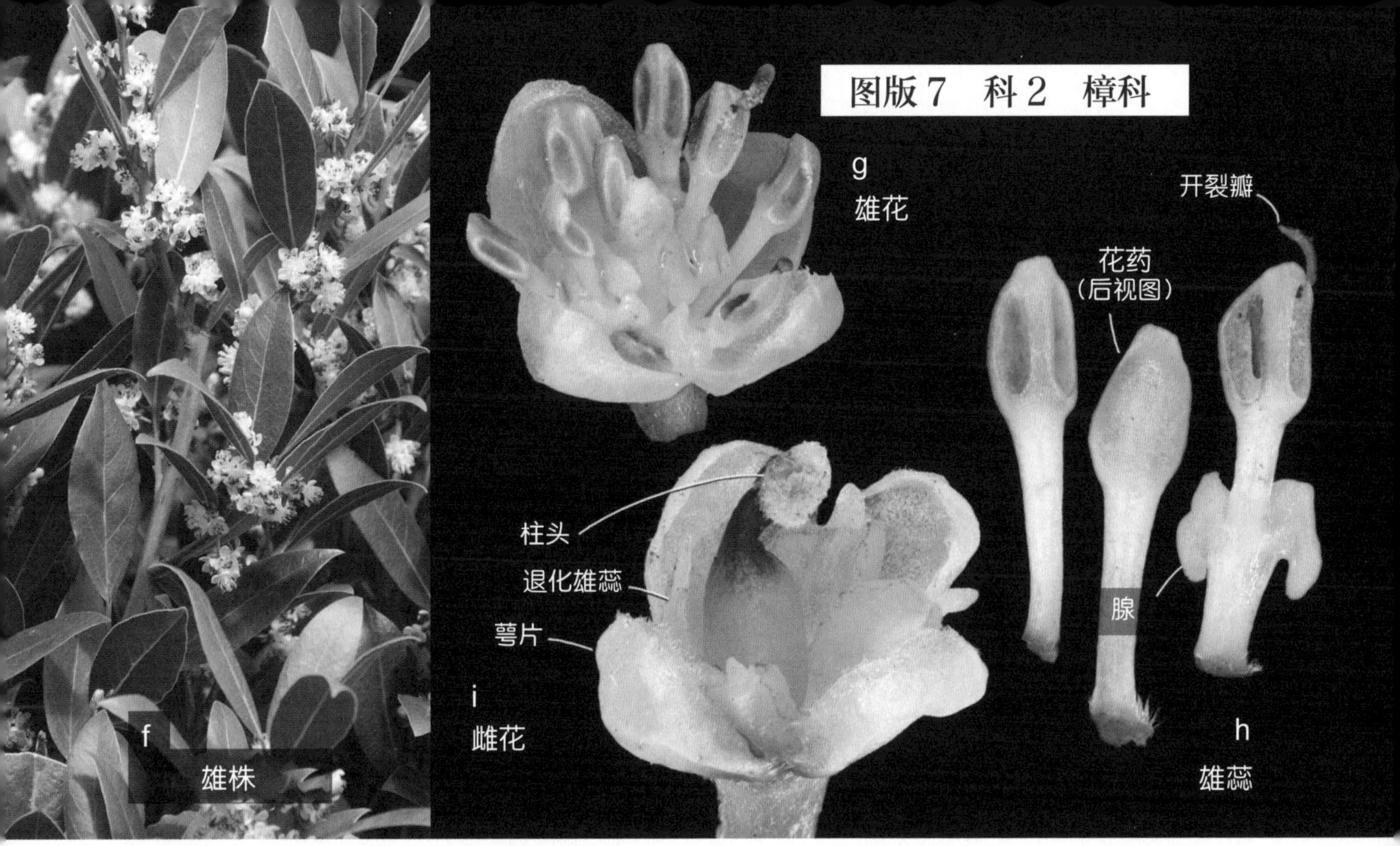

图版7　科2　樟科

g
雄花

开裂瓣

花药
（后视图）

柱头

退化雄蕊

萼片

腺

i
雌花

h
雄蕊

f
雄株

图版 7f–i　月桂树（*Laurus nobilis*）

常绿的雌雄异株树，高约 15 米，有芳香叶；花直径约 7 毫米，簇生在小腋内。原生于欧洲南部，后来在各地广泛种植；f 中所示的植物已被修剪成树篱。花期在春季。

雄花的花程式为：P2+2 A3+3+3 G0　雌花的花程式为：P2+2 Astaminodes G$\underline{1}$

图版 7j–i　鳄梨（*Persea americana*）

高约 10 米的小乔木；总状花序腋生，花朝向分枝顶端。原生于美洲中部，后来在较温暖的地区广泛种植，衍生出许多栽培品种。花期在春季。

花程式为 P3+3 A3+3+3 G$\underline{1}$

外层萼片

花柱

开裂瓣

花药

内层萼片

腺

j　开花分枝

k　花朵

l
雄蕊（取自内排）

有两个物种）和北美木兰属作为观赏植物广泛种植，有几个物种的木材较为珍贵。

木兰科包括番荔枝科、肉豆蔻科以及木兰目中的其他科。

花的结构

花朵 辐射对称，通常两性，着生于顶端小枝或短侧枝上。花托细长（见图版 6c），花叶大部分呈螺旋状排列。

花被 较为一致的部分可称为被片（有时全部称为花瓣），不少于 6 片，离生。

花萼 （当与花瓣不同时）被片 3 片，离生。

花冠 （当与萼片不同时）被片 3 片至多数，离生。

雄蕊群 雄蕊多枚，离生；花丝较短但很粗，与花药的区别不明显。

雌蕊群 心皮多数，离生；子房上位；边缘胎座。

果实 大多是蓇葖果的复合果，有时不开裂，形似浆果（北美木兰属）或翼果（鹅掌楸属，见图版 6b–d）。

此类植物通常是乔木或灌木，叶通常脱落，全缘（鹅掌楸属植物的叶浅裂），花颜色艳丽，顶生。脱落性大托叶包围着顶芽，脱落时留下叶痕。

图 线图 22；图版 6a–d

识别特征

乔木或灌木，叶脱落。花颜色鲜艳，顶生，离生部分呈螺旋状排列在一细长花托上。

2 樟科

月桂类及同类植物

樟科规模中等，分布广泛，在热带雨林中生长得尤为旺盛。它的名称来源于月桂属，古人将月桂树（见图版 7f–i）的叶视作胜利的标志。现在人们会用其气味芳香的叶来给汤羹和肉食调味。樟科中重要的栽培物种有鳄梨（见图版 7j–l）、香樟（见图版 7a–e）和锡兰肉桂（它的树皮能够制成香料肉桂）。有些生长在澳大利亚北部热带雨林的属的树木是珍贵的木材。

小型的无根藤属（见图版 6e–i）在形态上明显不同，因此有时单独归入无根藤科中。它广泛分布于热带和亚热带地区，同属的 14 个物种都生长在澳大利亚。该属的植物为多年生寄生植物，拥有坚韧的缠绕茎，通过形似小型吸盘垫的吸器着生于寄主植物上，吸器连接了寄生物的维管系统和寄主的维管系统。叶退化成了小鳞叶。

无毛无根草的茎较细，常见于澳石南丛生的荒野。粗无根藤和短毛无根藤（见图版 6e–i）的茎较粗，常见于毗邻澳石南丛生的荒野和树林中。

花的结构

花朵 辐射对称，较小，两性或单性，3 基数，有时长有花管。

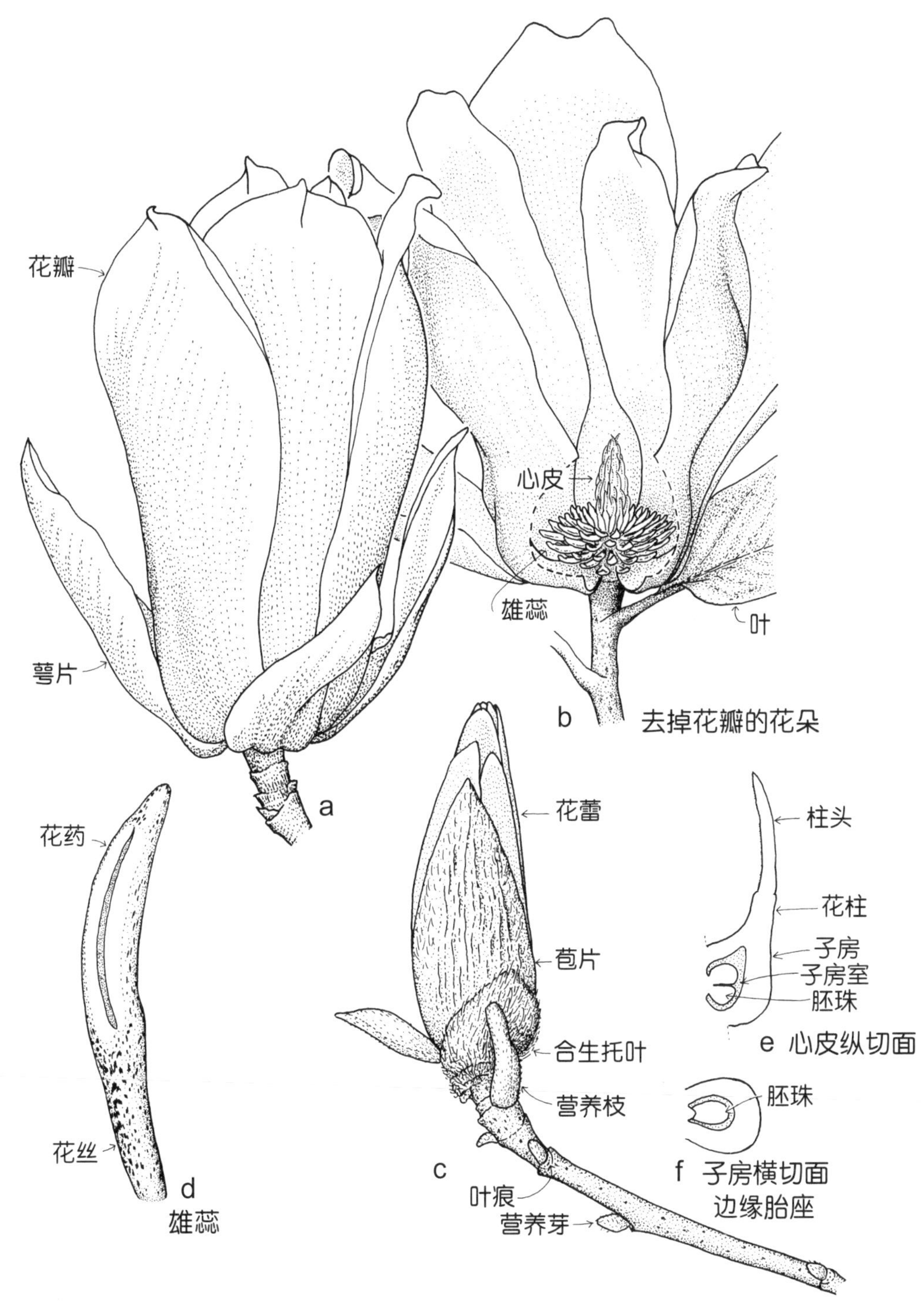

线图 22　二乔玉兰（*Magnolia×soulangeana*）　花程式为 K3 C5 A∞ G$\underline{\infty}$
不低于 4 米高的大灌木或小乔木；叶椭圆形，随托叶脱落；花顶生；花瓣数量可变，内部为白色，外部为紫粉红色。由杂交而来，原产于法国，现已广泛种植。春季时会在长出新叶之前开花。（a–c×0.6，d–f×6）

花被 萼片和花瓣并不总是高度分化。花被片 6 片，2 轮，离生或少部分合生。

雄蕊群 雄蕊通常多轮，每轮 3 枚（有时雄蕊多数），离生，通常有退化雄蕊，腺通常与花丝相连。花药的开裂瓣（见图版 6h，7e、h、l）较为独特，这些瓣有时称为裂片。

雌蕊群 心皮为 1 个，子房近似上位；胚珠 1 颗，下垂。

果实 单种子的浆果或核果。

此类植物通常为常绿乔木或灌木。叶通常无分杈，全缘，较坚韧，具芳香油腺（无根藤属植物的叶退化，鳞叶状）。无托叶。

《澳大利亚植物志》第 2 卷（*Flora of Australia* volume 2）中包含澳大利亚物种的检索表和描述。

图 图版6e–i，7

识别特征

除非典型案例，典型无根藤为芳香乔木和灌木，通常为常绿植物。花朵虽小，但各不相同，3 基数，花药的开裂较为独特。

单子叶植物
（科 3—11）

单子叶植物有包含超过 75 个科的 7 万多种植物，分布在 11 个目中。大多数单子叶植物是一年生或多年生草本植物，每到换季时，地下的鳞茎、球茎或块茎会发芽，逐渐发育形成此类植物。许多单子叶植物是水生或沼泽植物，而有些单子叶植物为树，如棕榈树和禾木。许多物种的茎较短，大多数叶为基生，有时形成茂密的草丛，这些通常又细又长的叶有平行脉和鞘基。有些物种的茎更为成熟，其叶片通常为无柄的，基部抱茎（见图版 10h），可能有平行或网状脉。

花叶通常为 3 或 3 的倍数，有时在某些科中会因退化而改变。花被呈花瓣状，通常两轮，每轮又由 3 个形状、大小和结构相似的部分组成，这些部分名为**被片**（如图版 8l，10h，11e）。这种未分化部分的花被可称为花盖。但是，“被片”一词并非适用于所有物种，尤其是指兰花时。在禾本科和莎草科等多个科中，花被有时会严重退化、改良甚至缺失。

在过去的几十年里，单子叶植物的目、科和属的界定方法发生了诸多变化。尽管在解决该问题中已取得了较大进展，但仍不完善。植物分类的提案重点在于单系群的界定，而 DNA 分子研究也在发挥越来越重要的作用。

对于那些花似百合（通常称为“瓣状单子叶植物”）的类群来说，变异和变态的过程尤为明显。尽管它们的营养结构和花的结构表现出整体的相似性（和连续性），但这些植物依然形态多样，几乎没有任何可供观察的显而易见的形态特征，而这些特征恰恰又是判定科群的基础。

传统的单子叶植物分类法已应用了100多年，许多单子叶植物的花形似百合，主要分布在3个科中：百合科（6枚雄蕊，子房上位）、石蒜科（6枚雄蕊，子房下位）和鸢尾科（3枚雄蕊，子房下位）。20世纪出现了几种不同的更严格的分类法，由此确立了较多新科，但最终未能就这些新科达成共识。

相比之下，克朗奎斯特（Cronquist）于1981年出版的《有花植物综合分类系统》（*An integrated system of classification of flowering plants*）一书沿袭了保守做法，将原始的百合科和石蒜科合并为较大的百合科。同时，《澳大利亚植物志》第45卷（volume 45 of *Flora of Australia*，1987）和《维多利亚植物志》第2卷（volume 2 of Flora of Victoria，1994）也都有所保留地采纳了这一理念。相反地，哈登（Harden）所著的《新南威尔士植物志》第4卷（volume 4 of *Flora of New South Wales*，1993）沿用了达尔格伦（Dahlgren）及其合作者（1985）的分类方案，将“百合”纳入了一些规模更小的科。

因此，根据著作的出版时间和作者遵循的分类方案，我们能在几个不同科之中找出某个特定的属。

1998年至2016年间，APG发表了四份分类法概要来总结有花植物的“发育状态”，每一份都包含了最新的研究成果。在2016年的被子植物种系发生学组综述（以下简称APG IV）中，大约有20个科中包含类似百合的物种。

一方面，人们追求包含单系群的理想分类方案；另一方面，更多的用户需要一套实用稳定的、便于研究和记忆的鉴定科系，以同时形成可纳入植物志的鉴定系统框架，这势必会产生一些矛盾。借助一些易于观察的特征，我们可以将这些科在鉴定的检索表中进行区分，然而有些科却没有此类特征，这个问题尚未得到解决。最新电子版《维多利亚植物志》（*Flora of Victoria*）中囊括了APG IV（2016）中提出的这些科，并且通过在“科复合体”中识别属的方法来解决上述问题。

为了与当前的解决方法保持一致，本书较传统而言缩小了百合科的定义范围（即包含较少的属），还介绍了几个其他的百合类科，并继续将石蒜科列为一个单独的科。有些科缺乏能将其加以区分的清晰形态特征，这意味着“识别特征”可能较少或干脆不存在。此外，本书还介绍了鸢尾科、兰科和禾本科。

在本书中讨论的5种花朵类似百合的植物科中，百合科和秋水仙科是百合目的代表，而日光兰科、石蒜科和天门冬科则是天门冬目的代表。百合科植物的蜜腺通常与被片或花丝（通常朝向基部）相连，部分或全部被片上可能有标记，如卷丹百合和一些贝母属上有斑点或颜色各异的线。相反，天门冬目中大多数植物的蜜腺与子房相连，被片的颜色较一致。

许多百合类属种子的外壳中含有一种像是黑色木炭一样的物质名为植物黑素（见图版 11f），这一特征在以前的分类法中有重要意义。在 APG IV 分类法中，许多天门冬目的植物产生了黑色种子，但黑色种子与特定类群不是绝对相互联系的。

达尔格伦（Dahlgren，1985）等的分类系统中对单子叶植物的特征进行了翔实的讨论，里维尔和皮雷（Reveal & Pires）总结了 2002 年之前单子叶植物的分类史。《澳大利亚植物志》中第 45 卷和第 46 卷中涵盖大部分瓣状单子叶植物，即本书的秋水仙科、百合科、鸢尾科、日光兰科、石蒜科和天门冬科中所包含的植物（须注意植物志中的科系间的界定与本书不同）。阿斯顿（Aston，1977）详细描述了水生生物，同时还配有线图。

3 天南星科

马蹄莲类、无根萍类及同类植物

天南星科中等规模，由草本植物（有一些是大型草本植物）组成，主要分布在热带地区。它的花序结构通常较为独特，有时整个植株的外观都与众不同，如自由浮动的水生属仅有少量根或根本没有，浮萍属和无根萍属（见图版 8a、b）等植物的花朵退化程度较高。

许多物种通常生长在气候适宜的花园中，也有许多是人们熟知的室内植物。这些植物的叶片较大，外形美观，呈矛头状和箭头状，因此比较珍贵，苞片（佛焰苞）色彩艳丽，与花序相连。许多物种可作为杂交种或栽培种在苗圃中种植，或在花店里作为鲜切花出售。

花烛属、天南星属、疆南星属、芋属、龟背竹属、白鹤芋属和马蹄莲属的有些物种为栽培种。

龟背竹是攀缘植物或蔓生植物，花簇疏松，叶片通常较大，上面有许多小孔，或沿边缘向中脉分裂，被人们所熟知。

在整个热带地区，芋的可食用块茎和叶的价值较高，甚至是一些地区主要的粮食作物。

马蹄莲（又叫水芋，见图版 8c–e）是一种具有根状茎的簇生多年生草本植物，高约 1.2 米，叶片较大，呈心形，通常用作观赏植物，有时野化为野草。花朵为雌雄异体，排成橙黄色的肉穗花序，或长在 5~10 厘米的肉穗花序，由一枚白色的苞片（佛焰苞）包围。雄花生在花柱上端，雌花则在下端。雄花仅由少许雄蕊组成，雌花则由浅色的小雌蕊群（见图版 8e）组成，无花被部分。

盔苞芋（见图版 8f、g）的普通花序结构与马蹄莲属植物相似，但其肉穗花序罩住了佛焰苞，而肉穗花序又延伸至从佛焰苞开口中伸出的不育顶端。每朵雄花退化为一个雄蕊。

澳洲无根萍（见图版 8a、b）是一种微小的水生浮游植物，无根，能在平静的水面上迅速繁殖，从而布满整个水面，有时存在于农田的水坝和水槽中。花退化为具单室花药的雄蕊，植物体中含单室雌蕊群。它的繁殖方式通常为营养体繁殖，即每个植物体（原植体）“萌芽”产生子代，而很少产生花，繁殖部分通常是一两朵单性花。该属含有已知的最小有花植物。

天南星科中其他植物的花发育得更为成熟，花被和6个雄蕊排列在两个轮上。

《澳大利亚植物志》第39卷中包含澳大利亚物种的检索表和描述。

4 秋水仙科

秋水仙类、獐牙花类、葱水仙类及同类植物

秋水仙科的多年生草本植物虽然体形较小，但却广泛分布在南北半球，除亚洲东部和美洲南部，特别是在冬季多雨的地中海气候地区。秋水仙属、嘉兰属（见图版8j、k）、澳大利亚本土的丁香百合属和铁线百合属（见图版8h、i）等许多植物都在花园内种植。

秋水仙属植物具有重要的药用价值，它们可产生秋水仙素，该物质在植物育种中可用于诱导染色体加倍。

据说葱水仙属（见图版8l）的块茎和獐牙花属的球茎（见线图23）是澳大利亚土著的传统灌木食物，但一些属仍含有剧毒。

花的结构

花朵 通常辐射对称，两性，排成顶生总状花序或聚伞花序或伞状花序，或单生在叶腋中。

花被 被片通常6片，合生或离生，2轮，每轮3片，通常有朝向基部的腺或产生花蜜的组织，花蕾中每个雄蕊附近的花被边缘通常弯曲（见图版8i）。

雌蕊群 雄蕊6枚，2轮，每轮3枚，有时生于花萼上。

雄蕊群 心皮通常3个，合生，子房上位，有3个子房室，每子房室有少量胚珠，中轴胎座。

果实 通常为蒴果，很少为浆果，种子不是黑色的。

草本植物的地上部分通常都是季生的，由地下的块茎或球茎或块茎的根重新长出。着生于基生的植物丛上时，叶通常是线形、全缘的；而着生于直立或蔓生的茎上时，叶通常互生，叶片可能较宽（一些物种的叶尖是卷须，见图版8j）。

《澳大利亚植物志》第45卷中包含澳大利亚本土物种和野草。

图 线图23；图版8h–l

识别特征

草本植物。叶通常呈线形，似草。花被呈花瓣状，排列在2轮中，每轮中3个瓣片。雄蕊6枚。在花蕾期，雄蕊附近的

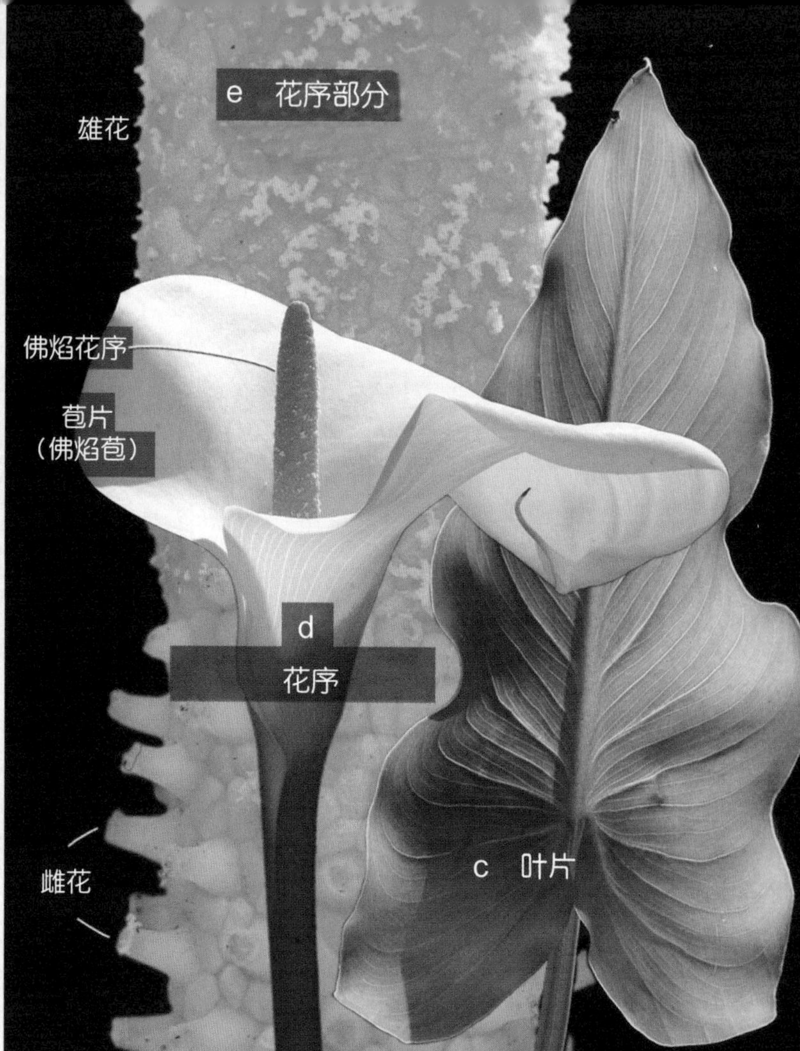

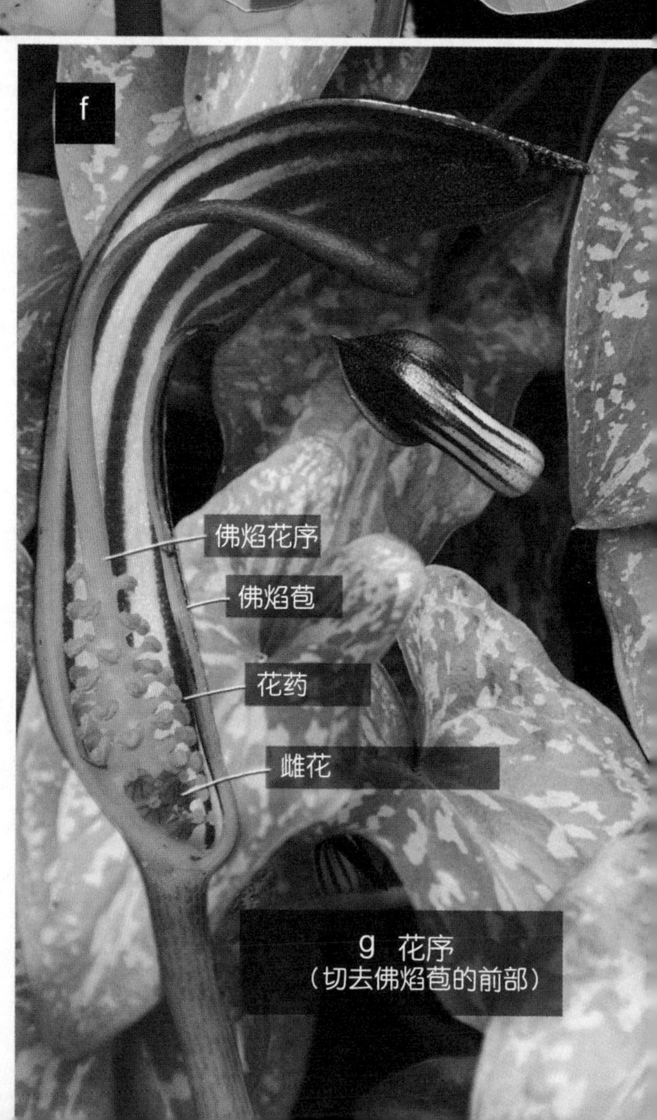

图版 8a、b　澳洲无根萍（*Wolffia australiana*）

微小的浮游水生植物；无根；每株植物（原植体）长约 1 毫米；花数量极少。原生于新西兰和澳大利亚东南部。花期未知。

图版 8c–e　马蹄莲（*Zantedeschia aethiopica*）

簇生、雌雄同株的多年生草本植物，高约 1.2 米；有长达 25 厘米的大型白色苞片（佛焰苞）；花排成中央黄橙色的穗状花序（佛焰花序，长 5~10 厘米）；小浆果。原生于南非，后来在各地广泛种植，有时在潮湿的地方自然驯化。花期主要在春夏两季。

图版 8f、g　鼠尾南星（*Arisarum vulgare*）

群生、雌雄同株的多年生草本植物，高约 30 厘米；叶长约 10 厘米；花生长于盔状的紫色条纹苞片（佛焰苞）内的纤细的穗状花序上。原生于地中海，生长在花园中，看起来可能像野草。花期在夏季和秋季。

图版 8　单子叶植物：科 4　秋水仙科

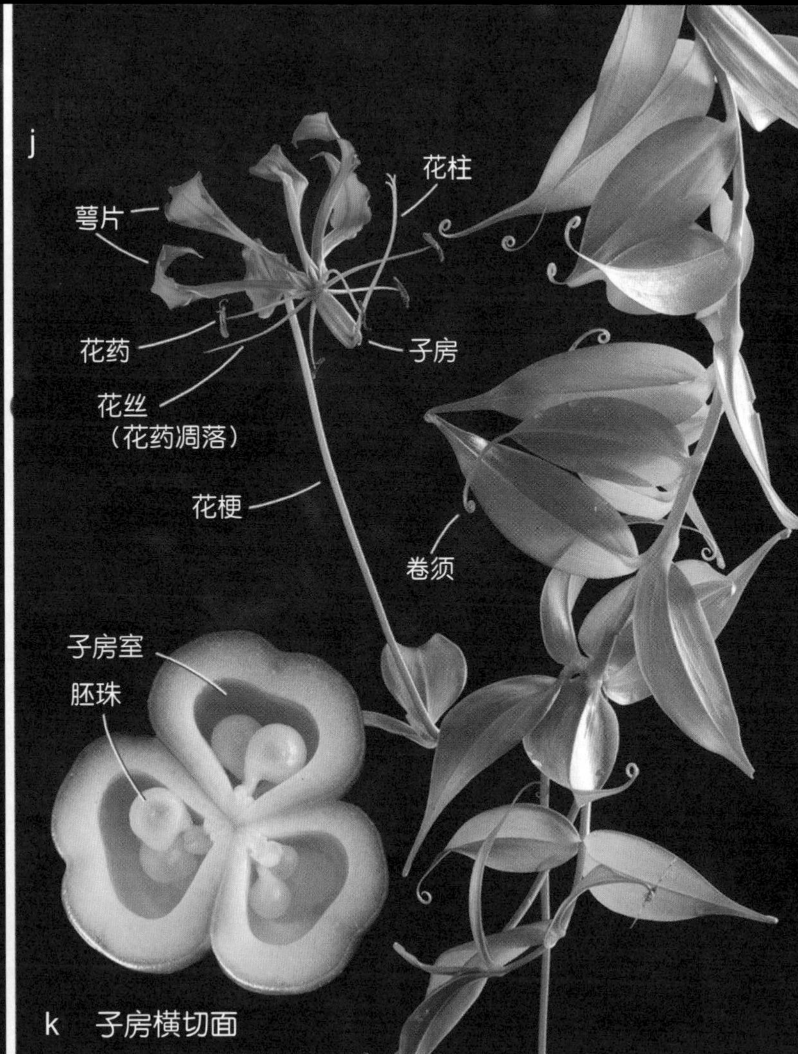

图版 8h、i　铁线百合（*Tripladenia cunninghamii*）

具有根状茎的多年生草本植物，主茎高约 40 厘米；花直径约 2.7 厘米，一两朵花生长于腋生聚伞花序中；在花蕾中，花被边缘在雄蕊周围卷曲；每个被片的基部有 2 个附属物；蒴果。生于澳大利亚东部，有时在花园中生长。花期主要在春季和夏季。

花程式为 P3+3 A3+3 G($\underline{3}$)

图版 8j、k　嘉兰百合（*Gloriosa superba*）

多变的多年生草本植物，借助叶尖的卷须攀缘；花单生，此处的花直径约 6 厘米；蒴果。原生于非洲和亚洲的热带地区。在花园里种植，有时野化。花期从春季至秋季。

花程式为 P3+3 A3+3 G($\underline{3}$)

图版 8l　伞花博查德草（*Burchardia umbellata*）

直立、细茎的草本植物，能形成球茎，高约 60 厘米；有一两片线形叶；花直径约 2.5 厘米，2~9 朵生长于伞形花序中；三角形蒴果，长约 1.5 厘米。原生于澳大利亚西南部、东南部和东部。花期在春季。

花程式为 P3+3 A3+3 G($\underline{3}$)

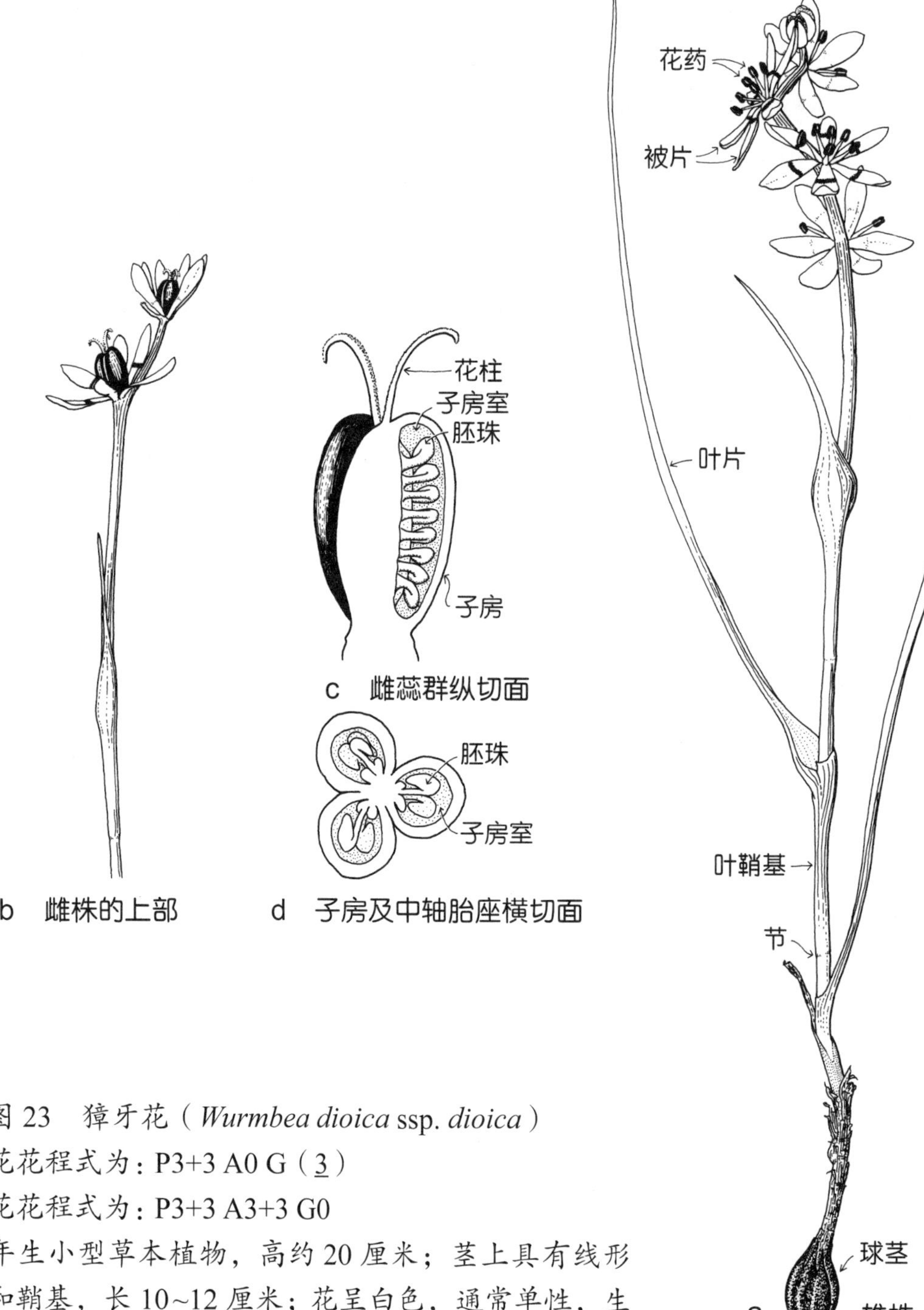

线图 23 獐牙花（*Wurmbea dioica* ssp. *dioica*）
雌花花程式为：P3+3 A0 G（3）
雄花花程式为：P3+3 A3+3 G0
多年生小型草本植物，高约 20 厘米；茎上具有线形叶和鞘基，长 10~12 厘米；花呈白色，通常单性，生于顶生的穗状花序中，数量为 1~8 朵；被片的中心下部各具一横向紫色带，有时被视作蜜腺的带；蒴果。广泛分布于澳大利亚除北领地之外所有州的草地上。花期在春季。以前名为安圭拉氏兰。（a–b × 1.5，c–d × 10）

被片折叠（见图版 8i）。上位子房。

5 百合科

百合类植物

在最新的分类法中，百合科的范围较以前的定义要小得多，在本书该范围的界定更为严格。该科广泛分布于北半球的温带地区，名称来源于百合属，虽然常种植于花园中，但该属的一个物种已成为澳大利亚（见图版 9a–e）的自然驯化植物。

具有装饰性的属包括贝母属、百合属、油点草属和郁金香属，其中百合属和郁金香属的种植尤为广泛；现已培育出许多杂交种和栽培种，有些可作为鲜切花，具有较高的商业价值。许多物种的球茎可用作药材，有些物种的花瓣、叶片和球茎可以食用。

花的结构

花朵 辐射对称，通常单性；花序顶生，通常是总状花序，有时是伞状花序，有时还是单生花。

花被 近 6 片被片，合生或离生，2 轮，每轮 3 片，常有点痕或线痕，通常产生朝向基部的花蜜。

雄蕊群 雄蕊 6 枚，离生，2 轮，每轮 3 枚，有时着生在萼上。

雌蕊群 心皮通常 3 个，合生；子房上位，通常有 3 个子房室；每个子房室有数量不等的胚珠；中轴胎座。

果实 通常为蒴果或浆果；种子不呈黑色。

多年生草本植物，不分枝的气生茎从鳞茎或根状茎上生出。叶通常呈线形，全缘，通常在基部丛生；而在直立的茎上时则为互生，有的呈椭圆形，有的呈卵圆形。

《澳大利亚植物志》第 45 卷中包括澳大利亚的物种和野草。

图 图版 9a–e

识别特征

草本植物。叶通常呈线形，似草。花被呈瓣状，2 轮，每轮 3 部分，表面通常有斑点或线。雄蕊 6 枚。子房上位。

6 兰科

红门兰类植物

兰科是一个包含约 800 个属的大科，其中约有 190 个属分布在澳大利亚。虽然该科的植物遍布世界各地，但大多数还是分布在热带地区。

兰花产量高，适合作为鲜切花出售，而且也是养花爱好者的常选，因此具有较高的商业价值。许多物种的根状茎都是传统的丛林，在阿纳姆地区，兰花汁可用作赭色颜料的定色剂。香子兰属的果实是一种重要的烹饪调料的原材料。

花的结构

花朵 两侧对称（很少呈辐射对称），通常两性；花单生，排成总状花序、穗状花序或圆锥花序。

图版 9　单子叶植物：科 5　百合科

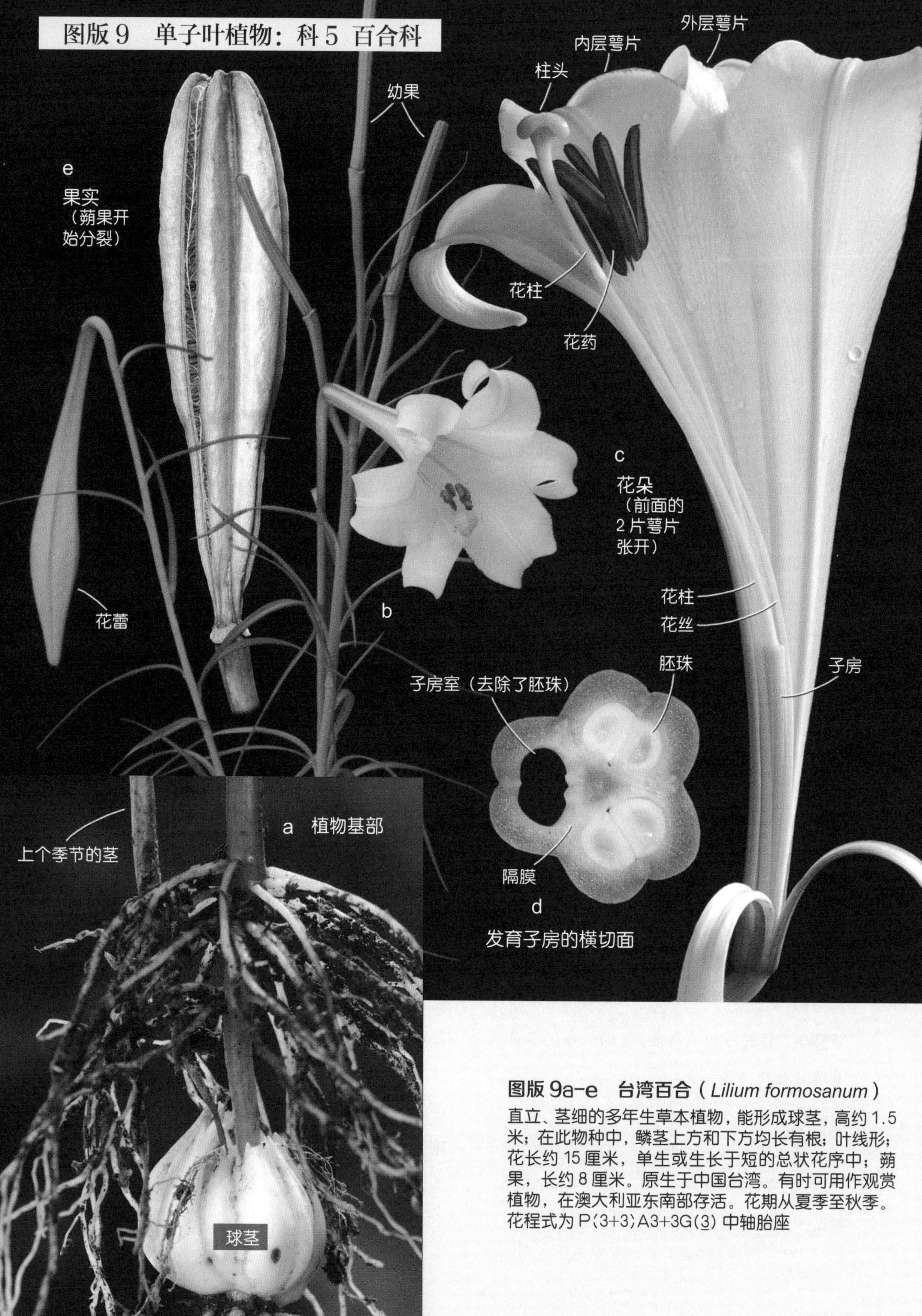

图版 9a–e　台湾百合（*Lilium formosanum*）

直立、茎细的多年生草本植物，能形成球茎，高约 1.5 米；在此物种中，鳞茎上方和下方均长有根；叶线形；花长约 15 厘米，单生或生长于短的总状花序中；蒴果，长约 8 厘米。原生于中国台湾。有时可用作观赏植物，在澳大利亚东南部存活。花期从夏季至秋季。花程式为 P(3+3) A3+3G(3) 中轴胎座

图版 9　单子叶植物：科 6　兰科

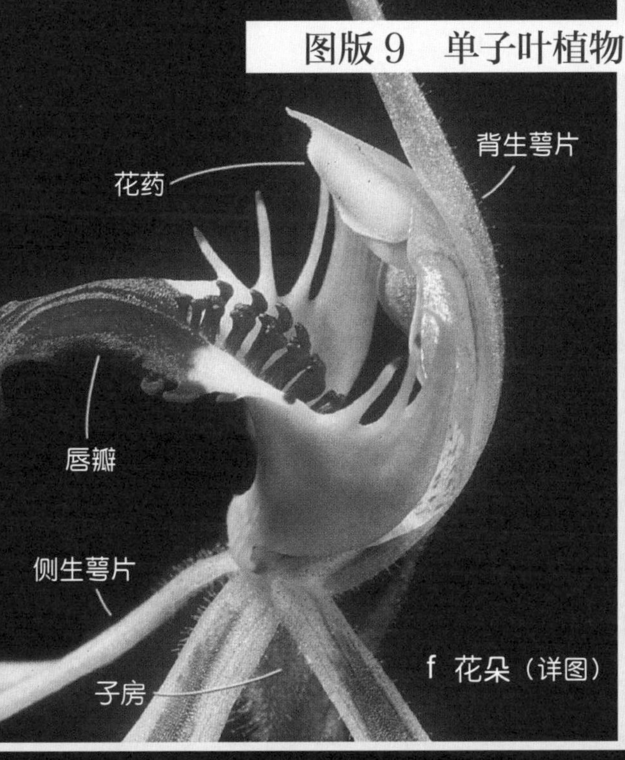

f 花朵（详图）

g 花朵

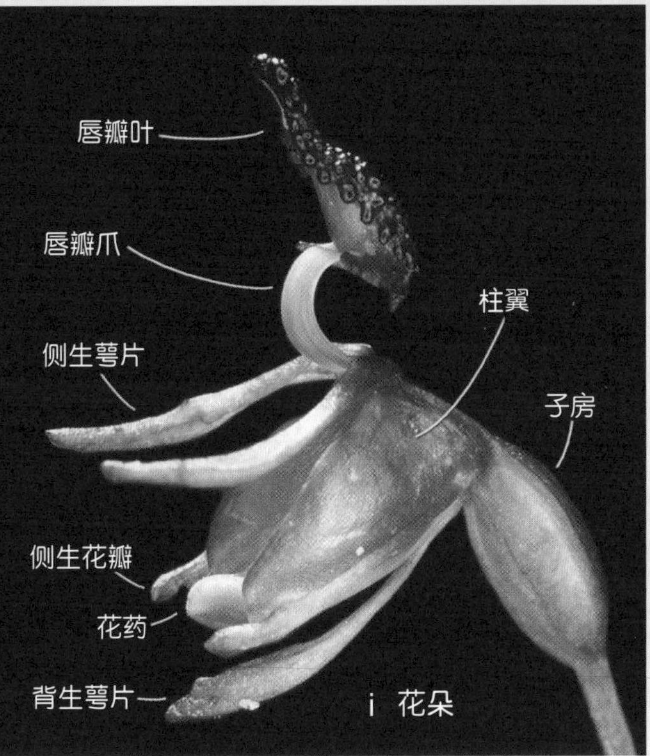

i 花朵

h 花序的部位

图版 9f-i　兰花（*Orchids*）

兰花的花程式遵循通用式 K3 C3 A1 G(3)。

图版 9f　大绿冠蜘蛛兰 / 触须钳兰

（*Caladenia tentaculata*）

植株高约 40 厘米；一或两朵花生长于茎的尖端；唇瓣长 17 毫米，侧面有明显的穗。原产于澳大利亚南部和维多利亚州。花期在春季。参照线图 25。

图版 9g　鲑粉太阳兰花 / 红天使兰

（*Thelymitra rubra*）

植株高约 40 厘米；花直径约 25 毫米，1~5 朵，顶生总状花序；蕊柱约 6 毫米高。原生于澳大利亚东南部。花期大多在春季。

图版 9h　海滨韭叶兰 / 海岸香兰

（*Prasophyllum litorale*）

茎较为粗壮，高约 40 厘米；花倒置，多为顶生穗状花序；唇瓣宽约 3 毫米。在澳大利亚东南部有限分布。花期在夏季。

图版 9i　飞鸭兰（*Caleana minor*）

植株高约 17 厘米；花倒置，1~4 朵生长于茎尖；唇瓣分化为明显的爪和膨大的叶（长约 7 毫米）。原生于澳大利亚东部和新西兰。花期在春季和夏季。

花被 6部分，2轮，离生或合生，合生方式各异；外轮上的3部分叫作萼片；内轮上的两个边缘部分叫作被片，在大多数物种中，剩余的部分为唇瓣。

雄蕊群 雄蕊通常1或2枚；大多数澳大利亚物种只有1枚。

雌蕊群 花柱、柱头和雄蕊在花的中心合生形成一个大致呈直立的肉质结构，名为中柱（见线图25）。子房下位，通常有1个子房室，3个侧膜胎座，内含许多胚珠（见线图26c）。

果实 蒴果，很少呈肉质，大多数情况下果皮开裂。

大多数兰花都是多年生草本植物，陆生、附生或腐生，每年从根状茎、块茎或增厚的小苗上生出。有些形成假鳞茎，即气生茎的增厚基部。叶单生、全缘，基生或生于茎上。无托叶。

图 线图24–29；图版9f–i

线图说明中省略了花程式。除花被部分合生的翅柱兰属（见线图28，29）外，花程式一般为：$K3\ C3\ \widehat{A1\ G(3)}$

有关花结构的进一步说明

在大多数植物中，生长在花背面的萼片为背萼片或中萼片，通常比其他两个侧萼片大（见线图26）。第三瓣改进瓣（唇瓣）在形状、大小和表面特征上相异，通常位于花前部。此类萼片可能无分杈、有齿、呈浅裂状或边缘具毛，表面可能光滑、有乳头状突起、具毛（见线图26）或具疣（见图版9i），或模式和颜色各异。表面或边缘的突起通常被称为愈伤组织，有时具腺，如可分泌吸引传粉者信息素的腺（见线图24b）。如果唇瓣基部有收缩组织，则称为爪（见线图25）。拖鞋兰的唇瓣形似一个小袋子。

1裂或2裂的花药着生于蕊柱顶周围。若有退化的雄蕊，则代表第三个雄蕊。几乎所有澳大利亚的本土兰花都具有花药。花药沿纵向开裂，花粉经常黏合成块，这个过程被称为授粉（见线图26b）。花粉块的顶端有时伸长，形成不育茎，即花粉块柄。

柱头着生于柱上朝向唇瓣的部分，通常2裂，柱头和花药间可能有一个小的或明显的突起，称为蕊喙（见线图26b）。柱上常生出侧枝，在裂缘兰属（见线图25）和翅柱兰属（见线图28c）中表现为翼瓣，在柱帽兰属中表现为具毛裂片。

澳大利亚南部的一些常见兰花并不完全符合上述通用模式。例如，太阳兰的花朵近似辐射对称，萼片和花瓣大小相同（见图版9g）。与其他两种兰花相比，双尾兰的背部萼片短而宽。在翅柱兰属中，背部萼片与两个侧瓣部分合生，形成一个兜状瓣或盔瓣（见线图28，29）。飞鸭兰属（见图版9i）和葱叶兰属（见图版9h）等属的唇瓣位于蕊柱上方，即与其他兰花相

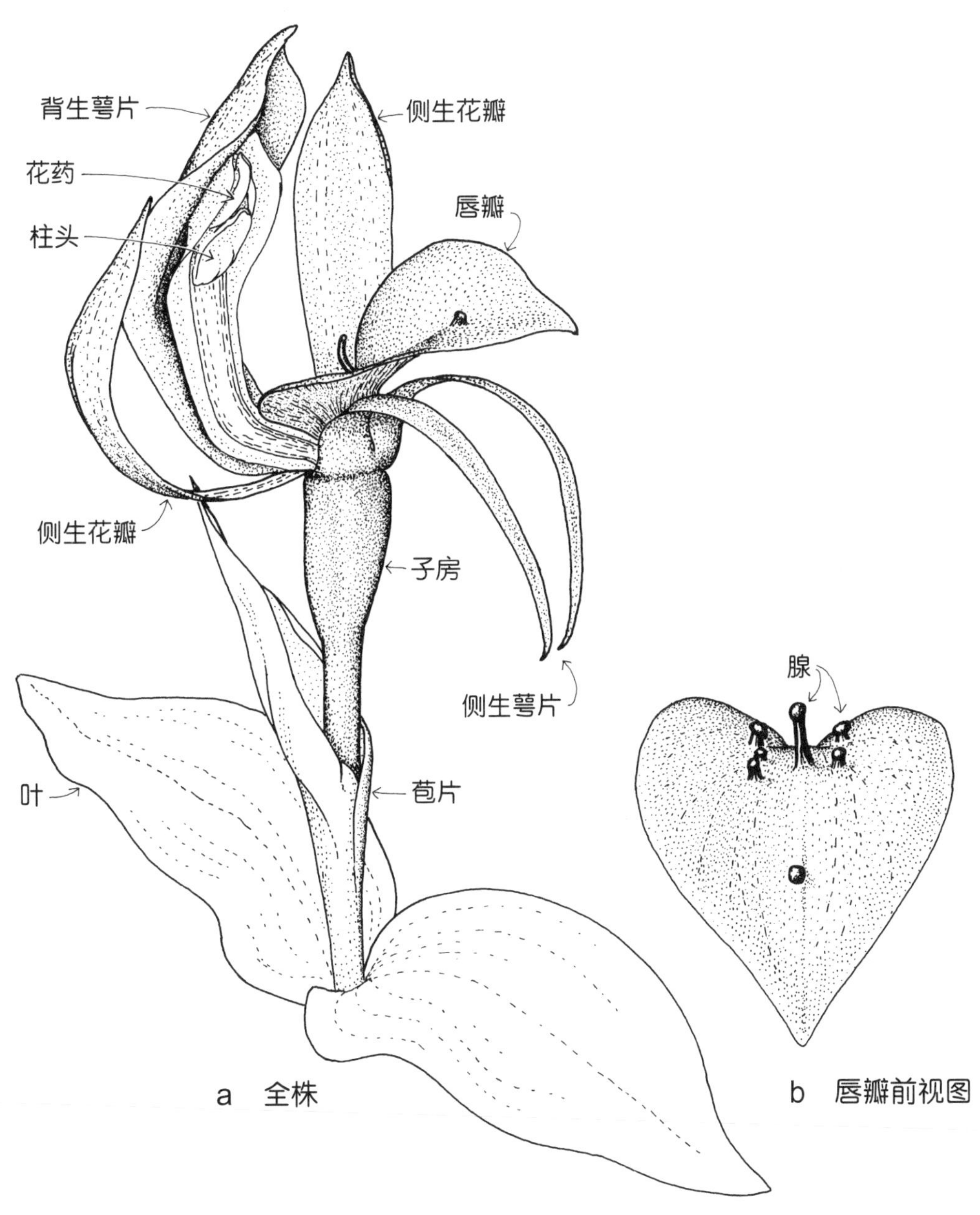

线图 24　喉唇兰（*Chiloglottis valida*）

约 5 厘米高的小型草本植物；基生叶 2 片，对生，长约 2 厘米，柄短；花葶上有一层苞片和一朵单生花，呈青铜色或略带紫褐色；唇瓣具有腺状愈伤组织（有时称为有柄腺和无柄腺）。广泛分布在澳大利亚维多利亚州和新南威尔士州的高地森林。花期在春季至夏季。（a–b × 3）

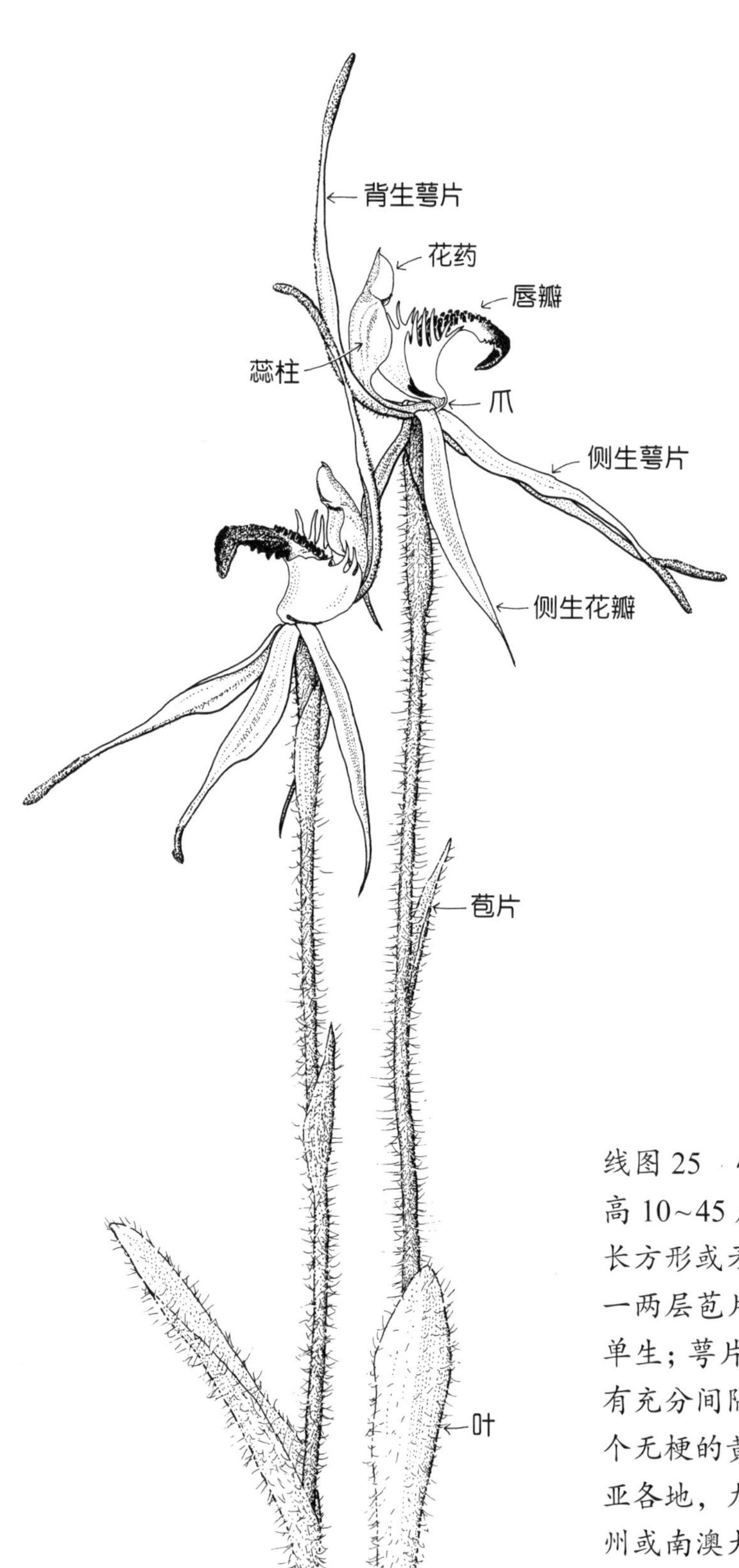

线图 25　小蜘蛛兰（*Caladenia parva*）高 10~45 厘米的草本植物；叶基生，呈长方形或矛尖形，具毛；花葶直立，具一两层苞片；花呈青黄色或栗色，通常单生；萼片顶端加厚，具腺毛，唇瓣具有充分间隔的愈伤组织，蕊柱基部有 2 个无梗的黄色腺体。广泛分布在澳大利亚各地，尤其是新南威尔士、维多利亚州或南澳大利亚州的沙地上。以前属于花瓣顶端加厚的丁香科植物。花期在春季。参照图版 9f。（×1）

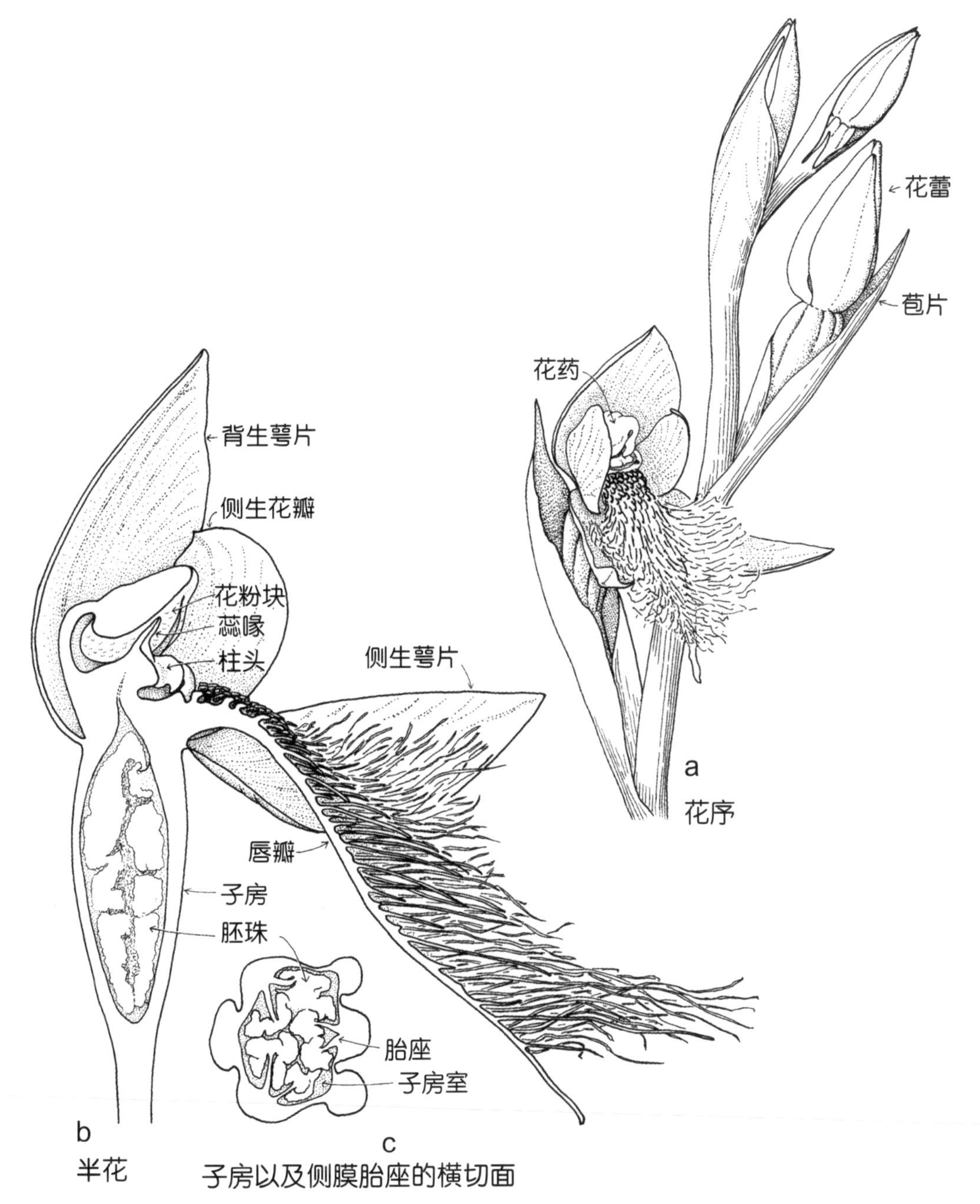

线图 26　紫红胡须兰（*Calochilus robertsonii*）

高约 40 厘米的草本植物；叶在基部单生，长度可达 20 厘米，基部叶较宽，尖端较细；花葶上有一些叶状苞片，每片包裹着一朵花；花为绿色或紫色，有 2~9 朵，排成松散的总状花序，唇瓣有密集的芒。许多胚珠会形成一片密集的白块。广泛分布在澳大利亚东南部。花期在春季。（a×2，b–c×4）

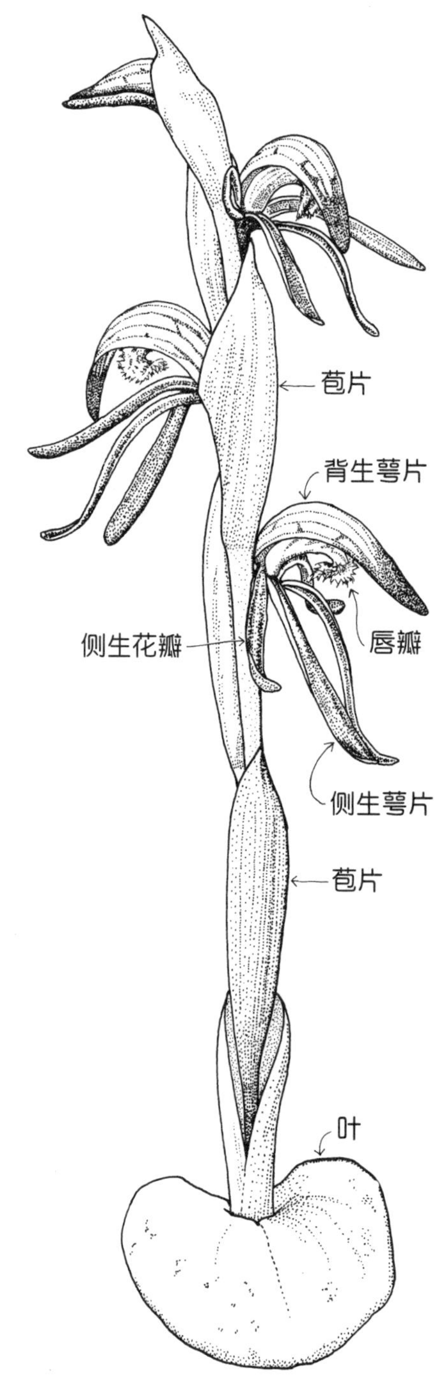

线图 27　黑火兰 / 维州兰花（*Pyrorchis nigricans*）
高 10~30 厘米的草本植物；叶基生，宽且厚，卵圆形，肉质，宽 1~4 厘米；花为浅色，上面有紫红色条纹，2~8 朵生在总状花序中，花和茎在结果后会变干变黑。广泛分布在潮湿和干燥的荒野，除澳大利亚昆士兰州、北领地外的各地区。很少开花，有时会在大火过后开花，花期通常在春季。以前称作红喙兰。（×1）

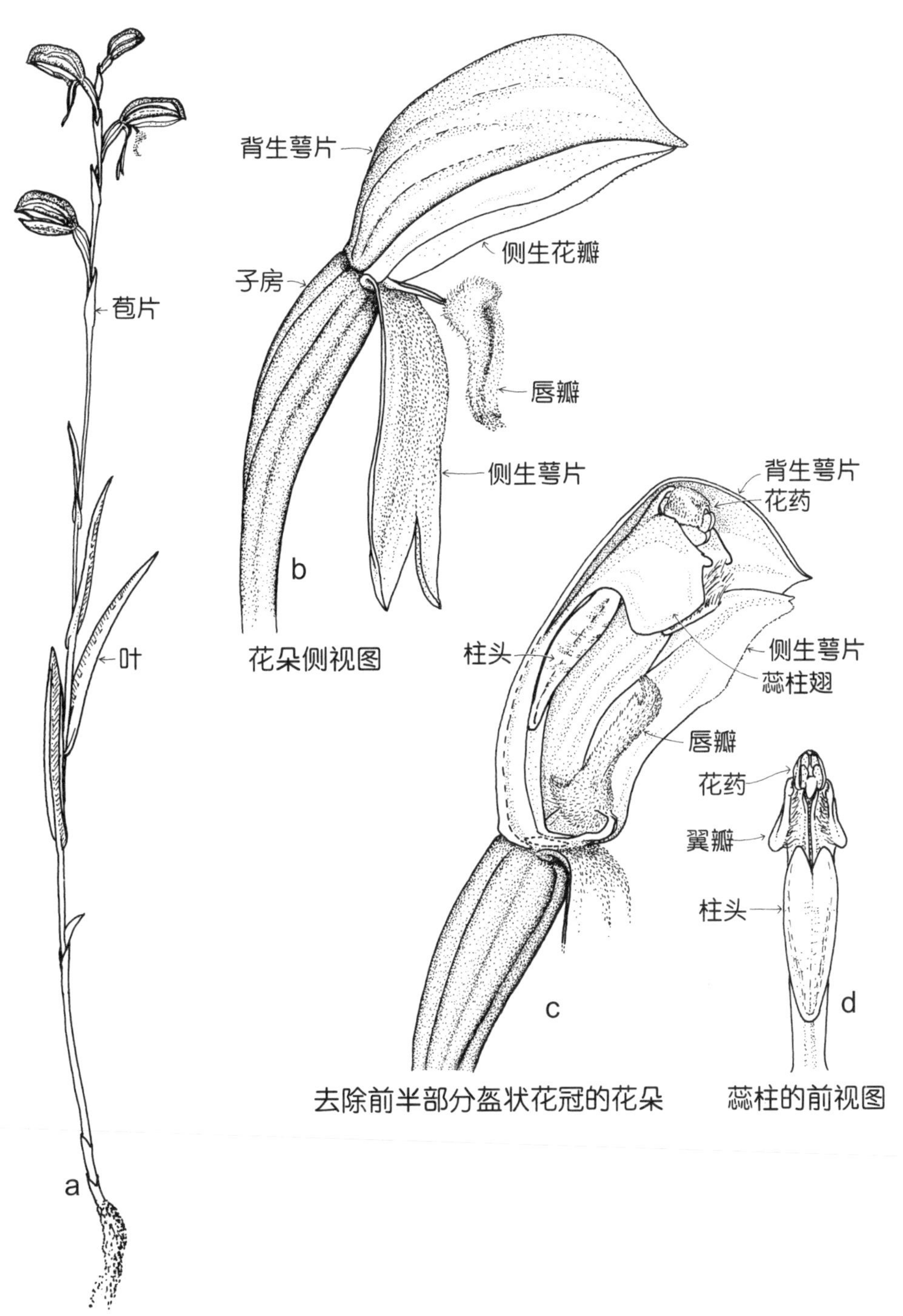

线图 28　高绿冠兰（*Pterostylis melagramma*）

高度不低于 10~30 厘米的草本植物；茎叶发育良好（有花植物上没有基生莲座叶丛）；花大多呈绿色，3~8 朵，总状花序，侧生萼片向下弯曲，唇瓣具有应激性，触摸时会缩入盔状花冠中。广泛分布在澳大利亚东南部的森林和荒野。以前包括长叶双须兰——一种现仅在新南威尔士州分布的植物。花期从冬季至次年春季。（a×0.5，b–d×4）

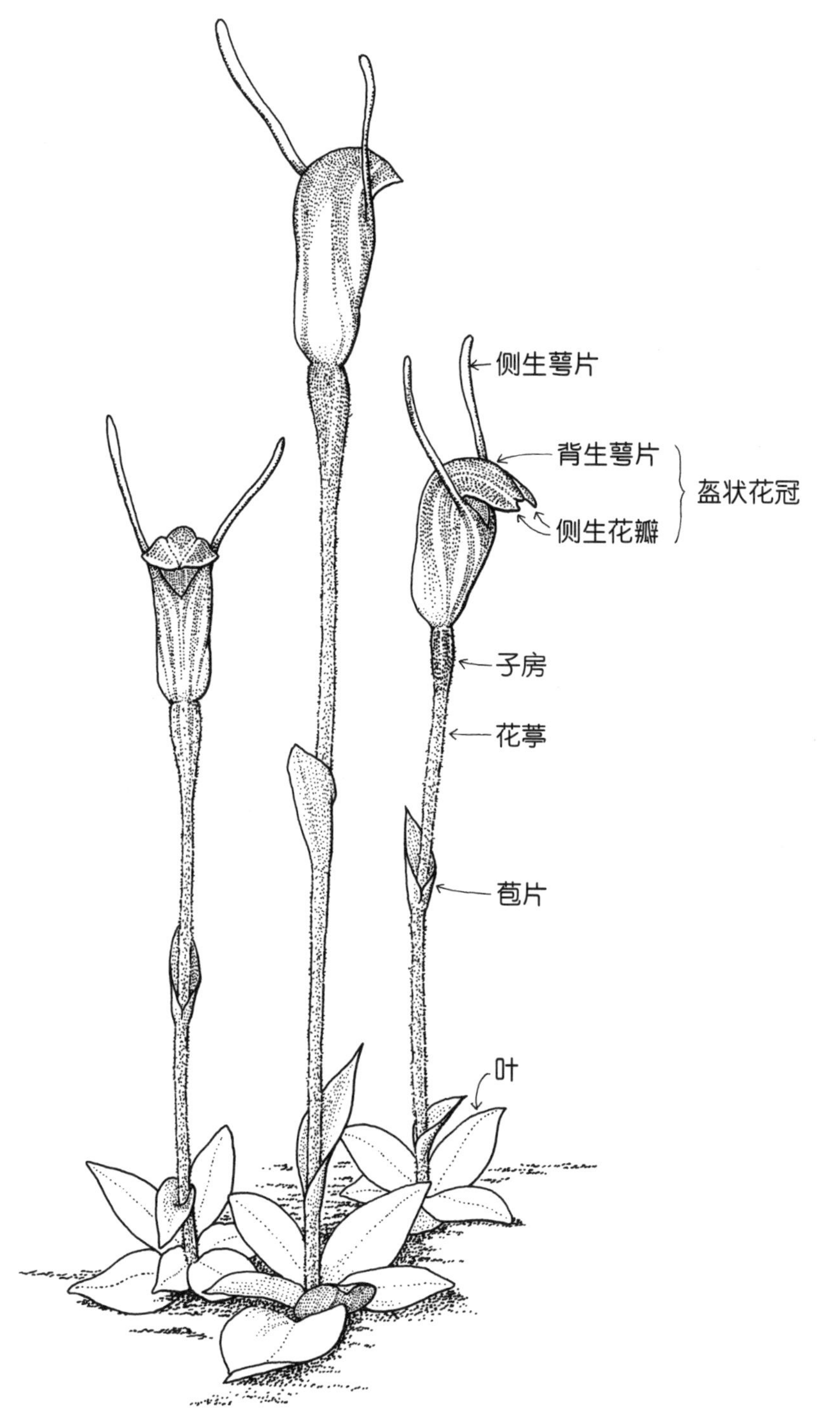

线图 29　矮绿冠兰（*Pterostylis nana*）

高通常不足 15 厘米的草本植物；叶着生于基生莲座叶丛中，具短叶柄，椭圆形，长 1~1.5 厘米；花呈绿色，单生，侧生萼片直立。分布广泛，但从未在澳大利亚新南威尔士州、维多利亚州和塔斯马尼亚州的高山出现过。复合果以后可能会分裂。花期从冬季至次年春季。（×1）

比是颠倒的。双尾兰的花药着生于短花丝上，柱头长在单独的宽花柱上，因此其蕊柱不是单一的结构。柱头上方有一个据说是蕊喙的槽，其中有一个具有黏性的花盘，花盘在成熟时着生于花药的两个花粉块上。

目前已有许多介绍澳大利亚本土兰花的书（和一些 CD），近年来的代表作包括巴克豪斯（Backhouse，2016）、布朗（Brown，2008）等、布伦德里特（Brundrett，2014）、霍夫曼和布朗（Hoffman & Brown，1998）、吉恩斯和巴克豪斯（Jeanes & Backhouse，2006）以及琼斯（Jones，2006）等的著作。而尼科尔斯（Nicholls）于 1969 年编写的作品则为早期代表。

识别特征

草本植物。花两侧对称，花瓣、唇瓣各不相同，有一中心柱。子房下位。

7　鸢尾科

鸢尾花类及边缘种属

鸢尾科规模中等，虽然在热带低地地区并不常见，但广泛分布在世界各地，特别是在南非、中美洲和南美洲。鸢尾属起源于欧洲，现已成为澳大利亚的自然驯化植物。唐菖蒲属、鸢尾属、肖鸢尾属、罗慕丽属、酒杯花属、番红花属和庭菖蒲属这 7 属中就包含本科一半以上的物种。塔斯马尼亚州特有的塔州紫星花是鸢尾科中唯一有上位子房的植物。

鸢尾科包含许多观赏植物和园艺植物，它们有五颜六色的花朵，如狒狒花属、野鸢尾属、番红花属、小苍兰属、唐菖蒲属、鸢尾属、鸟胶花属、魔杖花属和喇叭兰属。许多物种起初在花园中种植，随后在澳大利亚东南部的路边或原始丛林中生长繁殖，还有一些大肆入侵农业区域。通常生长于异域环境的属有豁裂花属、香鸢尾属、鸟胶花属、庭菖蒲属、魔杖花属和喇叭兰属。澳大利亚南部引进的最常见品种或许是罗慕丽属。春天时，草坪和路边到处可见这种粉红色的星形小花。肖鸢尾属的植物对农作物和牧场有害。该属的番红花是烹饪香料藏红花的重要来源。

澳大利亚本土属包括澳菖蒲属、丽白花属（见线图 30）和澳洲鸢尾属。

花的结构

花朵　两性，通常颜色鲜艳，辐射对称或左右对称，每朵花通常由一两枚苞片包围。多种花序，有限，顶生，通常是圆锥花序。小苍兰属和唐菖蒲属（见图版 10c）为穗状花序，有些花无梗，由 2 枚苞片包围。花或单生。

花被　瓣状，被片为 6 片，2 轮，每轮 3 片，部分相似或不同，在唐菖蒲属中（见图版 10c）通常会合生形成一管，在丽白花属（见线图 30a）中离生或近乎离生，或外部 3 片在基部合生形成一管，内部 3 片在中间直立，如在鸢尾花中。

雄蕊群 雄蕊通常有 3 枚。一般离生，有时合生为花被。花药通常位于一侧（即花丝稍微弯曲，从而使得花药位于花柱的一侧，见图版 10b）。若进化过程中缺失内层雄蕊，则雄蕊位于心皮对面；若有内层雄蕊，则能还原相邻轮上的互生部分。

雌蕊群 心皮有 3 个。子房常为下位，通常为 3 室（见图版 10e）。基部有一花柱，随后分化为 3 条还可进一步分化的分枝。胚珠数量不等。通常为中轴胎座。

果实 蒴果。

大多数鸢尾科植物都是多年生草本植物，在每个花期末脱落时，往往只剩下根茎（通常为根状茎、球茎或鳞茎）。叶通常呈两列，线形，有平行脉，有一鞘基，可能簇生或茎生。有时较低处的几片叶退化为鞘，无托叶。花茎通常直立，有几片朝向花序逐渐缩小的叶。

要想了解有关澳大利亚植物的描述和检索表，请参阅《澳大利亚植物志》第 46 卷，例如，戈德布拉和曼宁（Goldblatt & Manning）所著的《唐菖蒲属》（*Gladiolus*）一书是围绕着一个属进行详细介绍的。

图 线图 30；图版 10a–e

识别特征

草本植物。叶通常为线形，似禾草植物，通常排列成两行，一行在茎轴两边，一行在侧面（这会使每丛植物显得低垂）。花被呈瓣状，排列在 2 轮上，每轮 3 部分，有时两侧对称。雄蕊为 3 枚。子房下位，其上有 3 个合生心皮。

8 日光兰科

日光兰类、萱草类、塔州山菅类及刺叶树类植物

本书中的日光兰科是包含多种形态的中型科，广泛分布在除北美外的各地区，特别是在非洲南部。在花园中生长的属有芦荟属、鳞芹属、火把莲属、萱草属和塔州山菅属。有些芦荟可用于制药和制作化妆品，新西兰麻可用于生产一种强力纤维。

本土属广泛分布在草地、荒野和小型森林中，包括鳞芹属、草百合属、蓝星百合属（见线图 32）、山菅兰属、垂璃百合属（见图版 10h）、曲蕊百合属（见线图 31）、金秋百合属和刺叶树属（见图版 10i、j）。一年生或二年生的葱叶阿福花属（见图版 10f、g）常常被引种在澳大利亚南部和东部的干燥地区，尤其是沙土地的种植区。

花的结构

花朵 辐射对称或两侧对称，通常两性。花序有时为穗状花序，如在黄脂木属（见图版 10i）中，有时为圆锥花序。

花被 被片 6 片，合生或离生，2 轮，每轮 3 片。通常颜色相一致。在刺叶树属中，外层被片为纸质或干膜质，内层被片为膜质，

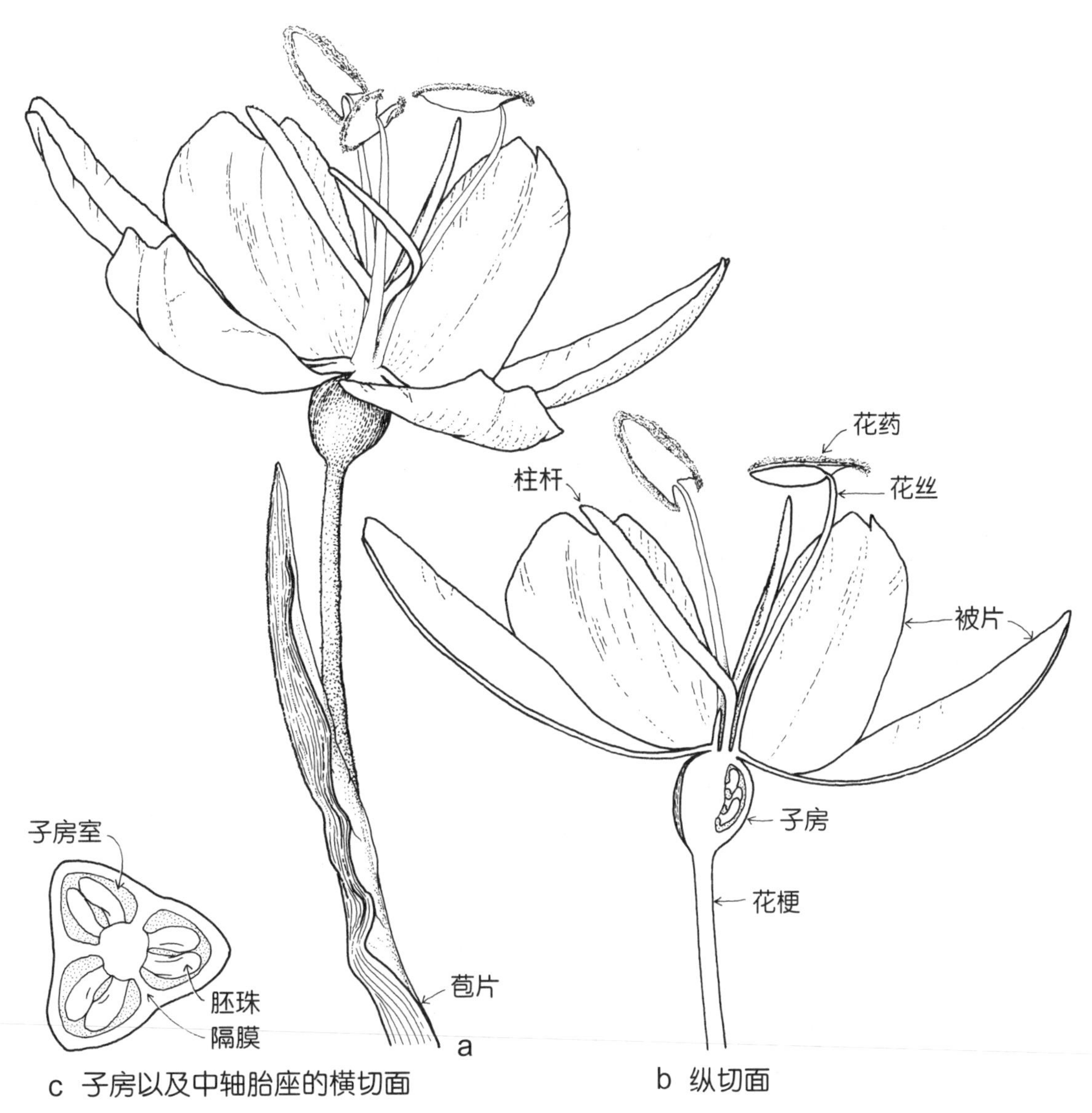

线图 30　草旗鸢尾花（*Libertia pulchella*）

花程式为 P3 +3 A（3）G（$\overline{3}$）

多年生草本植物；叶大多基生，狭条形，长约 15 厘米；花茎可达 30 厘米高，花朵呈白色，生长于少数疏松花簇上的细长花梗上，排成圆锥花序；蒴果。分布在澳大利亚的维多利亚州、塔斯马尼亚州和新南威尔士州潮湿荫蔽的山地森林和亚高山森林。花期在春季。（a–b × 7，c × 12）

图版 10　单子叶植物：科 7　鸢尾科

图版 10a-e　野生唐菖蒲 / 波浪剑兰

（*Gladiolus undulatus*）

直立的多年生草本植物，高约 80 厘米；穗状花序；每朵花的基部有 2 枚苞片，包住了子房，花被管长约 5 厘米；花药排列在花柱的一侧；蒴果。原生于南非，后来在花园中生长，有时野化。花期在春末夏初。

花程式为P(3+3) A3 G($\overline{3}$)

图版 10　单子叶植物：科 8　日光兰科

内层萼片

花药

柱头

g　花朵

f

h

图版 10f、g　葱叶阿福花（*Asphodelus fistulosus*）

丛生的一年生或二年生植物，高约 70 厘米；叶中空；此处的花直径约 2 厘米，排成开放的少分枝圆锥花序；柱头三裂；具毛的花丝基部包裹着小的绿色子房；蒴果。原生于欧洲南部、亚洲西部至印度北部；在其他地区也能广泛自然驯化。花期在早春。

花程式为 P(3+3)　A3+3 G($\underline{3}$)

图版 10h　弯药百合（*Stypandra glauca*）

异变多年生植物，簇生或丛生，高约 1.5 厘米；叶二分，茎具基鞘；花直径约 3 厘米，排成开放的圆锥花序；具毛的花丝在花药下面；蒴果。原生于澳大利亚大陆南部和东部。花期在春季。

花程式为 P3+3　A3+3　G($\underline{3}$)

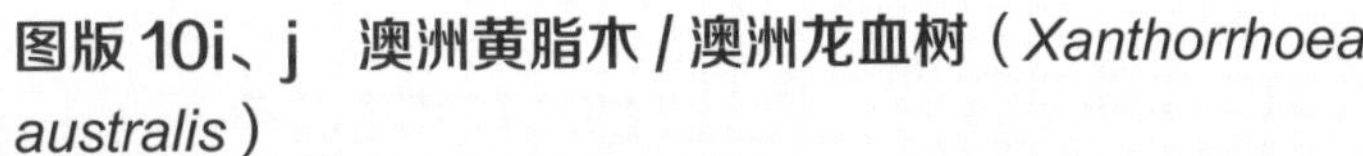

图版 10i、j　澳洲黄脂木 / 澳洲龙血树（*Xanthorrhoea australis*）

树干粗壮，高至少 3 米，树冠浓密，上面长有线形叶，顶生穗状花序长约 2 米，直径约 6 厘米；浓密的褐色苞片包裹着花，遮住了花被；有 6 个长约 1.5 厘米的外突雄蕊；蒴果。原生于澳大利亚东南部。花期从冬季到夏季，但通常只在大火过后开花。

i

蒴果

j　两个花序的部位
（左侧在果实中，右侧在花朵中）

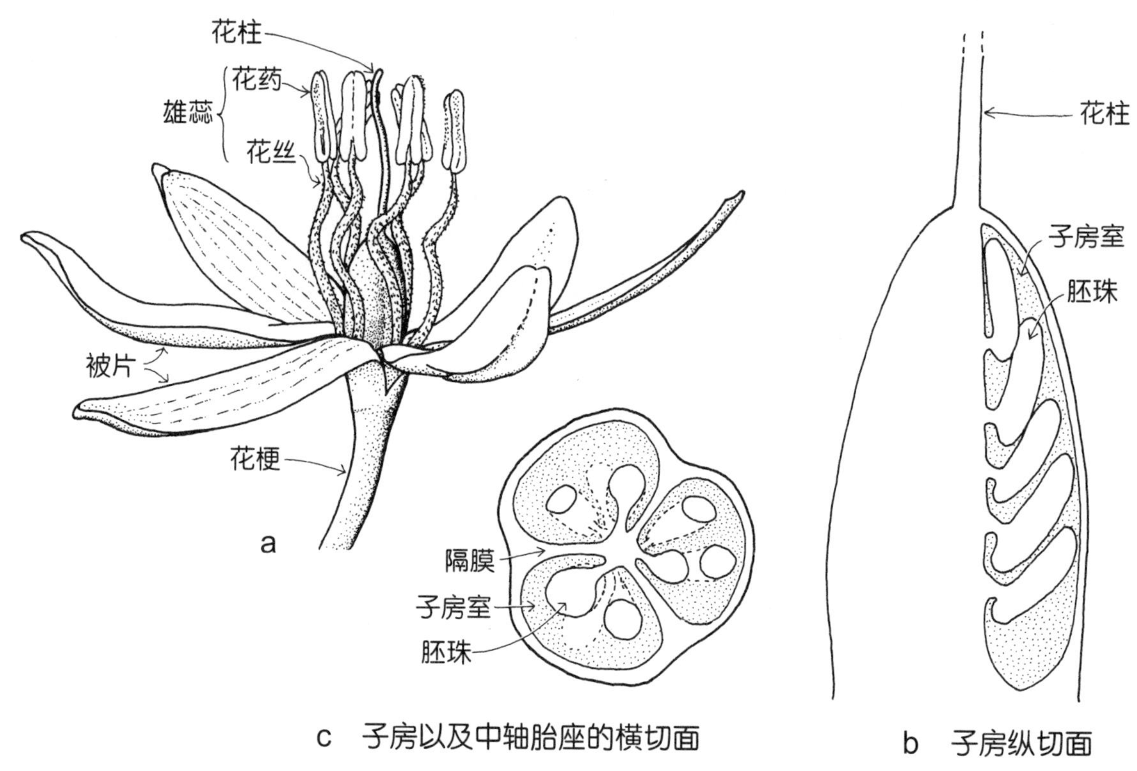

线图 31 簇绒蓝百合（*Thelionema caespitosum*）

花程式为 P3+3 A3+3 G（$\underline{3}$）

多年生草本植物，高 60 厘米；叶生于基部丛中，呈狭条形，长可达 25 厘米；茎无叶，有少许苞片；花呈蓝色，有时呈黄色或白色，排成开放的圆锥花序，花丝具细毛；果实为蒴果。广泛分布在澳大利亚东部潮湿的沿海荒地，有时在内陆出现。花期在春季。以前被称为覆瓦干花。（a×4，b–c×12）

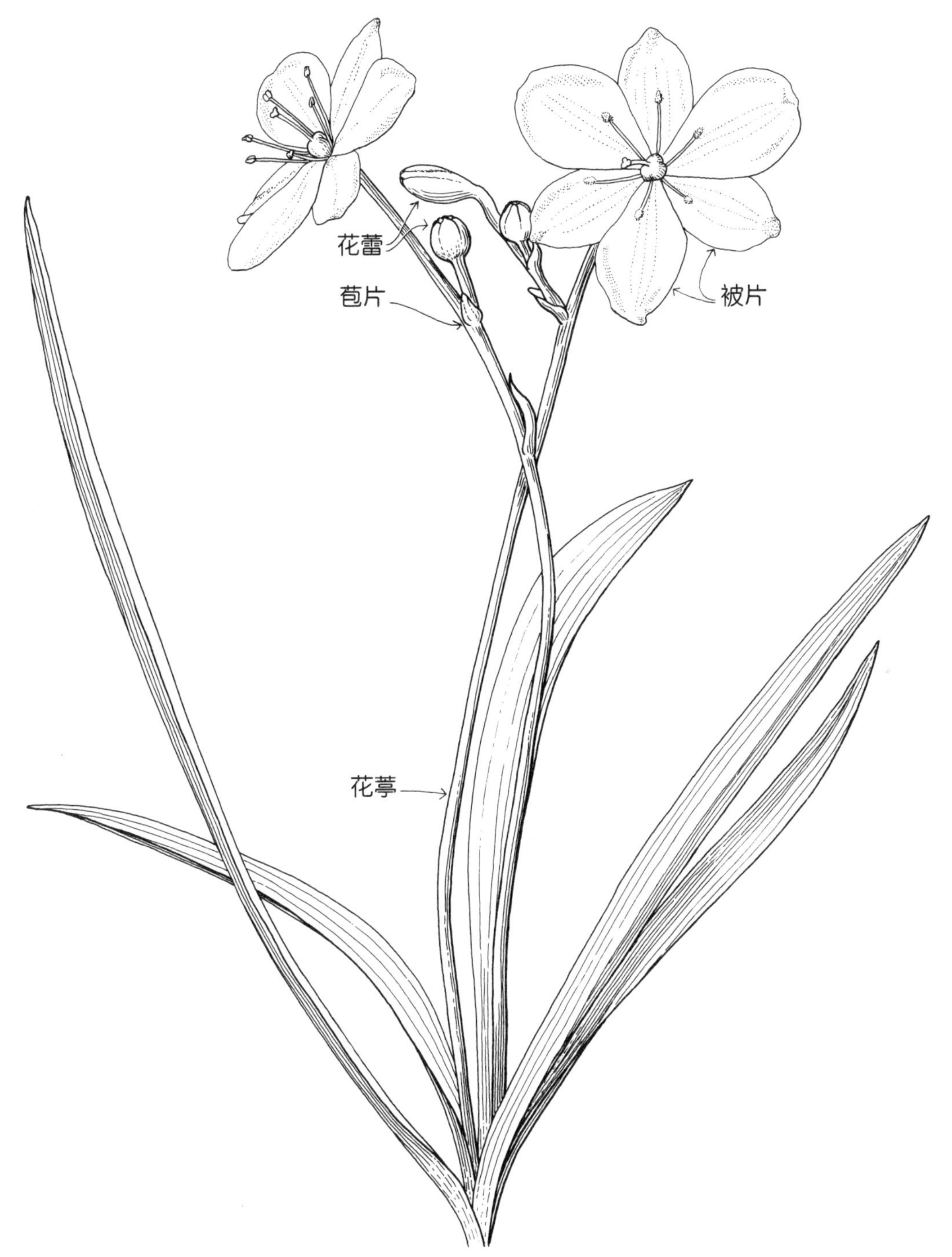

线图 32　蓝星花（*Chamaescilla corymbosa var. corymbosa*）

花程式为 P3 +3 A3+3 G（$\underline{3}$）

多年生草本植物，高 15 厘米；叶基生，线形，长可达 8 厘米；花呈蓝色，约有 10 朵，排成疏松的伞形花序。广泛分布在澳大利亚除昆士兰州和北领地以外所有州的潮湿沙地上，但不存在于阿尔卑斯山区。花期在春季。（×1.5）

呈白色或淡黄色。

雄蕊群 雄蕊6枚，2轮，每轮3枚，离生或在基部少部分合生，有时着生于花瓣上。

雌蕊群 心皮为3个，合生。子房上位，有1~3个子房室。有1个花柱。中轴胎座。

果实 通常为蒴果，有时为坚果或浆果。种子通常呈黑色。

在该科中，有的植物为攀缘植物，如蔓生百合；有的为簇生小型草本植物，如圆叶葱木属植物；有的则为大型树状多年生植物，如黄脂木（见图版10i、j）和木立芦荟。一些植物产生了根状茎，许多为簇生。在芦荟属、鲨鱼掌属和十二卷属等属中有肉质叶。

《澳大利亚植物志》第45卷中涵盖了该科在澳大利亚的物种和野草。

图 线图31，32；图版10f–j

识别特征

通常是簇生草本植物，有封闭的叶鞘，花序通常顶生在花葶上。

刺叶树属可在地面长出一簇叶，或在顶端长出单个树干或有叶丛的分枝树干。叶坚韧，呈线形，有四角。树状植物死亡后，上面的老叶仍不脱落，且在叶丛下形成褐色裙缘。最后，老叶脱落，而树脂浸渍的基部仍着生于树干上，形成内部组织的保护层，某些刺叶树属植物会在大火或落叶后开花。

澳大利亚的土著人很好地利用了刺叶树属植物，他们食用其嫩枝，用水中浸泡过的花序制作甜饮料，用叶基部的树脂作黏合剂，取其茎部制作茅杆。近年来，刺叶树属还可用于生产清漆和染料。

9 石蒜科

孤挺花类、蒜类、葱类及近缘植物

石蒜科是在园艺中比较重要的一个中型科，其名称来自南非的孤挺花属（见图版11a–c）。该科广泛分布在世界各地，尤其是在地中海、南非和南美洲（特别是安第斯山脉）。文珠兰属、美冠水仙属和玉簪水仙属为澳大利亚本土物种。许多属可作为鲜切花出售，还有许多属可在园中栽培，包括百子莲属（见线图34，35）、君子兰属、雪花莲属、朱顶红属、花韭属、尼润属、孤挺花属、雪片莲属（见线图33）和水仙属，有记录显示后3个属为澳大利亚的自然驯化植物。葱属植物包括种植洋葱、韭菜、大蒜、野蒜和三棱蒜，以上这些都是重要的野草。洋葱草遍布世界各地，会入侵花园。

花的结构

花朵 通常辐射对称，两性。花序通常伞形，生在花葶上，通常由2枚大而薄的苞片包围（有时一两片，或无），苞片称为佛焰苞。

花被 被片6片，2轮，每轮3片。水仙花和黄水仙的副花冠和喇叭形冠常被视作花被的外生部分。

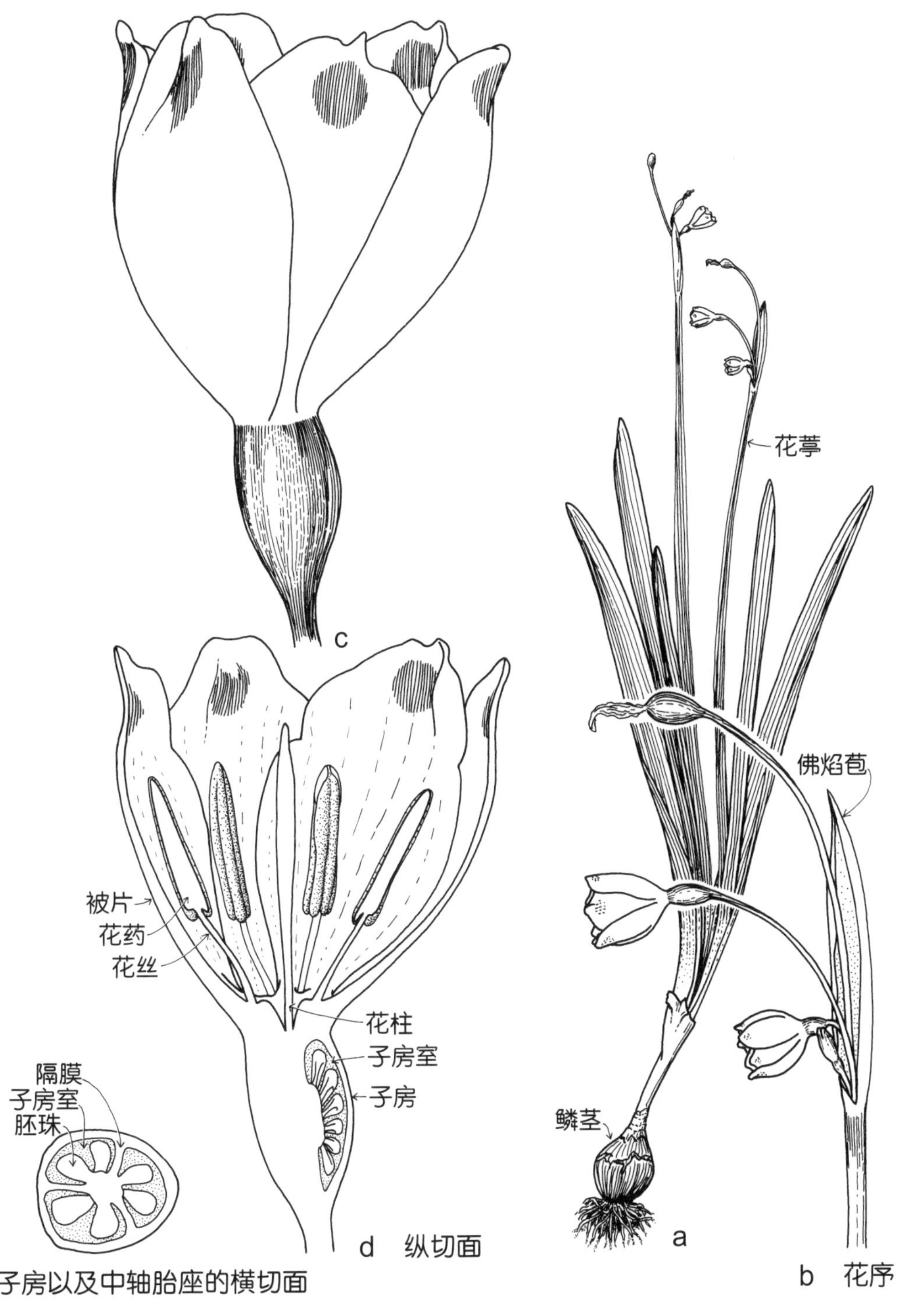

线图 33 夏雪片莲（*Leucojum aestivum*）

花程式为 $P(3+3)\ A3+3\ G(\overline{3})$

多年生鳞茎植物；叶基生，线形，长可达 50 厘米；花朵较少，下垂，伞形花序；被片呈白色，上面有一绿色斑点，通常离生，但基部少部分合生；蒴果。广泛种植，原生于欧洲。在早春开花。（a×0.25，b×0.7，c–e×4）

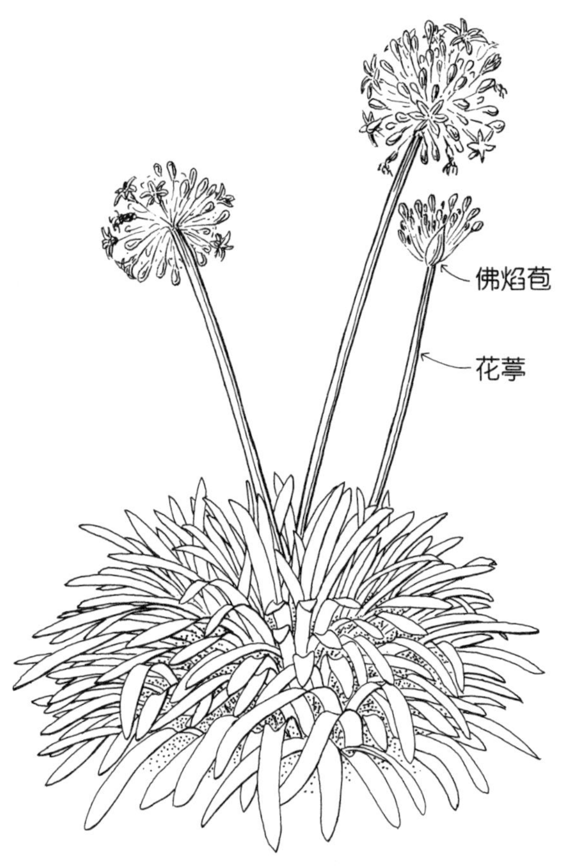

线图 34　早花百子莲（*Agapanthus praecox*）（×0.05）

雄蕊群　雄蕊一般 6 枚，2 轮，每轮 3 枚，通常离生，有时合生，着生于花瓣上。

雌蕊群　3 个合生心皮。子房下位，有时上位，有 3 个子房室（见线图 33e，35c；图版 11c）。每室所含胚珠数不等。中轴胎座。子房横切面中可能有明显的隔膜蜜腺。

果实　通常为蒴果，有时为浆果。

大多数石蒜科植物从每季新生一簇基生叶的多年生鳞茎发育而来，而粗壮的多年生草本植物百子莲等则从根状茎发育而来。叶通常呈线形，两列。孤挺花属（见图版 11a）等物种的花茎先于叶片出现。

《澳大利亚植物志》第 45 卷中涵盖了该科在澳大利亚的物种和野草。

图　线图 33–35；图版 11a–c

识别特征

百合类植物，具通常从鳞茎生出的线形叶。花序在不分枝的茎（花葶）上，呈伞形，通常由显眼苞片（见图版 11a）包围。

10　天门冬科

天门冬类及同类植物

天门冬科为中等规模，分布广泛，形态多样。以前的有些分类法将该科植物分别归入十几个科中。本书中的天门冬科包括许多花园中常见的属，如龙舌兰属、蜘蛛抱蛋属、吊兰属、铃兰属、朱蕉属、龙血树属、玉簪属、风信子属、山麦冬属、葡萄风信子属、虎眼万年青属、假叶树属、绵枣儿属和丝兰属。

石刁柏的嫩芽是一种人们熟知的蔬菜——芦笋，但此物种以及该属的其他几个物种有时会变得近似野草。卵叶天门冬是一种似野草的攀缘植物，具有侵入性，生长在澳大利亚东南部的大陆。芦笋的叶退化成包围着叶状茎的小鳞叶（见图版 11d）。

常见的澳大利亚本土属有龙舌百合属（见线图 36）和多须草属（见图版 11g–k），后者是一种耐寒的丛生多年生植物，现种

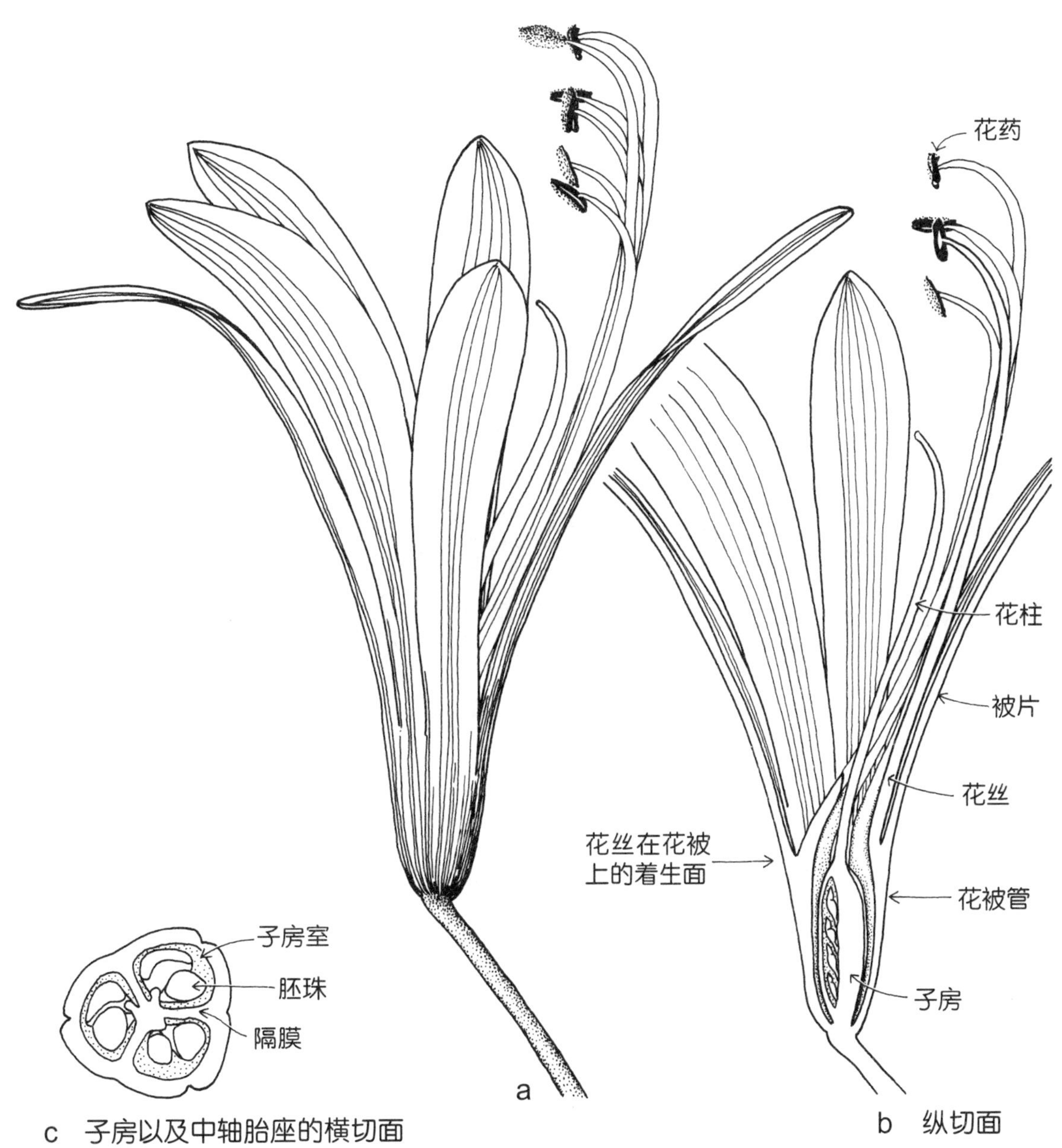

线图 35 早花百子莲（*Agapanthus praecox*）

花程式为 P（3+3）A3+3 G（3）

丛生多年生植物；叶簇生，两列，宽线形，长度不小于 40 厘米，着生于短而粗的根状茎上；花葶高度不小于 60 厘米，有伞形花序；花呈蓝色或白色，被片在基部合生形成花被管；蒴果。广泛种植，有时似野草，原生于南非。主要在夏季开花。（a–b×2，c×7）

图版 11　单子叶植物：科 9　石蒜科（孤挺花属及同类植物）

图版 11a–c　孤挺花（*Amaryllis belladonna*）

多年生鳞茎植物；叶片明显是线形的，在花之后出现；花长约 10 厘米；伞形的花序最初由 2 枚苞片包裹；花药起初是直的，分裂后变弯；果实是蒴果。原生于南非，现在通常种植在花园里。在秋季开花。

花程式为 P(3+3)A3+3G($\bar{3}$) 中轴胎座

图版 11　单子叶植物：科 10　天门冬科（天门冬属）

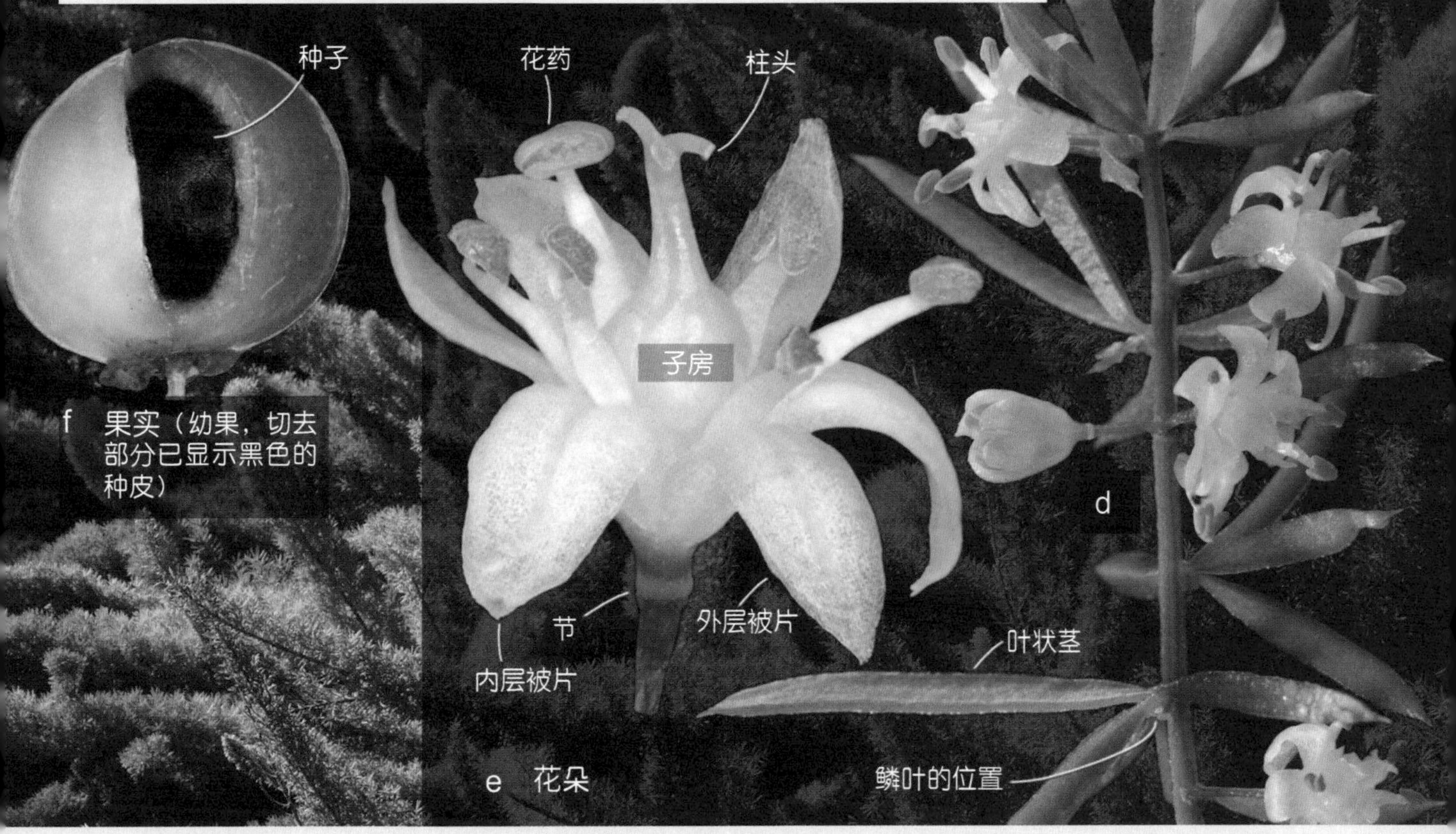

图版 11d–f　“迈氏”非洲天门冬（*Asparagus aethiopicus* ‘Myersii’）

高约 1 米的草质灌木，基部有许多长满树叶的分枝；花直径 5 毫米，1 至多朵，总状花序腋生；果实为浆果。原生于南非，为了观赏而栽培。花期多在春季和夏季。

花程式为 P(3+3) A3+3 G(3)

图版 11g–k　密叶多须草（*Lomandra confertifolia*）

多年生草本植物，簇生，雌雄异株，叶长约 70 厘米，窄线形；穗状花序或分枝花序，通常隐藏在叶后；此处的雌花长约 4 毫米（雄花一样）；蒴果。原生于澳大利亚东南部。已有 5 个经鉴定的亚种，许多栽培种可作为观赏植物。花期从秋季至春季。

雄花的花程式为：P3+(3)A(3+3)G vestigial　雌花的花程式为：P3+3A0 G(3)

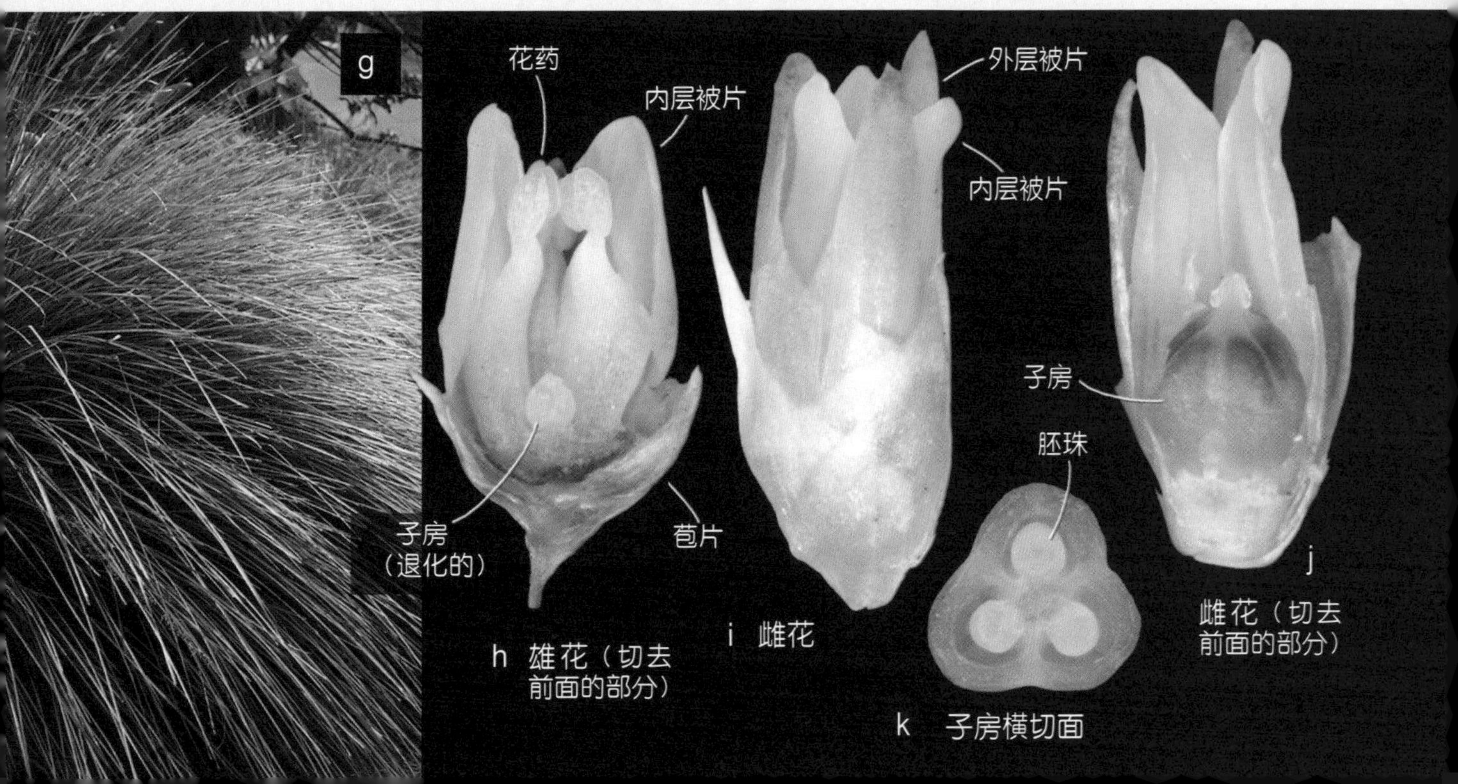

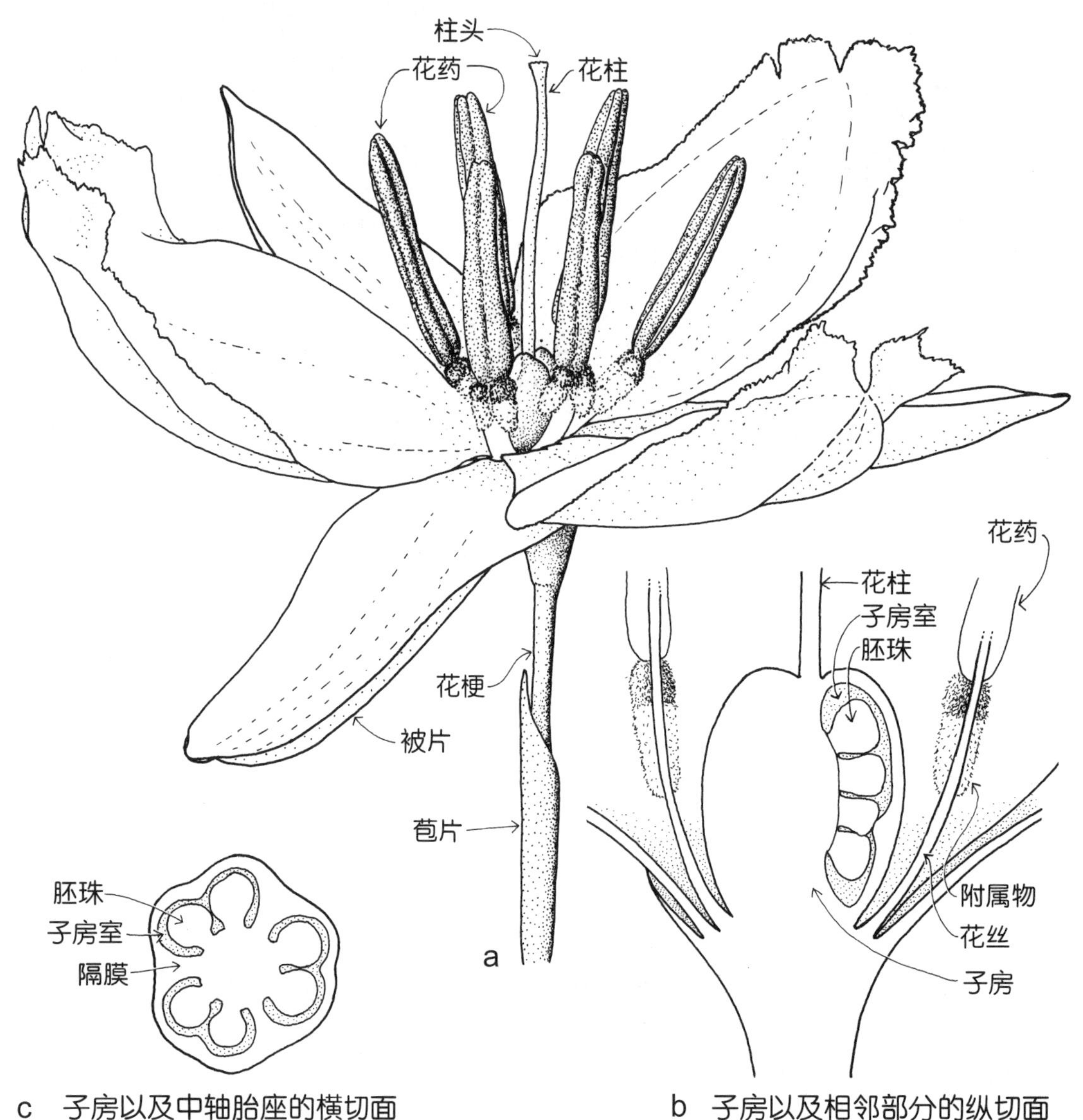

c　子房以及中轴胎座的横切面

b　子房以及相邻部分的纵切面

线图 36　巧克力百合（*Arthropodium strictum*）

花程式为 P3 +3 A3+3 G（3）

多年生草本植物，高约 1 米；叶基生，呈线形，长可达 60 厘米；呈深粉红色或淡紫色，有香味，排成总状花序或疏松的圆锥花序，每节都有一花；花药具有突出的基生附属物；蒴果。广泛分布在澳大利亚各州的荒地、开阔森林和草地中。在春末夏初开花。有时也称为草百合。（a×7，b–c×12）

植在街道和公园中，在商业苗圃中通常与“观赏草”归为一类，但与真正的草有很大区别。叶有两列，通常较厚、坚韧，顶端通常有明显的撕裂或缺刻。叶片往往并入基部叶鞘；无叶舌。花单性（一棵植株只有一种花），6片被片排列在两个轮上。

花的结构

花朵 辐射对称或两侧对称，单性或两性。花序多样。

花被 被片通常为6片，合生或离生，2轮，每轮3片。

雄蕊群 雄蕊通常为6枚，2轮，每轮3枚，通常离生，有时着生于花瓣上，有时部分为退化雄蕊。

雌蕊群 通常3个心皮。子房上位，有时下位。每室1个胚珠。通常为中轴胎座。有隔膜蜜腺。

果实 为浆果或蒴果。种子通常呈黑色。

天门冬科植物包括有鳞茎、球茎或根状茎的草本植物，一些攀缘植物、灌木、粗茎簇生植物和分枝很少的小型乔木。植物大小不等，龙舌兰属的一些物种长有直径4米的叶丛，花序高8~12米。叶通常呈线形，有鞘且多变。

在小属假叶树属中，经常在花园中生长，叶退化为鳞叶，矮树丛产生叶状茎。

《澳大利亚植物志》第45卷中涵盖了该科在澳大利亚的本土物种和杂草。

图 线图36；图版11d–k

11 禾本科

禾本类植物

虽然禾本科所含属和种的数量不及菊科，但其品种众多，是一个大科。该科植物遍布世界各地（甚至还出现在南极洲），预计占世界植被的20%左右。“禾本科”这一名称来源于早熟禾属，后者包括约40种原产于澳大利亚的植物，其中许多是分布在森林和草原上的显眼的草丛，该属还包括引种野草和草坪草。

禾本科在经济上至关重要，不仅是人类的食物来源，也是食草动物的食物来源。为了提高小麦、大麦、玉米和水稻等物种的产量和抗病性，有关人员已对其进行了育种和选择。有一些国家会使用竹子的茎、叶以及其他大型禾草的叶作为建筑材料。土著人的传统做法是使用许多当地禾草作为食物来源，他们通常把种子磨成面粉，加水混合后烘烤。

由于禾本科的形态多样，因此人们提出了多种分类方案。当前的分类方案将该科划分成12个亚科，这12个亚科又可进一步划分成约50个族。需要指出的是，本书描述了许多常见禾草的结构，但该科品种众多，形态多变，因此读者可能发现有些植物的某些方面与本书给出的框架不同。

图版 12　单子叶植物：莎草科和灯芯草科
a　鳞籽莎
叶尖
成熟的颖片
成熟的
柱基
果实
c　成熟小穗（有果实，颖片分裂
b　花序（左边为幼花序，右边为成熟花序）
d　鳞叶棒灯芯草
e 花序
苞片
花药
茎鞘
花柱分枝
颖片
花药
子房
f　花序（切去前面的部分）
g　颖片和幼花
颖片内可
见的淡黄
色花药
果实
成熟的
颖片
h
i　小穗

图版 12a–c　鳞籽莎（*Lepidosperma gladiatum*）　莎草科

簇生的约 1 米高的多年生植物；是圆锥状花序，有许多 6~8 毫米长的小穗。广泛分布在澳大利亚南部海岸的沙丘上。花期在春季和夏季。

图版 12d–g　鳞叶棒灯芯草 / 结节拟莎草（*Ficinia nodosa*）　莎草科

具有根状茎的多年生植物，有时有高约 1 米的丛生茎；密集的穗状花序丛直径约 1~2 厘米；各由 1 枚苞片（通常称为颖片）包围的两性花在小穗内呈螺旋状排列。原生于澳大利亚，常见于当地海岸的沙地和荒野。有园林绿化和生态修复的功能。花期在春季。

图版 12h、i　密穗莎草（*Cyperus eragrostis*）　莎草科

丛生、似草的多年生植物，高约 50 厘米；茎的横切面是三角形；花排成扁平的穗状小穗，此图中的花密集簇生在花序分枝的顶端；小坚果。原生于美洲，后来广泛引种至其他地方，是澳大利亚东南部潮湿地区的一种常见野草。花期大多从夏季至秋季。

图版 12j–l　灯芯草（*Juncus sarophorus*）　灯芯草科

丛生的多年生草本植物，高约 1.5 米；排成密集的圆锥状花序；被片长约 2.5 毫米；蒴果长约 2 毫米。原生于新西兰和澳大利亚东南部，常见于当地潮湿的地方，偶尔在欧洲出现。花期在春末和夏季。

花程式为 P3+3 A3 G $(\underline{3})$

花的结构

花朵 小，通常两性，有时单性或不育，与两枚封闭苞片通常合称为小花（见线图 39；图版 13e）。

花被 无或以浆片的形式出现，浆片是一种无色鳞叶，通常是 2 片，有时是 3 片，着生于子房基部（见线图 39；图版 13e）。

雄蕊群 雄蕊通常是 3 枚，有时为 1~6 枚或更多，几乎都离生。

雌蕊群 子房 1 室，1 个部分基生胚珠。心皮数量尚未明确。通常有 2 个柱头和花柱，有时会有 3 个。

果实 通常为颖果。

禾草是多年生或一年生草本植物，有时像树（竹子），有时会形成草丛，或具根状茎或匍匐茎，根系呈纤维状，竹子或玉米等大型禾草通常会从茎节下部生出不定根或支撑根。大多数禾草的茎通常称为**秆**，终端为花序。

叶通常有沿一侧张开的基部叶**鞘**，包裹着茎。**叶片**通常呈线形，表面平整，可折叠或卷曲，有平行脉。叶鞘和叶片连接处总是有一行茸毛或称为**舌叶**的膜质瓣组织（见线图 38b）。

花朵和花序的进一步说明

小型花朵及其两枚支撑苞片通常合称为小花（见线图 39；图版 13e）。外层或下部苞片为**外稃**或开花颖片，部分包裹着上部苞片，即**内稃**。外稃和内稃之间为子房和雄蕊。小浆片位于子房基部，紧挨着外稃，开花时膨大，从而使得外稃和内稃分开，雄蕊和柱头突出（见图版 13e）。小花通常为双性，有时不育、雄性或（很少）雌性。不育小花又名中性小花，可退化至只剩外稃。退化小花并不常见，其苞片（外稃和内稃）的尺寸缩小，有时缩小到只剩下残余部分。

小花排列在小穗中（见线图 38d；图版 13）。**小穗**由**小穗轴**上的一个或多个无柄小花组成，基部生有两枚附加苞片，上下部生有**颖片**。有时其中一片颖片会缩小，但很少缺失。在有许多小花的穗状花序中，最上面的一朵或几朵可能是退化小花。

小穗被视作禾草花序的基本单位，与其他科的花一样，小穗可能有梗或无梗，排列在穗状花序、总状花序、圆锥花序或更复杂的花序中（见线图 38c，40b，41a；图版 13h）。

术语“**压扁**”一词描述了小穗被压扁的方式（见线图 37；图版 13a、i）。如果小穗容易侧倒，则为侧面压扁；如果小穗向前或向后倒，则为背侧压扁。有时小穗没有表现出特殊的压扁。

小穗成熟时可能分裂，小花单独脱落或作为一个整体脱落。若颖片留在植物上，**节**被描述为“在颖片之上”；若随小穗一同脱落，则被描述为“在颖片之下”（见线图 37）。在结果期前轻轻拉动小花，观察裂口，

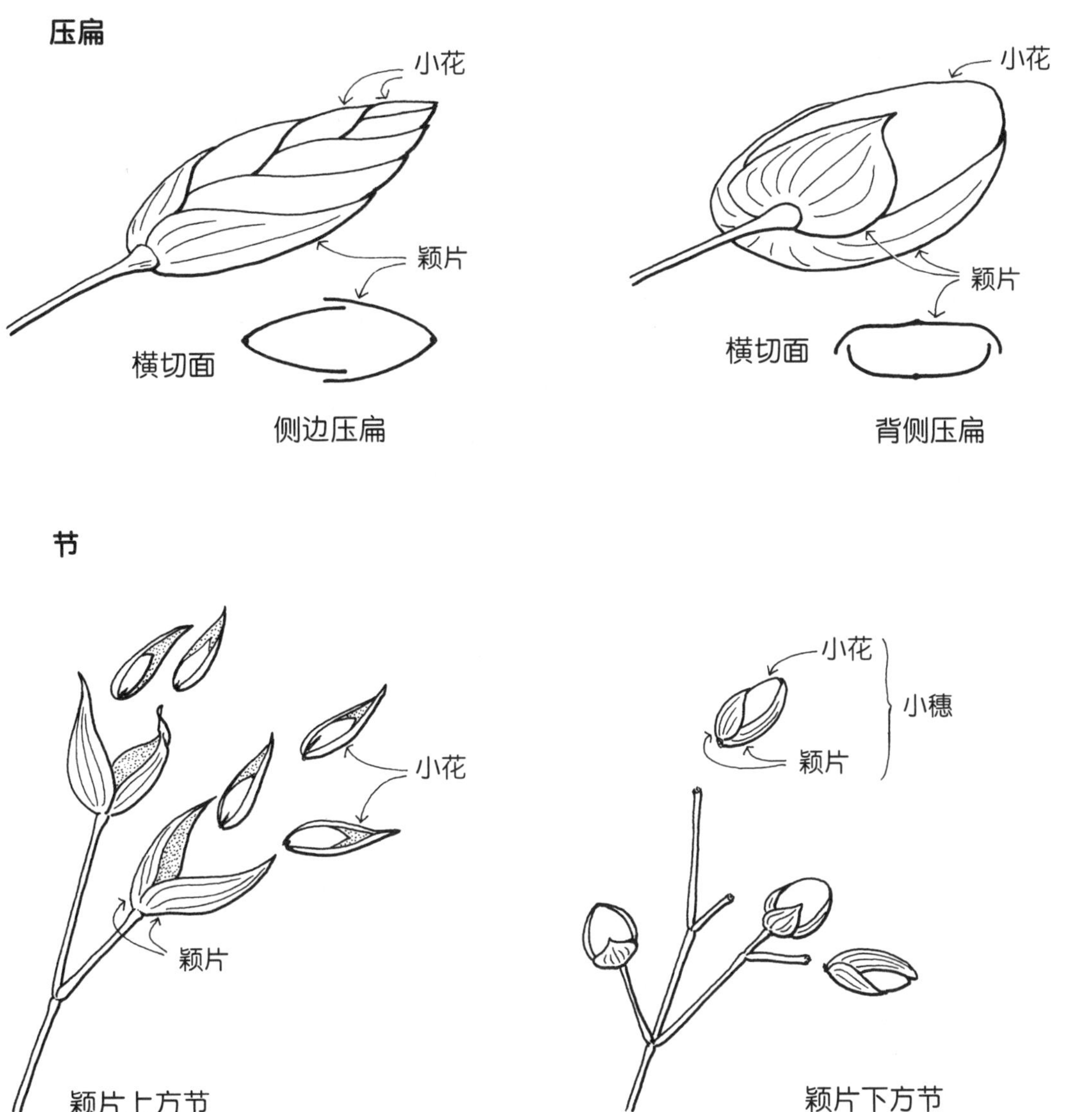

线图 37　禾草——压扁和节
禾草小穗通常易倒向侧面或背面，分别称为侧面压扁或背侧压扁。在大多数物种中，颖片成熟时会随小穗一同脱落或继续附着在植物上，相应地称为颖片下方或上方的节。

图版 13　单子叶植物：科 11　禾本科

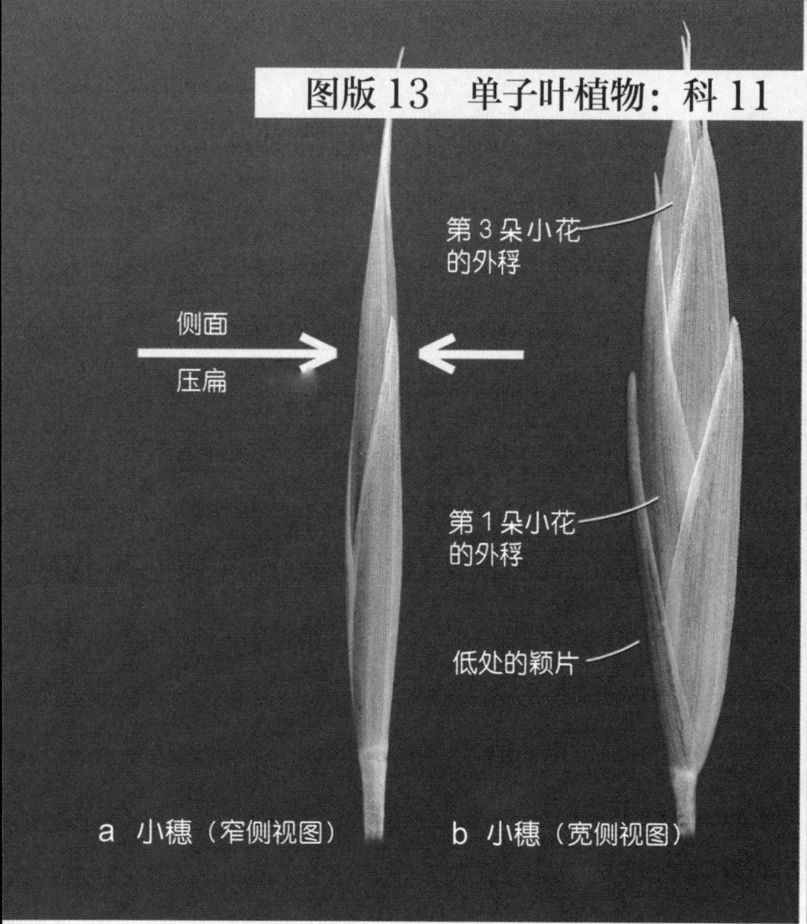

侧面
压扁
第 3 朵小花的外稃
第 1 朵小花的外稃
低处的颖片
a 小穗（窄侧视图）
b 小穗（宽侧视图）

柱头
外稃
内稃
花药
小花的外稃
颖片
c 小穗

图版 13a、b　扁穗雀麦（*Bromus catharticus*）

小穗通常有 4~8 朵约 2.4 厘米长的花，向一侧压扁。见线图 38。

图版 13c　多年生黑麦草（*Lolium perenne*）

小穗大多有 5~10 朵花，此图中花约 1.7 厘米长，侧面压扁。见线图 39，40。

图版 13d、e　狗牙根 / 茅根（*Cynodon dactylon*）

长有 1 花的小穗长 1.5~3 毫米（此图中约 2 毫米长），侧面压扁。见线图 41。

外稃
内稃
上部颖片
下部颖片
d 小穗

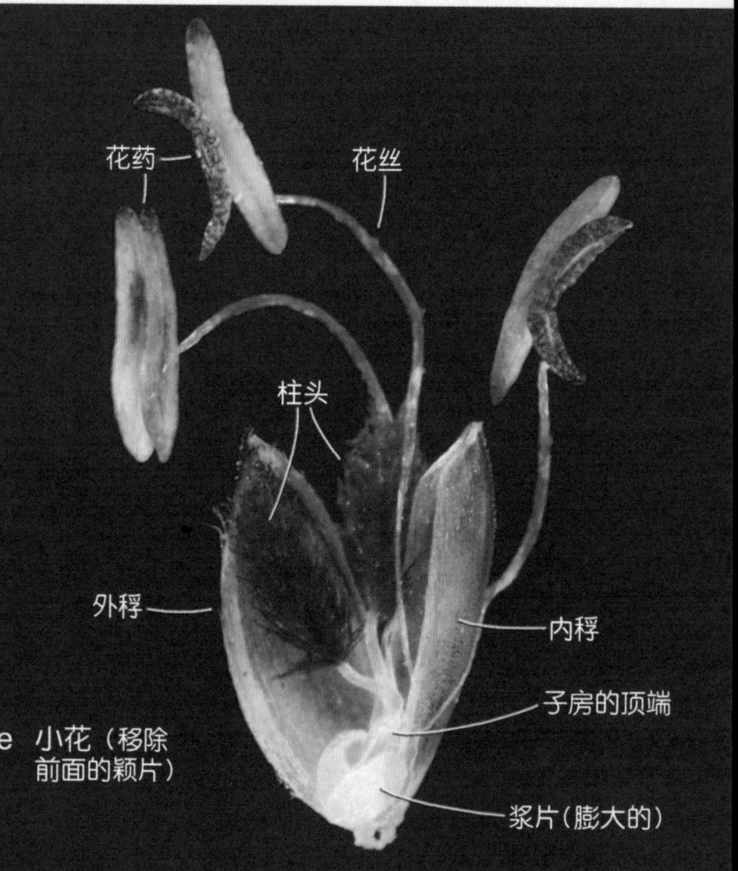

花药
花丝
柱头
外稃
内稃
子房的顶端
浆片（膨大的）
e 小花（移除前面的颖片）

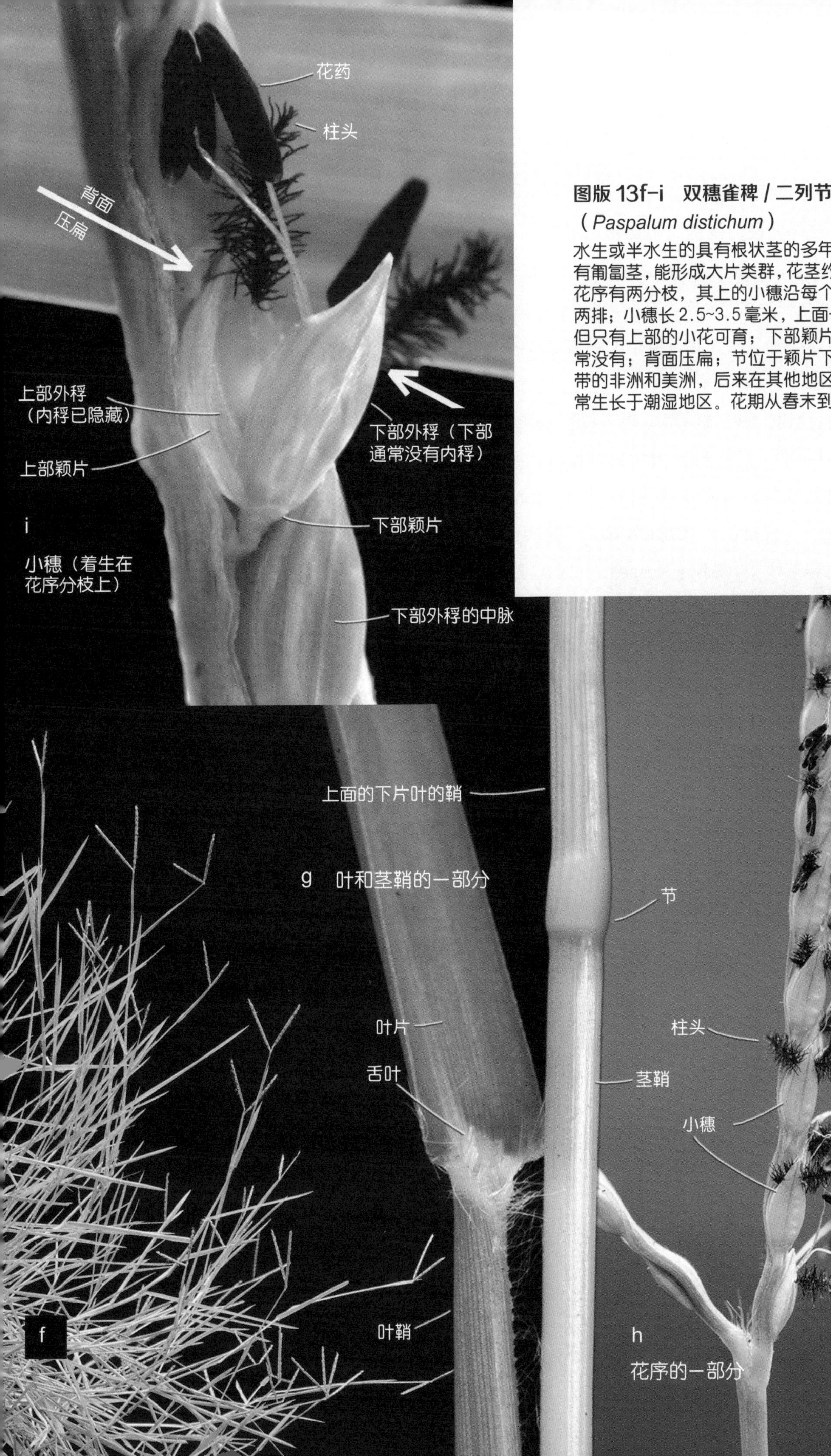

图版 13f-i　双穗雀稗 / 二列节草

（*Paspalum distichum*）

水生或半水生的具有根状茎的多年生植物，具有匍匐茎，能形成大片类群，花茎约 50 厘米高；花序有两分枝，其上的小穗沿每个分枝排列为两排；小穗长 2.5~3.5 毫米，上面长有 2 朵花，但只有上部的小花可育；下部颖片非常小或经常没有；背面压扁；节位于颖片下。原生于热带的非洲和美洲，后来在其他地区广泛种植，常生长于潮湿地区。花期从春末到秋季。

便可看到此过程。

芒是坚硬的刚毛状附属物，在植物上较为常见，特别是在外稃上。

“颖果”和“外皮”这两个常用术语的用法有时会发生变化，典型的谷皮是外稃和内稃，谷粒是果实。

若想进一步了解禾草，以下参考文献或许会有帮助：巴克沃斯（Barkworth，2007）、克拉克（Clarke,2015）、钱皮恩（Champion，2012）、科普和格雷（Cope & Gray，2009）、吉布斯·罗素（Gibbs Russell，1990）、哈伯德（Hubbard，1984）、杰索普（Jessop，2006）、拉扎里季斯（Lazarides，1970）、莫里斯（Morris，1991）、夏普和西蒙（Sharp & Simon，2002）、西蒙和阿方索（Simon & Alfonso，2008）以及惠勒（Wheeler，2008）等。

禾草结构总结

花朵 + 外稃 + 内稃 = **小花**

一或多朵小花 + 颖片（上部颖片 + 下部颖片）= **小穗**

小穗 = 禾草花序的基本单位，排列在穗状花序、总状花序或圆锥花序中

图 线图 38–41；图版 13

识别特征

草本植物，秆通常呈圆筒形，有中空节间。通常还有叶舌，叶鞘张开。小花有 2 枚苞片（外稃和内稃）。小穗通常有 2 枚苞片（上部颖片和下部颖片）。

一些似禾草科植物介绍

人们通常对禾草科植物的认识都比较浅显。毫无疑问，这在一定程度上受到了园艺和景观设计业的影响，因为任何开不出鲜艳花朵的丛生草本植物都会被不加区别地纳入“观赏草”的范畴。这类植物的茎通常呈绿色，可能有也可能没有细长的带状叶。这些物种可能属于其他几科，本书只介绍了其中的一部分。

克拉克（Clarke，2015）对以下科植物进行了详细介绍，夏普（Sharpe，1986）为昆士兰州代表植物提供了检索表，钱皮恩（Champion，2012）介绍了常见的新西兰莎草和灯芯草。

莎草科（见图版 12a–i）

莎草科种类较多，分布广泛。从表面上看，许多莎草科植物和稻科植物在丛生的习性上非常相似，叶片细长，呈线形，具鞘基。在莎草科中，叶鞘通常闭合，无叶舌。秆通常为实心，横截面呈扁平或三角形。花序常由显眼的苞片包围着。与禾本科植物一样，莎草的花在大多数情况下都排列在小穗中（尽管从严格的意义上来说，这些小穗在植物学上并不等同于禾本科植物的小穗）。在小穗内，每朵花仅由一枚苞片包裹着。花被无或以鳞叶、茸毛或

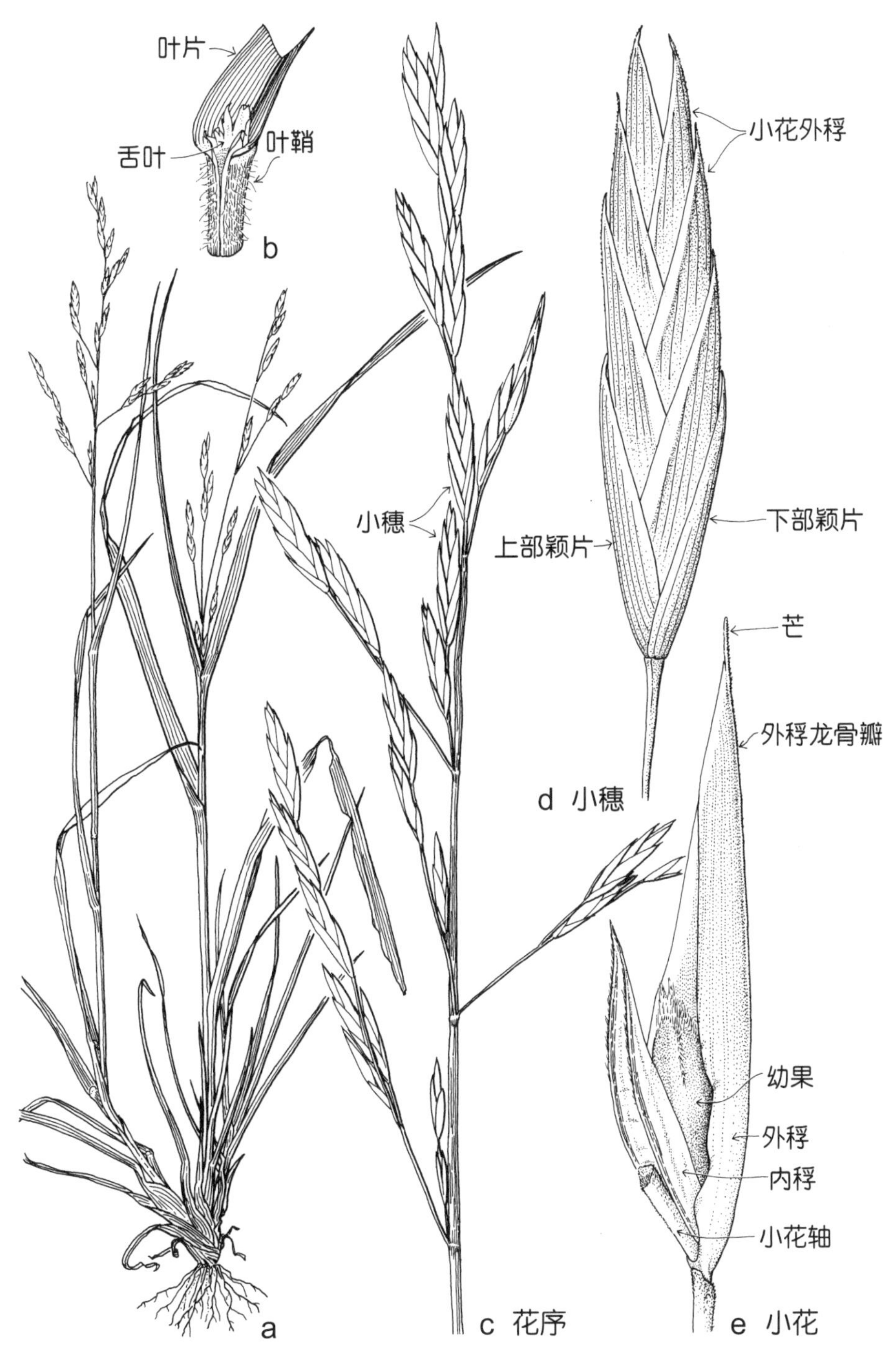

线图 38 扁穗雀麦（*Bromus catharticus*）

一年生或二年生植物，高 40~100 厘米；叶上表面粗糙，鞘通常柔软多毛；舌状膜质；小穗开 6~8 朵花，呈浅绿色，排成疏松的圆锥花序；侧面压扁；节位于颖片上方。它是在澳大利亚广泛分布的一种普通野草或牧草，从美国西南部引进。花期从春季至初夏，若条件适宜则会稍长。见图版 13a、b。（a×0.2，b×1.5，c×0.6，d×2.5，e×4）

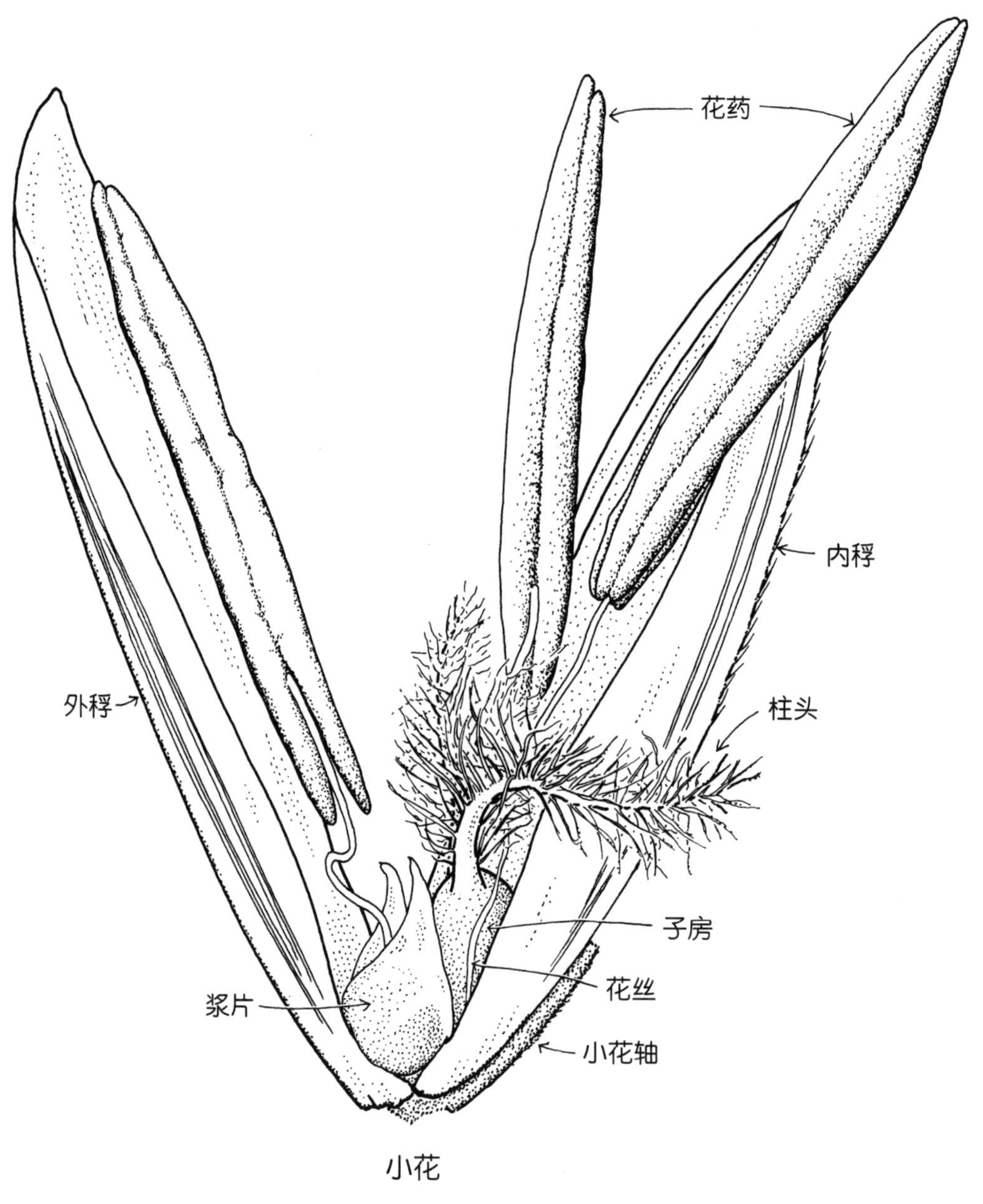

线图 39　多年生黑麦草（*Lolium perenne*）

二年生或存活周期短的多年生植物，高约 50 厘米；叶呈窄线形，大多生长在基部；叶片呈耳状结构（有时小或具缺刻）；舌叶膜质；小穗上长有 8~10 朵花，单生，无柄，生长在花序轴的互生缺刻中，形成一细长穗状花序；顶生的小穗有 2 枚颖片，其他类型小穗则有 1 枚；侧面压扁；节位于颖片上方。原产于欧洲、非洲北部和亚洲，现已被引种在澳大利亚，是一种有价值的常见牧草或草坪植物。有些植物的外稃常具短芒。这些植物通常被视作杂交种，其中多数应用在了农业上。花期在夏季。见图版 13c。（×13）

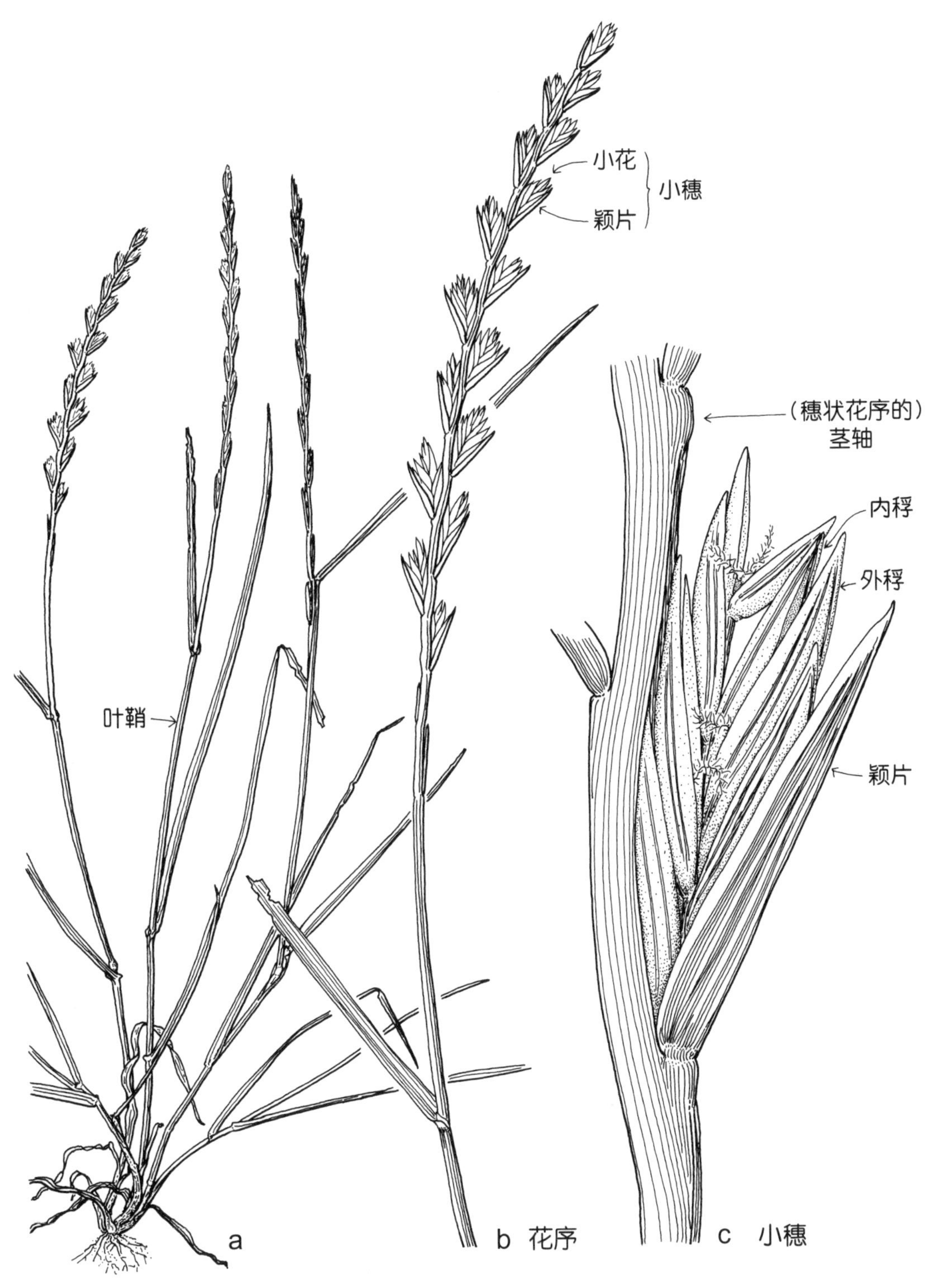

线图 40 多年生黑麦草（*Lolium perenne*）
（a×0.5，b×1，c×6）

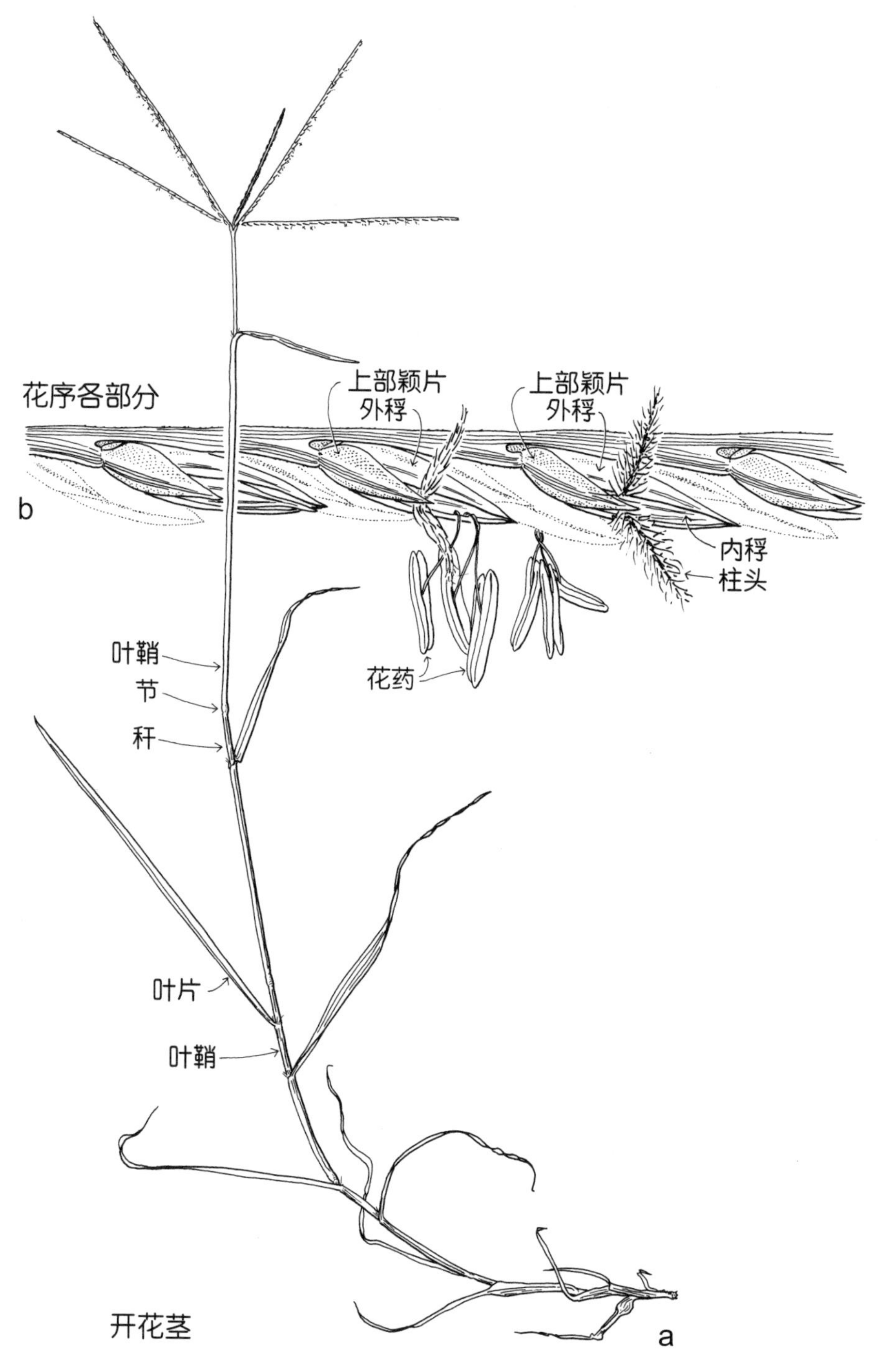

线图 41　狗牙根 / 茅草（*Cynodon dactylon*）

具有根状茎的可变多年生植物，通常具长匍匐茎；舌叶具毛圈；小穗呈紫绿色，有 1 朵花，无柄，在茎轴一侧排成两行，从而形成一细长穗状花序；2~6 个此类穗状花序呈掌状排列在秆顶端；侧面压扁；节位于颖片上方。像野草或草坪植物一样在澳大利亚广泛分布。花期在夏季。见图版 13d、e。（a×0.6，b×12）

刚毛等形式存在。

灯芯草科（见图版 12j-l）

灯芯草科种类较少，有两个众所周知的属：灯芯草属和地杨梅属。前者包括数百种植物，分布广泛，通常生长在潮湿地区或水生环境；后者包括一百多种植物，分布在北半球、南美洲和大洋洲地区。从几厘米高的小丛到几米高的茂密植株，总体外观变化很大。灯芯草也可形成密集丛，有许多细长、圆柱形且明显无叶的直立茎；此种形态的物种有时被种植在池塘边缘，或为恢复水生栖息地而被种植。灯芯草的花朵虽然小，但却表现出典型的单子叶模式，花的各部分三个一组。虽然这些花朵的颜色并不鲜艳，但在结构上很像百合——其被片通常呈棕色或淡黄色，只有几毫米长。通常有 3 片合生心皮，果实为小蒴果。地杨梅属的每个蒴果只含 3 粒种子，而灯芯草属的种子又小又多。

帚灯草科

帚灯草科种类较少，几乎全部分布在南半球，特别是在南非和澳大利亚。随着人们对节水、美观的丛生植物需求日益增加，该科植物在花园中愈发常见，其他植物非常适合在水生环境生长。叶退化为鞘，一边向下张开，连一基本叶片也无法形成，无叶舌。鞘的颜色通常与茎不同，从而使植物呈带状。花几乎都是单性，大多数情况下着生于不同植物的分开花序中。同一物种的雄性花序和雌性花序可能截然不同，有时未知物种出现在其自然栖息地，会威胁此物种。花大多生于小穗中，每个小穗通常有一个呈褐色的小花被，由一片褐色的苞片包围。果实通常是小坚果或蒴果。

孟尼和佩特（Meney & Pate, 1999）合著的《澳大利亚灯芯草》（*Australian Rushes*）中描述了帚灯草科的澳大利亚物种。哈克斯马和林德（Haaksma & Linder, 2000）提供了南非物种指南，其中一些植物现如今已开始被人们种植了。

双子叶植物
（科 12—46）

APG 分类法囊括了许多被纳入旧称双子叶植物纲（参照第六章）中的植物，如木兰亚纲植物。剩下的 312 科现在常被统称为双子叶植物，但这一名称并不正式。此类植物的花通常由四或五部分的轮组成，花药从细长花丝高度分化（参照木兰类植物）。

12　罂粟科
罂粟类及蓝堇类植物

虽然罂粟科中包括许多众所周知的观赏植物，如冰岛罂粟（见图版 4f、g）、紫堇、荷包牡丹和花菱草（加州罂粟），但它仍是一个种类较少的科。球果紫堇有逃避栽培的习性。罂粟的经济价值最高，其蒴果产生的生物碱可用于医药领域，其他一些物种的种子会产生可用油。

罂粟科植物大多分布在北半球温带地区（只有少数蔓延至非洲南部），几乎都是一年生或多年生的草本植物。目前，该科分为几个亚科，有时这些亚科被视为科。荷包牡丹亚科因其成员球果紫堇属而为人所知，该属是一种在澳大利亚东南部和西南部驯化的常见一年生野草。

花的结构

花朵 两性，辐射对称，罂粟亚科（见图版4g）植物的花朵有时肥硕鲜艳；荷包牡丹亚科植物的花朵较小，常明显地呈辐射对称。

花萼 萼片2片（有时3片），合生或离生，通常在早期脱落。

花冠 花瓣通常4片（常描述为2轮，每轮2枚），有时更多，有时无，后者很少发生，通常离生，荷包牡丹亚科植物的花冠有时具刺。

雄蕊群 罂粟亚科（见图版4c）植物具多枚通常离生的雄蕊，荷包牡丹亚科具2或4或6枚雄蕊（若具2枚，则每个花丝有2侧枝，因此看起来有6枚雄蕊）。

雌蕊群 心皮数量不等，合生，子房上位。罂粟亚科植物的雌蕊群通常具1室，插入的侧膜胎座数与心皮数相等（见图版4d）。胚珠数量由一至多个不等。

果实 通常为蒴果，沿气孔（见图版4e）或裂片张开，球果紫堇属植物的果实有时开裂。

罂粟科的大多数成员都是草本植物，通常会产生乳白色的汁液，有些则是软木质灌木。叶通常深裂或全裂（见图版4a），或由羽裂至三裂。无托叶。

《澳大利亚植物志》第2卷中涵盖了该科在澳大利亚的物种检索表和描述。墨菲（Murphy，2009）为鉴定蓝堇属提供了非常具有参考价值的内容。

图 图版4a–g

识别特征

草本植物，叶通常全裂或多裂，无托叶。花匀称，颜色鲜艳，或明显呈辐射对称，通常有2个萼片。

13 毛茛科

毛茛类及同类植物

毛茛科规模中等，分布广泛，特别是在温带地区，但在北半球种类最多。毛茛属（见图版2a–c）这一名称来源于拉丁语，意为小青蛙或小蝌蚪，它暗指了许多毛茛属植物都是沼泽植物。该科植物呈现出两级分化的态势，其中有一些种类较多的属，包括乌头属、翠雀属和毛茛属等，同时约有三分之一的属只含一种植物。

在花园里种植的属有乌头属、银莲花属、耧斗菜属、驴蹄草属、铁线莲属、翠雀属、嚏根草属、毛茛属和唐松草属。该科中的一部分有毒。

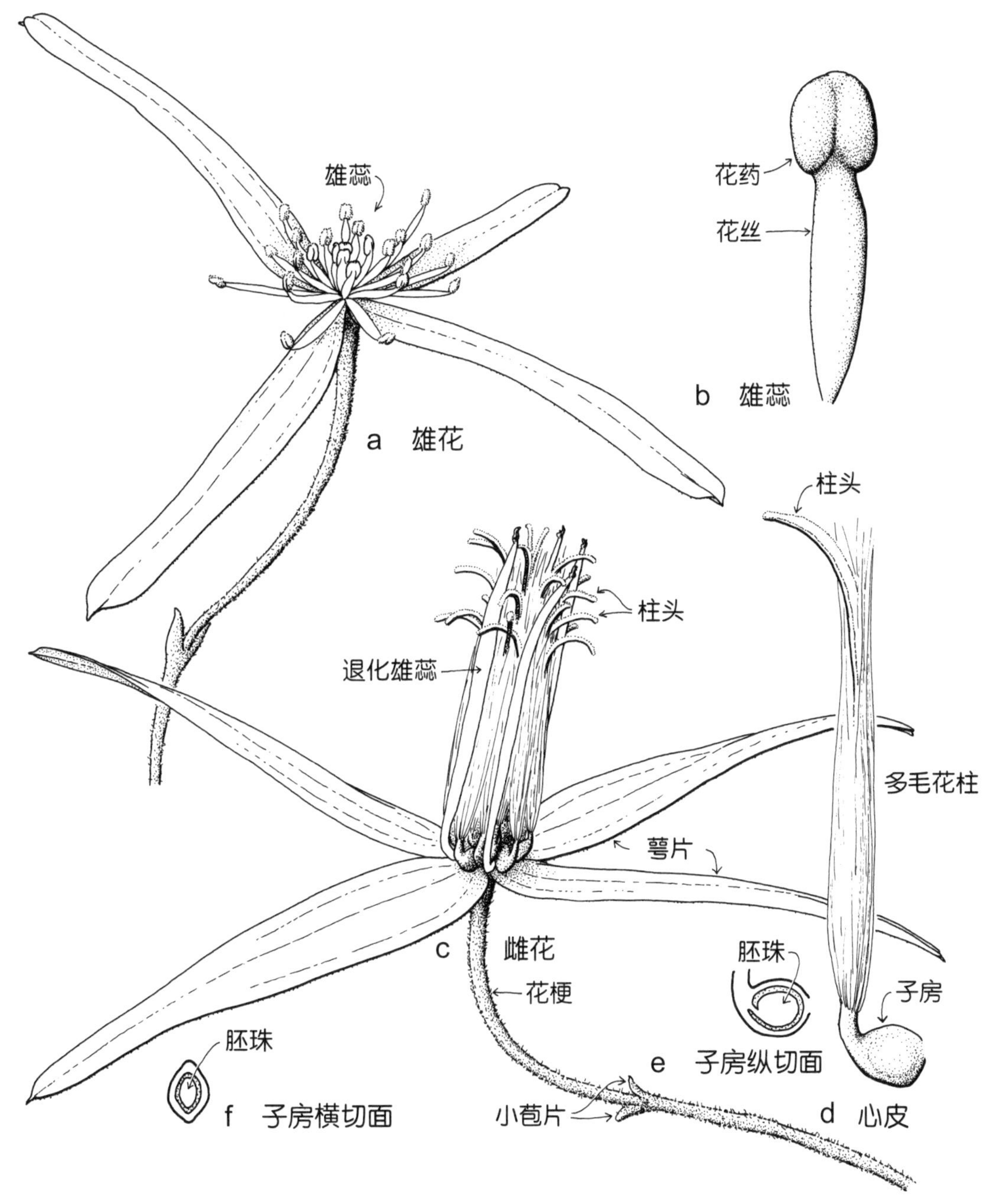

线图 42 小叶铁线莲（*Clematis microphylla*）

雄花花程式：K4 C0 A∞ G0；雌花花程式：K4 C0 A staminodes G<u>∞</u> plac. apical

具细长茎的攀缘植物，约 5 米高，叶对生、分裂，叶柄通常缠绕；花为单性，无花瓣，排成腋生或顶生的小圆锥花序；雌花具有 4 枚退化的雄蕊；果实为一组瘦果，每一瘦果上的具毛花柱发育为羽状喙，有助于种子的传播。常见于澳大利亚温带地区。花期在冬季和早春。（a×3，b×12，c×3，d–f×7）

花的结构

花朵 通常辐射对称，有时两侧对称，通常两性（铁线莲属植物的花有时为单性，见线图 42）。

花被 被片 4 至多片，离生，呈花瓣状（如在铁线莲属中，见线图 42a、c）；或花被由花萼和花冠组成。

花萼 萼片通常为 5 片，离生。

花冠 花瓣通常为 5 片，有时更多，离生，通常具产生花蜜的组织或朝向基部的腺。

雄蕊群 雄蕊少至多数，离生（见线图 42a；图版 2a）。有时可见退化雄蕊。

雌蕊群 心皮通常为多数，离生，在花托上呈螺旋形排列，有时具少量合生心皮，但此种情况很少。子房上位。每个心皮具 1 至多颗胚珠，边缘胎座。

果实 通常为小瘦果或蓇葖果的聚合果（见图版 2b），有时为浆果。

多年生或有时为一年生的灌木或草本植物，在铁线莲属中有时为攀缘植物。叶形状各异，分裂程度不等。通常无托叶。

《澳大利亚植物志》第 2 卷中涵盖了该科在澳大利亚的物种检索表和描述。

图 线图 42；图版 2a–c

识别特征

通常为草本植物。花朵的生殖部分通常很多，成螺旋状排列。

14 山龙眼科

山龙眼类、班克木类、银桦类及同类植物

山龙眼科规模中等，其属主要分布在南半球，有一半以上分布在澳大利亚，其余主要在南非或南美。尽管在形态上存在相似之处，但生长在澳大利亚的属和在南非的属之间并无多大联系，两个地区没有一个共有属。该科历史悠久，人们认为它的分布格局在南部大陆离生之前就已存在，其形态多样，花的结构独特。山龙眼科这一名称来源于南非的山龙眼属，在澳大利亚通常被当作观赏植物种植。

班克木属、哈克木属和银桦属的许多植物盛产花蜜，这些花蜜为澳大利亚土著人所利用，人们可吸食或将它浸泡于水中以获得一种甜味饮料。银桦（见线图 48，49）和蕾丝木这两种热带雨林乔木的木材可用于制作家具。澳洲坚果属可产生有商业价值的坚果，特洛皮属、班克木属和普罗蒂亚木属可用于鲜切花交易。该科的许多植物可用于观赏，包括产自澳大利亚的哈克木属、银桦属、班克木属、特洛皮属和火轮木属以及产自南非的特洛皮属、白千层属和针垫花属。银桦属易杂交，有许多品种被广泛种植在公园和花园中。

花的结构

花朵 辐射对称或两侧对称。通常两性，有时单性。花序复杂多变，通常呈总状、拟圆锥形或穗状，排成密集的头状花序。花有时单

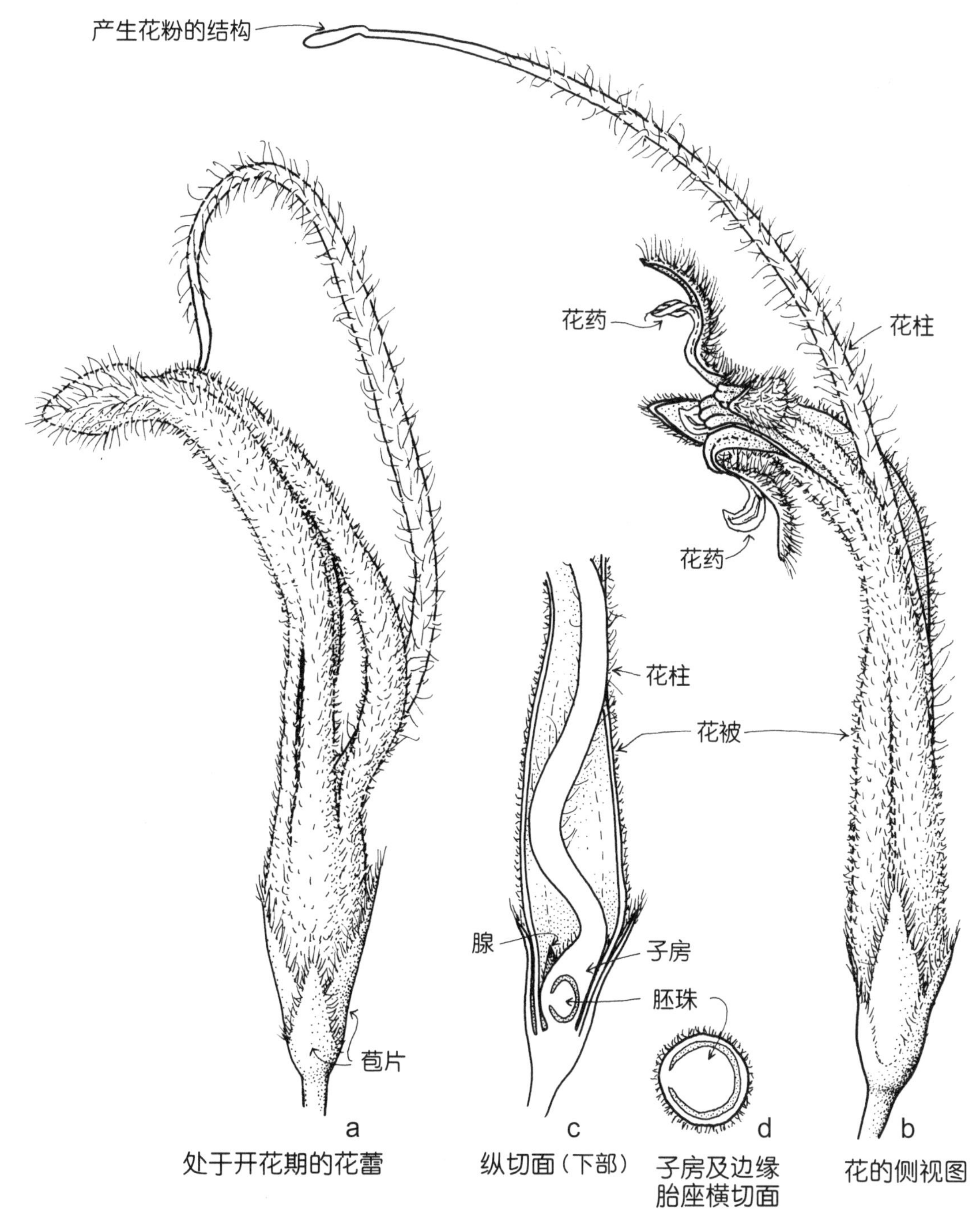

线图 43　独雀花（*Adenanthos terminalis*）

花程式为 P（4）A4 G1

1 米高的蔓延灌木；枝条细长、直立，幼枝和叶被短柔毛；密集叶相互重叠，长 0.5~2 厘米，掌状分裂为 3~5 个圆柱状裂片；花淡黄色，顶生，无柄，每簇 1~3 朵；子房周围有 4 个小蜜腺，与被片互生；果实为毛坚果。在澳大利亚的维多利亚州西部、南澳大利亚州东南部和坎格罗岛不常见。花期在春季。（a–c × 3；d × 10）

线图 44　银叶佛塔树（*Banksia marginata*）

矮小灌木或小乔木，习性多变；幼枝具 T 形茸毛，从而呈青铜色；叶具短柄，表面粗糙，长 2~8 厘米，具截形顶端，边缘有时具短齿，下表面被白色茸毛，叶脉清楚易见；花较小，呈乳白色至黄色，顶生穗状花序 4~10 厘米长；4 个小蜜腺与子房基部的被片互生；蓇葖果。广泛分布在澳大利亚维多利亚州、南澳大利亚州、塔斯马尼亚州以及新南威尔士州。花期从秋季至早春。（a–b × 0.7）

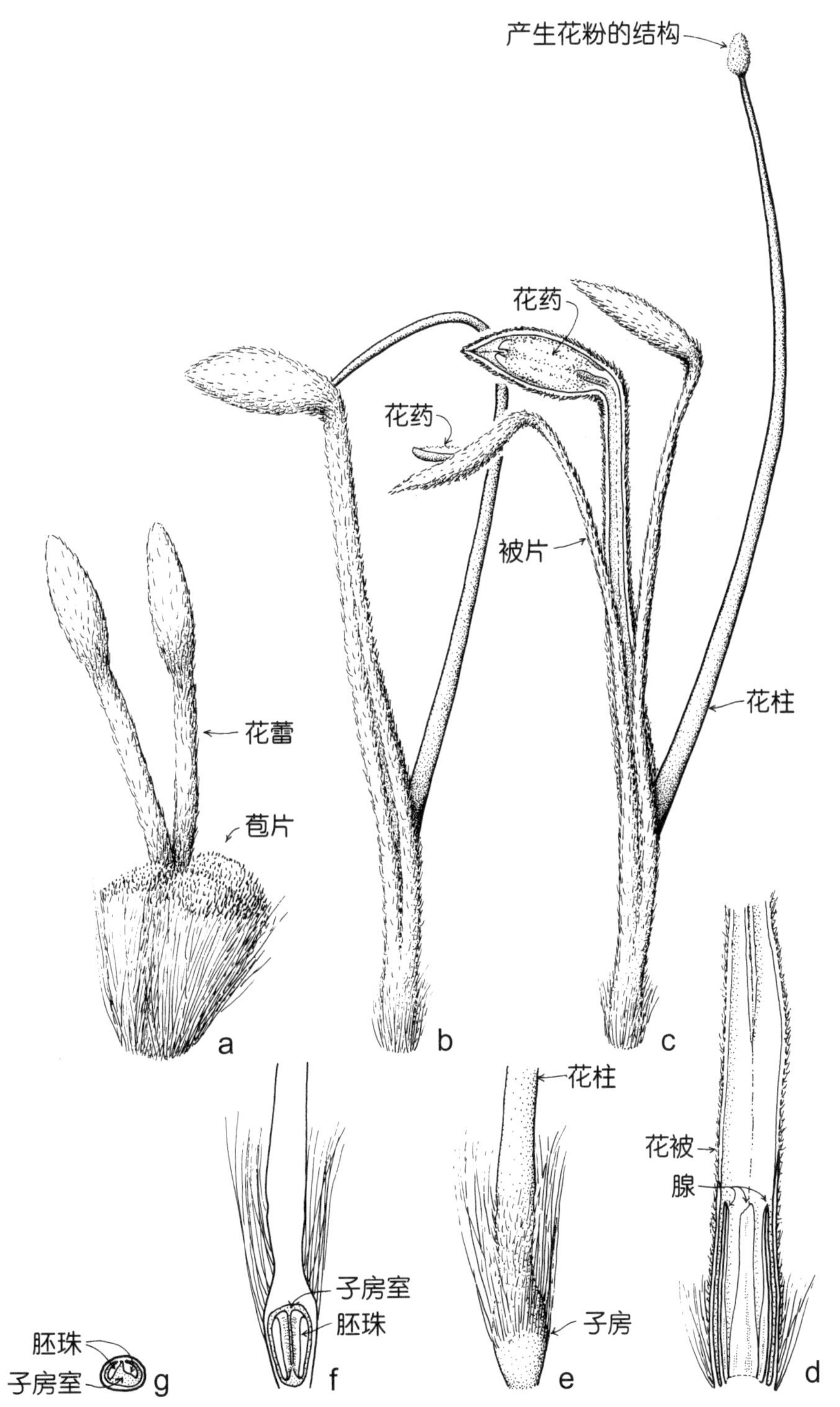

线图 45　银叶佛塔树（*Banksia marginata*）

花程式为 P（4）A4 G1

a 由苞片包围的两花蕾；**b** 处于开花期花蕾的侧视图；**c** 花的侧视图；**d** 花被基部的内部视图；**e** 子房和花柱基部的侧视图；**f** 子房和花柱基部的纵切面；**g** 子房及边缘胎座横切面。（a–c×5，d–g×10）

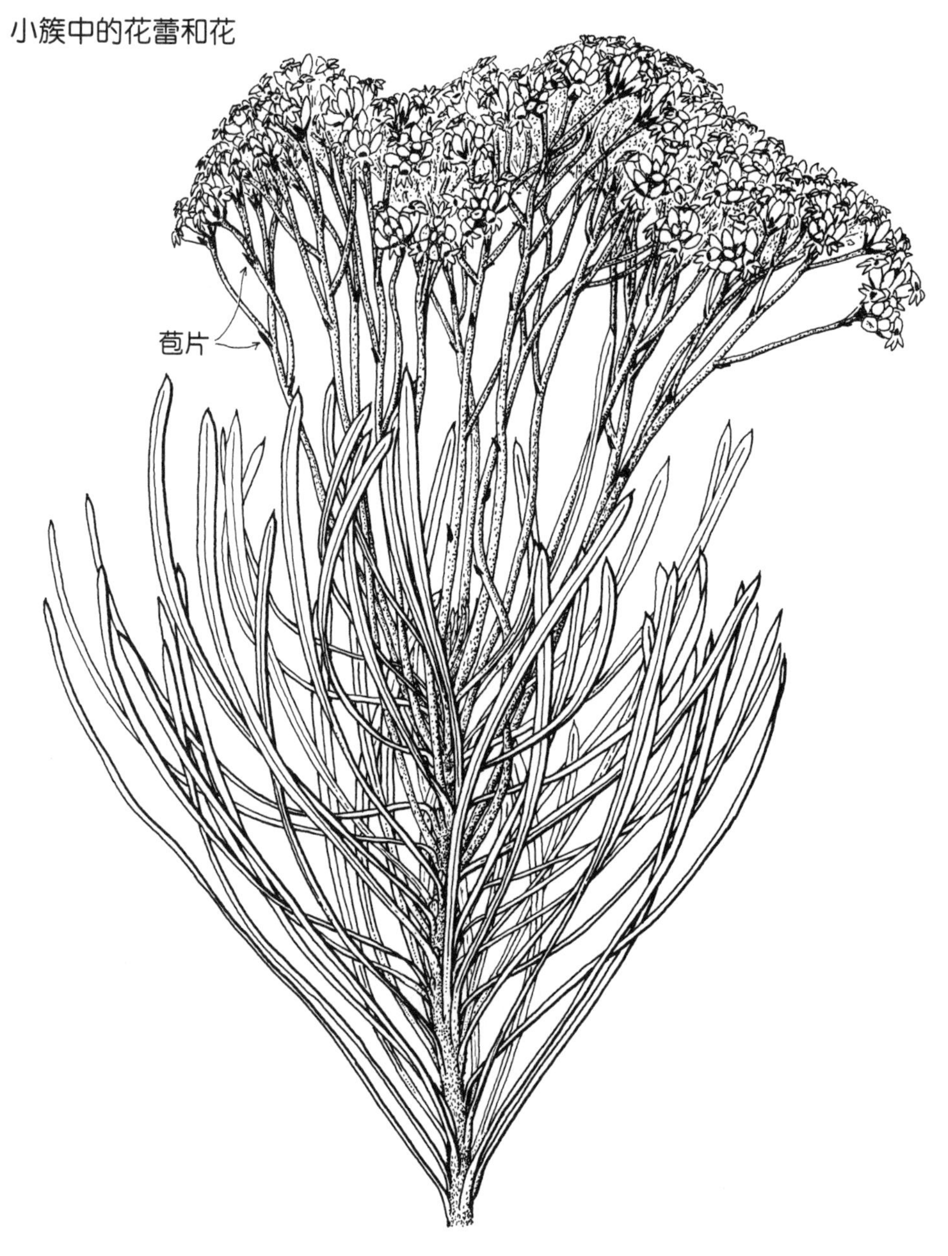

线图 46　维多利亚彩烟木（*Conospermum mitchellii*）

通常多茎的直立灌木，高 1~2 米；叶呈线形，长 5~15 厘米；伞状圆锥花序；花蕾呈蓝灰色，花呈白色，每朵由一黑色苞片包围；相邻花药的裂片起初合生，8 个裂片中只有 4 片可育；其他 4 片裂片退化为小附属物；前部雄蕊具 2 个功能裂片，2 个侧雄蕊各具 1 个功能裂片；果实为被短柔毛坚果。分布在澳大利亚维多利亚州安格尔西亚的沙地和南澳大利亚州的西南部或东南部。花期在春季。烟树属中有超过 40 个物种分布在西澳大利亚州，约有 10 种分布在东部各州。（×0.7）

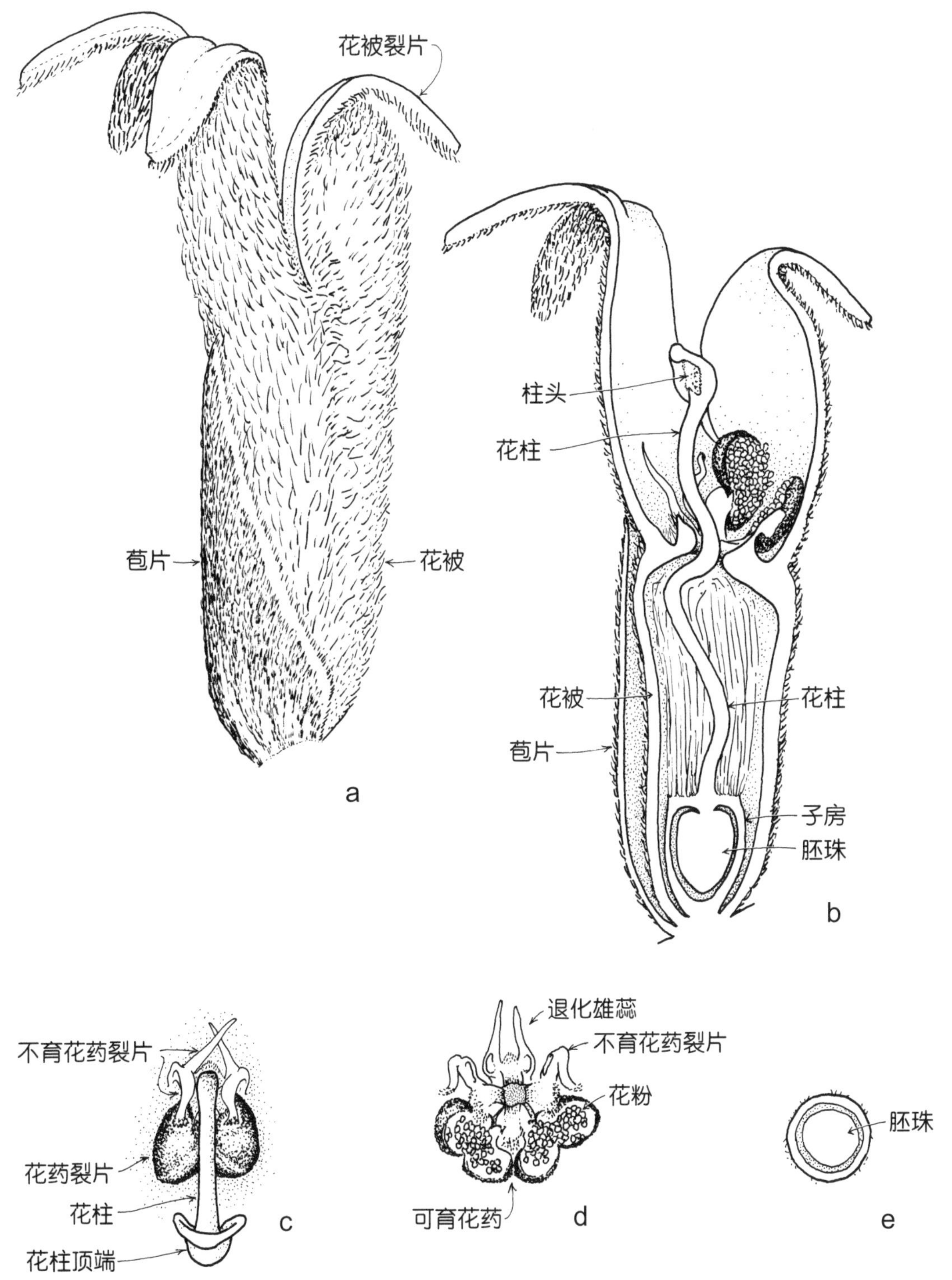

线图 47　维多利亚彩烟木（*Conospermum mitchellii*）

花程式为 P（4）A4 G1

a 花和苞片侧视图；**b** 半花；**c** 上图的雄蕊和花柱；**d** 上图的开裂雄蕊；**e** 子房及顶生胎座横切面。（a–e × 12）

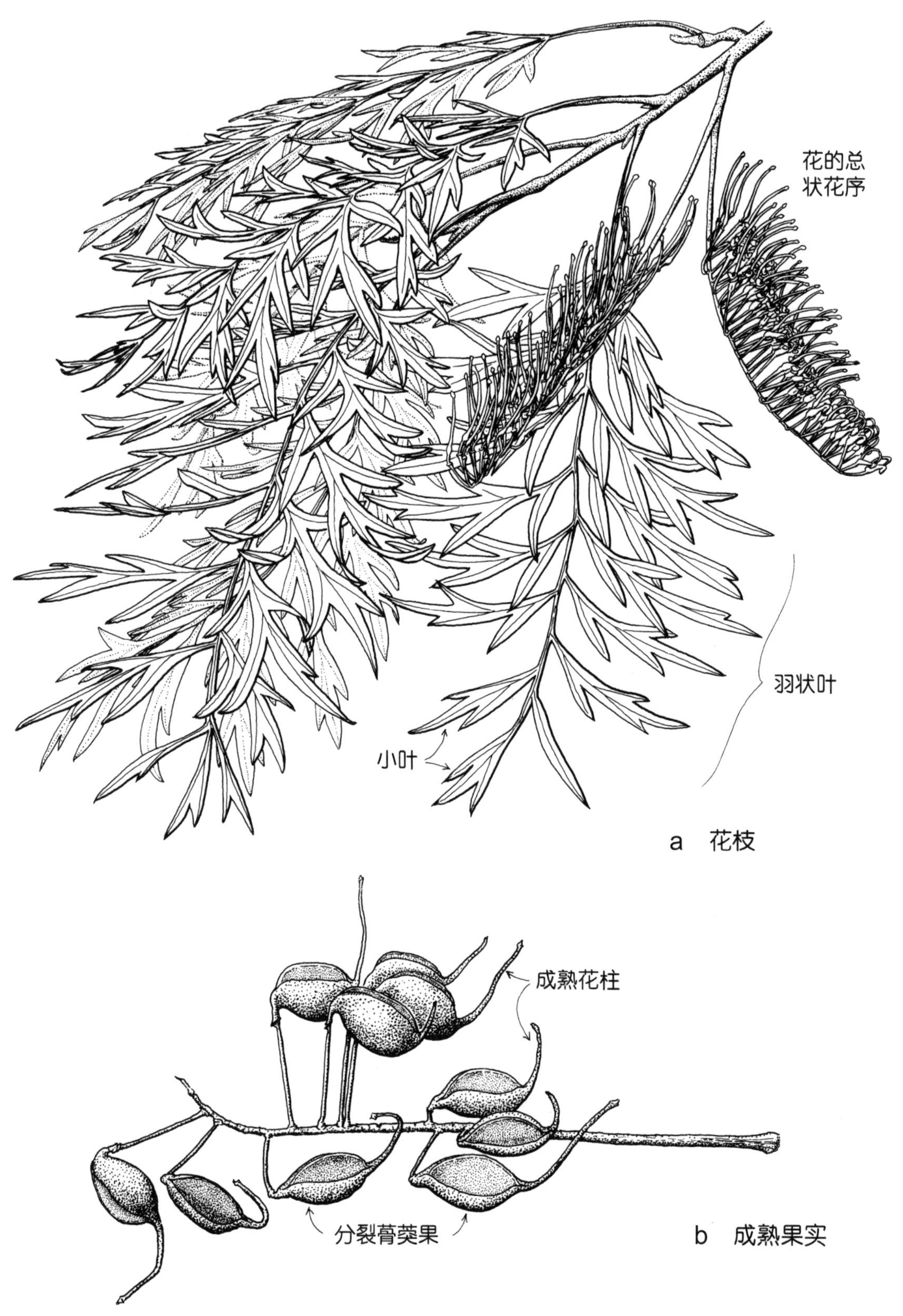

线图 48 银桦（*Grevillea robusta*）
（a×0.3，b×0.7）

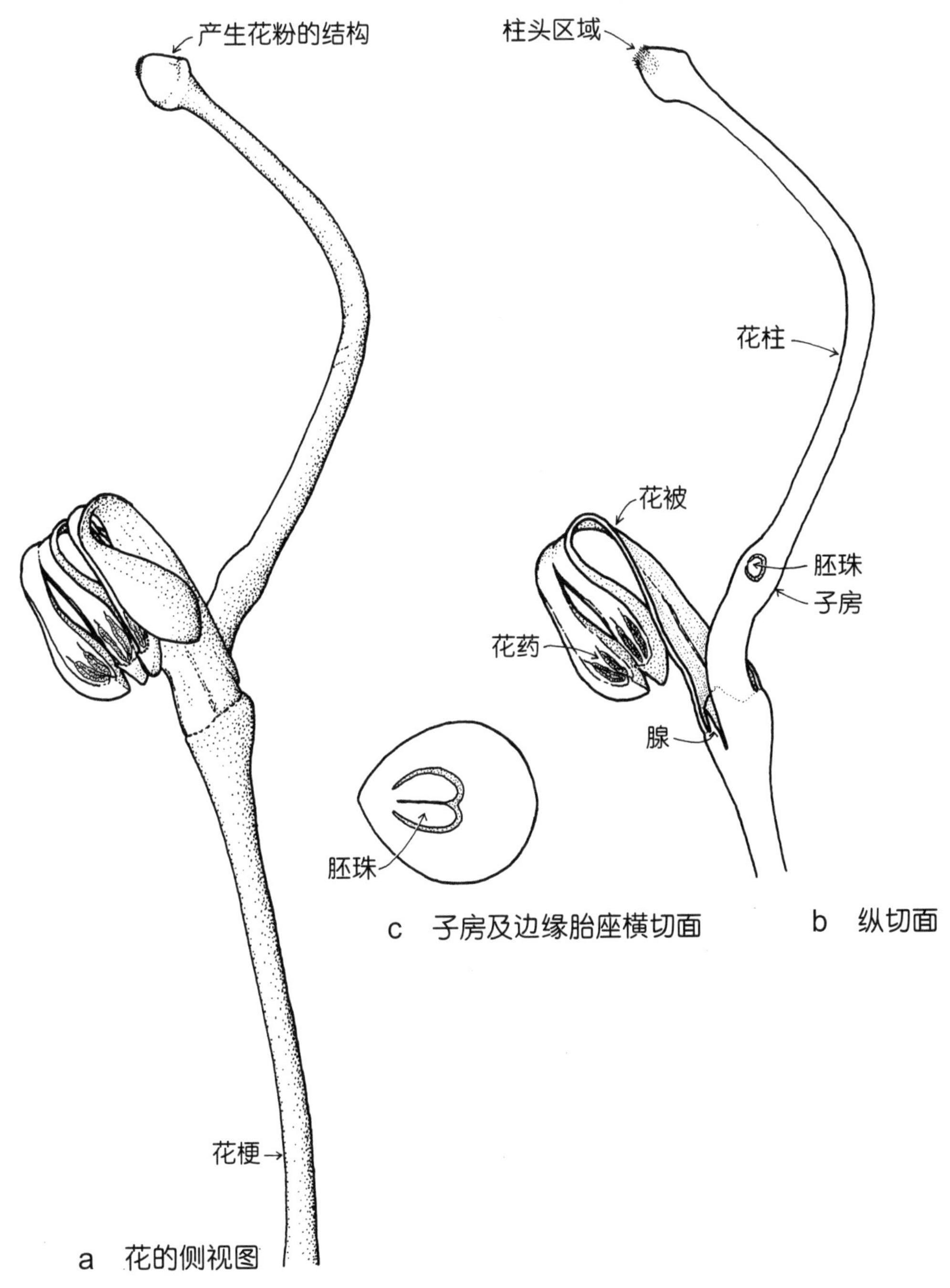

线图 49 银桦（*Grevillea robusta*）

花程式为 P（4）A4 G1

可达 30 米的高大林木；羽状复叶，分裂为 10~25 片可进一步分裂的小叶；花呈橙色，排成单侧总状花序；子房具短柄。分布在澳大利亚的昆士兰州和新南威尔士州的热带雨林及小溪边，广泛生长于澳大利亚南部的公园、花园及街道。在维多利亚州，其花期在初夏。（a–b × 3，c × 12）

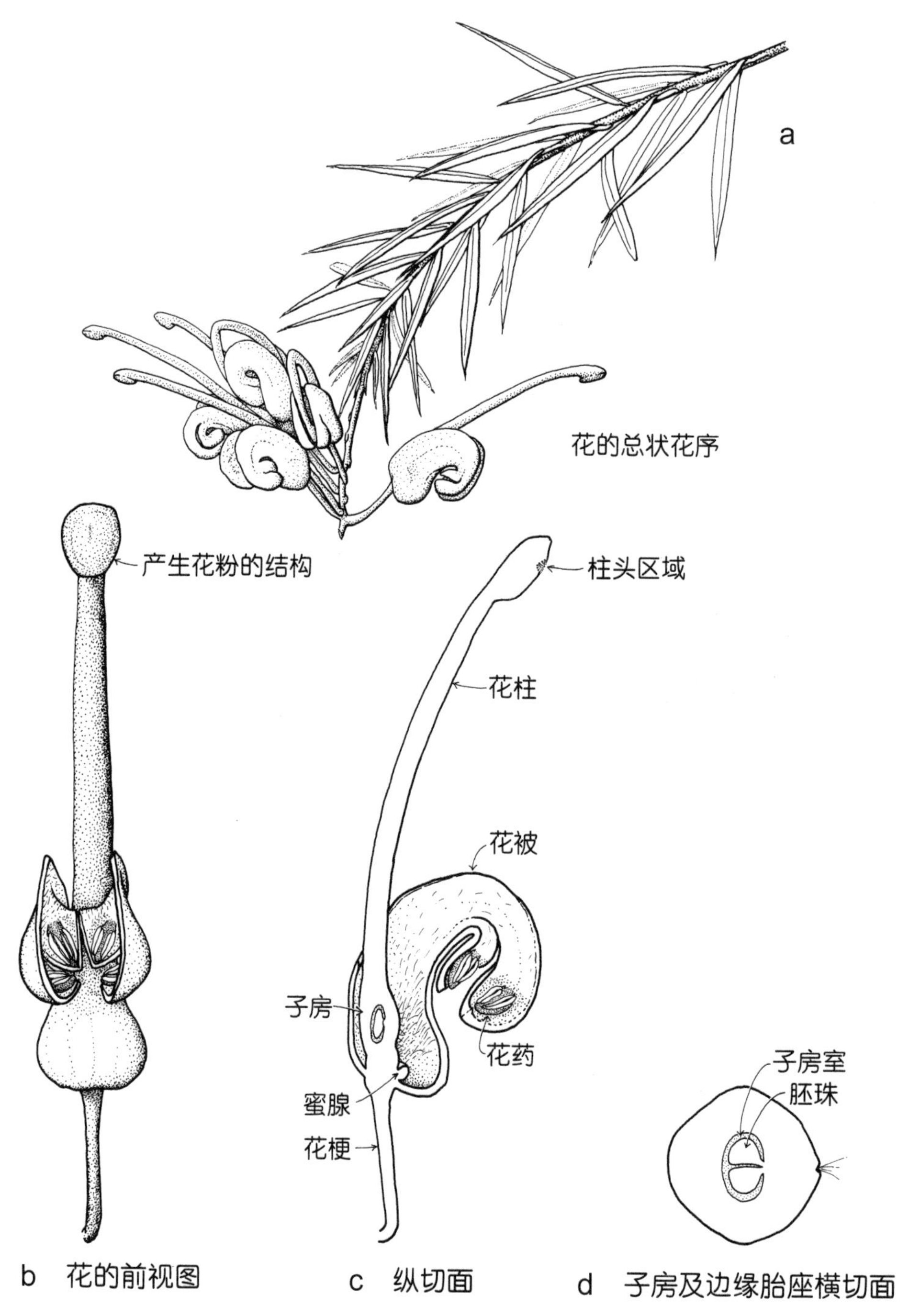

线图 50　迷迭香叶银桦（*Grevillea rosmarinifolia*）

花程式为 P（4）A4 G1

约 2 米高的蔓延灌木；叶呈线形，急尖，长 2~4 厘米，通常具下弯边缘；花呈红色、粉红色或奶油色，其中红色和奶油色花较为常见，排成短总状花序，花被外部无毛；蓇葖果，花柱宿存。分布广泛但四处分散，多见于澳大利亚的维多利亚州和新南威尔士州干燥的多岩石地区。广泛用于装饰花园和路边种植。花期高峰在早春。见图版 3a。（a×1.2，b、c×3，d×12）

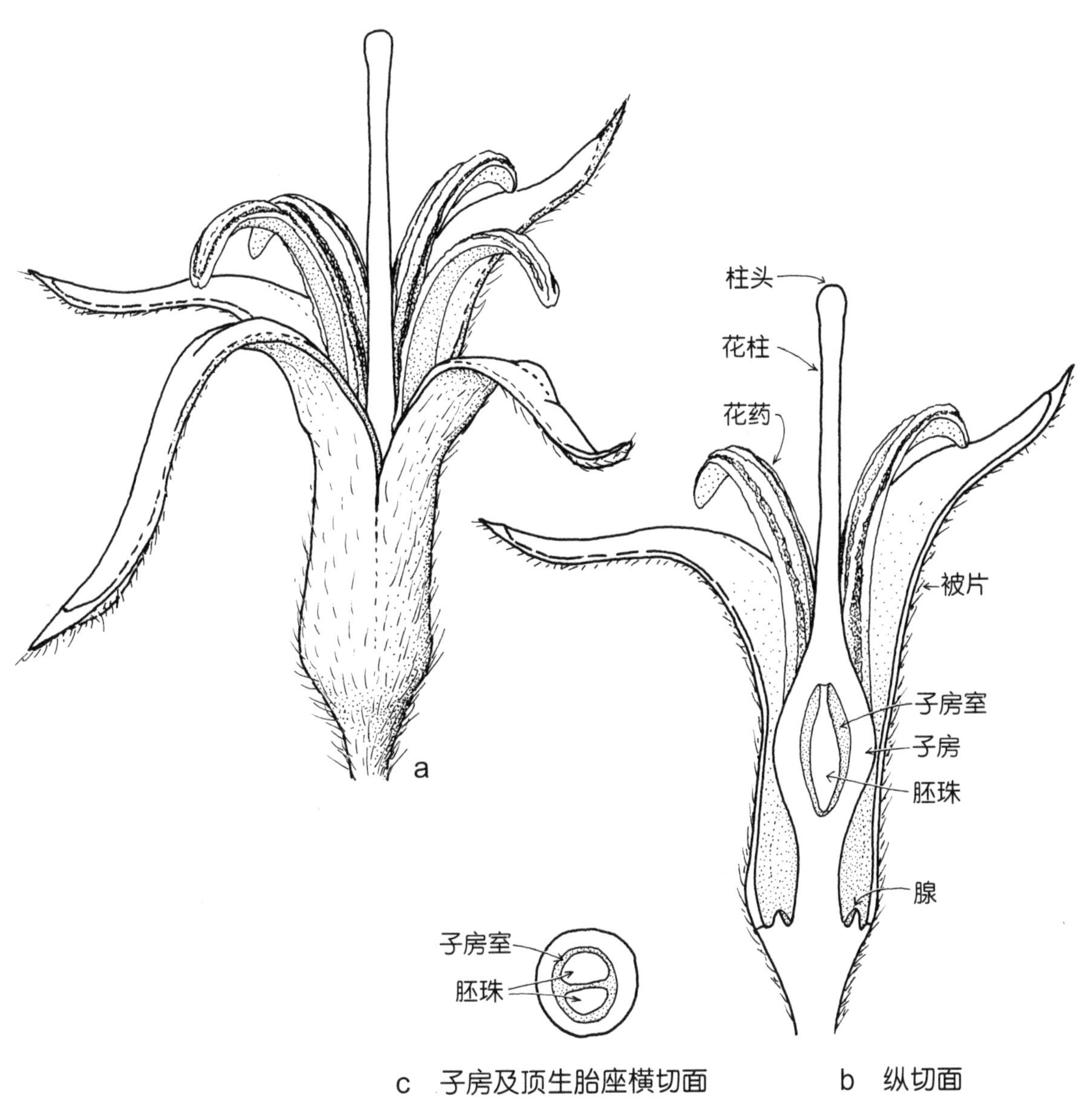

线图 51 多刺金钗木（*Persoonia juniperina*）

花程式为 P（4）A4 G1

通常高约 1 米的茂密灌木；叶呈线形，叶尖锋利，长约 3 厘米，上表面具沟；花具短柄，腋生，单生，呈黄色；子房具短柄和基部小蜜腺；核果，成熟时呈黑蓝色。广泛分布在澳大利亚的维多利亚州、新南威尔士州、塔斯马尼亚州以及南澳大利亚州的荒地和干燥的森林中，特别是在海岸附近。花期在夏季。（a–c×9）

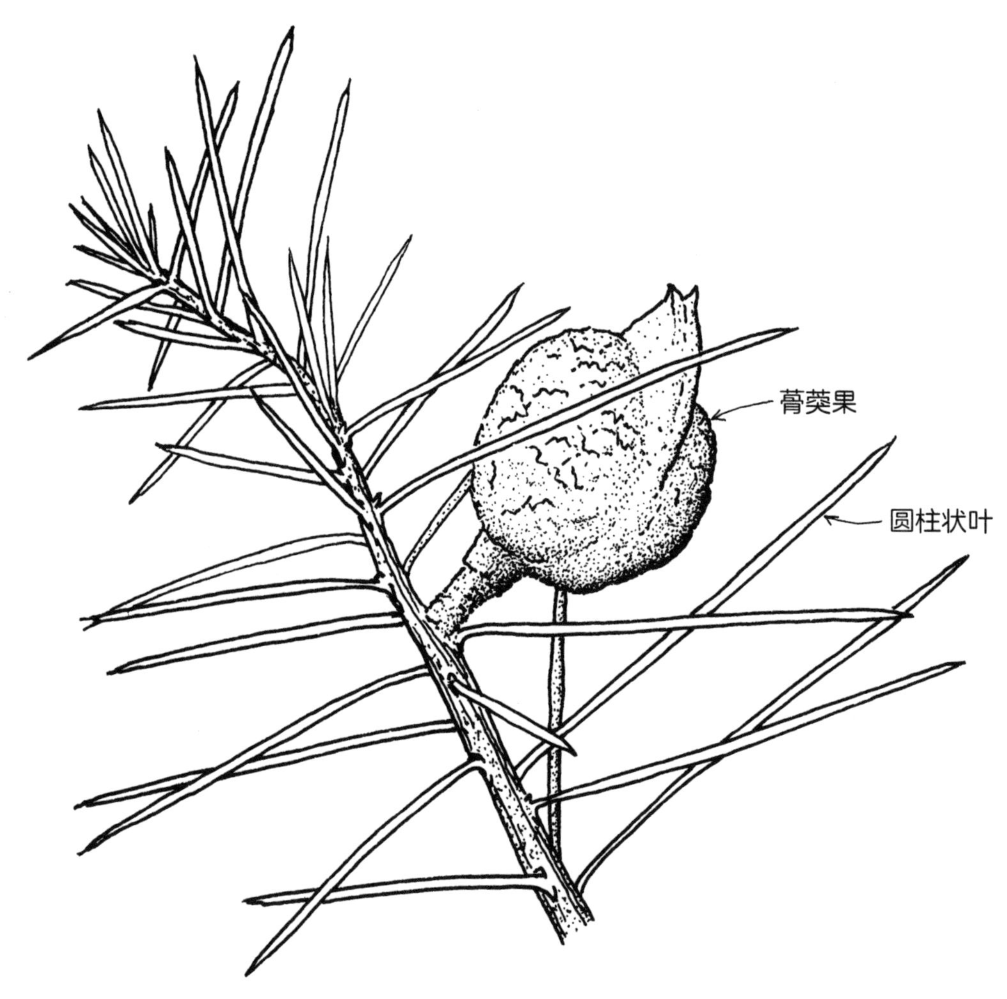

线图 52　延叶哈克木（*Hakea decurrens*）

畸变的茂密灌木；叶呈圆柱状，喙锋利，长 2~6 厘米，在基部以下具沟；花较小，呈白色，有时呈粉红色，生长于 4~6 朵花的腋生丛中；果实木质，长 2~4 厘米，有时近似球状，每片裂片顶端具 1 喙，表面粗糙。广泛分布或局部分布在干燥的森林中，特别是在澳大利亚的维多利亚州、新南威尔士州和巴斯海峡群岛上具有石南下层木的干燥森林中。花期从冬季至春季。（×0.7）

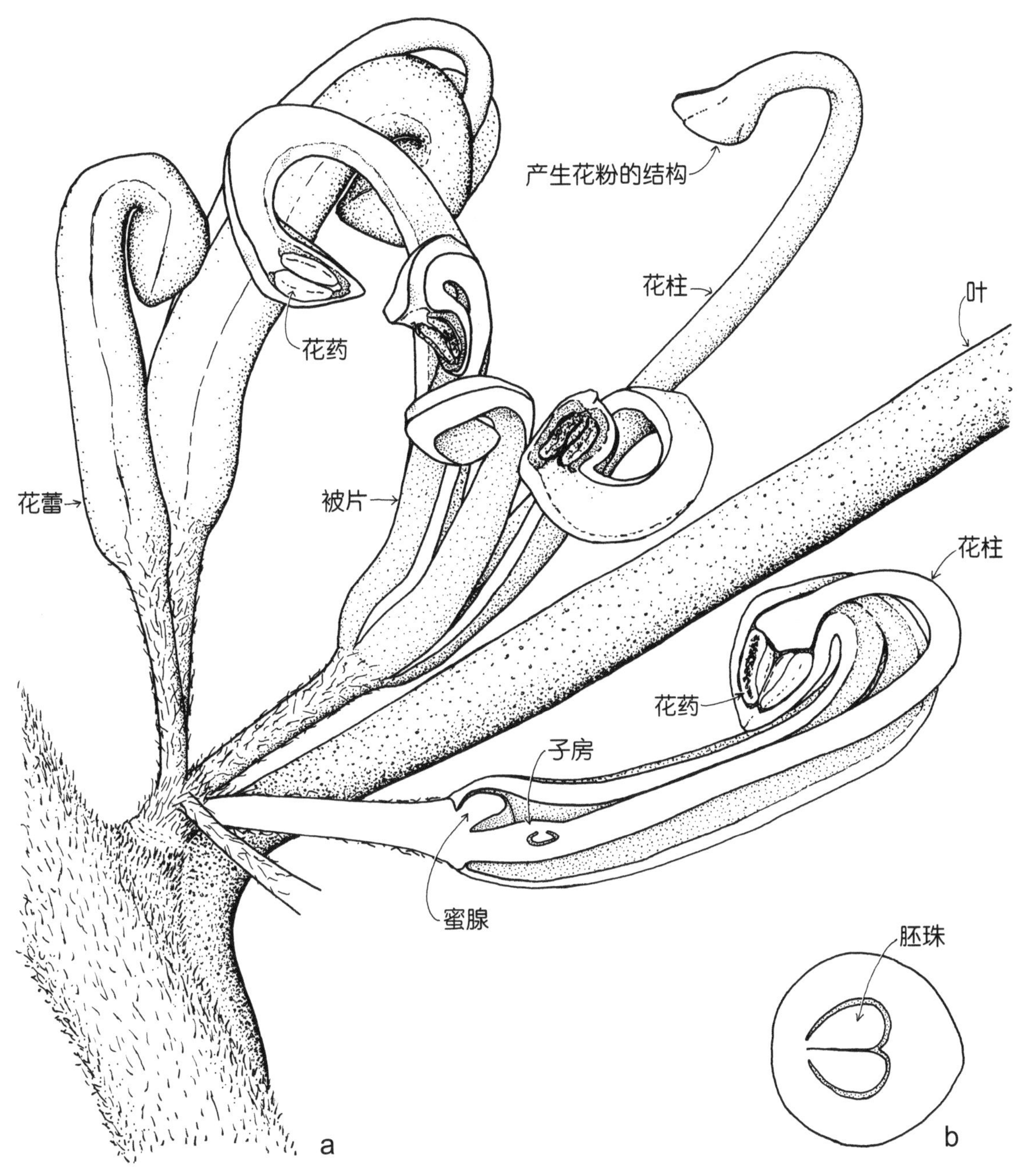

线图 53　延叶哈克木（*Hakea decurrens*）

花程式为 P4 A4 G1

a 叶腋上的花簇——该部分中位于最低处的花；

b 子房及边缘胎座横切面。（a×8，b×25）

生、腋生（如多刺金钗木，见线图 51）。

花被 被片 4 片，呈瓣状，离生或合生。花蕾中的被片呈镊合状，部分合生，处于开花期时或是恢复离生，或是在基部继续合生。

雄蕊群 雄蕊 4 枚，有时 3 枚，通常萼生。花丝通常较短，从而使得花药似乎与被片直接相连（见线图 50c，53a；图版 3a）。在彩烟木属等属中，有 1 片或更多可育花药裂片（见线图 47c、d）。

雌蕊群 1 个心皮，子房上位，具柄或无柄。胚珠 1 个至多颗。花柱顶端通常呈圆锥形或盘状。通常具下位腺，但形态和数量各异，在银桦属和哈克木属（见线图 45d，49b，50c；图版 3a）中退化为 1 腺。在许多属中，花开放之前花粉就已洒在花柱顶端，有时被称为“花粉赠送者”（见线图 50b；图版 3a、b）。花期过后，当花粉从花朵中传播时，花中部的花柱区开始授粉。

果实 木质或皮质的蓇葖果，或核果（山龙眼属）或小坚果（彩烟木属、鼓槌木属）。

山龙眼科包括灌木或乔木。叶大多为皮质单叶，通常浅裂或深裂。许多属有坚韧的尖刻叶，呈圆柱状。无托叶。由于存在通常作为成熟部分脱落的 T 形茸毛，所以幼叶和幼枝通常呈青铜色。

有关该属在澳大利亚的物种描述和检索表，可参阅《澳大利亚植物志》第 16 卷、第 17A 卷和 17B 卷。布罗姆贝里和马洛尼（Blomberry & Maloney，1992）、柯林斯（Collins，2008）等、乔治（George，1996）、麦吉利夫雷（McGillivray，1993）、奥尔德和马里奥特（Olde & Marriott，1994—1995）以及瑞格利（Wrigley，1989）等人都曾研究过该科不同的属。

图 线图 43-55；图版 3a、b

识别特征

花被单生，4 裂，通常呈典型的两侧对称，具 4 枚萼生雄蕊。习性木质，叶革质，通常呈圆柱状，叶具尖，果实木质或革质的蓇葖果。

15 五桠果科

束蕊花类

五桠果科种类较少，成员由乔木、灌木和攀缘植物组成，几乎全分布在热带地区。五桠果属分布在澳大利亚北部，并延伸至东南亚地区。另外三个属存在于澳大利亚，其中束蕊花属是目前最大的属。

在澳大利亚南部，特别是在西澳大利亚州，束蕊花属分布广泛，该科植物的特征之一是具亮黄色花，是荒地和森林中一道亮丽的风景线。

虽然五桠果科植物的观赏价值较高，但在花园中并不出名。其中最受欢迎的是束蕊花，这是一种原产于澳大利亚东部沿海地区和邻近内陆地区的攀缘植物，花呈亮黄色，直径可达 7 厘米。

束蕊花属植物的花朵（见线图 54；图

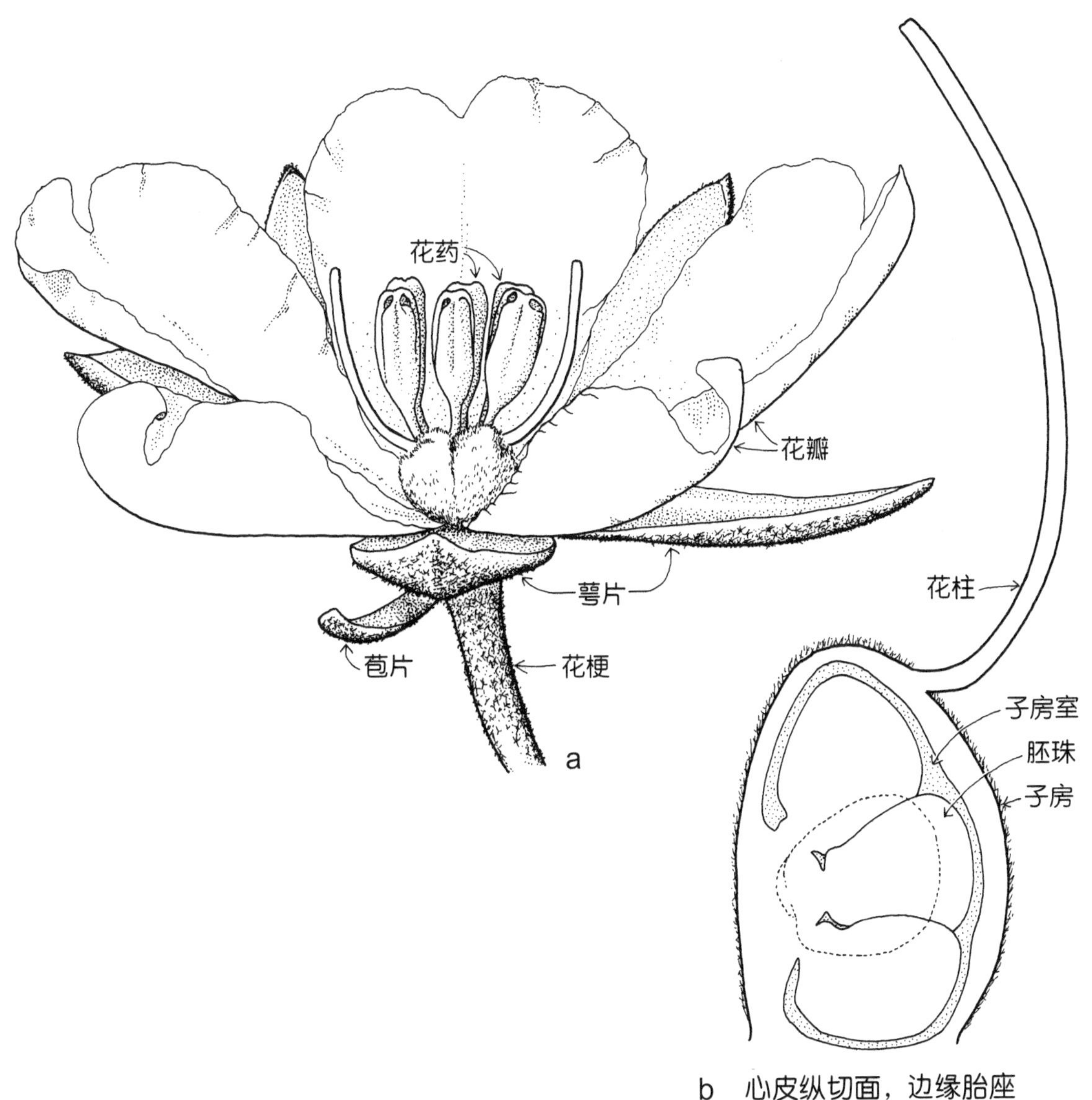

线图 54 河岸束蕊花（*Hibbertia riparia*）

花程式为 K5 C5 A6 G2

高约 50 厘米的直立灌木；叶呈线形至长方形，长 8 毫米，通常具星状毛，边缘外卷，顶端钝形；萼片内的表面光滑，外表面具星状毛；果实为一对蓇葖果。一种广泛分布于澳大利亚南部和东部的变种；该变种分布在澳大利亚的维多利亚州南部，在南澳大利亚州也有记录。花期在春季。见图版 2d、e。（a×7，b×25）

目前，人们认为河岸束蕊花代表了一个“复合种”。在对该复合种鉴定后，维多利亚州植物很可能会获得一个不同的名称。

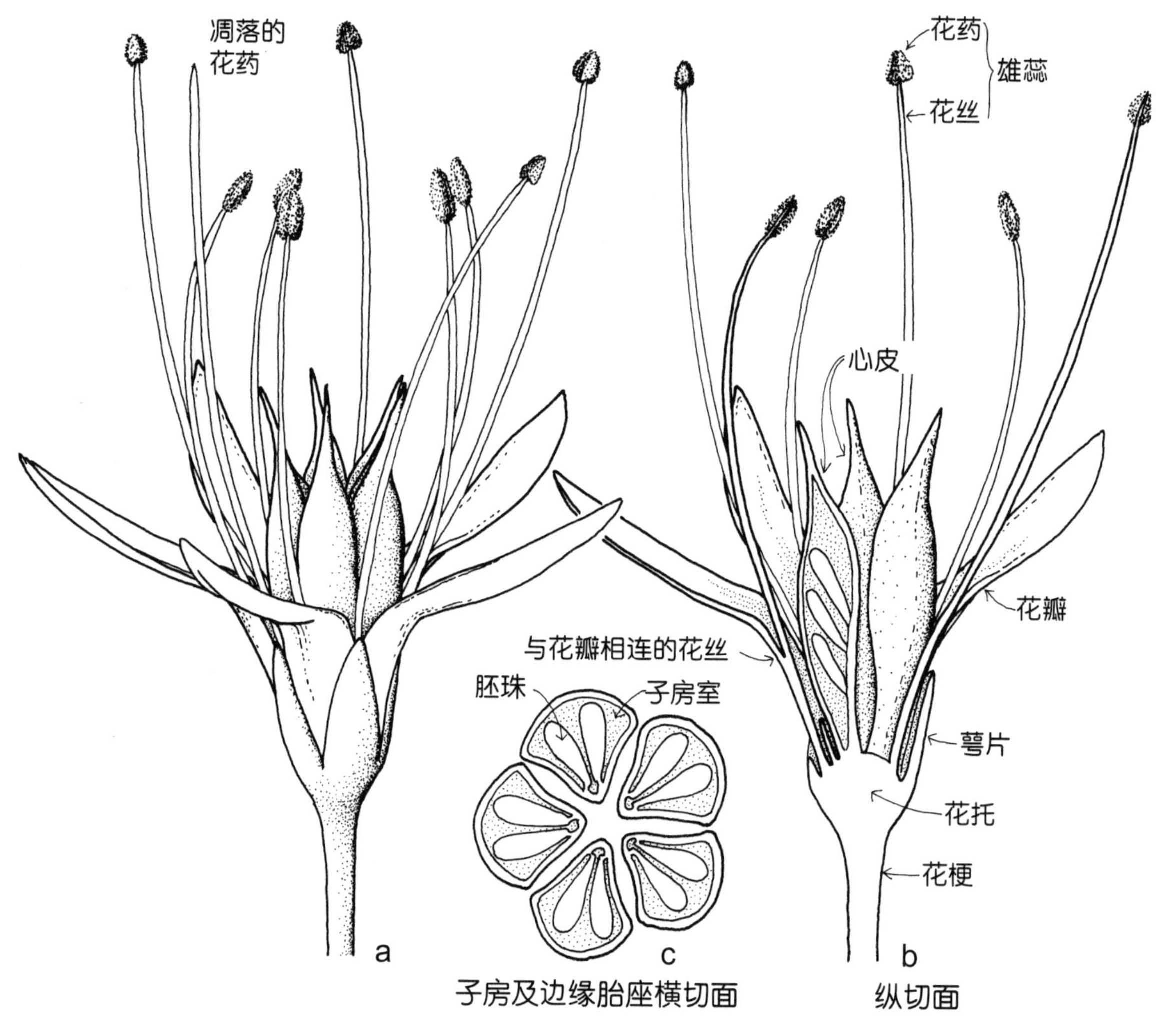

线图 55　长药景天 / 奇异景天（*Sedum spectabile*）

花程式为 K5 C5 A5+5 G5

不足 1 米高的多年生肉质草本植物；叶通常对生，倒卵形，长 6~8 厘米；花粉红色，排成密集的伞状聚伞花序；萼片在基部少部分合生，通常可忽略不计；雄蕊 1 轮，着生于花瓣上；心皮离生。原产于中国和韩国，现在全世界普遍栽培（有些形态不符合预期结构）。花期在秋季。参照图版 1。（a–b × 7，c × 12）

版 2d、e）通常呈辐射状对称，两性。有 5 片宿存萼片。花蕾中的 5 枚花瓣通常呈褶皱状，顶端通常具缺刻，开花期后不久便凋落。雄蕊数量不等，离生或部分在基部合生，一些可能退化为退化雄蕊，围绕着心皮或在一边形成一个单独类群（见线图 54a）。2~3 个离生心皮，通常具弯曲花柱，含 1 至多颗胚珠。果实为一群蓇葖果。

植物茸毛的类型和分布是鉴定植物的重要特征，其中星状毛较为常见。从 1995 年起，托尔金（Toelken）在《阿德莱德植物园杂志》（*Journal of the Adelaide Botanic Gardens*）上发表了多篇论文，研究了不同物种，并对新物种进行了描述［参阅参考文献中的托尔金（2013）］。

16 景天科

景天类及紫景天类植物

景天科包括许多生长在花园中和假山上的植物，因此变得众所周知，它的成员莲花掌、长筒莲、青锁龙属植物、石莲花属植物、伽蓝菜和景天属植物等物种普遍存在。景天科中等规模，分布广泛，多见于干燥环境。该科在澳大利亚分布较少，只包括 8 个特有的青锁龙属小物种和一些不同属的驯化植物。

该科植物表面通常覆盖有一层较厚的蜡质角质层，并且随着重要储水组织的发育，它们能很好地适应干旱环境。同时，为了更进一步适应环境，这些植物的新陈代谢机制也与众不同，而且更具科学性。在这种机制的作用下，气孔主要在夜间张开，尽量减少水分流失，随后植物进行特定的生化反应产生碳水化合物，这个过程称为景天酸代谢。

花的结构

花朵 呈辐射对称，通常两性。花瓣数通常为 4 或 5，有时很多。

花萼 通常具 4 或 5（有时更多）个离生或合生萼片。

花冠 通常具 4 或 5（有时更多）个离生或合生花瓣。

雄蕊群 雄蕊数通常与被片数相等或是后者的两倍，与花瓣离生或合生。

雌蕊群 通常具 4 至 5（有时更多）个心皮，通常离生，有时在基部合生，子房上位。每个心皮基部有一产生花蜜的小鳞叶（见图版 1c）。大多数为边缘胎座（若心皮合生，胎座实际上为基生）。

果实 每个心皮通常产生一个小蓇葖果。

此类植物通常为肉质草本或亚灌木，叶肉质，无托叶，表面的叶脉不明显。

托尔金（Toelken，1981）对青锁龙属中生长于澳大利亚的物种进行了研究。

图 线图 55；图版 1

识别特征

肉质草本植物（澳大利亚的青锁龙属

等物种较为矮小）或半灌木。叶肉质，叶脉不明显，无托叶。花辐射对称（见图版1），或花呈管状（长筒莲属和伽蓝菜属等栽培植物）。心皮通常离生。

17 豆科

豆类植物

豆科规模巨大，在植物界较为重要，广泛分布在热带、亚热带和温带地区。它在物种数量上位居第三，仅次于菊科和兰科。

豆科植物通常形态各异，包括具板状树干的大型乔木、短生小型草本植物、具卷须的攀缘植物、木本植物、藤本植物乃至水生植物。该类群（除少数个别植物）统一具单心皮和上位子房，在大多数情况下，子房发育成特有的豆科果实，通常简称为豆荚。

大多数物种的根瘤都含有固氮细菌，这些细菌能将大气中的氮转化为可供植物利用的氮化合物。随后，深植在土壤中的豆科植物将增加土壤的肥力。

许多豆科物种是极为重要的经济和园艺作物。

分类法和命名法

至于同一分类法中的级别，早期文献通常采取以下两种方式之一对豆科植物进行分类：

每种分类法中 1 个目均含 6 科（以斜线分割种群的别称）：

目：豆目 / 豆科植物

科：含羞草科（含羞草族和金合欢族）

　　苏木科（决明族及同类植物）

　　蝶形花科（豌豆族）

或是包含三亚科的科：

科：豆科 / 蝶形花科

亚科：含羞草亚科（含羞草族和金合欢族）

　　　苏木亚科（决明族及同类植物）

　　　蝶形花亚科（豌豆族）

为了避免产生歧义，当豆科植物被视作一个包含不同类型植物的科时，我们仍推荐使用“豆科”这一名称。

多年来，人们普遍认同这种将豆科植物分为 3 个类群（无论是科还是亚科）的分类系统。花瓣的叶襞（无论呈镊合状还是覆瓦状）和后部花瓣的位置（其他花瓣的最内层或最外层）被视为适用于这 3 个类群的区别性特征。

近几十年来，虽然人们逐渐认可了开豌豆花的豆科植物以及含羞草属植物和金合欢属植物属于两个单系类群，但却对苏木科 / 苏木亚科的分类愈发不满，认为需要对其进行二次鉴定，它的主要目标是在所有重要的单系豆科植物中找到能够正确反映出进化关系的子群，同时尽可能地保留类群中可识别及可定义形态的实际方面。

2017 年初，由近百名专家组成的豆科植物系统发育工作组发布了修订版的豆科植物分类法。其中，他们强调要重视基因序列，使用传统的形态学特征，提出沿用之前的方法，将所有的豆科植物归纳在一个科中，但不同之处是将其分为 6 个亚科：介绍，但将着重介绍其中规模相对较大的两个亚科，即苏木亚科和蝶形花亚科。为了有助于大型属金合欢属的鉴定，我们将在这里分别描述含羞草和金合欢这两个类群。

目 豆目

科 豆科

亚科 紫荆亚科（紫荆族、羊蹄甲族及同类植物）

甘豆亚科（苏木族、印茄木族、罗望子族及同类植物）

山姜豆亚科（山姜豆族）

酸榄豆亚科（酸榄豆族、瓣柱豆族及同类植物）

苏木亚科（决明族、含羞草族和金合欢族）

蝶形花亚科（豌豆族）

在传统分类法中，具蝶形花的豆科植物仍属于蝶形花亚科。同样，含羞草和金合欢这两个类群的品种也基本保持不变，其主要变化发生在“旧”苏木科 / 苏木亚科中。“新”苏木亚科的定义有所改变，将其中的 110 个属从苏木亚科中移除，归入到了 4 个新亚科中，囊括了“旧”含羞草科 / 含羞草亚科。因此，在这版分类法中，尽管含羞草和金合欢这两个类群仍然形成了一个独特的亚群，并且可能过不了多久便会被鉴定为较低等级的植物（也许为族），但新分类法仍将它们纳入了苏木亚科。

主要植物研究团体是否接受修订版的豆科植物分类法，鉴定文献和网站在多大程度上会使用它，这些还有待观察。若想进一步了解这一分类法，请参阅 LPWG (2017)。

以下对 4 个种类较少的亚科进行简要

亚科 紫荆亚科（紫荆属及其同属植物）

紫荆亚科种类较少，包含 12 个属，约有 335 个物种分布于热带地区。此类植物为乔木、灌木或藤本植物，有时棘状。

叶具一小叶或两小叶，花两侧对称的程度从轻微到明显都有，花瓣与最内层的后部花瓣呈覆瓦状。种子具新月形种脐。

西亚紫荆（犹大树）有时生长在花园中，是一种美观的小型乔木，叶片近似圆形，粉红色的花经常从旧枝上生长出来。洋紫荆（树兰）发育形成一种中型乔木，具两片独特的裂片，在春天和初夏开粉红色和红色的大花。在布里斯班（昆士兰州）它常生长在街边。印茄木等是珍贵的木材。

亚科 甘豆亚科（苏木属及同属植物）

甘豆亚科包括 80 多个属的 750 种乔木和灌木，几乎都分布于热带地区。在澳大利亚生长有几个属，但每个属只含一个物种。叶通常是偶数羽状（即无尖小叶的羽状叶，见线图 14i），小叶通常具腺，托叶通常位于叶柄内（即位于叶柄和腋芽之间）。小苞片通常较大，呈花瓣状，有时包围着花蕾。萼片和花瓣通常为 5 片，花瓣离生，通常与后部花瓣最外层相互重叠。木质豆荚。

罗望子（酸豆）发育形成常绿大型乔木，原产于亚洲的热带地区，现广泛作为观赏植物和街道树而栽培，往往适应生长地的环境。它的果实厚而不裂，可用于医疗和烹饪。

亚科　山姜豆亚科

山姜豆亚科只含一个物种，即山姜豆，是中非和西非特有的攀缘藤本植物，能够攀附到森林的树冠上。花具 4 片萼片、5 片花瓣（2 轮 2 态）和 4 枚雄蕊，花药相连，沿气孔开裂。具纵脊豆荚。

亚科　酸榄豆亚科（酸榄豆族及同类植物）

酸榄豆亚科约包括 17 个属的 85 种乔木和灌木，广泛分布于整个热带地区。叶通常奇数羽状（即具 1 顶生小叶的羽状叶，见线图 14h）。萼片和花瓣通常为 5 片，离生，花瓣重叠，后瓣位于最内层。果实通常不规则，通常为不裂，为核果或翅果或类似果实。

只有少数属分布在澳大利亚，其中瓣柱豆属和菘花豆属均包括主要分布在澳大利亚内陆和北部的黄花灌木。瓣柱豆属的花只具 3 枚可育雄蕊，花柱具独特翅，有点像瓣状。菘花豆属是澳大利亚特有的属，包括 15 个分布在西澳大利亚州、北领地和昆士兰州的物种。萼片和花瓣为 4 或 5 个（瓣状萼片为 2 或 3 个）。雄蕊 2 枚，花药长度通常不等。两属的果实均为开裂豆荚。

亚科　苏木亚科（山扁豆族、决明族及同类植物）

苏木亚科约包含 150 个属的 4400 多个物种（其中 3/4 的物种属于含羞草和金合欢类群）。该科植物广泛分布于热带和亚热带地区，部分分布于较温暖的沙漠地区。其名称来源于苏木属，该属只在热带地区生长，澳大利亚北部也分布有几个物种。决明属分布于整个澳大利亚内陆除了塔斯马尼亚州之外的所有州。

山扁豆属、决明属、引种的皂荚属和长角豆属等属的一些植物常作为观赏植物进行栽培。决明属植物的豆荚和叶可产生具有药用价值的番泻叶，腊肠树果实也可用作药物。

扁轴木属和牧豆树属的植物原产于中美洲及邻近地区，在澳大利亚北部等地区驯化，长给人带来麻烦的杂草。

花的结构（除含羞草和金合欢类群）

花朵　通常两侧对称，两性。

花萼　萼片通常为 5 片，离生或合生。

花冠 花瓣通常为5片，离生，在花蕾中是覆瓦状，具最内层后部花瓣。

雄蕊群 雄蕊10枚,3枚常退化为退化雄蕊。在决明属（见线图57；图版15c）中，花药沿顶生气孔分裂。

雌蕊群 心皮几乎总为1个。子房上位。边缘胎座（见线图57b、c；图版15d、e）。

果实 通常为特有豆荚，有时改变（如不裂或不规则开裂），有时盘绕，种子间常具隔层。

此类植物通常为乔木或灌木，有些为木本攀缘植物，通常具刺或棘。叶通常呈羽状或二回羽状，叶柄或叶轴通常具腺。所有具二回羽状叶的豆科植物现在都属于苏木亚科。大多数决明属植物具羽状叶，无顶生小叶。

《澳大利亚植物志》第12卷中包括苏木亚科中澳大利亚物种的检索表和描述，但这里依据的是之前的分类法（即范围更广的苏木科）。

图 线图56，57；图版15a–e

识别特征

乔木或灌木，通常为复叶，花两侧对称。有时不具上述特征，心皮1个。子房上位。果实为豆荚。

含羞草和金合欢群

含羞草和金合欢群共包括84个属的3300余种植物，广泛分布于热带地区，并向温带地区延伸。就其组成而言，该群基本上相当于“旧”含羞草科（或视分类法而定的含羞草亚科）。在澳大利亚分布有17个属。

粉扑花属、银合欢属和含羞草属在花园中较为常见。许多物种已进化为野草，超出其自然分布范围，如含羞草、合欢木（见图版14a、b）和牧豆树等植物。

截至目前，澳大利亚最重要的属是金合欢属。该属包括1000多种植物，常见于天然林地、干旱地区和高山地区，作为观赏植物被广泛种植在防护林带中。其中一些物种具有较高的商业价值，特别是黑木金合欢等物种可生产制作家具的优质木材，而其他许多物种的树皮含大量可用于制作鞣革的单宁酸。金合欢属对所有澳大利亚的土著居民来说都很重要，他们常食用金合欢的种子，而其树皮、木材和树胶同样用途广泛。

花的结构（以下说明原本描述金合欢属，但可能更适用于含羞草和金合欢群中）

花朵 小，无柄，辐射对称，通常为两性（见线图59c，60），排列在球形头状花序或圆柱形穗状花序中（见线图58，60–62；图版14g、h）。上述两种花序通常具花梗，成单个、一对排列，或在叶腋或叶状柄上为总状花序。

花萼 萼片4~5片，离生或合生。

线图 56 蒿状决明（*Senna artemisioides*）

高 2 米的小灌木；复叶长 3~6 厘米，小叶线形；花黄色，总状花序腋生；豆荚长 8~10 厘米。原产于澳大利亚内陆,在维多利亚州作为观赏植物广泛种植。花期大多在春季。参照图版 15a–e。（×0.7）

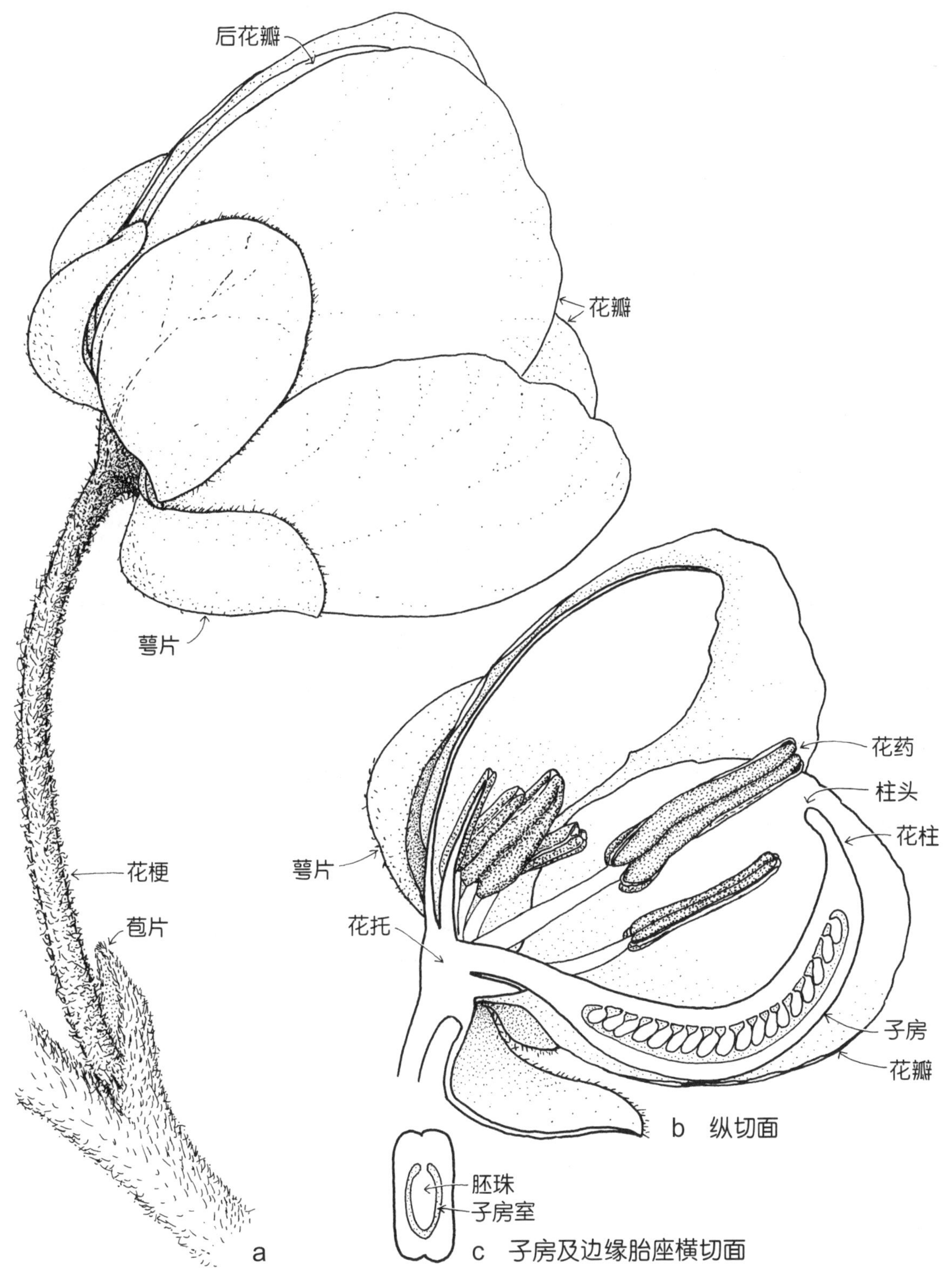

线图 57 蒿状决明（*Senna artemisioides*）

花程式为 K5 C5 A10 G1

参照图版 15a–e。（a–b×7，c×12）

图版14　豆类植物：科17　豆科——苏木亚科（决明属和金合欢属）

b　花朵（左边是完整的花朵，右侧的花朵切除了前面的部分）

c

花药
花柱
花柱
花丝
子房
花冠管
花萼
苞片

d　花朵和苞片

e　花朵（分裂的）

图版 14a、b　羽状合欢（*Paraserianthes lophantha*）

高约 8 米的乔木；二回羽状复叶；总状花序腋生。原产于西澳大利亚州，在澳大利亚东南部似野草般蔓延。花期从冬季至春季。

花程式为 K(5) C(5) A(∞) G1

图版 14c–e　黑荆树（*Acacia mearnsii*）

高约 15 米的乔木；二回羽状复叶；花排成圆锥花序。原生于澳大利亚的南澳大利亚州、维多利亚州和塔斯马尼亚州。花期在春季。

花程式为 K(5) C(5) A∞ G1

图版 14f、g　灰木相思（*Acacia implexa*）

高约 15 米的乔木；叶状柄上有 3 条主脉；头状花序，总状花序腋生。原产于澳大利亚东部。花期从夏季至初秋。

图版 14h　卵叶相思树（*Acacia genistifolia*）

高约 3 米的细长灌木；叶状柄较窄，急尖；早春时节长出头状花序。原产于澳大利亚的维多利亚州、新南威尔士州和塔斯马尼亚州。

图版 14i　番樱桃叶相思树（*Acacia myrtifolia*）

高约 2 米的灌木；叶状柄有 1 条主脉；头状花序具少量花，排成较小的总状花序。原来遍布于除北领地以外的澳大利亚各州。花期在冬季和春季。

花程式为 K(4) C4 A∞ G1

图版 14j　海岸相思树（*Acacia sophorae*）

高约 5 米的浓密、展开灌木；每个叶状柄都有几条主脉；花排成穗状花序。原生于澳大利亚东部和东南部的沿海地区。花期从冬末至春季。

花冠 花瓣4~5片，通常离生，在花蕾中为镊合状。

雄蕊群 雄蕊多数，通常离生。是花最明显的部分。

雌蕊群 心皮1个（见线图59c；图版14b、e）。子房上位。边缘胎座（见线图60d）。

果实 豆荚，通常较为细长，成熟时沿裂口线开裂。有时豆荚中的种子位置和珠柄形态为有参考价值的鉴定特征。

金合欢属植物为乔木或灌木，后者有时伏地。在绝大多数物种中，幼苗具复叶。有些物种的叶在整个成熟期均为二回羽状（见线图62；图版14c），但大多数情况下会发生变化，由称为**叶状柄**的全缘、叶状结构组成（见线图58–61；图版14f–j）。这些叶通常被视作进化的叶柄，可能扁平，由宽向窄，或圆柱状。人们认为扁平叶状柄通常与产生它的分枝近似平行，而与此相反，正常叶通常与产生它的分枝在一条水平线上。

在许多金合欢属植物中，小叶或二回羽状叶或叶柄基部具有小隆起，名为**叶枕**（见线图61，62），叶枕与树叶或叶状柄的应激反应有关，应激反应发生在植物受到刺激时，如大风或夜晚时。

小腺（见线图58，61）常出现在叶状柄的边缘，或二回羽状叶的叶柄或叶轴上，可能被称为花外蜜腺。有无腺及其数量和位置作为植物鉴定的特征。偶尔具托叶（见图版14i），在银合欢等物种中，托叶表现为刺。叶状柄的叶脉是另一个重要特征，可能具有一条或几条明显的主纵向脉（见图版14i、j）。

麦斯林（Maslin）于2018年通过网络或应用程序提供了大量金合欢属植物的信息和照片，以及用于植物鉴定的多道检索表。印刷版的《澳大利亚植物志》第11A和11B卷涵盖了生长在澳大利亚的金合欢属物种的检索表和其描述，而佩德利（Pedley，1991）、罗杰斯（Rogers，1993）、塔梅（Tame，1992）以及惠布利和西蒙（Whibley & Symon，1992）的研究则受到了更多的地域限制。

图 线图58–62；图版14

识别特征（金合欢属）

此类植物为木本植物，二回羽状复叶，或明显为单叶（实际上为叶状柄），叶片通常呈1条直线排列，与分枝近似平行，具1或多个边缘腺（见线图61）。花小，黄色，排成覆有茸毛的头状花序或穗状花序。其果实为豆荚。

蝶形花亚科

蝶形花亚科规模巨大，包括500多个属的14000多个物种，主要分布在温带地区，但也延伸至热带地区。“蝶形花亚科”这一名称来源于拉丁语“papilio”，意为蝴蝶，因该科植物花形似蝴蝶，因此得名蝶形花亚科。另一亚科名来源于拉丁语“faba”，意为蚕豆，但这一通用名称现已不再使用。该群中的许多属包括普通的食用植物和其他重要的农作物和牧场植物，因此经济价值较高。

许多物种的种子和豆荚富含蛋白质和矿物质，是重要的食物来源。这些物种包括豌豆、蚕豆、菜豆、大豆和花生，三叶草（见图版 16a–f）和紫花苜蓿（见图版 16g–i）是有名的草原植物。甜豌豆（见线图 64–66）、金雀花和紫藤是常见的观赏植物。常见本土属包括矮豌豆属（见线图 67，68）、鹦鹉豆属（见线图 63；图版 15j）、一叶豆属和黑豆属（见图版 15f–i），这些属均分布广泛。黑豆生长在澳大利亚东北部的近海岸雨林中，可产生珍贵木材，也可作为观赏植物。

许多属包括野生草本物种，其中一些已成为入侵环境的野草，如树苜蓿、金雀花、类扁豆、染料木属物种、荆豆花和野豌豆属物种。

花的结构

花朵 通常两侧对称，豌豆形，有时描述为蝶形（见线图 63–69）。有时具花管。

花萼 萼片通常 5 片，合生，有时只具 3 或 4 片明显裂片，有时具 2 唇。

花冠 花瓣通常 5 片，3 合生 2 离生。后花瓣通常最大，称为直立花瓣，2 片侧花瓣称为翼瓣，2 片前花瓣部分合生，形成龙骨瓣，

线图 58 金合欢（*Acacia acinacea*）
为高 1.5 米的茂密灌木；分枝为直立或拱形，具棱和明显的叶状柄基部；叶状柄为长方形，长 0.5~2 厘米，无毛，具 1 主脉，钝形，具短尖，1 腺位于上部边缘的中部，1 腺常位于叶状柄的顶端；头状花序呈亮黄色，球状，每轴 1~4，花梗长 1.5 厘米；豆荚常卷曲，长 2~5 厘米。分布于澳大利亚的维多利亚州、新南威尔士州和南澳大利亚州的干燥内陆林地。花期从冬末至春季。（×0.7）

图版 15　豆类植物：科 17　豆科——苏木亚科（决明属和金合欢属）

图版 15a-e　尖叶决明（*Senna aciphylla*）

高约 2 米的直立或展开的浓密灌木；叶羽状；花直径约 2.5 厘米，排成疏松的总状花序；子房宽约 1 毫米。原生于澳大利亚大陆东部，有时可作观赏植物。花期在春季。旧称为针叶决明。参照线图 56，57。
花程式为 K5 C5 A10 G1 边缘胎座

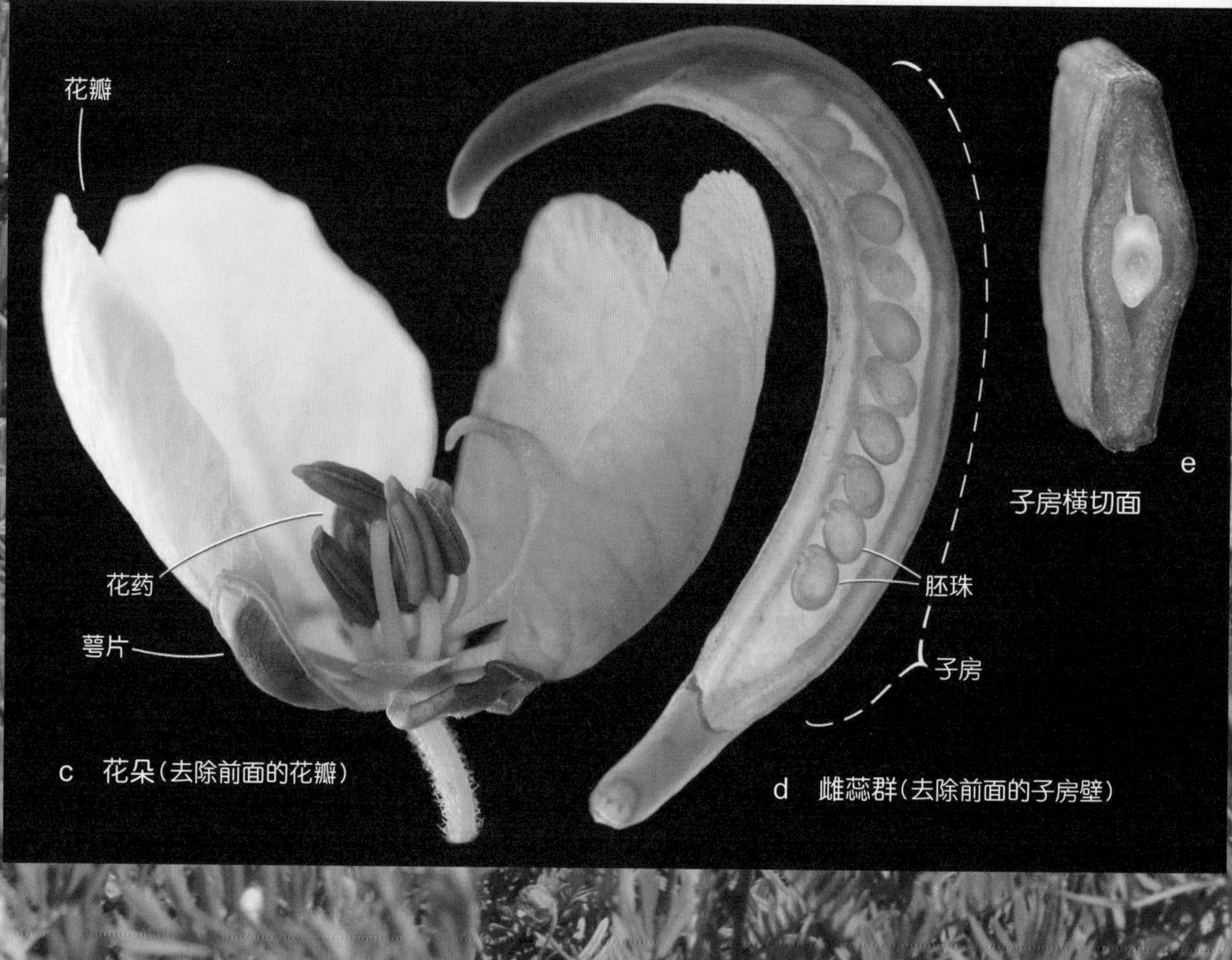

c　花朵（去除前面的花瓣）

d　雌蕊群（去除前面的子房壁）

图版 15　豆类植物：科 17　豆科——蝶形花亚科

图版 15f–i　栗豆树（*Castanospermum australe*）

高约 40 米的直立或展开乔木；羽状复叶；花长 4~5 厘米，在总状花序中沿较成熟的分枝生长。原产于澳大利亚东北部的沿海热带雨林，也可见于新喀里多尼亚和瓦努阿图。一种在春季和夏季开花的珍贵木材树，有时可作为观赏植物。
花程式为 K(5) C5 A10 G$\underline{1}$ 花管可见

图版 15j　灰鹦鹉豌豆树（*Dillwynia sericea*）

直立、多毛以及可变的似澳石南灌木，高约 1 米；叶近似呈圆柱状，表面通常粗糙；花宽约 1 厘米，上部近无柄的叶腋形成多叶总状花序。例如，较之那些花色相同的矮豌豆属或戴维斯属植物，此品种花背面的花瓣（旗瓣）较宽。广泛分布在澳大利亚的南澳大利亚州、新南威尔士州、维多利亚州和塔斯马尼亚州。花期在春季。参照线图 63，67，68。

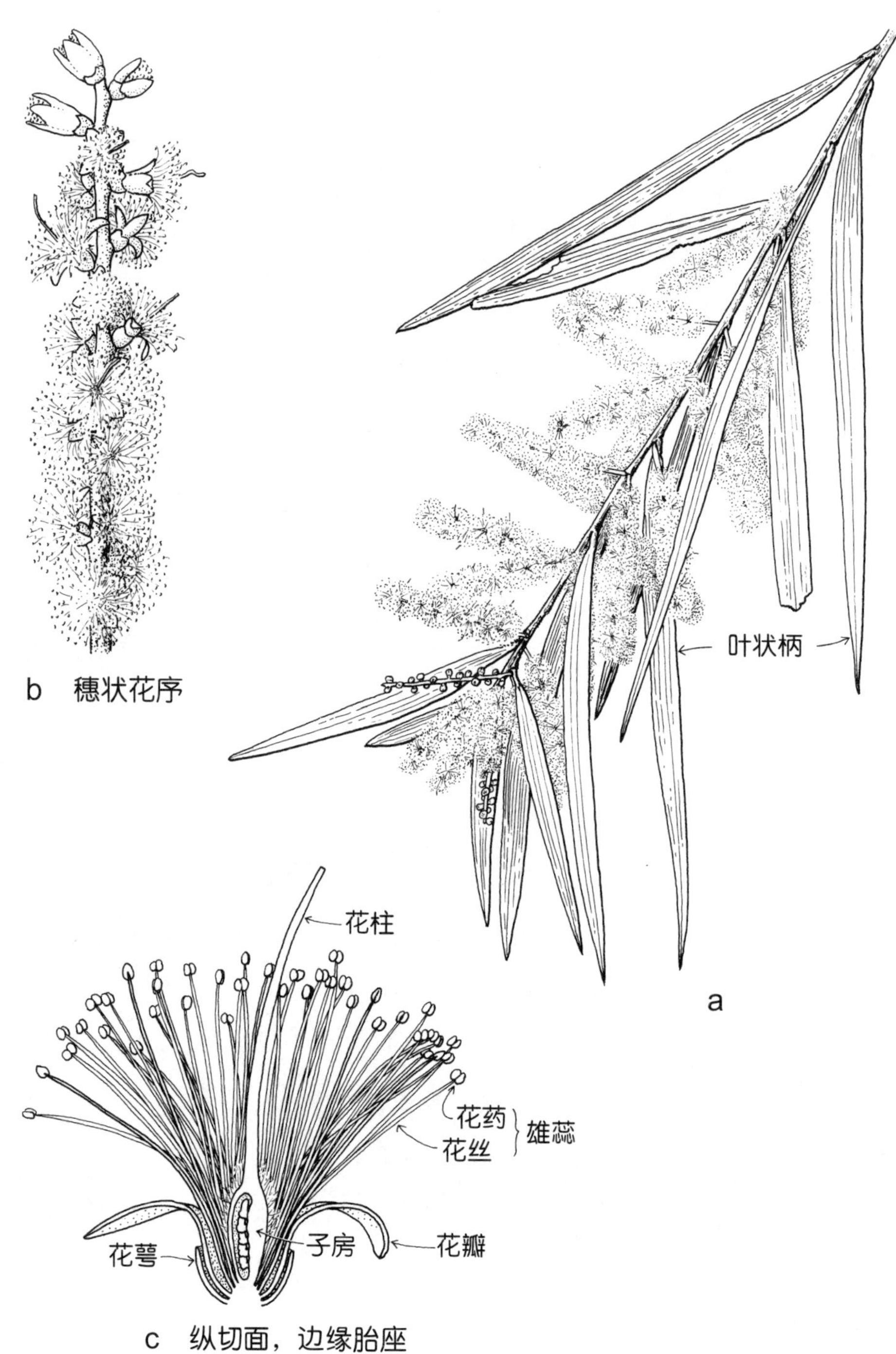

线图 59 多花相思树（*Acacia floribunda*）

花程式为 K（4）C4 A∞ G1

高 7 米的灌木或小乔木；叶状柄为矛尖状，笔直或弯曲，长 6~15 厘米，具细脉；花淡黄色，排成疏松的穗状花序，长 5~6 厘米，花间可见纤细的被短柔毛花序轴；穗状花序 1 或 2 个，腋生。原产于澳大利亚的维多利亚州东部、新南威尔士州和昆士兰州的森林，现广泛栽培，已适应原生地以外的生长环境。花期在春季。（a × 0.6，b × 3，c × 12）

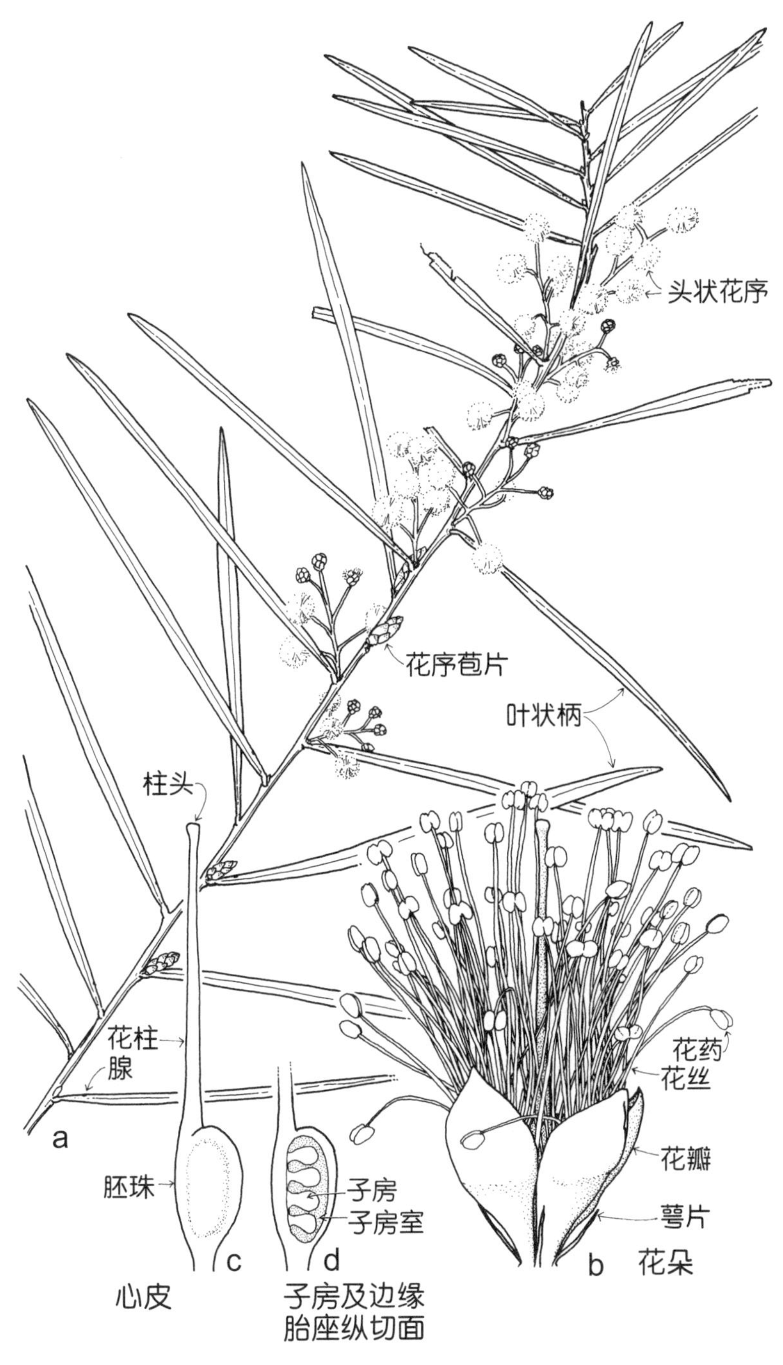

线图 60　鼠刺叶相思树（*Acacia iteaphylla*）

花程式为 K5 C5 A∞ G1

高 4 米的大灌木；幼小枝具角；叶状柄线形，长 5~14 厘米，淡灰绿色或绿色，具 1 个主脉，顶端急尖，具短尖，小腺位于上部边缘的基部附近；头状花序球状，淡黄色，8~12 个，总状花序腋生，最初包裹在棕色、卵形、脱落的苞片内；豆荚线形，长 12 厘米。南澳大利亚州南部地区的特有植物，生长在山坡和多岩石山谷中。在澳大利亚南部广泛栽培，现已在原生地域以外的地区驯化。花期在冬季。（a×0.5，b–d×20）

a 开花嫩枝

包裹着荚的
成熟花萼

花萼裂片

花萼管

b 果实

不育的幼芽

图版 16a、b 地三叶（*Trifolium subterraneum*）

直径约 60 厘米的一年生匍匐植物；3 片小叶；花朵长约 1.5 厘米，簇生于腋生花序梗的末端，花萼裂片线形；长有独特的头状花序（见有关科部分的注释）。原生于欧洲、中东和北非，现在有许多变种，生长在牧场且自然驯化。花期在春季。

图版 16c–f 白车轴草（*Trifolium repens*）

展开的多年生匍匐植物，在节上生根；有 3 片小叶；花长约 1.3 厘米；即使花有短茎，花序仍称为头状花序。原生于欧洲、中东和北非。许多变种现在生长在改良的草地上，作为运动草地或草坪等的一部分。经常自然驯化。花期在春季。

c

小叶

托叶

叶柄

d

e 花序

成熟花柱

幼荚

成熟花瓣

成熟花萼

f 成熟花朵

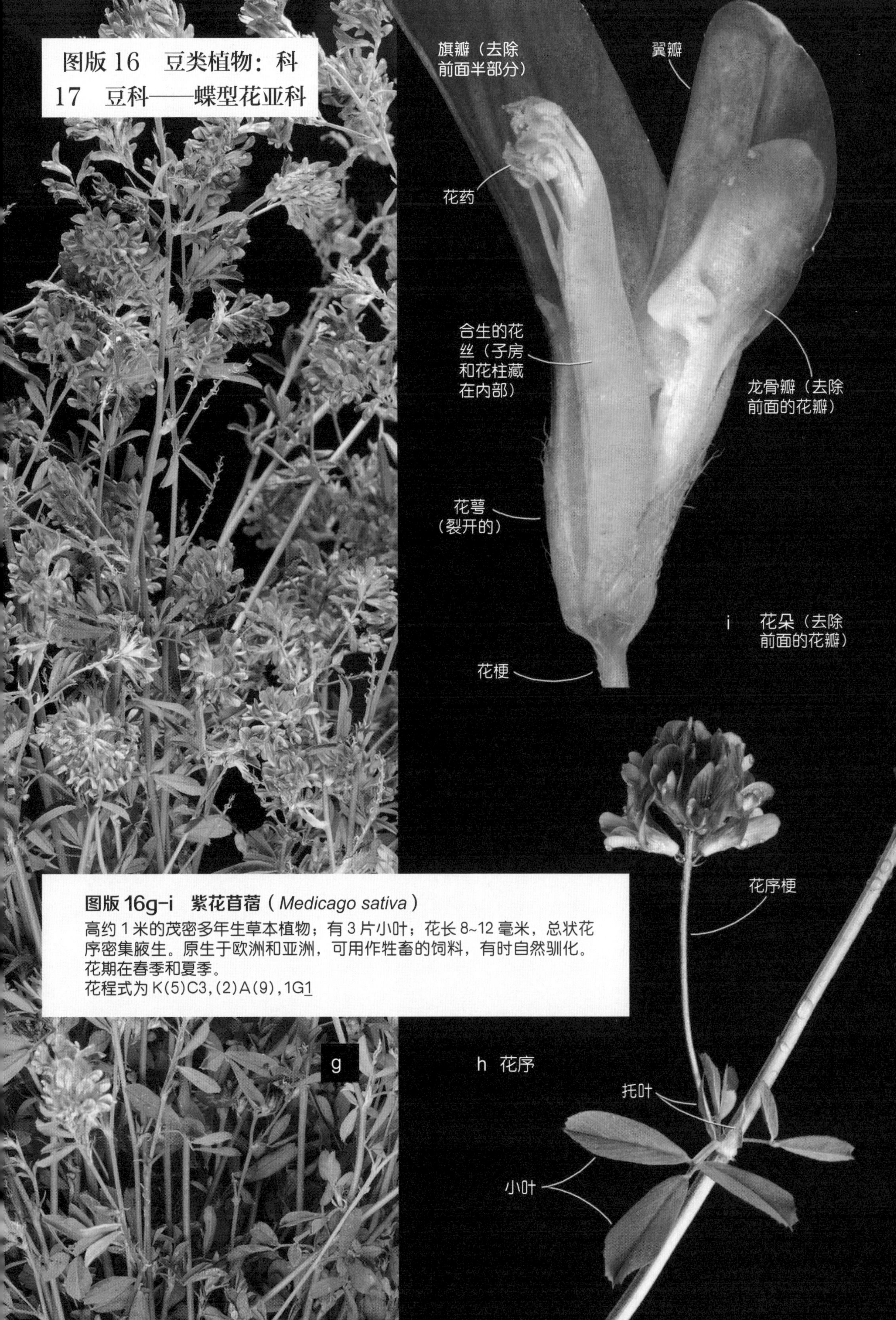

图版 16g–i　紫花苜蓿（*Medicago sativa*）

高约 1 米的茂密多年生草本植物；有 3 片小叶；花长 8~12 毫米，总状花序密集腋生。原生于欧洲和亚洲，可用作牲畜的饲料，有时自然驯化。花期在春季和夏季。

花程式为 K(5)C3,(2)A(9),1G1

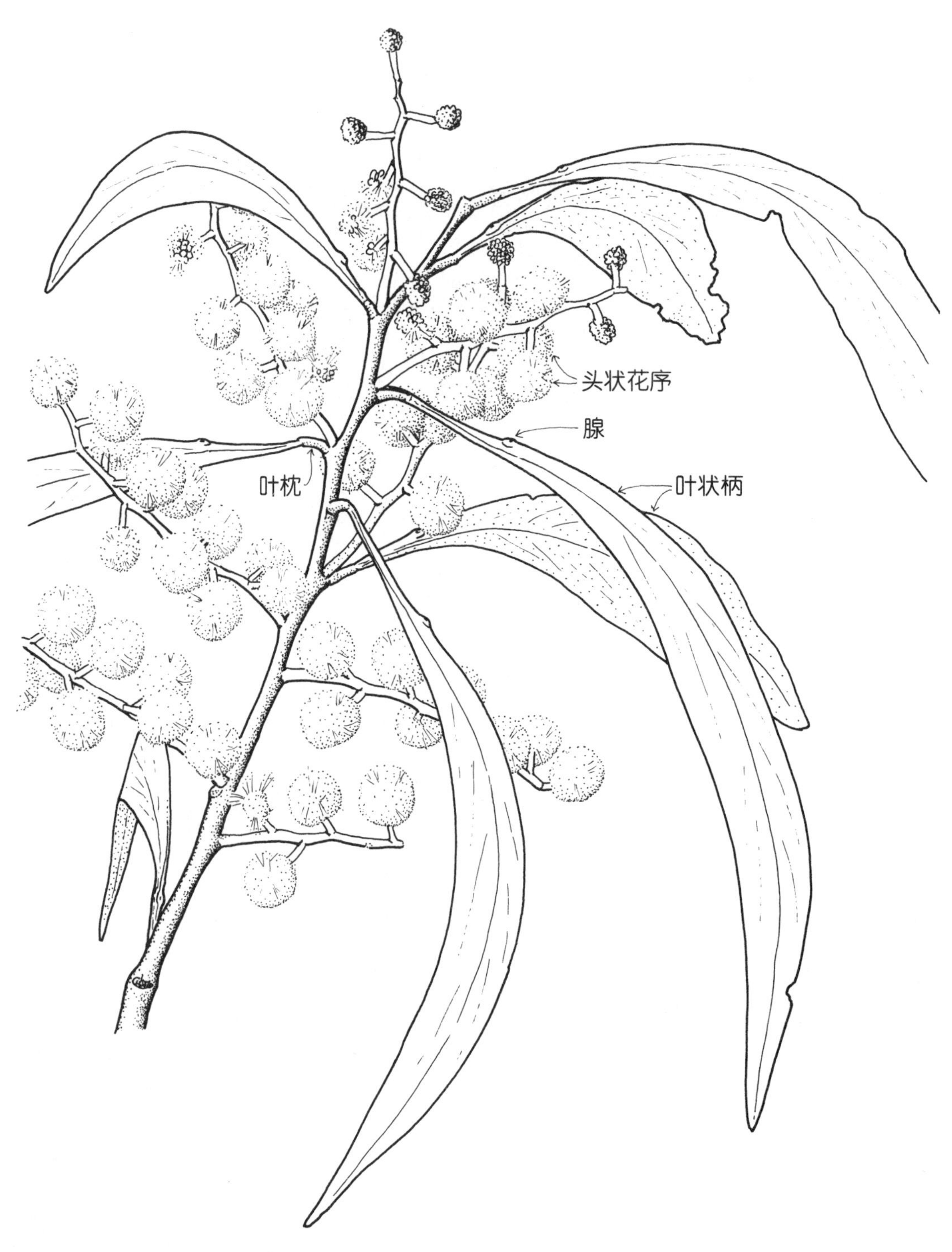

线图 61　阔叶相思树（*Acacia pycnantha*）

高约 8 米的小乔木；叶状柄宽矛尖状，镰刀状，长 6~20 厘米，坚韧，中脉突出，侧脉明显；上部边缘具明显的腺；头状花序为球状，金黄色，芳香，总状花序或圆锥花序腋生。原产于澳大利亚的维多利亚州、新南威尔士州和南澳大利亚州的开阔森林中。广泛栽培，在西澳大利亚州和塔斯马尼亚州驯化。花期在春季。（×0.7）

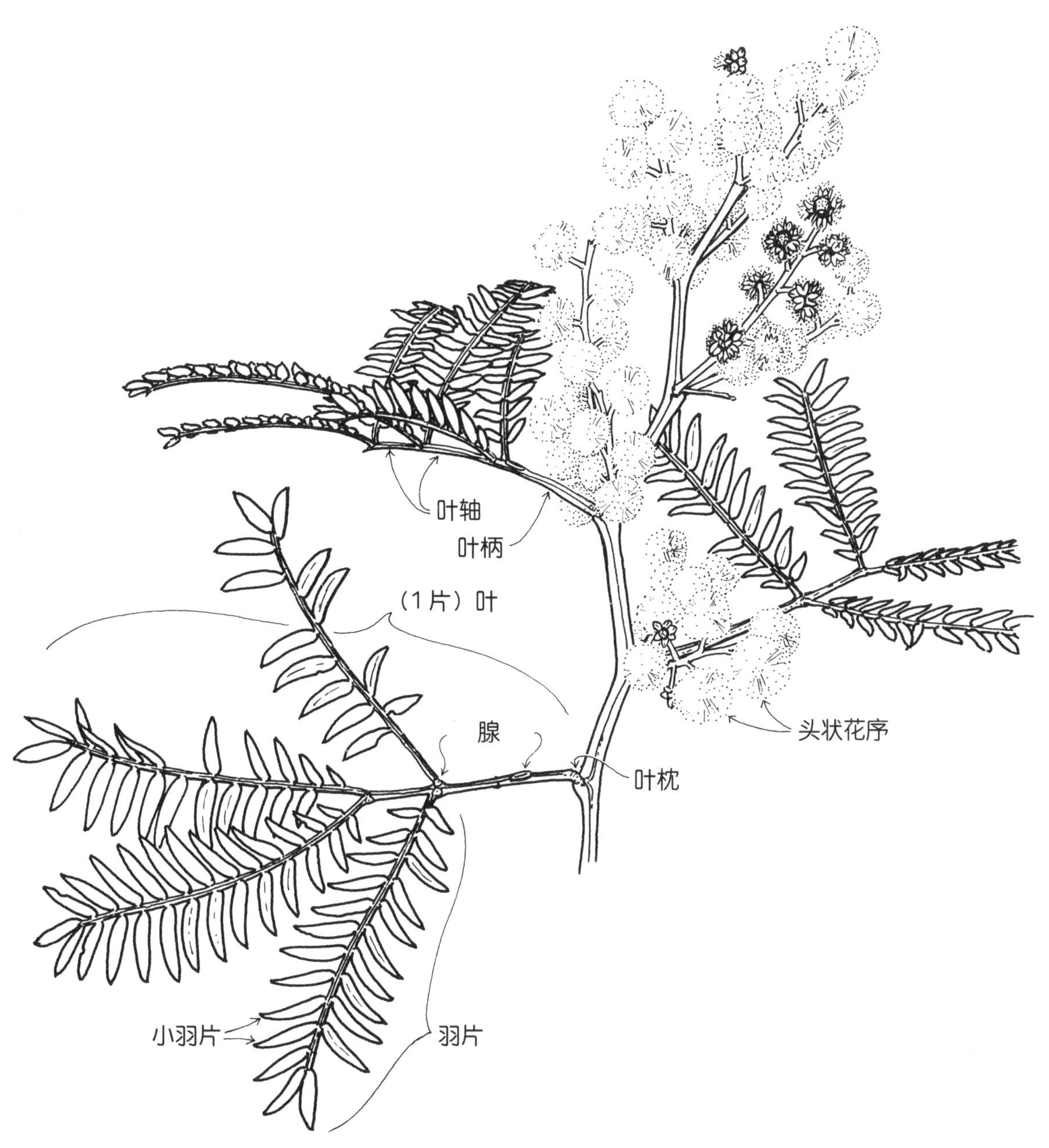

线图 62　阳光金合欢（*Acacia terminalis*）

高 5 米的灌木或小乔木；小枝具角；二回羽状复叶，具 2~6 对羽片，各具 8~16 对小羽片；叶柄和羽片的基部具腺；球状头状花序的花浅至金黄色，总状花序腋生或圆锥花序顶生；豆荚笔直，长 11 厘米。原产于澳大利亚的维多利亚州东部、新南威尔士州和塔斯马尼亚州的开阔森林中。广泛栽培。花期从夏末至秋季。（×0.7）

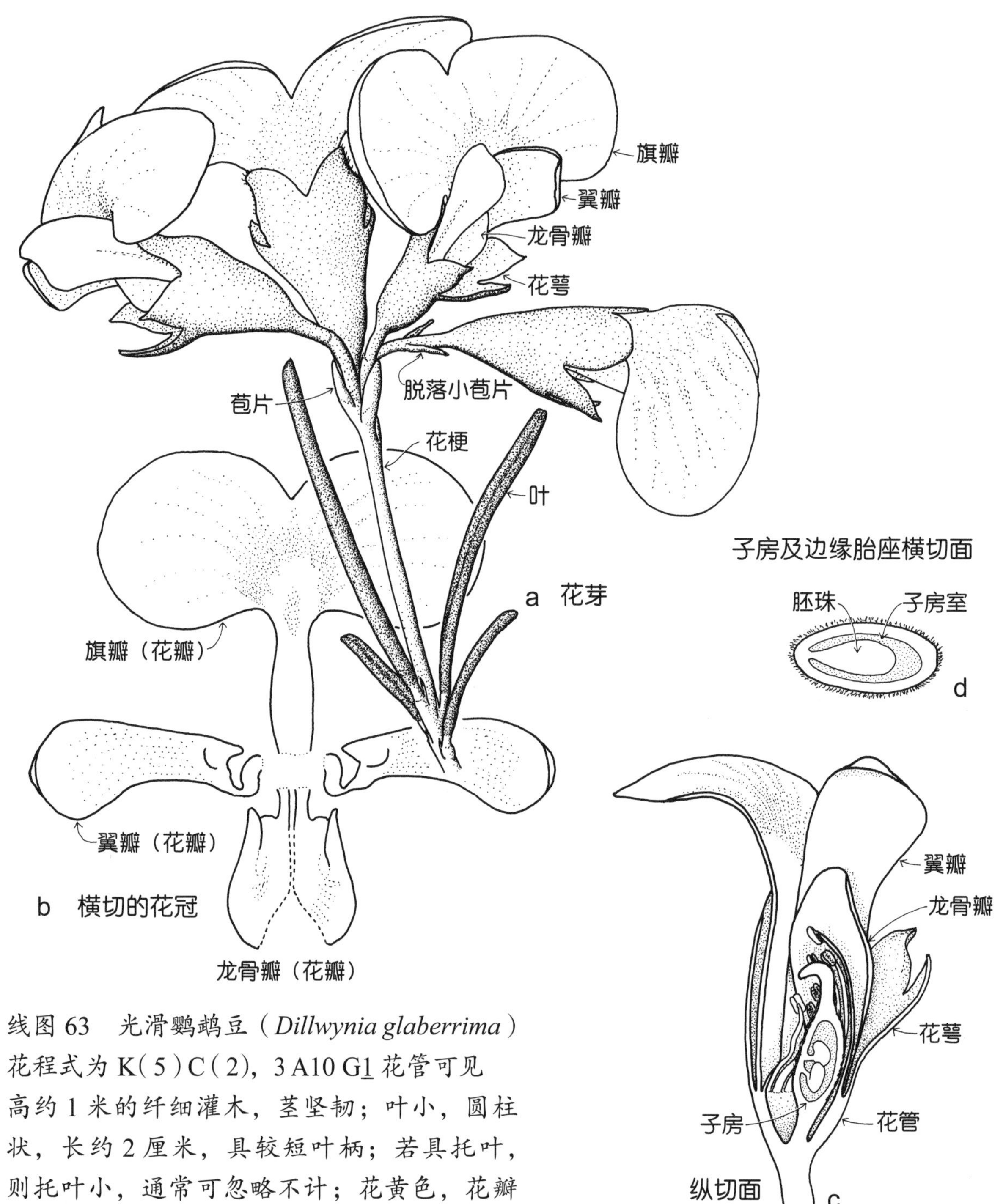

线图 63 光滑鹦鹉豆（*Dillwynia glaberrima*）

花程式为 K（5）C（2），3 A10 G1 花管可见

高约 1 米的纤细灌木，茎坚韧；叶小，圆柱状，长约 2 厘米，具较短叶柄；若具托叶，则托叶小，通常可忽略不计；花黄色，花瓣基部深红色，生长于短侧枝上的顶生簇中；花梗上的小苞片小，脱落；花管小；豆荚长 0.5 厘米。广泛分布于澳大利亚的南澳大利亚州、维多利亚州、塔斯马尼亚州、新南威尔士州和昆士兰州的荒野和开阔森林中。花期在春季。

该属的识别特征：叶圆柱状，无托叶，小苞片脱落，旗瓣的宽度大于长度。见图版 15j。（a–b×4，c×5，d×16）

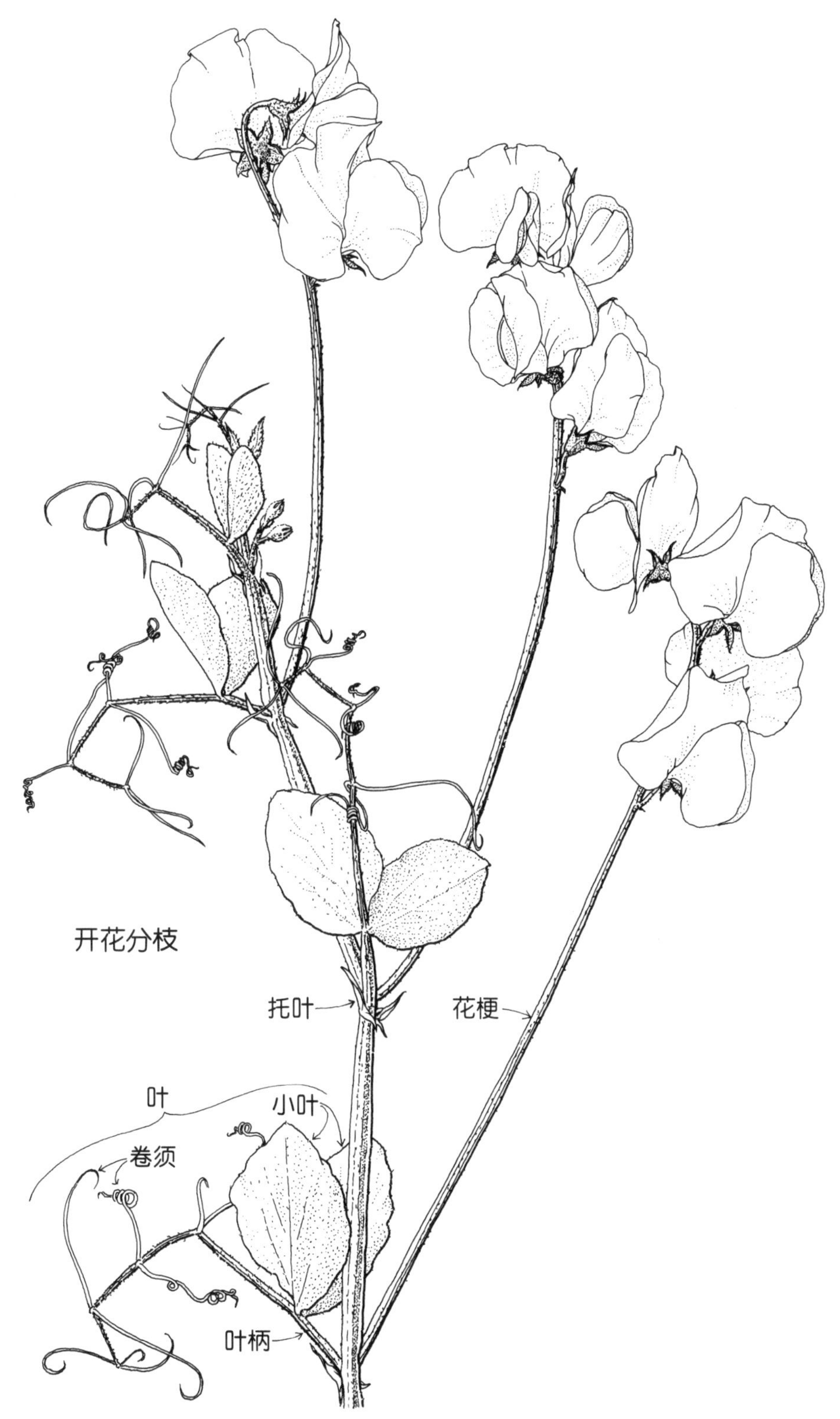

线图 64 香豌豆（*Lathyrus odoratus*）

分枝具复叶，花排成总状花序。见线图 65-66。（×0.6）

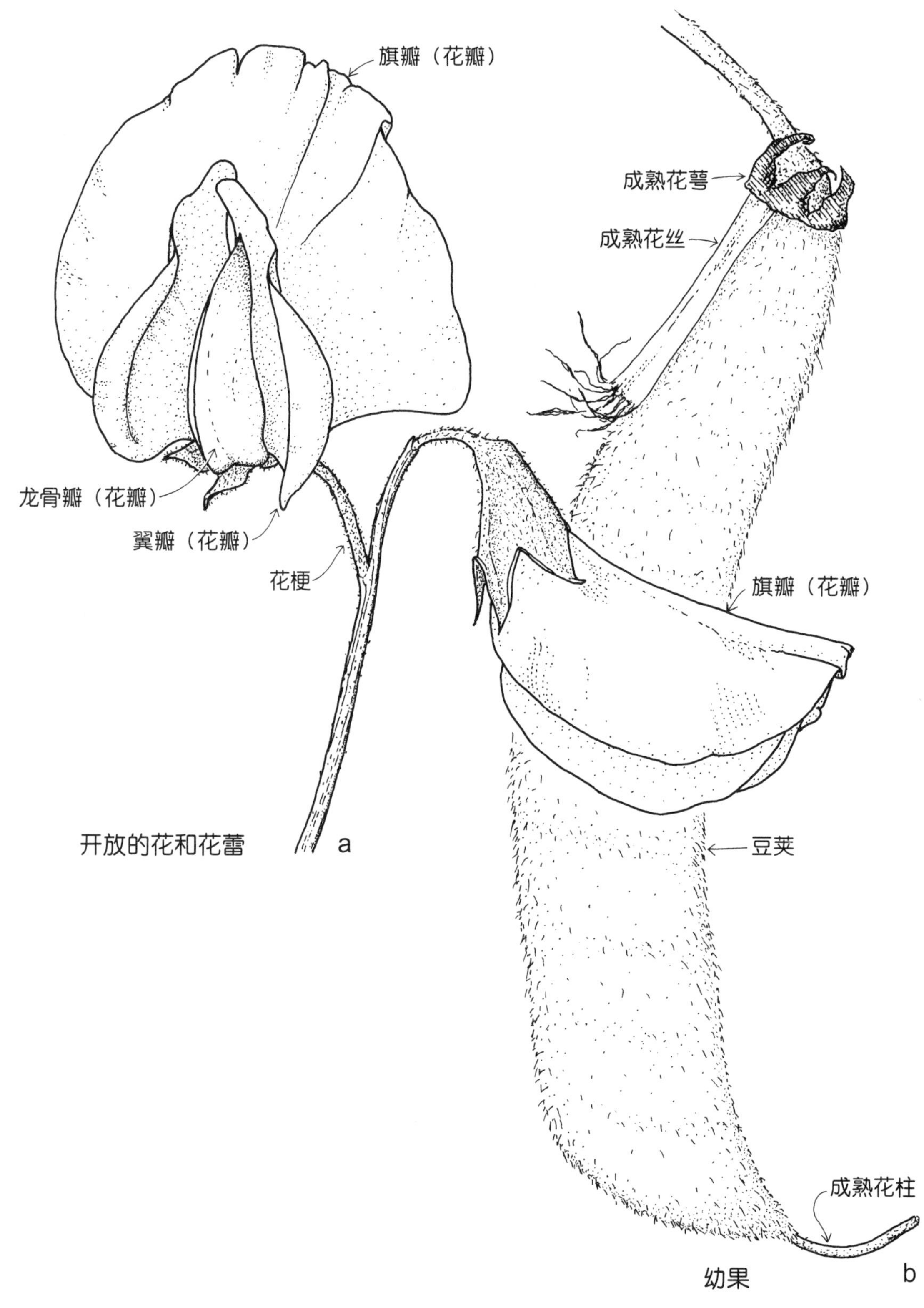

线图 65　香豌豆（*Lathyrus odoratus*）（a，b，×1.5）

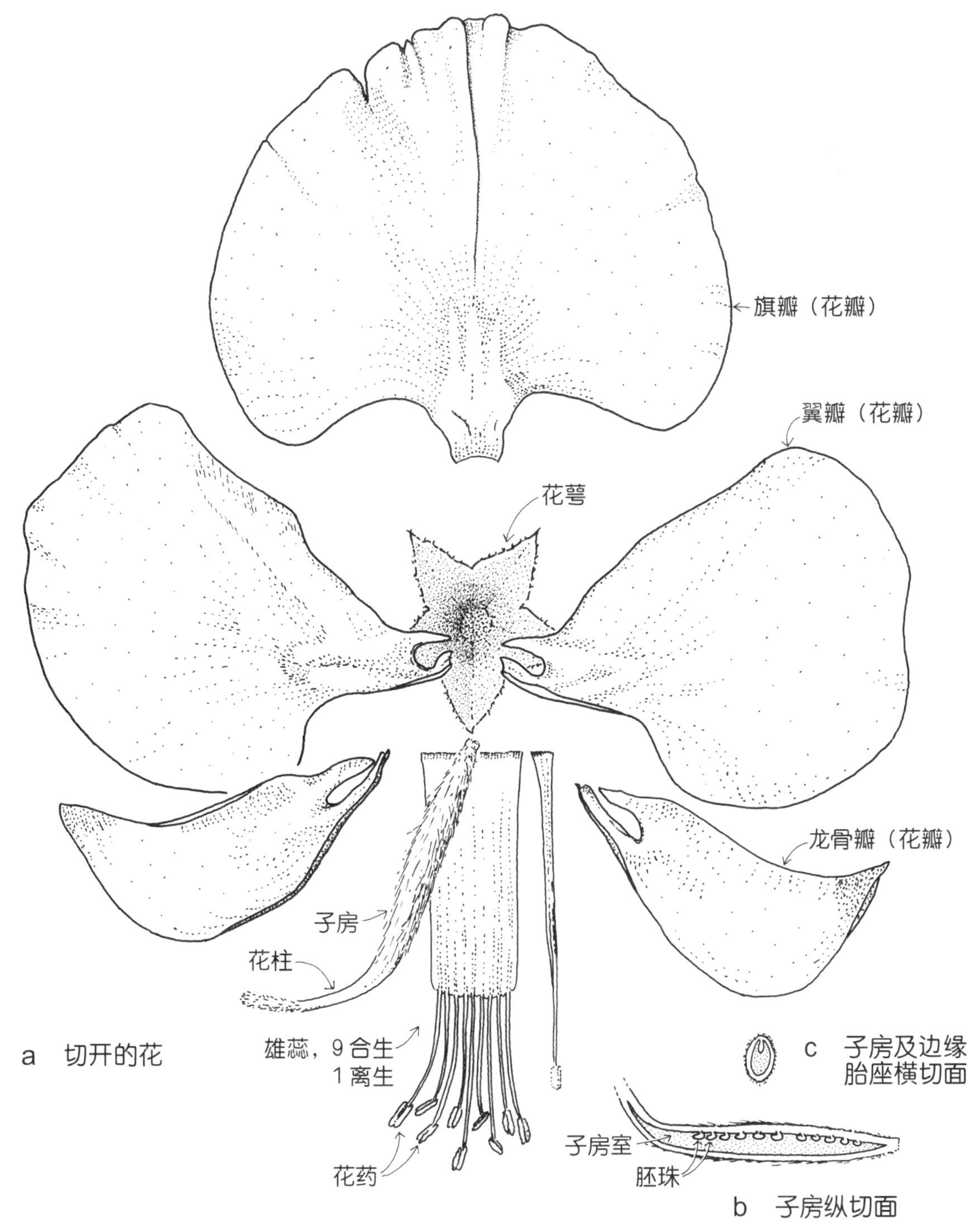

线图 66 香豌豆（*Lathyrus odoratus*）

花程式为 K（5）C（2），3 A（9），1 G1

一年生攀缘植物；复叶，具一对长 5 厘米的小叶，其余变为卷须；无托叶；花芳香，颜色各异，1~5 朵生长于比叶长得多的粗壮花梗上；豆荚长 6 厘米。广泛栽培，原产于意大利，在澳大利亚的南澳大利亚州和维多利亚州驯化。花期在春季。

这是一种包裹雄蕊和心皮的船形结构（见线图 66）。

雄蕊群 雄蕊通常 10 枚。有时均离生（见线图 68b），或通常花丝合生形成一侧张开的花管（见线图 69d），或 9 合生 1 离生（见线图 66a）。

雌蕊群 心皮 1 个。子房上位，具 1 至多数沿后侧着生的胚珠（见线图 69f）。边缘胎座。

果实 通常为豆荚，成熟时变干，沿释放种子的口线分裂。位于种子间的豆荚称为节荚。苜蓿属的豆荚通常卷曲，具刺时可能称为刺果。在地下生车轴草（见图版 16a、b）中，每个花序产生少量可育花，随后产生大量不育分枝（有时称为不育花），这些分枝具钩子的功能，能够将果实深深地埋在土壤里。

蝶形花亚科的大多数成员为草本植物或灌木，少数为乔木，许多为攀缘植物。单叶或复叶（但不呈二回羽状），常呈羽状或具三小叶（如三叶草），常具托叶。顶生小叶或小叶发生改变，形成细长卷须，缠绕在支撑结构周围（见线图 64）。

若想对豆属植物有一个全面了解，请参阅路易斯（Lewis）等人 2005 年时的著作。科里克（Corrick）为矮豌豆属提供了一系列可供借鉴的文献（1976—1990）。

图 线图 63-69；图版 15f-j，16

识别特征

叶通常羽状或具三小叶。通常具托叶。花“豌豆形”（有时称为蝶形花）。果实为豆荚。

18 蔷薇科

蔷薇类及同类植物

蔷薇科中等规模，广泛分布于全球，特别是在北半球，但只有少数原产于澳大利亚的属，其名称来源于蔷薇属。

蔷薇科植物的经济价值较高，许多可产生能食用的果实，还有许多作为观赏植物栽培。果实可食用的属有木梨属、草莓属、枇杷属、苹果属、李属（杏、李子和其他核果）、梨属和悬钩子属。熟悉的观赏属包括木瓜属、栒子属、山楂属、李属（见图版 3c-g）、蔷薇属和绣线菊属（见图版 2f、g）。许多物种在澳大利亚成为野草，如单子山楂、山楂及其杂交种、锈红蔷薇，13 个来源于欧洲黑莓聚合果的命名物种均原产于欧洲，其中悬钩子属的约 10 个物种原产于澳大利亚，茅莓广泛分布在澳大利亚东南部的森林中。猬莓属（芒刺果属）的本土物种有新西兰芒刺果和无刺芒刺果（见线图 70），后者产生的刺果会粘在衣服上和动物的外皮上。

蔷薇科的分类备受争议。传统分类法将其分为 4 或 5 个亚科，从而突出了其子房结构和果实类型。与此相反，在哈登（Harden）于 1993 年编写的《新南威尔士

线图 67　金苞豆（*Pultenaea gunnii*）
（a × 0.7，b × 3）

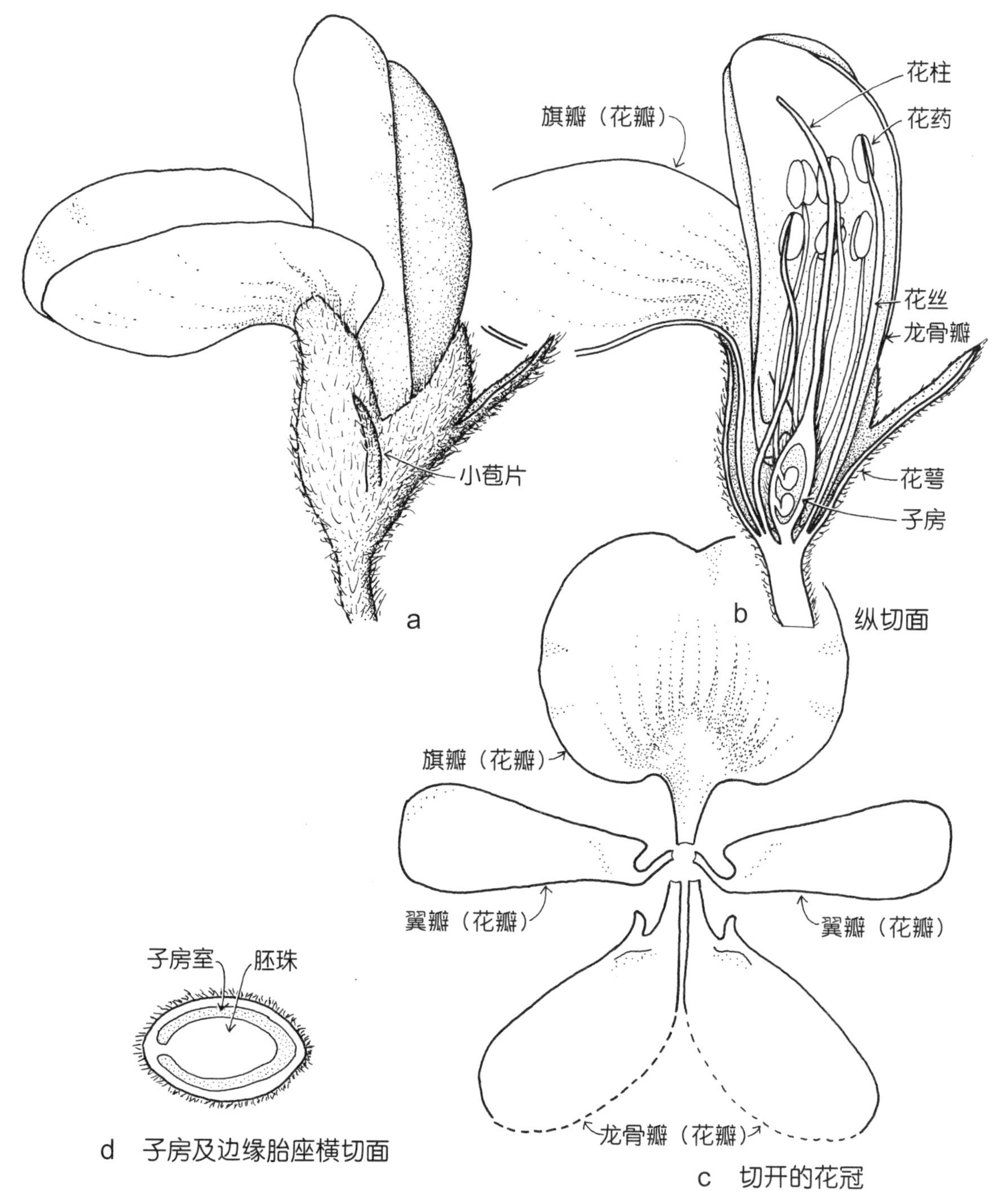

线图 68　金苞豆（*Pultenaea gunnii*）

花程式为 K（5）C（2），3 A10 G1

高 1 米的灌木，多分枝；叶小，卵形，长不足 0.5 厘米，具托叶；花橙黄色，生长于密集的顶生簇中；小苞片生长在花萼上；豆荚长 0.5 厘米；旗瓣长宽相等。原产于澳大利亚的新南威尔士州、维多利亚州和塔斯马尼亚州的荒野和干燥森林中。花期在春季。（a–b × 7，c × 5，d × 20）

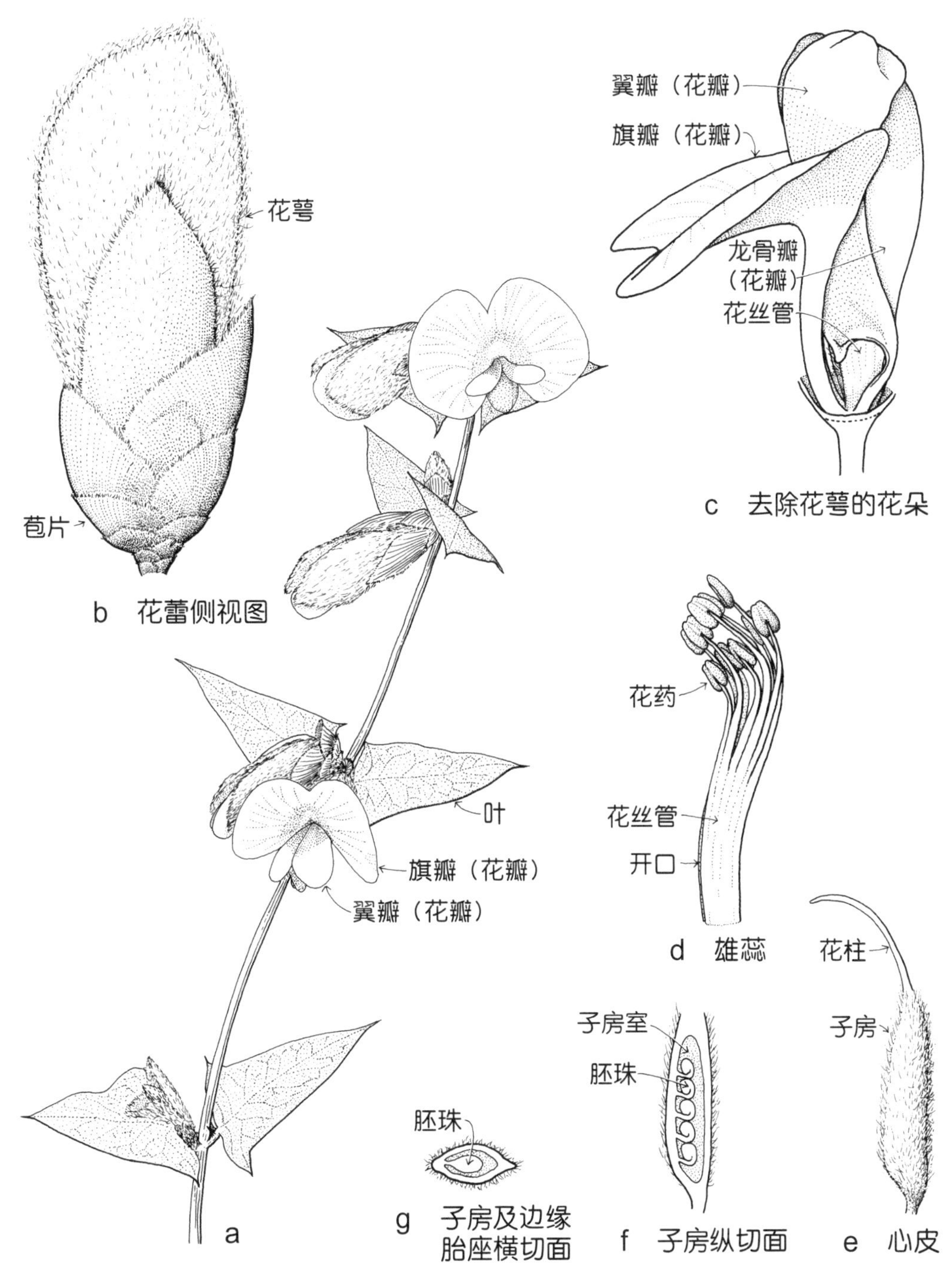

线图 69 平豌豆（*Platylobium obtusangulum*）

花程式为 K（5）C（2），3 A（10）G1

高约 50 厘米的稀疏灌木；叶对生，近似三角形，长 2~3 厘米，通常尖刻，具托叶；花 1~3 朵，生长在上腋中，暗黄色和红色，基部有棕色苞片，2 片侧生花萼裂片比其他 3 片大得多，把花包围在花蕾内；雄蕊花丝合生，花丝管沿一侧张开；豆荚长 1.5~2 厘米。常见于澳大利亚的维多利亚州、塔斯马尼亚州和南澳大利亚州的荒野和干旱森林中。花期在春季。（a×1，b–f×4，g×5）

线图 70 硬刺芒刺果（*Acaena echinata*）

花程式为 K5 C0 A5 G$\underline{1}$ 花管可见

高约 30 厘米的多年生草本植物；叶基生，生于茎上，羽状，长约 18 厘米，具叶状托叶；花淡绿色，排成顶生头状花序或穗状花序，上腋中通常长有小簇；雄蕊数量不等（2~10 枚），柱头多分枝。花序在结果期变长。瘦果被包裹在宿存花管中，具有倒刺的芒，广泛分布于澳大利亚南部各州。花期从春末至夏季。（a × 0.7，b–d × 12）

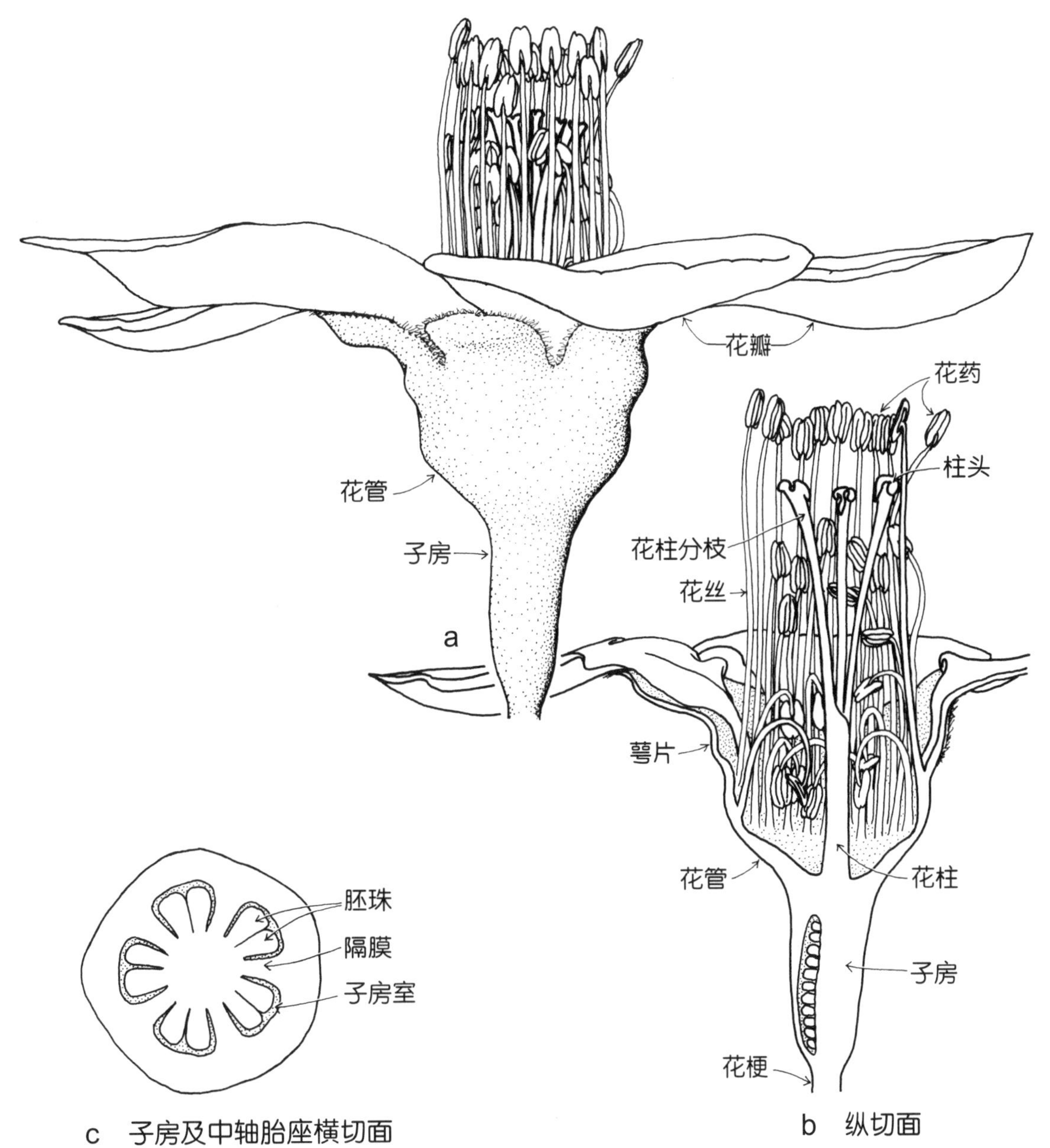

线图 71 贴梗海棠（*Chaenomeles speciosa* 'Nivalis'）

花程式为 K5 C5 A∞ G（$\overline{5}$）花管可见

高约 3 米的灌木，常多刺；叶呈长方形或卵形，长 8 厘米，幼时下部具毛，边缘锯齿状；花白色（粉红色或其他的红色），单生；果实肉质，黄绿色。不具子房但具雄花功能的花并不罕见。广泛栽培，原产于日本。花期从冬季至春季。（a–b×3，c×9）

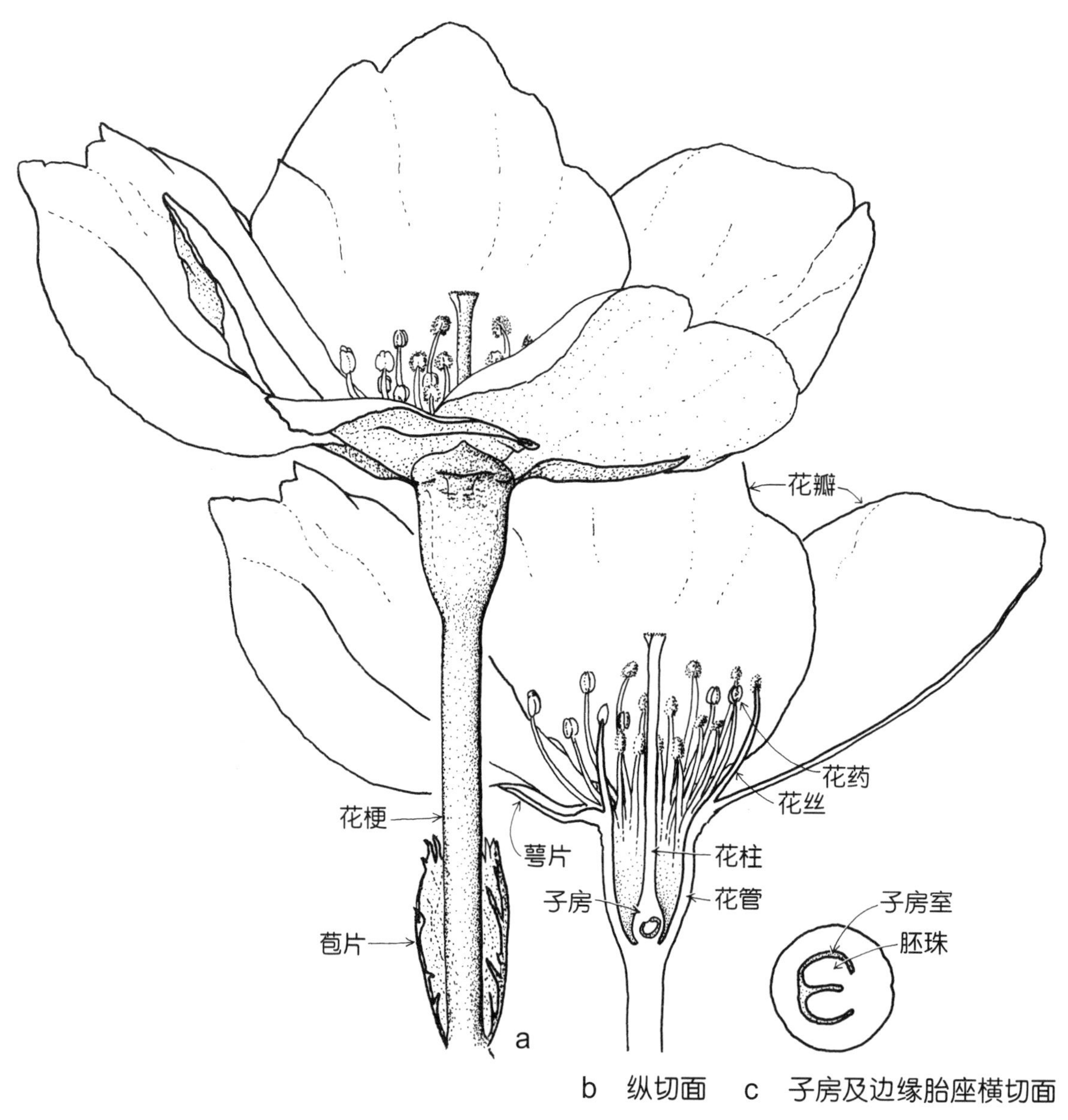

线图 72 白妙樱 / 山樱（*Prunus serrulata* ‘Shirotae’）

花程式为 K5 C5 A∞ G1 花管可见

小型观赏树；叶卵形，渐尖，长 10 厘米，边缘呈锯齿状；花白色，每朵由一加穗苞片包围，成 3~5 朵的花簇。由山樱发育而来的栽培种之一，原产于日本。花期在春季。（a–b × 2，c × 9）

州植物志》(*Flora of New South Wales*)中，将“蔷薇及同类植物”分为3个不同的科：蔷薇科（狭义）、苹果科和李科。最近的研究表明，该科在广义上得以保留，其DNA分析、染色体数目和一系列生化特征为3个亚科提供了依据。

花的结构

花朵　辐射对称，颜色鲜艳，通常两性，周位（见线图72；图版3e）或上位（见线图71），有时下位。通常具花管，其上常有分泌花蜜的腺状区域。

花萼　萼片通常4~5片，覆瓦状，通常离生。有时具萼状总苞，总苞部分与萼片对生。

花冠　花瓣通常4~5片，覆瓦状，离生，有时无花瓣（见线图70），有时早早地凋零。在蔷薇等栽培种中，雄蕊逐渐变成瓣状，花瓣数因此增加。

雄蕊群　雄蕊通常为多数，很少1或2枚，或是更少，通常离生。

雌蕊群　心皮1或2个至多数，通常离生。子房上位或下位。

果实　其类型与花管结构有关，也与花的位置（上位、下位或周位）有关。下面介绍了不同果实的发育过程，其中一些我们较为熟悉。

周位花

在猬莓属（见线图70）和李属（见线图72；图版3c-g）中，单片心皮着生在花管基部。果实为干燥花管中的瘦果（猬莓属）或核果（李属）。杏树果实也为核果，其发育方式同李子一样。杏仁的肉质外壳变干，随后会脱落，最后变得与李子核一样。种子可食用。蔷薇的许多离生心皮由瓮状花管包裹。每个心皮含两颗胚珠。果实为肉质“蔷薇果”，由花管发育而来，内含许多具毛瘦果。绣线菊属（见图版2f、g）的离生心皮变干，发育形成了小蓇葖果。

上位花

在苹果、梨和木梨中，心皮合生，与花管下部的内壁相连。因此子房下位（见线图71），果实为梨果，由花管壁发育而来，花管壁变成肉质，包裹着肉质子房壁。因此，此类果实的“果肉”大多由花管发育而来。

下位花

在悬钩子属和黑刺莓中，花托近似扁平，离生心皮着生于肉质柄（雌蕊柄）上，每片心皮发育成一小核果。在草莓中，绿色花托膨大，肉质，外部具心皮。成熟后，花托变软，着色，表面嵌有小瘦果。

蔷薇科的大多数成员为乔木、灌木或多年生草本植物，也有少数一年生植物和攀缘植物。叶通常互生，单叶或复叶，常有托叶，有时甚小。山楂属和李属具刺，这些刺随后发育为分枝，而蔷薇属和悬钩子属植物的刺为表面附属物。

图　线图70–72；图版2f、g，3c–g

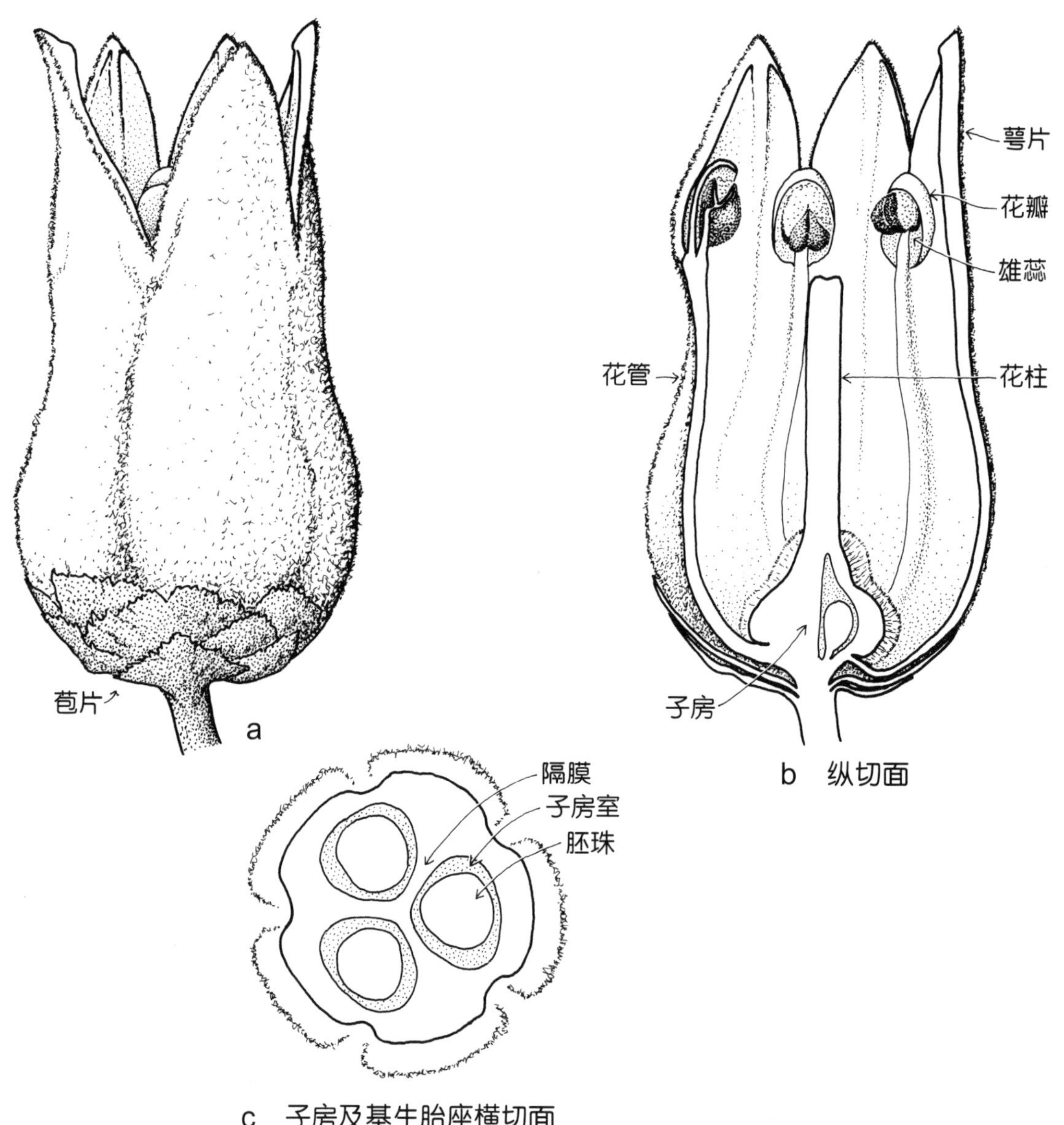

线图 73 刺绒茶（*Cryptandra amara*）

花程式为 K5 C5 A5 G（3）花管可见

高不足 1 米的灌木，具坚韧分枝，小枝被星状毛，末端通常为刺；叶小，近似倒披针形，长 2~6 毫米，平坦或具下弯边缘；花白色，单生 2~3 朵簇生；花瓣小，罩住雄蕊；果实分裂成 3 个小果，萼片和花管在结果期不脱落。散布在澳大利亚的维多利亚州、塔斯马尼亚州、新南威尔士州和昆士兰州的干燥森林和荒野。花期在冬季和春季。（a–b × 12，c × 25）

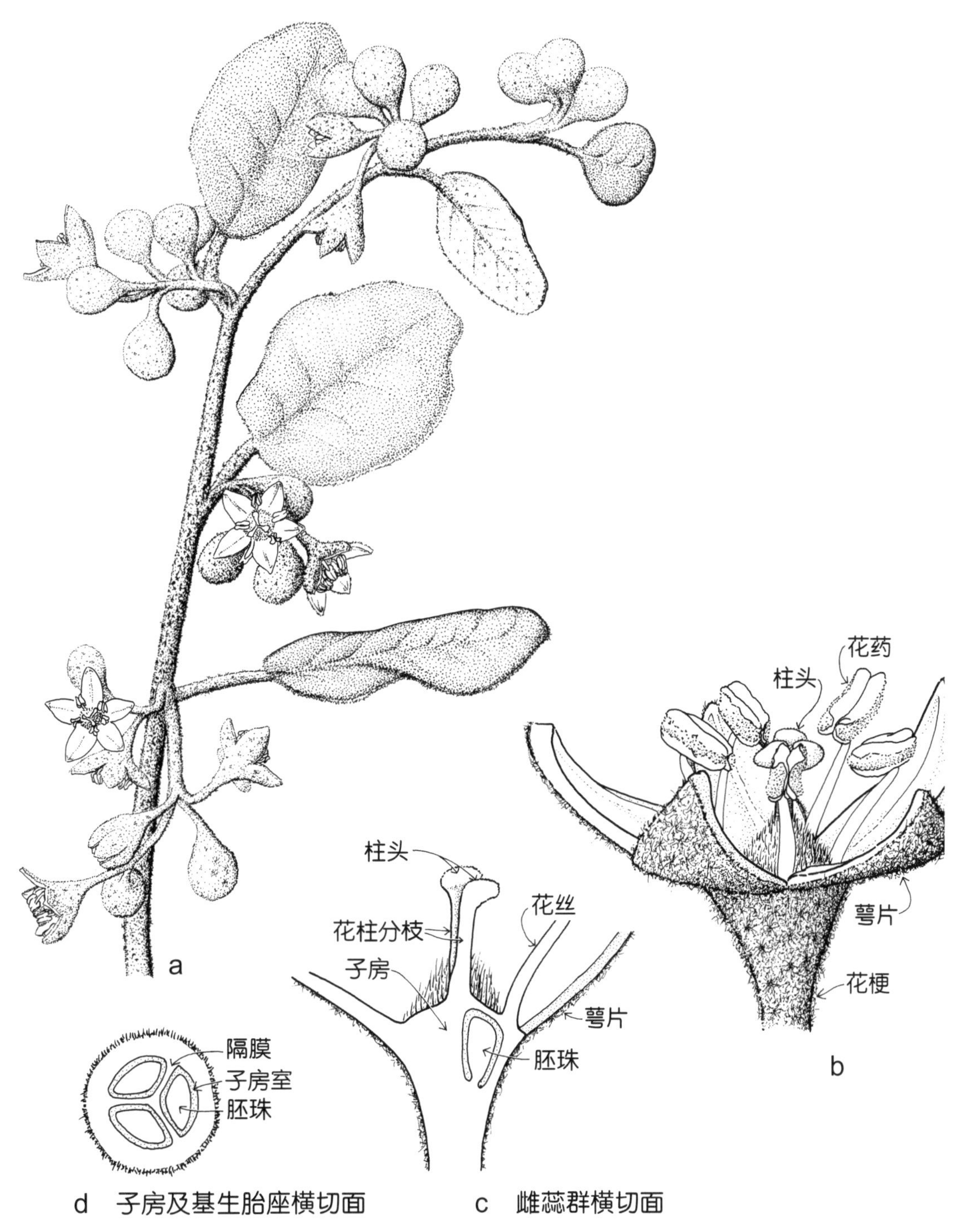

线图 74 沿海牛筋茶（*Pomaderris paniculosa* ssp. *paralia*）

花程式为 K5 C0 A5 G（-3-）

高 1~2.5 米的灌木；幼茎和叶被棕色星状毛；叶卵形，长 1.5~5 厘米，深绿色，顶部无毛，边缘稍白，下表面具白色毛，叶脉上有棕色星状毛；花黄白色至粉红色，总状花序或圆锥花序腋生；雄蕊与萼片互生。广泛分布在所有新西兰南部各州的海岸线上，特别是在石灰岩峭壁上。花期在春季。（a × 2，b–d × 10）

识别特征

花辐射对称，通常颜色艳丽，具萼状总苞、花管和多数雄蕊。复叶，具托叶，托叶可能与叶柄基部合生。

19　鼠李科

鼠李类植物

鼠李科中等规模，广布全球，但热带地区分布的种类最多。“鼠李科”这一名称来源于鼠李属，而鼠李在欧洲作为树篱植物被广泛种植。意大利鼠李在澳大利亚东南部自然驯化。

牛筋茶属（线图 74）和火绒茶属（银叶菊）常见于澳大利亚东南部，均在当地的花园中生长。美洲茶属原产于北美，有些开鲜艳的蓝色花，常作为观赏植物。

花的结构

花朵　通常辐射对称，两性或单性，通常小（直径约 3~6 毫米）。通常具花管。

花萼　萼片大多为 4~5 片，离生。花管通常像管状萼。

花冠　花瓣大多 4~5 片，离生，有时罩住了雄蕊，如火绒茶属和刺绒茶属（见线图 73），有时牛筋茶属的有些物种不具花萼（见线图 74）。

雄蕊群　雄蕊 4~5 枚，与萼片互生。

雌蕊群　心皮 1~5 个（通常 2 或 3 个），合生。子房通常下位，有时半下位或上位，取决于子房壁和花管的合生程度。蜜腺盘通常排列在花管和（或）子房部分的内部。胚珠常具 1 室。

果实　通常为干果，分裂成 1 籽的部分，有时更像蒴果，有时为核果。

该科植物大多为小乔木或灌木，有时多刺。单叶，通常具皱或表面粗糙。通常具托叶，有时具刺，可能脱落。星状毛常存在于叶和幼茎上。

图　线图 73，74

识别特征

此类植物为木本植物，幼茎和叶通常具星状毛。叶粗糙或具皱，具托叶。若具花瓣，则与雄蕊对生，通常盖住了雄蕊。子房通常为半下位。

20　桑科

桑类及无花果类

桑科中等规模，有一半以上的物种组成了与众不同的无花果属（榕属），该属的花完全隐藏在花序轴内（见图版 17c）。它所含的属分布广泛，主要分布于热带地区，还有一些物种延伸至温带地区。

菠萝蜜属、面包果属和桑属等的经济价值较高。桑属植物的叶可供蚕食用，无花果属的一些物种作为观赏植物或街道树木而种植，如东澳大利亚最有名的大叶榕（见图版 17a–c），其树冠庞大而展开。桑橙属外形美观，果实独特，偶尔出现在花园中，是珍贵木材。

花的结构

花朵 小，单性，通常密集。花序多样，茎轴通常增厚或改变。

花被 被片无，或通常为4片，有时更多，离生或合生，有时与邻近的花朵合生。

雄蕊群 雄蕊为1~4或6枚，通常离生，与被片对生。

雌蕊群 心皮为2个，合生。子房下位或上位。1室，1胚珠。

果实 通常为核果，有时为瘦果，常密集排列形成一复果。

桑科植物通常为乔木或灌木，通常为雌雄异株或雌雄同株，有时为木本攀缘植物，很少为草本植物，具乳白色汁液。单叶，具托叶，常互生，全缘。

无花果属植物的花生长在中空的花序轴内（有时被描述为内凹的花托，见图版17c）。无花果由黄蜂授粉，有时是特定种类的黄蜂，它们通过一个顶端小开口进入花朵。无花果的花序也可能含有与雌花类似的不育花。无花果的肉质果实由整个花序发育而来。

有关澳大利亚物种的检索表和描述请参阅《澳大利亚植物志》第3卷。

图 图版17a-c

识别特征

此类植物具乳白色汁液；托叶有时甚大，脱落后在小枝周围留下一疤。花小，通常密集，无花果属植物的花生长于增大的花序轴内。

21 木麻黄科

栎类植物

木麻黄科规模小但较独特，包括乔木和灌木，广泛分布在澳大利亚，并延伸至东南亚和太平洋群岛。一些物种在非洲和美洲驯化，特别是在沿海栖息地。乔木通常具下垂习性，细长，绿色，具沟，与小枝相连。节为深色、鳞片状的小叶轮；每轮的鳞叶数量（4~20片）可用于物种鉴定。

花单性，雌雄同株或雌雄异株。雄花有2片鳞片状花被片和1枚雄蕊。每朵花由1片苞片包围，排成细长的穗状花序（见图版17d、e）。雌花无花被片，2个合生心皮具2个微红花柱，由1枚苞片和2枚小苞片包围。具2个子房室，1个可育，产生1颗种子。花形成小球状的头状花序（见图版17g），成熟时，苞片木质，形成特有的木质球果（见图版17f），靠风传播授粉。

澳大利亚南部分布有两个属：木麻黄属和异木麻黄属。后者以前包括在前者中。

《澳大利亚植物志》第3卷中涵盖了澳大利亚物种的检索表和描述。

图 图版17d-g

图版 17　科 20　桑科（无花果树和桑树）
科 21　木麻黄科

a　下部的树干和板状根

b

发育中的小果

c
果实（接近成熟，切去前面的部分）

图版 17a–c　大叶榕（*Ficus macrophylla*）　科 20　桑科

具板状根的大型树木，高度不超过 50 米。生长于野外时高度远不及 50 米，且树冠呈展开状；中空的花序轴内有单性小花，花序轴在晚春时节发育为果实（直径约 2.5 厘米）。原生于澳大利亚的新南威尔士州沿海的雨林附近。以前种植在林荫道上，有时会种植在空旷的公园里。

图版 17d–g　轮叶木麻黄 / 轮叶澳洲杉（*Allocasuarina verticillata*）　科 21　木麻黄科

高 5–9 米的雌雄异株树，呈展开状，较小的枝条通常是下垂的；小枝上的叶退化成鳞片状的齿环；雌花排成密集的头状花序，只有紫色的柱头外露；雄花生长于小枝顶端，排成穗状花序，花药长约 3 毫米；球果长 4 厘米。常见于澳大利亚东南部的沿海地区，在维多利亚州西部的玄武岩平原更为常见。花期为冬季。

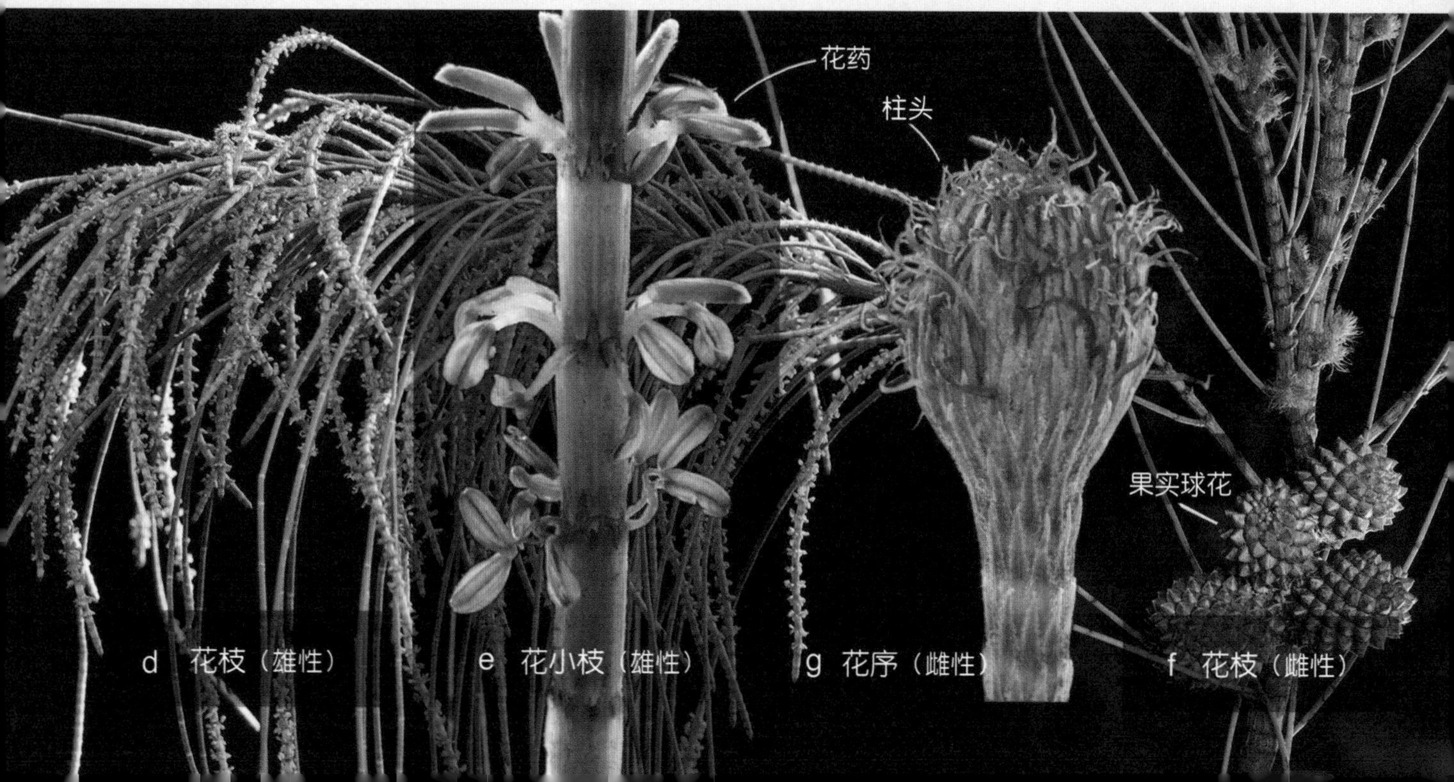

花药

柱头

果实球花

d　花枝（雄性）　e　花小枝（雄性）　g　花序（雌性）　f　花枝（雌性）

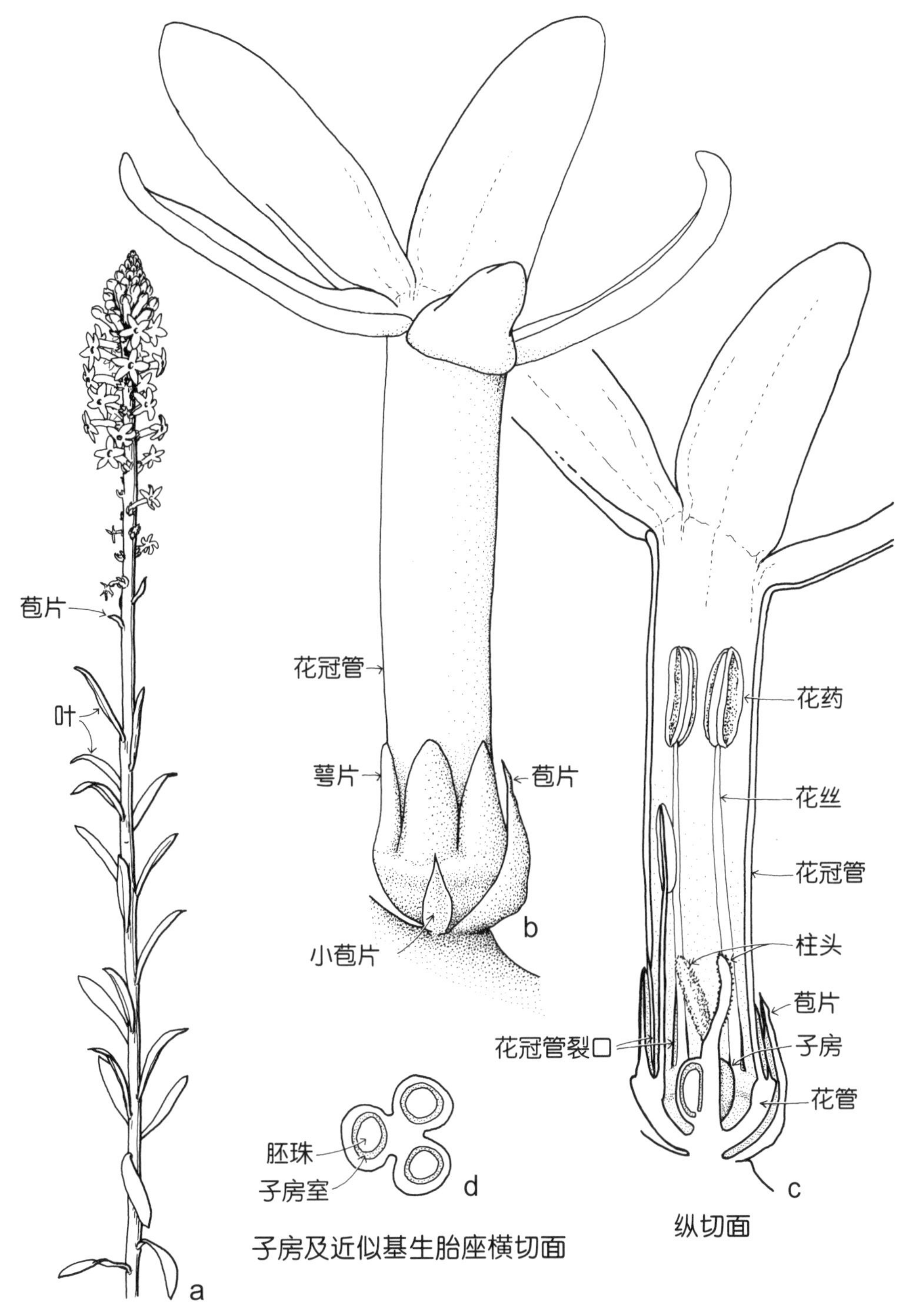

线图 75　奶油野烛花（*Stackhousia monogyna*）

花程式为 K5 C（5）A5 G（3）花管可见

直立的小型多年生草本植物，高约 40 厘米，近基部有一些分枝；花冠为乳白色；雄蕊长度不等。广泛分布于澳大利亚南部和东南部。花期在春季和初夏。（a×0.6，b–c×12，d×24）

识别特征

此类植物为灌木或乔木，叶严重退化，鳞形，在每一节的深绿色小枝上形成了一圈小齿。

22　卫矛科（包括木根草科）

南蛇藤类与卫矛类植物

卫矛科中等规模，广泛分布于热带和亚热带地区，一些属延伸至温带地区。在最近的评估中，几个之前已确定的小科也被纳入该科，如翅子藤科和木根草科。

卫矛属等属的物种偶尔出现在花园中。

花的结构

花朵　辐射对称，通常小，单性，具明显的肉质花盘，有时具 1 个短花管。排成聚伞花序，有时排成总状花序，有时单生。

花萼　萼片通常为 4 或 5 片，有时较少，离生或稍微合生。

花冠　花瓣通常为 4 或 5 片，有时较少，离生或合生。

雄蕊群　雄蕊通常为 3 或 5 片，有时较少，离生或合生。通常具退化的雄蕊。

雌蕊群　心皮 2~5 个，合生。子房上位或部分下位。

果实　蒴果、分果、核果或浆果。种子通常具一有色假种皮。

此类植物通常为无毛乔木或灌木，一些为攀缘植物，一些为草本植物。托叶通

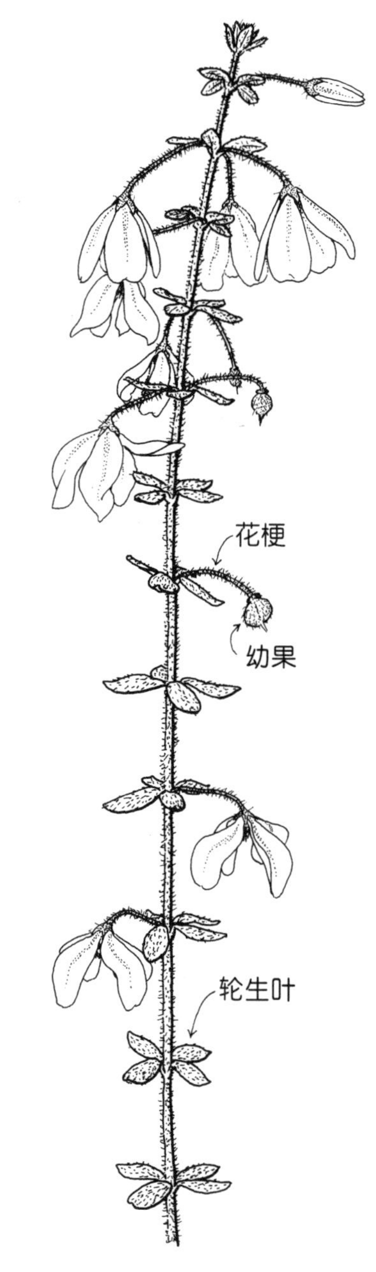

线图 76　粉色铃铛（*Tetratheca ciliata*）高矮不一的小灌木，高约 1 米，花鲜艳，紫红色；叶的大小非常多变，互生或对生，或大约 3 轮或 4 轮；花药沿顶生气孔开裂（见线图 77）。常见于澳大利亚维多利亚州南部、南澳大利亚州和新南威尔士州接壤地带的荒野和森林中，偶尔种植在花园中。花期在春季和初夏。参照图版 41。（×0.7）

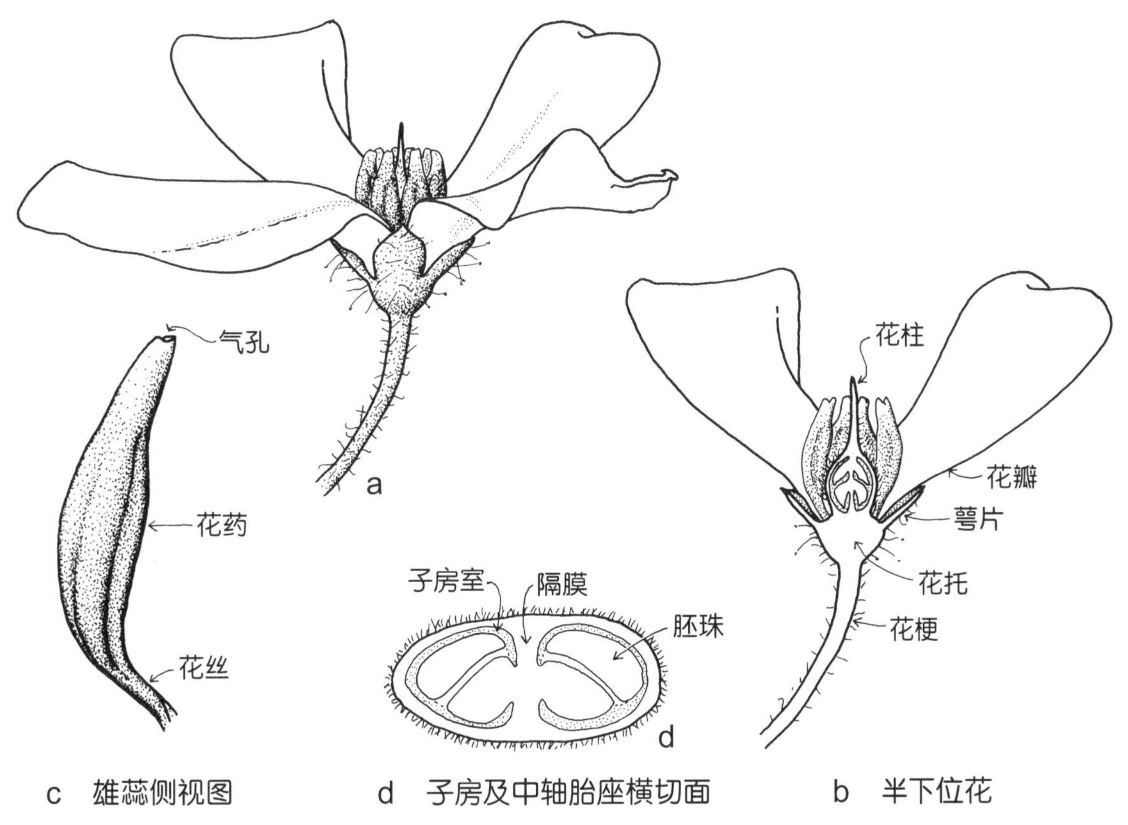

线图 77 粉色铃铛（*Tetratheca ciliata*）（a–b × 3，c–d × 12）
花程式为 K4 C4 A8 G（2）

常小，或有时无。

木根草科大约有 19 个物种，几乎都分布在澳大利亚，之前该科还包括野烛花属和两个规模更小的一年生和多年生草本属。在野烛花属植物的花朵中，花冠中心为管状，顶端具 5 片裂片，局部 5 裂，雄蕊长度不等。花在夜间特别香，有些靠飞蛾授粉。

《澳大利亚植物志》第 22 卷中分别描述了卫矛科和木根草科。

图 线图 75

识别特征

花小，淡绿色或浅色，肉质花盘通常明显。

23 杜英科（包括孔药花科）

杜英类、酒果类与掌灯花类植物

杜英科规模甚小，包括乔木和灌木，分布在澳大利亚东部、新西兰、东南亚、日本、南美洲南部和西印度群岛。经过 DNA 分析发现，原来的孔药花科属于该科，同时还增加了大约 43 种只分布在澳大利亚的小灌木。

杜英属规模最大，包括近300个物种。该属以及酒果属和百合木属的一些物种有时会出现在花园中。有些物种产生可食用果实，有些物种产生有用的木材。

掌灯花属植物原产自澳大利亚南部，是之前的孔药花科三属中的一个。亮粉色的花在春天很引人注目，生长于澳大利亚东部各州的花4裂，具4片萼片、4片花瓣和8枚雄蕊（见线图77）。雌蕊群由2个合生心皮组成（见线图77；图版4l），本属的大多数西澳物种和袋鼠岛的1种物种为5裂，但子房结构相似。

花的结构

花朵 辐射对称，两性，通常在总状花序或聚伞状花序中下垂。

花萼 萼片通常4~5片，离生或部分合生。

花冠 花瓣4~5片，有时无，通常离生，具明显穗或在顶端分裂。

雄蕊群 雄蕊很少至多数，离生，通常着生于花盘上，有时5组。药隔期通常延长，花药通常比花丝长，沿顶生短裂缝或顶生气孔分裂。

雌蕊群 心皮通常2~9个，合生。子房上位。

果实 通常为蒴果或核果。

单叶，互生（很少对生）。常具托叶，但往往易凋落。

图 线图76，77；图版4l

识别特征

花通常下垂，花瓣边缘通常具穗/撕裂。花药通常比花丝长，沿顶端气孔或短裂缝分裂；药隔期通常延长。花柱无分杈。

24 金丝桃科

金丝桃类及同类植物

金丝桃科规模甚小，分布广泛，在温带地区发育良好。最新的分类法中借助了分子研究，有时也被认为属于与其密切相关的金丝桃亚科。最大的属金丝桃属包括约360个物种，涵盖野草、观赏物种和一些有药用价值的物种。

花的结构

花朵 辐射对称，两性。

花萼 萼片通常4—5片，离生或稍微合生。

花冠 花瓣通常4~5片，离生，通常颜色鲜艳。

雄蕊群 雄蕊5枚或更多，有时形成雄蕊束。背着药。

雌蕊群 心皮3~5个，合生；子房上位；花柱通常离生，每柱具1个小柱头；中轴胎座或侧膜胎座（见图版4k）。

果实 通常为蒴果，有时为浆果或核果。

该科植物为乔木、灌木或草本植物。叶通常对生，或有时互生或轮生，通常具半透明或黑色的小分泌腔以及可见小点。无托叶。

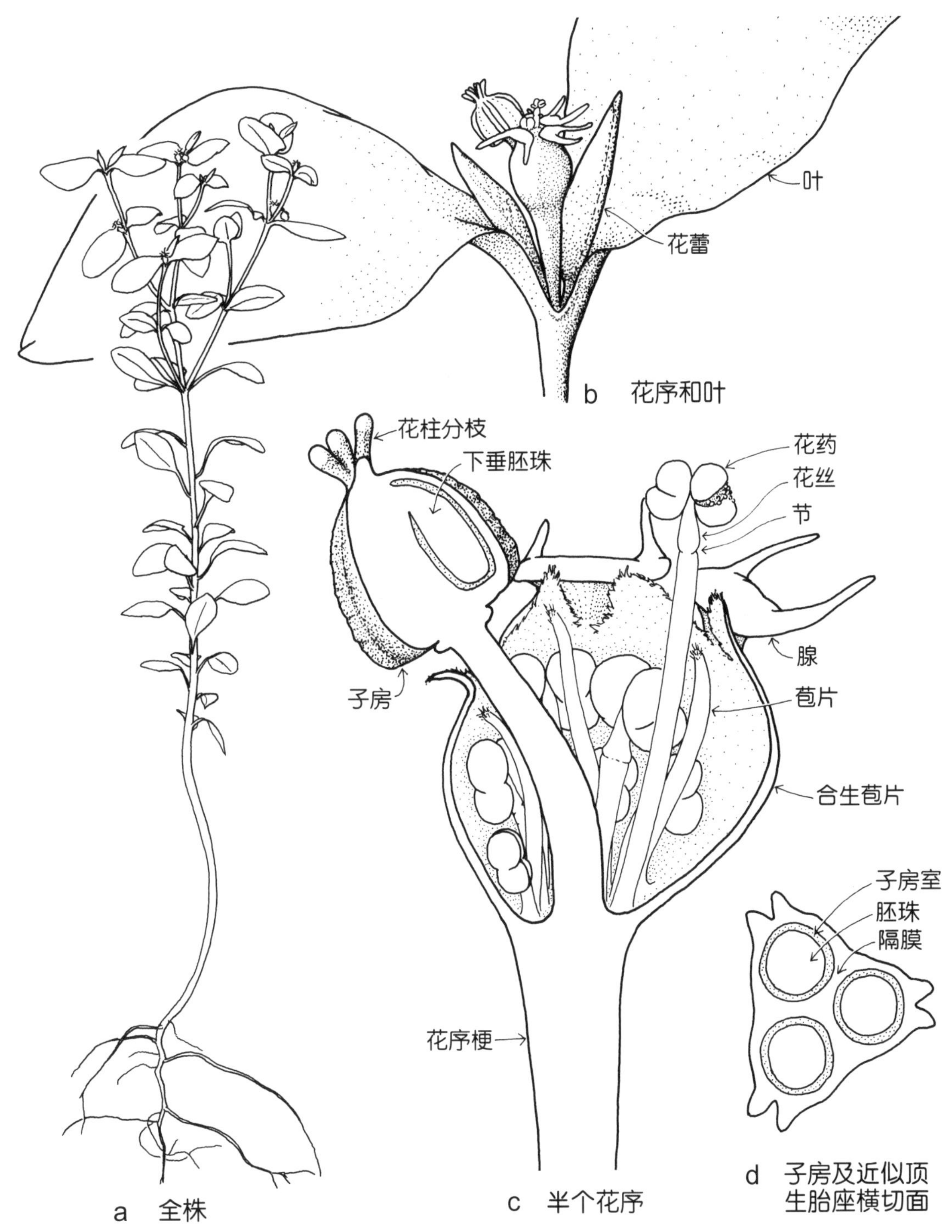

线图 78 毛大戟（*Euphorbia peplus*）

雄花花程式：P0 A1 G0 雌花花程式：P0 A0 G（$\underline{3}$）

一年生小型草本植物，通常高约 30 厘米。原产于欧洲，但在其他地方广泛引种，是一种常见的花园野草。花期从冬季至夏季。（a × 0.7，b × 7，c–d × 30）

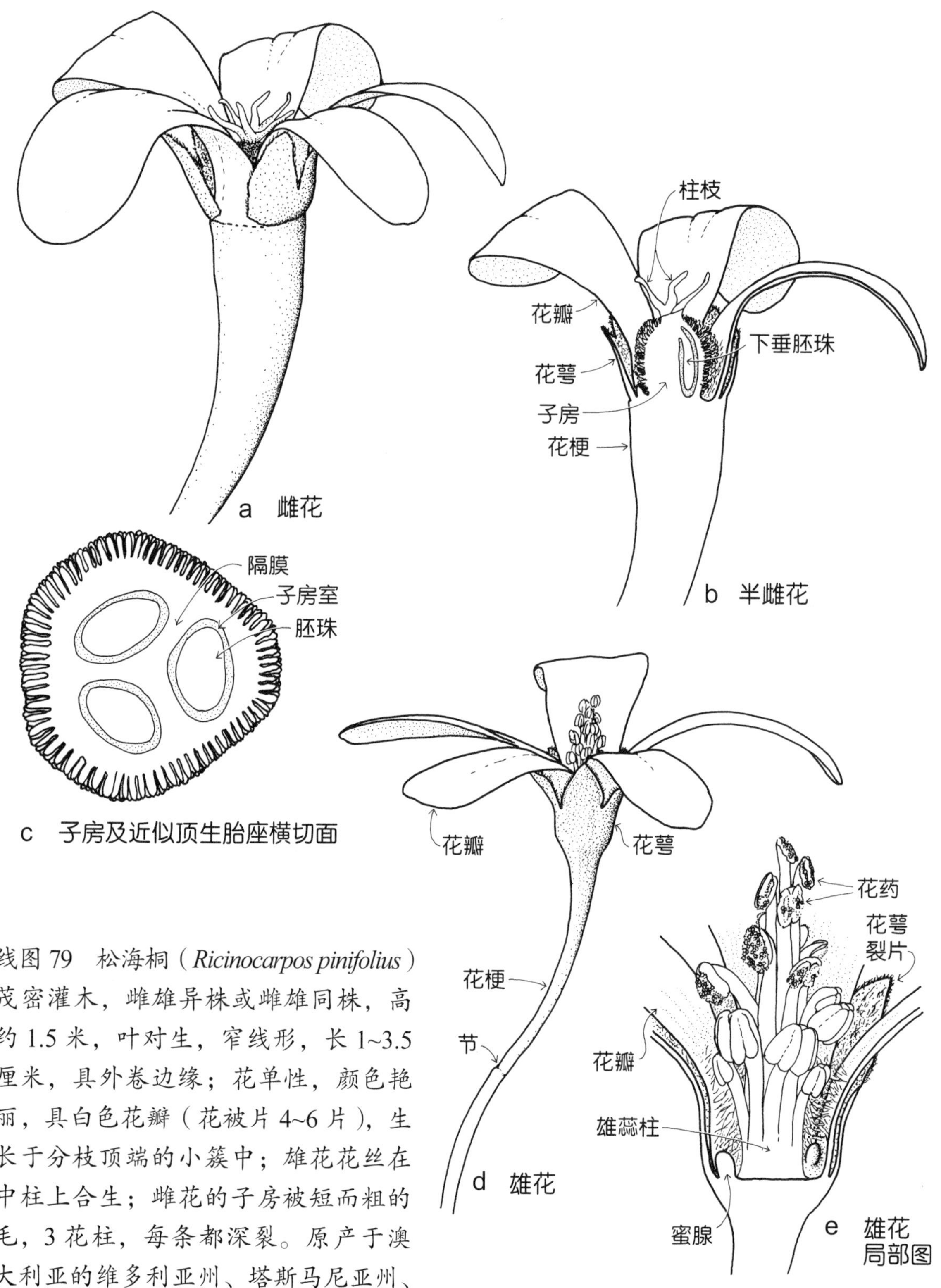

线图 79 松海桐（*Ricinocarpos pinifolius*）茂密灌木，雌雄异株或雌雄同株，高约 1.5 米，叶对生，窄线形，长 1~3.5 厘米，具外卷边缘；花单性，颜色艳丽，具白色花瓣（花被片 4~6 片），生长于分枝顶端的小簇中；雄花花丝在中柱上合生；雌花的子房被短而粗的毛，3 花柱，每条都深裂。原产于澳大利亚的维多利亚州、塔斯马尼亚州、新南威尔士州和昆士兰州海岸附近的荒野上。花期在春季。（a–b×3，c×12，d×3，e×8）

雌花花程式：K（5）C5 A0 G（$\underline{3}$） 雄花花程式：K（5）C5 A（∞）G0

图 图版 4j、k

识别特征

此类植物为灌木或草本植物。叶通常对生且有斑点。花艳丽，通常黄色，雄蕊多数，通常成束。

25 大戟科

大戟类植物

大戟科种类较多，其成员中有三分之一为独特的大戟属植物。该科分布广泛，在亚热带和热带地区分布的种类最多。

包括多种大戟属植物在内的许多物种都作为观赏植物种植，其中的典型代表有达尔马提亚大戟（见图版 18a、b）、铁海棠和一品红。木薯根是重要主食来源，蓖麻油是从蓖麻中提取而来，其他物种可产生木材和药物，橡胶树为世界上大部分天然橡胶提供了原材料。海大戟生长在澳大利亚东南部沿海的沙滩上，是世界上为数不多的水草之一。

花的结构

花朵 单性，通常辐射对称，退化，生长于高度改良的花序上。

花萼 萼片可达 6 片，有时更多或无，离生或合生。

花冠 通常无或花瓣 6 片，离生或合生，有时颜色鲜艳。

雄蕊群 雄蕊为 1 枚或更多，离生或合生。

雌蕊群 心皮通常为 3 个，有时更多，合生；子房上位，通常为 3 室；花柱通常为 3，有时每条高度分杈，表现为 6 条（见线图 79a），或进一步分杈。通常为 3 室，1 室含 1 胚珠（见线图 78d；图版 18g）。

果实 通常为蒴果，有时分裂为 3 个含 1 籽的部分，有时为核果或浆果。

大戟科包括乔木、灌木、草本和藤本植物，通常雌雄异株，有时肉质（类似仙人掌），具有毒的乳白色汁液。托叶通常较大，有时小或无。

大戟属植物有专门的花序，称为杯状聚伞花序，由几朵雄花和一朵雌花组成，这些花朵由 5 枚苞片合生形成的杯状总苞包裹（见图版 18b）。毛大戟（见线图 78）是一种类似野草的一年生草本植物，在苞

图版 18a、b 常绿大戟（*Euphorbia characias* ssp. *wulfenii*）

约 1.5 米高的多年生草本植物；花单性，高度退化，生长于专门的花序（杯状花序）中，每个杯状聚伞花序由一对合生苞片包围；果实为蒴果，分裂成各部分。原产于地中海地区，通常生长在花园中。花期从冬末至春季。参照线图 78。

图版 18c–g 金雀大戟（*Amperea xiphoclada*）

低于 50 厘米的小灌木，通常雌雄异株，无叶，具有小簇的成角小枝；雄花花萼长约 2 毫米，雌花花萼长约 3 毫米；蒴果，分裂成各部分。澳大利亚东南部荒地和林地的特有植物。花期主要在春季和初夏。

雌花花程式：K(5) C0 A0 G (3)，胚珠下垂

雄花花程式：K(4–5) C0 A6–9 G0

图版18 科25 大戟科

b 花序（杯状聚伞花序，去除包围苞片）

a 花茎

c

d 雄花序

e 雌花序

g 子房横切面

f 雌花

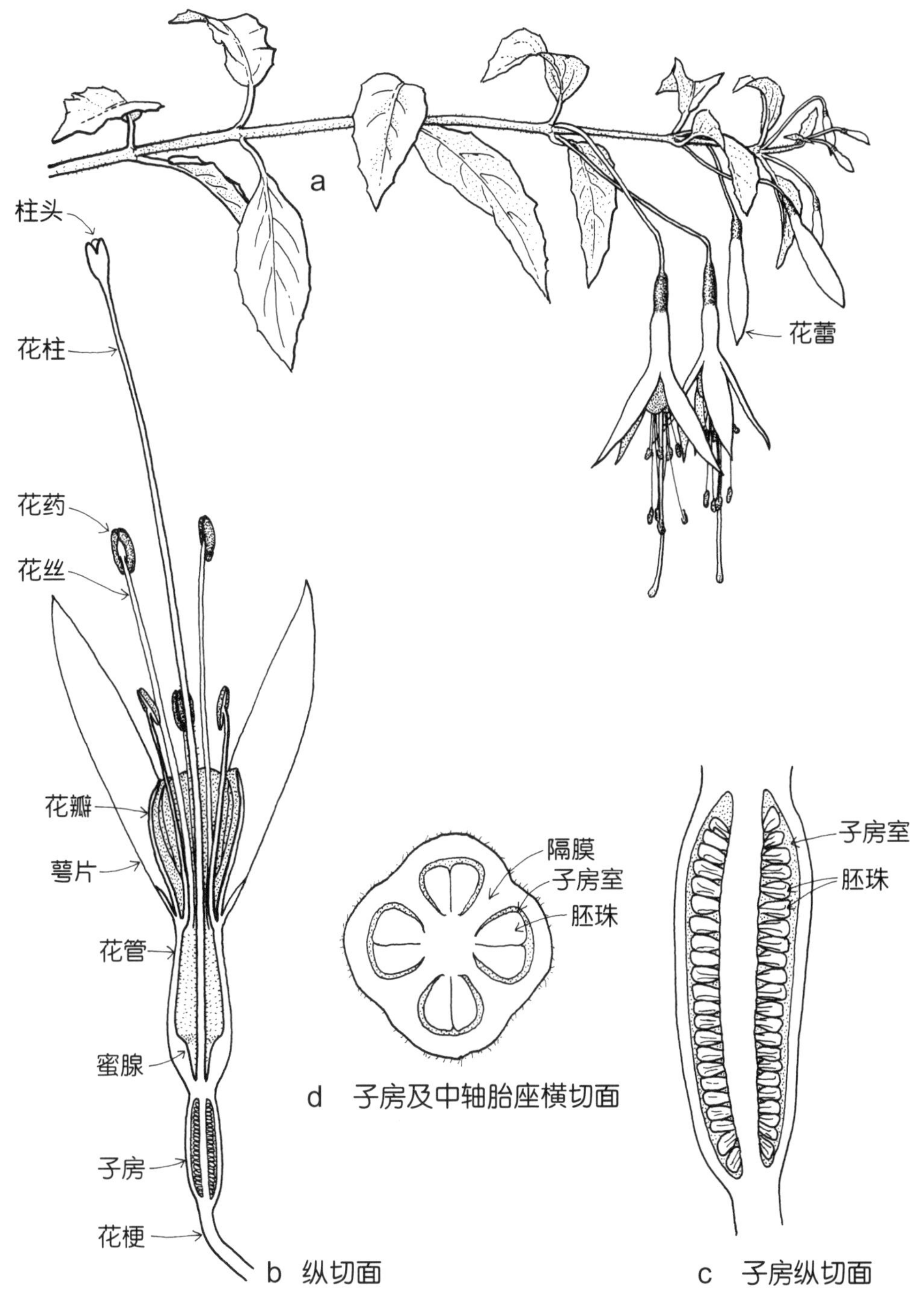

线图 80 短筒倒挂金钟（*Fuchsia magellanica*）

花程式为 K（4）C4 A4+4 G（$\overline{4}$）花管可见

高 2 米的直立灌木，小枝下垂；叶对生，卵形至披针形，长 8 厘米，边缘锯齿状；花红色和紫色，生长于上腋中；萼片小部分合生；花管基部具蜜腺。原产于南美洲，通常栽培，有时从花园以外地方驯化。花期多在夏秋两季。（a×0.7，b×2，c×7，d×12）

片间的 5 个连接处有 4 个新月形腺。在总苞内，雌花只由雌蕊群组成，从不具腺的总苞上伸出。雄花仅由 1 枚雄蕊组成，有一具节柄（见线图 78c）。节下面的部分为花梗，上面的部分为花丝，无花被被片。杯状聚伞花序与达尔马提亚大戟（见图版 18b）的花序非常相似。

大戟科的另一个澳大利亚特有物种为金雀大戟（见图版 18c–g），这是一种近似无叶、丛生的小灌木，茎呈三角形，常见于荒野和贫瘠的森林地带。

图 线图 78，79；图版 18

识别特征

常具乳白色汁液。花单性，花瓣无或 4~6 片。子房上位，3 室，有时具柄。

26 柳叶菜科

月见草类、倒挂金钟类及柳叶菜类边缘植物

柳叶菜科虽然相对科小，但有很大的多样性。其中倒挂金钟属最广为人知，广泛栽培在花园中，但许多观赏性倒挂金钟属植物已经发生了改变，不再有线图 80 或图版 19d 中的标准花结构。克拉花属、柳叶菜属和月见草属等的许多物种作为观赏植物而栽培。

柳叶菜科和桃金娘科以及其他科一起组成了桃金娘目，该科植物的花对称，子房下位，花管和通常凸出的雄蕊可能看起来很相似，但柳叶菜科植物不具芳香油腺。

花的结构

花朵 辐射对称，两性，几乎总为 4 裂。花管通常成熟，有时凸出（见图版 19d），通常产生花蜜（见线图 80b）。花排成总状花序，在叶腋中通常顶生或单生（见线图 80）。

花萼 萼片通常 4 片，常视作离生，有时少部分合生，如在倒挂金钟中（见线图 80）；或成对合生（至少最初如此），如在山桃草中（见图版 19b）。

花冠 花瓣通常 4 片，离生。

雄蕊群 雄蕊通常 8 枚（2 轮，4 枚），有时更少，每轮长度不等。

雌蕊群 心皮通常为 4 个，合生。子房下位。通常为中轴胎座。

果实 通常为蒴果或浆果，有时为坚果。

此类植物通常为灌木或草本植物，单叶，对生，有时具托叶。

《澳大利亚植物志》第 18 卷描述了柳叶菜科。

图 线图 80；图版 19a–e

识别特征

通常为草本植物（如柳叶菜属植物）或灌木。花辐射对称，4 裂，具花管（通常相当明显，见图版 19d）。

27 桃金娘科

桃金娘类、桉类、红千层类及白千层类植物

桃金娘科是种类较多的大科，主要分布在南半球和热带地区，延伸至东南亚。大多数属分布在澳大利亚和南美洲，只有少数分布在非洲。“桃金娘科”这一名称来源于桃金娘属，后者分布在地中海地区。该科对于澳大利亚土著人来说非常重要。许多桉属植物的根可吸收水分，许多物种的叶中和树皮下有可食用的蛆和昆虫。桉属植物和白千层属灌木的木材和树皮有多种用途。

桃金娘科植物经济价值甚高。桉属的许多物种可用于制作木材、胶合木板、造纸或提取芳香油。它们对养蜂人也很重要，巴毫属、伞房属、薄子木属和白千层属植物也可产生植物精华油。番樱桃（见图版19h、i）、红胶木（见图版20a–d）和苹果桉为分布在澳大利亚东部的乔木，有时用来制作橱柜，和桉树一样，作为街道树木和观赏植物而被广泛种植；斐济果（见图版19f、g）和番石榴分别从南美洲和中美洲引进，能产生可食用的肉质水果；多香果分布在西印度群岛，其未成熟的干浆果被当作香料出售；丁香分布在摩鹿加群岛，其干燥的花蕾被当作香料出售。

柳香桃属、红千层属、蜡花属、薄子木属、白千层属和葵蜡花属中包括许多有名的观赏植物。南美洲、非洲和地中海地区的国家，以及美国加利福尼亚州和新西兰已成功地引进了桉树，并将其种植在人工林和街道旁。在某些情况下，桉树助长了野草的肆意生长，带来了严重的问题。

以前，桃金娘科被分为两个亚科：主要分布在澳大利亚的细籽亚科和主要分布在南美的桃金娘亚科。前者中大部分植物的果实为干蒴果，后者果实为肉质。桃金娘科中大多数分布在澳大利亚南部的物种属于细籽亚科，而番樱桃（见图版19h、i）则除外。

以分子研究为代表的研究也对这种分类法提出了挑战。两个亚科仍然有效，但桃金娘科的种类较多，几乎涵盖了所有的属，这些属属于15个族。另一裸木亚科仅包括两个规模甚小的属，一个仅分布在留尼汪岛和毛里求斯，另一个只分布在非洲东南部。

花的结构

花朵 几乎总为辐射对称，两性，具花管。花序多样。

花萼 萼片通常4~5片，通常离生，桉属植物萼片合生。

花冠 花瓣通常4~5片，通常离生，桉属植物花瓣合生。

雄蕊群 雄蕊通常多枚，离生，有时5枚（很少少于5枚）或10枚，有时合生形成束，如白千层属植物（见线图91）和红胶木（见图版20c），常具一顶生腺（见线图90b）。

图版 19　科 26　柳叶菜科（月见草属和倒挂金钟属）

b
花朵（侧视图）

c　花朵（俯视图）

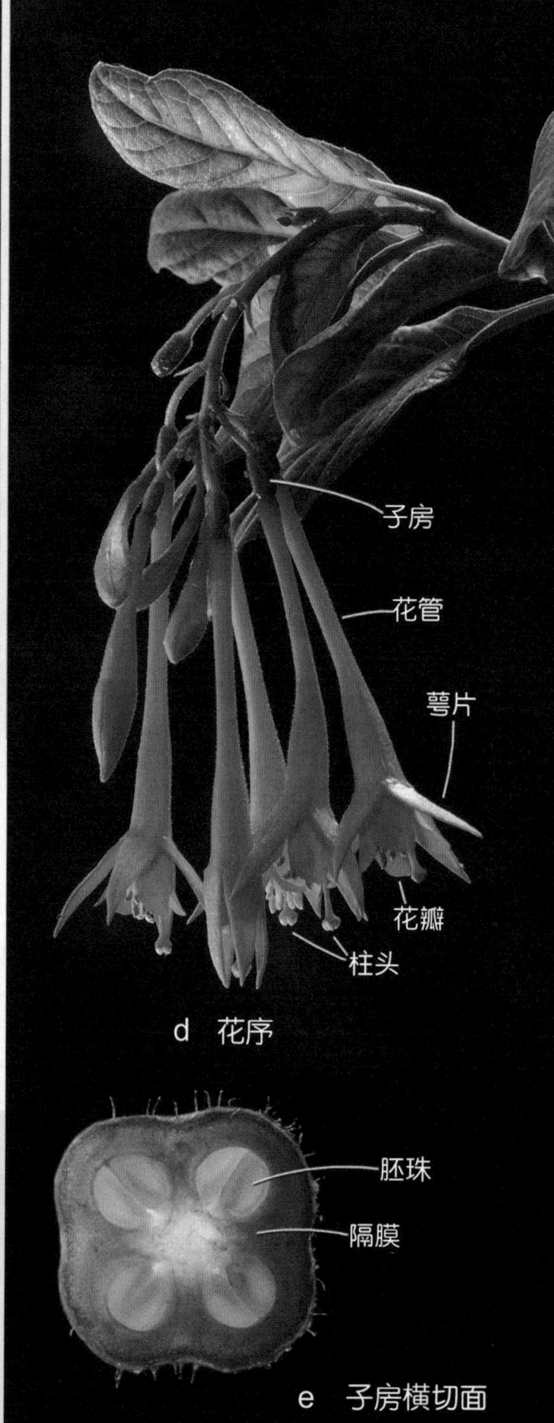

d　花序

e　子房横切面

图版 19a-c　山桃草（*Oenothera lindheimeri*）

高约 1 米的多年生植物；叶片呈锯齿状；花的直径约 3 厘米，细长小枝上排成疏松总状花序或圆锥花序；萼片最初合生为两对；果实不裂。原产于北美洲南部。常见于花园中。花期在夏季。

花程式为 K(2),(2) C4 A4+4 G($\bar{4}$) 花管可见

图版 19d、e　倒挂金钟 / 灯笼海棠（*Fuchsia* 'Thalia'）

高约 1 米的灌木；花长约 5.5 厘米，总状花序顶生；图 e 中的子房略宽于 2 毫米；果实为蒴果。原产于花园，作为观赏植物而种植。花期多从春季至秋季。参照线图 80。

花程式为 K4 C4 A4+4G ($\bar{4}$) 花管可见，中轴胎座

图版 19　科 27　桃金娘科（桃金娘属、桉属、红千层属和薄子木属）

f

g
子房横切面

图版 19f、g　斐济果 / 费约果（*Acca sellowiana*）

大灌木或小乔木；花直径约 3.5 厘米，大多成对生长于叶腋中；子房横切面直径约 4 毫米；果实为浆果。原产于南美洲；通常作为观赏植物和食用果实而种植。花期从春季至夏季。
花程式为 K(4) C4 $A\infty$ $G(\bar{4})$　有短花管

图版 19h、i　澳洲赤楠 / 番樱桃（*Syzygium smithii*）

高约 30 米的多变灌木或乔木，通常较少栽培；叶大多对生；花排成顶生圆锥花序；浆果肉质，直径 8~20 毫米，内部结构卷曲。原产于澳大利亚大陆东部沿海的热带雨林中；通常种植在公园或街道边。花期在春季和夏季。

图版 19j　下垂白千层（*Melaleuca armillaris*）

高约 6 米的茂密的灌木或小乔木；花排成宽约 3 厘米的密集穗状花序，茎轴继续发育为营养枝；雄蕊花丝合生为 5 束；果实为蒴果。原产于澳大利亚东部，通常作为观赏植物和防风林种植。花期在夏季。参照线图 91。
花程式为 K5 C5 $A(\infty)$ $G(\bar{3})$ 花管可见

雌蕊群 心皮通常为5个，有时2~10个或更多，合生。通常心皮数与子房室数相等，有时只具1室，如在星蜡花属（见线图83）、葵蜡花属以及其他属中。子房通常为下位，有时半下位或上位。花管长度因种而异，与子房合生并可延伸至子房上方，着生于其他轮生部分。花管内部通常有分泌花蜜的组织（在图版20f、i中为深红色部分）。每个腔内具1或2至多枚胚珠。
果实 通常为木质蒴果，沿顶端裂片分裂，有时干质，不裂，或为浆果。

花瓣和雄蕊比例不同，因而掩盖了它们在结构上的相似之处。例如，薄子木属（见线图90）的花瓣发育成花的艳丽部分，雄蕊则较短。在瓶刷子树中，鲜艳的长雄蕊十分惹眼，常遮住了花瓣（美花红千层，见线图82）。

此类植物为灌木和乔木。单叶，互生或对生，多数为全缘。相比于热带雨林等较温和的栖息地，干燥地区植物的叶通常更为坚韧（如许多桉属植物）。若具托叶，则托叶退化。叶和植物的其他部分通常具含芳香油的腺。

《澳大利亚植物志》第19卷中描述了桉属和杯果木属。第20卷和第21卷将会完善对桃金娘科的描述，但这两卷至今尚未出版，可能只提供了电子形式。参见布罗菲（Brophy，2013）等、乔治（George，2002）、格瓦埃茨（Govaerts，2008）等、霍利迪（Holliday，1989、1997）、瑞格利和范格（Wrigley & Fagg，1993）的著作。

图 线图81-91；图版19f-j，20

识别特征

此类植物为木本植物。花规则，通常具多枚雄蕊，子房通常下位。果实通常干燥，为木质的蒴果。叶中含油腺，压碎后有独特的香味。

桉属

桉属是桃金娘科中规模最大的属之一，包括数百种植物，几乎全分布在澳大利亚。桉属植物遍布整个澳大利亚大陆，其栖息地和气候条件各不相同，是澳大利亚西南部、东南部和东部森林的主要组成部分。疏花桉等许多植物能在极低的温度下存活，而小桉树等其他植物则能适应高温和干旱环境。

分类

1789年，库克第三次远航时，在塔斯马尼亚州南部的布鲁尼岛上采集样本，并且从中发现了第一种桉属植物——斜叶桉（友桉）。到了1866年，乔治·边沁（George Bentham）在他的著作《澳大利亚植物志》（*Flora Australiensis*）中收录了135种植物，并根据雄蕊的特征将它们划分成5个系列，尽管现在人们认为雄蕊等一系列特征不具备权威性，后来的植物学家也借助雄蕊（尤其是花药）来制定分类系统。在实际操作中，即使是幼花的花药类型，也很难观察到。3种主要花药类型是：

横裂——花药裂片平行，沿平行裂缝分裂。

瓣裂——花药肾脏形，沿裂缝分裂。

孔裂——花药沿顶生气孔分裂（见线图 88d）。

在 20 世纪，许多植物学家重新定义了桉属，该属被认为是一个很难分类的种群，包括 700 多种植物。1995 年，新南威尔士州植物标本室的植物学家们提议从桉属中剔除“红桉”，并将其归入到新属伞房属中（Hill & Johnson，1995）。

这是对桉属重新分类的正式做法之一，并遵循了多年的研究、讨论和提议，其中有些虽然已发表，但只是作为非正式复核（e.g. Pryor & Johnson, 1971）。在不同时期，人们鉴定了多达 12 个属以及狭义上的桉属。

大多数红桉原产于澳大利亚北部，但有许多物种在东南地区栽培，其中常见的有红花伞房桉（红花桉，西澳大利亚州开花树胶）和柠檬桉优树。红桉和斑皮桉的自然分布范围向南延伸至远东的维多利亚州。

伞房属包括 90 多种植物，具备许多技术特征，包括发育良好的三级叶脉和细长的刚毛腺，一些显微特征和解剖特征也很重要。伞房属与杯果木属密切相关，都具备上述特征，二者的区别在于伞房属具萼盖和“互生的”成熟叶。此外，伞房属植物的花排成顶生圆锥花序，因此开花期时花冠很明显。该属植物也产生瓮形果实，叶片具二级脉，与中脉形成一个大角，树皮通常粗糙，呈片状（棋盘格形）。然而，正如在许多植物类群中那样，并不是所有的物种都具备上述特征（即出现例外），而且其他桉属植物也具备某些上述特征。这种情况（“独特”特征的重叠）在分类中偶尔会碰到，这时植物学家会权衡所有依据，然后决定如何划分不同的类群。

需要谨记的是，随着信息的积累和技术的日益成熟，植物分类方式也在不断地完善。同样，对证据的解释有时也意见不一，植物学家可能会有不同的观点，尤其是那些归属于不同类群的等级。其中一个例子就是桉属，布鲁克（Brooker）于 2000 年提议扩大桉属的概念（纳入密切相关的杯果木属），而不是把它细分为若干个较小的属。在这种情况下，现行分类法中的许多杯果木属植物将改名为桉属，那些原本属于伞房属的植物自然也就保留在了桉属中。

对于非专业人士来说，现在的主要问题可能是：“我该给西澳大利亚州开花树胶取什么名字才合适呢？”无论使用红花伞房桉还是红花桉，其实都是个人选择，同时人们也意识到，在使用这两个名字的背后，是对该类群的另一种分类观点的认可。随着时间的推移，关于桉属植物分类的某种观点可能会占上风，人们也会接受使用西澳大利亚开花树胶的学名。

有关桉属植物进化关系的概述（广义分类学意义上）请参阅韦斯的著作（West，2006）。

植物结构

桉属植物花的结构较为一致，因此主要依据花蕾、果实、叶片和树皮的特征来鉴定不同的物种。下述说明指传统意义上的桉属，也就是包括伞房属但不包括杯果木属。

花蕾

桉树花蕾包括 3 个主要部分：花梗（可能无）、花管（也称为花萼管、隐头花序、花托管或花托）和萼盖（见线图 87b）。盖会脱落，由 1 轮或 2 轮合生的花被部分形成。随着花蕾的发育，有些具有双盖的植物会脱落外部盖或萼片盖，且在花蕾外部留下一个圆形的疤痕。当盖一起脱落或单个脱落时，就看不到疤痕。

用于植物鉴定的花蕾特征包括：

花梗——有或无，形状如横切面所示（花梗通常下垂）。

花管长度为花梗顶部与萼盖间的距离。

盖的形状——圆锥形、圆形和喙形等。

表面特征——光滑、具粉霜、具疣、具棱等。

花序类型——花序可能单生或排成伞状花序（见线图 85）或圆锥花序；每个伞状花序的花蕾数和花梗特征也被用于植物鉴定。

花朵

桉树的花有多枚着生于花管上的雄蕊。雄蕊着生区域的外观各不相同（见线图 86a，88b），相应地被称为雄蕊环或雄蕊囊。在花蕾中，雄蕊全部向花柱内折或全部直立，或内折但花药不规则地分布在花柱的周围；开花期花丝部分伸直且展开。在一些植物中，最外层的雄蕊被退化雄蕊所取代（见线图 88b）。

果实

果实为木质蒴果，通常具 3~5 片释放种子的裂片。即使是同一植株上的果实，其裂片数量也可能不同。在结果期，花盖的疤痕被称为周缘，雄蕊留下的疤痕可能明显（一些作者将其单纯视作周缘的一部分）。有时雄蕊囊较大，在发育中的果实上可能表现为枯萎的棕色环，如在澳洲桉树（见线图 88）和澳洲红铁中。裂片周缘和基部间的组织为花盘，它可能平直、上升（见线图 85b）或下降（见线图 87c）。裂片向外张开，其相对于周缘的位置被描述为水平、突出（见线图 85b）或封闭（见线图 87c）。

叶片

随着植物从幼苗发育至成熟，大多数桉属植物的叶也会随之变化（见线图 84）。

幼叶特征有时被用来区分近缘种，如烛树皮和软枝桉（多枝桉）。大多数植物的成熟叶片坚韧、革质，垂直悬挂在树枝上。叶对生，但在大多数物种中，由于叶基间茎轴的长度不等，成熟叶最终表现为互生。要注意一个特例——圆叶桉，该树木常见于栽培园中，其成熟树木保留着独特的幼叶阶段。尽管不同树种油的成分不相同，但叶片油腺中大多数芳香油都有一种“桉属植物”的香味。桉树群（如澳洲尤加利，窄叶桉树）压碎的叶通常具有独特的气味。许多桉树的叶略呈镰刀状，其他的则不对称，叶片的两半在不同点与叶柄相连。叶的此种特征导致了斜叶桉（友桉）这一名称的出现，它是一种分布在澳大利亚南部的树木。

叶脉是另一种实用的鉴别特征。次生叶脉有时间隔较大，几乎与中脉平行（如雪桉、疏花桉），后变化至紧密排列，与中脉呈大角度，如红桉群中的斑皮桉树（斑点桉）和红木群中的葡萄桉（南桃花心木）。从叶缘到与叶缘近似平行的叶脉（边缘内叶脉）间的距离也可用于植物鉴定。

树皮

树皮种类在植物鉴定中具有非常重要的作用，特别是在野外操作中，其主要类别有**非宿存**树皮和**宿存**树皮。在非宿存类型中，树皮的外层每季脱落一次，树干和树枝因此变得更光滑，呈浅色。此种类型通常称为“树胶树皮”，可能呈不规则小块完全脱落，或在一段时间内呈长条垂挂在分枝上。

宿存树皮的外层不是定期脱落，而是逐渐脱落，因此树干表面粗糙，主要呈深色。以下为几种已鉴定变体：

澳洲桉树——皮厚，通常具沟，有粗糙的长纤维；树皮可撕裂成条。

桉树——纤维质但相对坚实；纤维中等长度，不易撕裂。

黄杨——皮薄，坚实，纤维较短，有时水平撕裂成不规则的薄片。

铁皮木——具深沟，由于树胶沉积而变得又黑又硬。

红木——棋盘格形的（在垂直和水平方向开裂形成小板）。

形态分类

大多数桉树可分为 3 大类：

林木——具一高大树干，小枝高出地面，形成一个较小的树冠。

林地木——茎较短，单个树干，之后树干分枝，形成伸展的树冠。

灌状桉——有很多从地面长出的细干。树干通常不到 10 米高，有一小冠。

火灾后的再生

在地面上或地面下，大多数桉属植物发育形成一种膨大的木质结构，称为木块茎，里面储存有营养物质和许多休眠的营

线图 81　美花红千层 / 红瓶刷子树（Callistemon citrinus，×0.5）

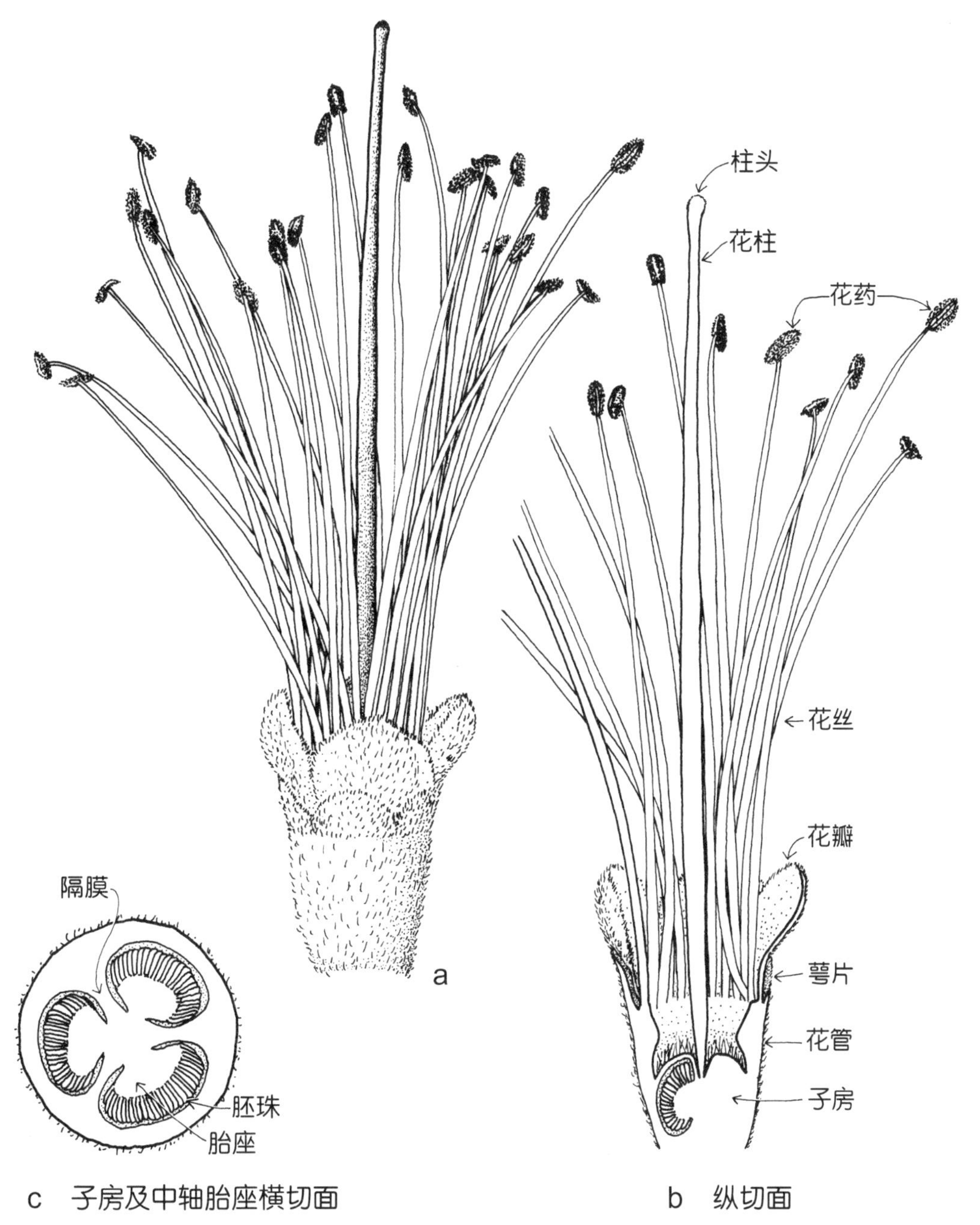

线图 82 美花红千层 / 红瓶刷子树（*Callistemon citrinus*）

花程式为 K5 C5 A∞ G($\overline{3}$) 花管可见

高 1~3 米的灌木，树枝经常呈拱形弯曲；幼茎和叶被脱落性柔毛；叶矛尖状，长达 8 厘米；花红色，穗状花序顶生，顶芽仍保持生长，嫩枝继续生长超出了花序；蒴果。常在植物上留存数年。常见于澳大利亚的维多利亚州东部、新南威尔士州和昆士兰州的沼泽地带。可广泛栽培，有许多栽培种和杂交种。花期在春季至初夏，有时在秋季。（a–b×4，c×7）

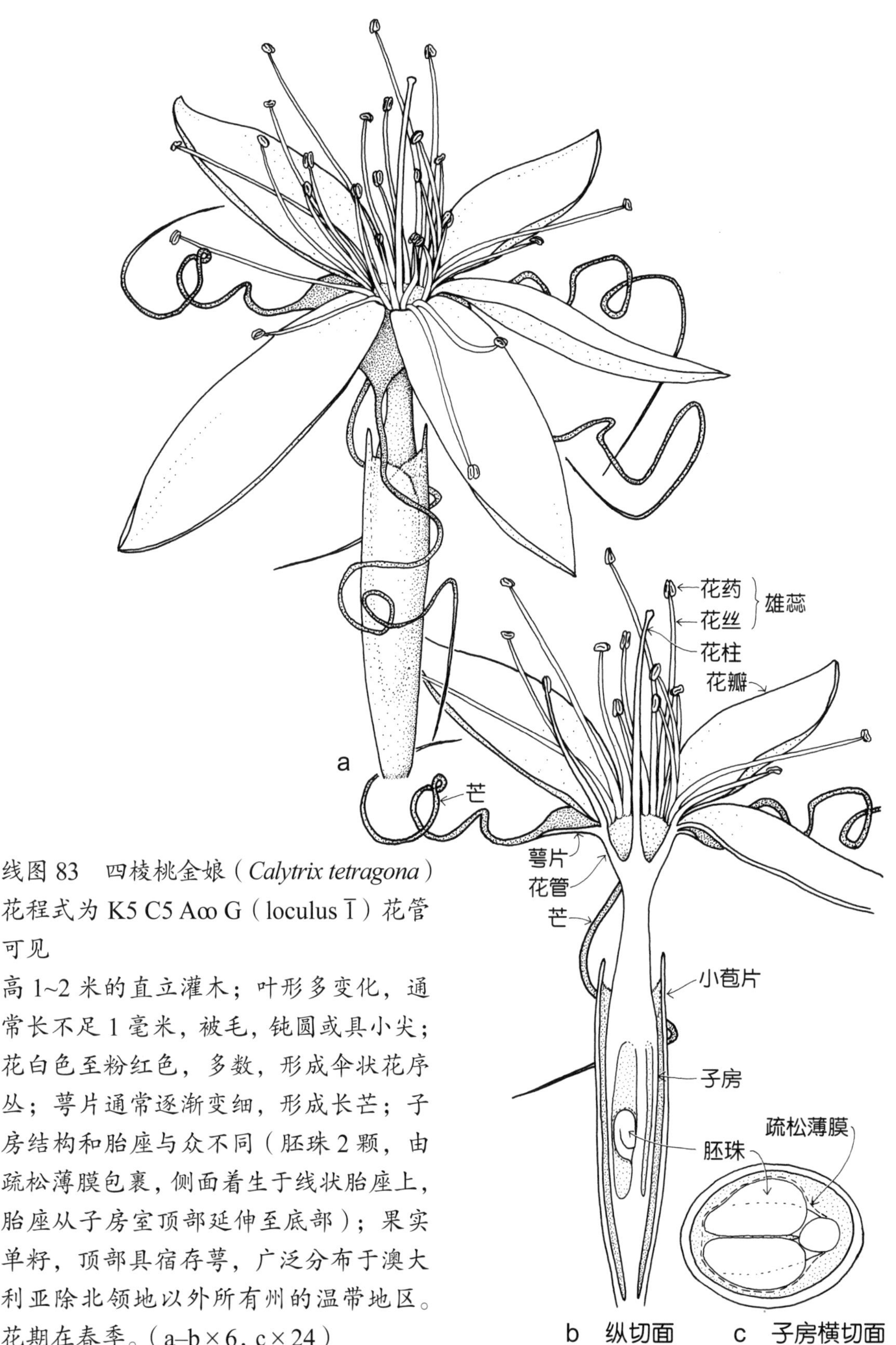

线图 83　四棱桃金娘（*Calytrix tetragona*）
花程式为 K5 C5 A∞ G（loculus $\overline{1}$）花管可见

高 1~2 米的直立灌木；叶形多变化，通常长不足 1 毫米，被毛，钝圆或具小尖；花白色至粉红色，多数，形成伞状花序丛；萼片通常逐渐变细，形成长芒；子房结构和胎座与众不同（胚珠 2 颗，由疏松薄膜包裹，侧面着生于线状胎座上，胎座从子房室顶部延伸至底部）；果实单籽，顶部具宿存萼，广泛分布于澳大利亚除北领地以外所有州的温带地区。花期在春季。（a–b × 6，c × 24）

线图 84 塔斯马尼亚蓝桉 / 南蓝桉（*Eucalyptus globulus* ssp. *globulus*）

乔木，中等高度至甚高，可达 60 米；树干粗壮，分枝较小，开放生长时树冠展开；树皮胶质，脱落成细条，因此树干上具黑色、浅灰色、蓝灰色、奶油色和棕色条纹；成叶互生，矛尖状，长达 30 厘米，深绿色；幼叶对生，无柄，卵形，具白霜；中间的叶甚长，可达 60 厘米；花白色，单生，无柄，腋生；蒴果。广泛分布在澳大利亚的塔斯马尼亚州，在维多利亚州仅分布在南部的奥特维斯和南吉普斯兰。通常生长在公园和大型花园中，可产生珍贵的木材。花期从冬季至春季。（a–b × 0.5）

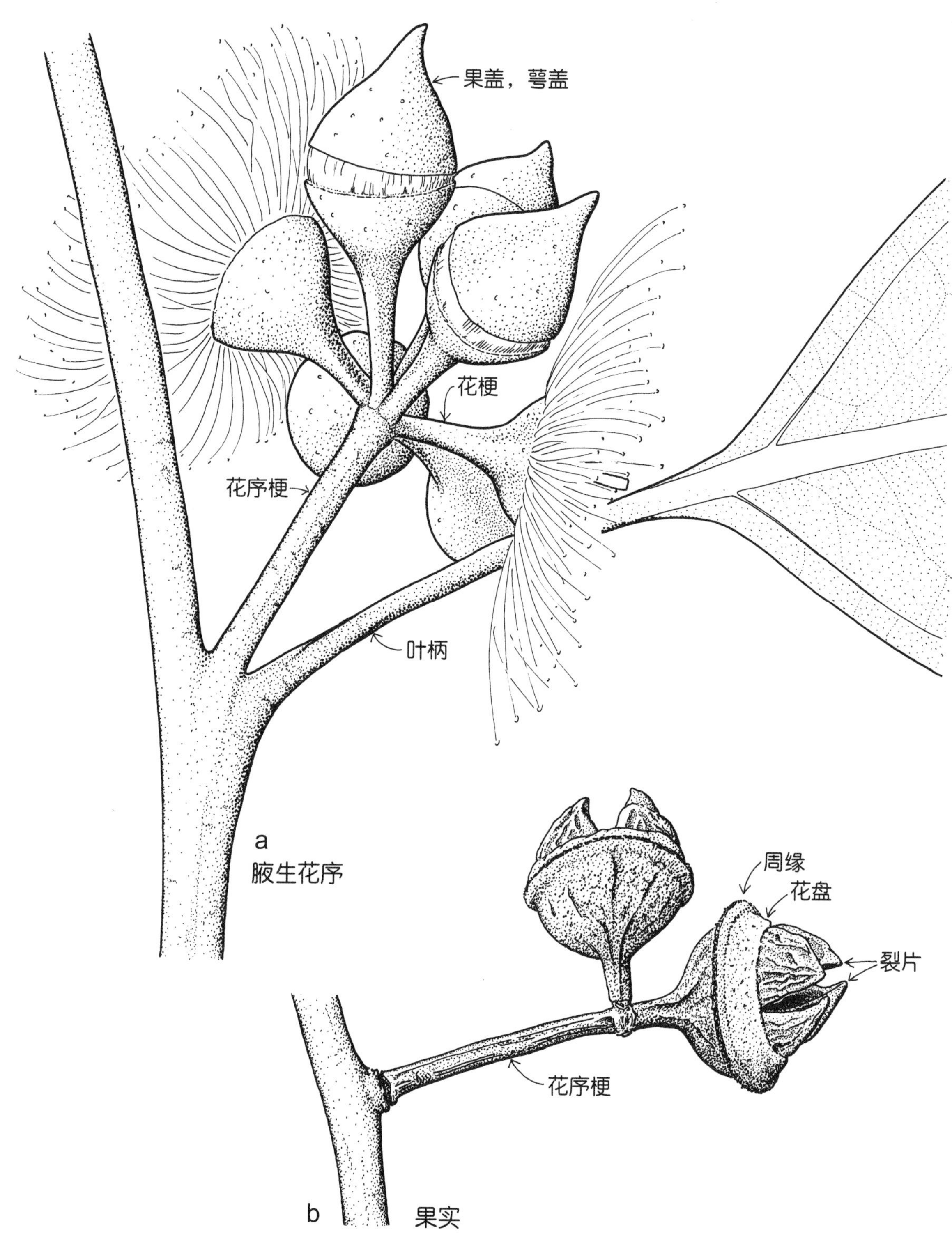

线图 85　赤桉（*Eucalyptus camaldulensis*）
（a–b × 4）

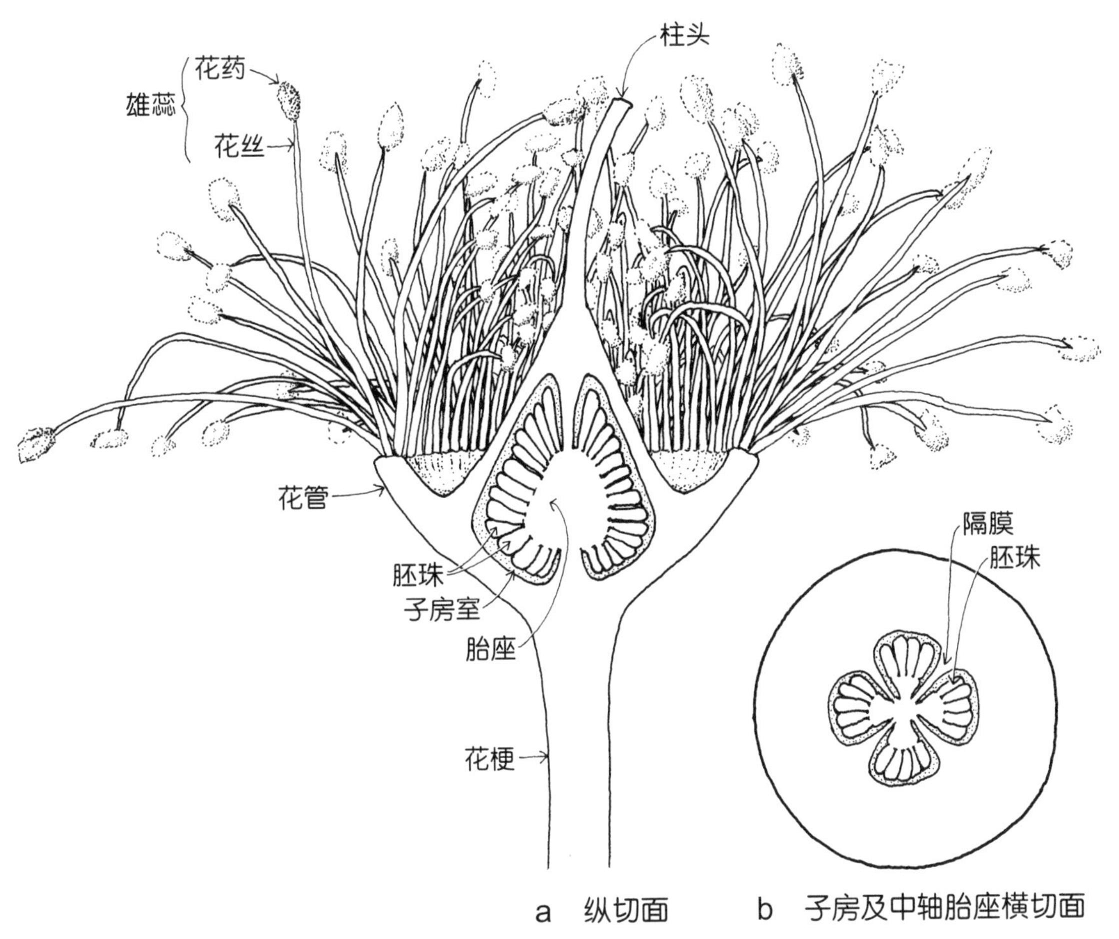

线图 86 赤桉（*Eucalyptus camaldulensis*）

花程式为 P operculum A∞ G（$\overline{4}$）花管可见

变种，中等高度至甚高，可达 45 米；树干粗壮，主枝粗大，树冠展开；树干更为笔直，树冠较小；树胶树皮颜色不一，有灰色、棕色、浅粉红色或白色，常常不均匀；成叶矛尖状，通常长 10~15 厘米，有时可达 25 厘米，暗绿色;幼叶起初对生，随后互生；宽矛尖状；花白色或奶油色，7~11 朵，伞状花序腋生；蒴果，具伸出裂片。广泛分布于除塔斯马尼亚州以外的澳大利亚所有州的河边。（a–b×7）

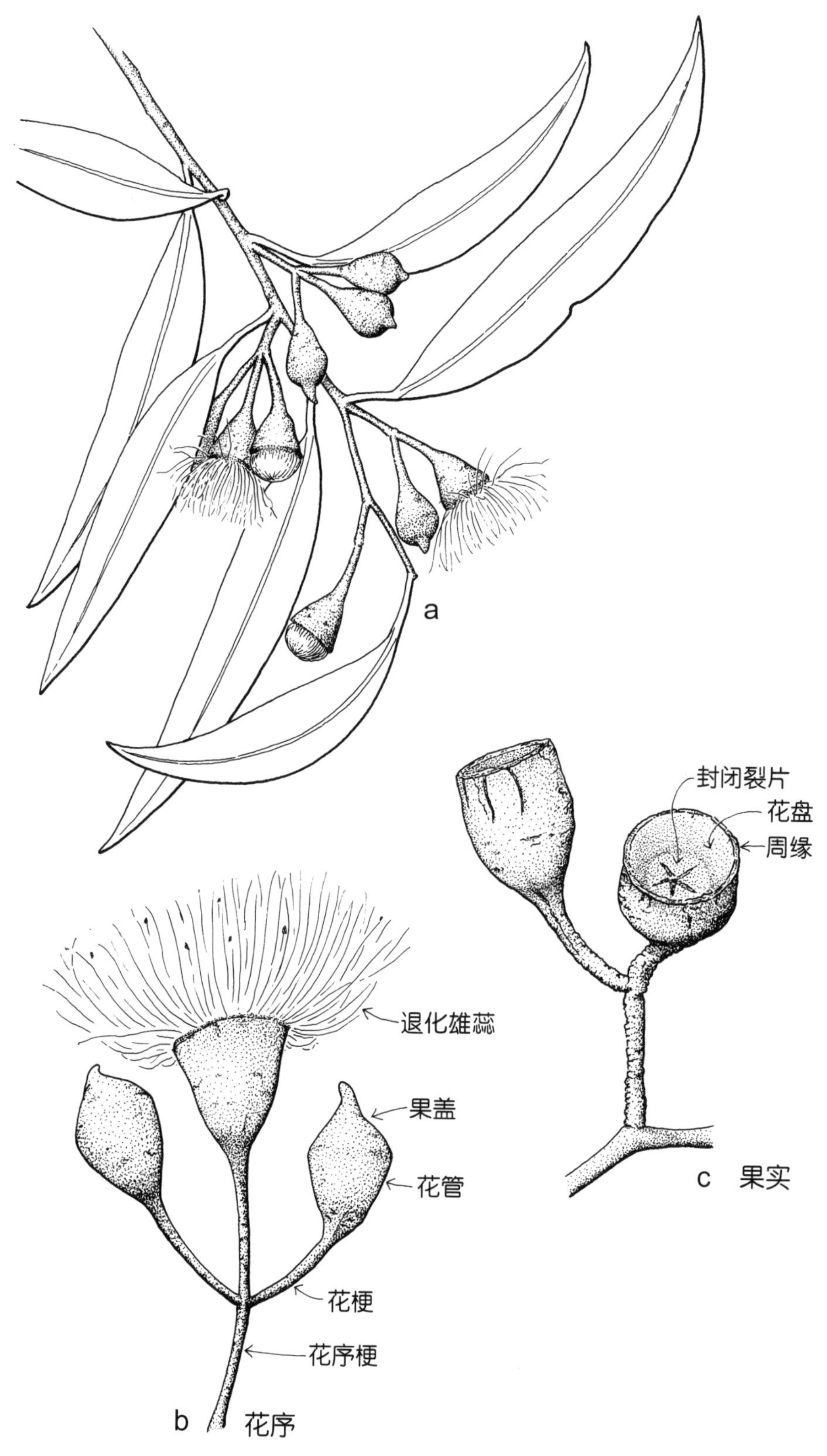

线图 87 大果白木桉 / 大果黄胶桉（*Eucalyptus leucoxylon* ssp. *megalocarpa*）（a×0.6，b–c×1.2）

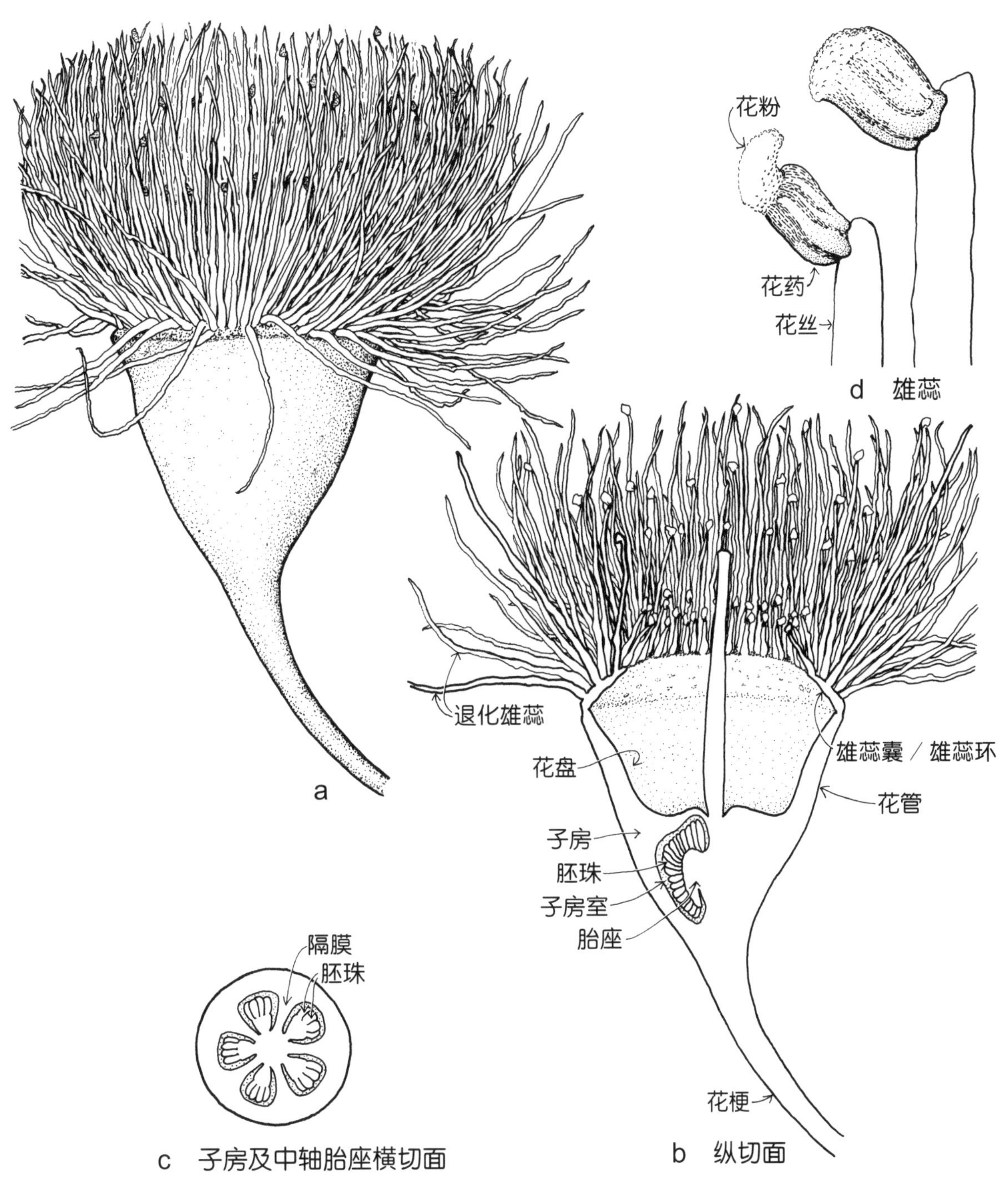

线图 88 大果白木桉 / 大果黄胶桉（*Eucalyptus leucoxylon* ssp. *megalocarpa*）

花程式为 P operculum A∞ G（$\overline{5}$）花管可见

高约 20 米的小乔木；树皮粗糙，起初约 2 米，似黄杨，然后生长成胶质，浅白色、奶油色或黄灰色；成叶矛尖状，暗绿色，长约 10 厘米；幼叶对生，无梗，卵形，暗绿色；花通常为红色或粉红色，通常 3 朵，伞状花序腋生；雄蕊和退化雄蕊着生的组织环通常在结果期宿存，可称为雄蕊囊或雄蕊环；蒴果，裂片闭合。主要分布于澳大利亚的维多利亚州西部的沿海石灰岩地区以及南澳大利亚州东南部，通常为栽培。花期主要在秋季。（a–c × 2.5，d × 25）

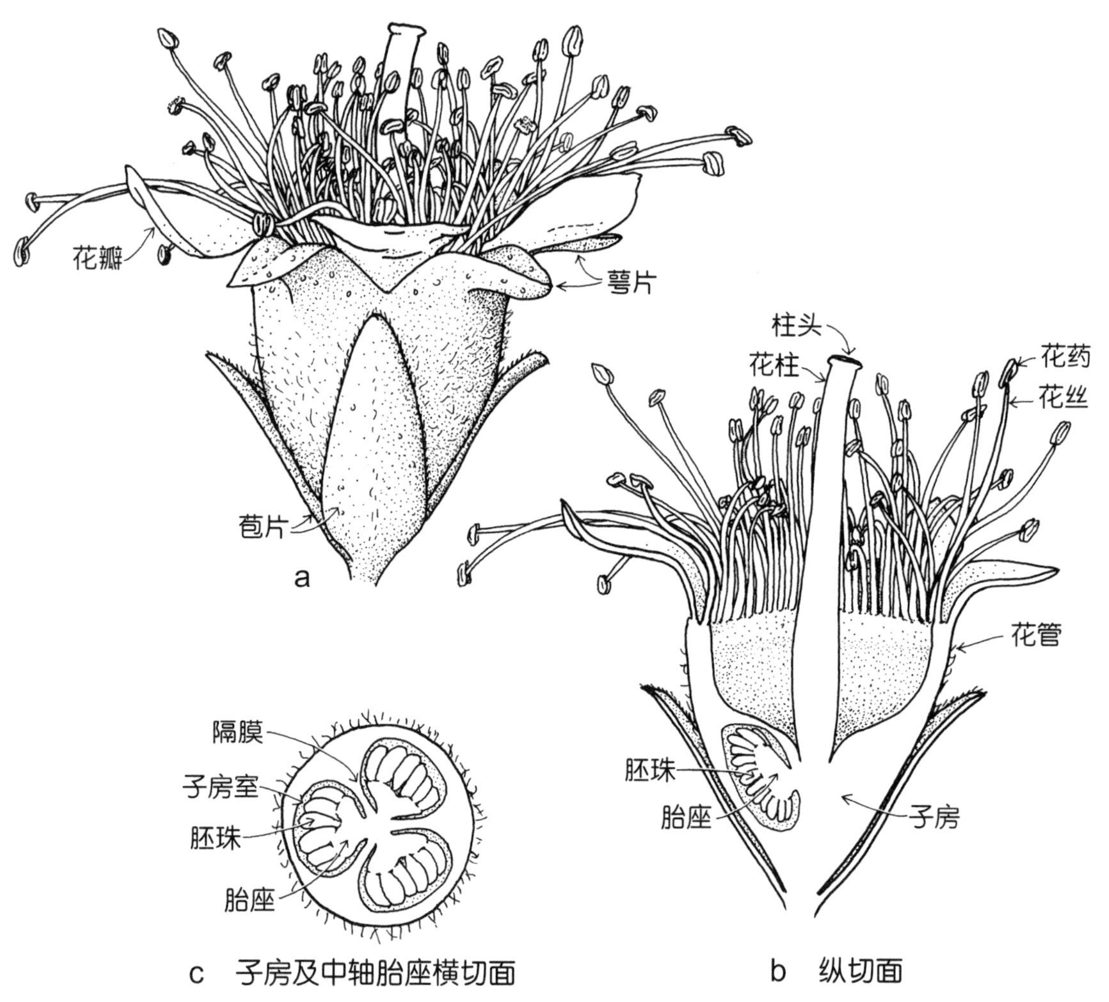

线图 89 白昆士亚（*Kunzea ambigua*）

花程式为 K5 C5 A∞ G($\overline{3}$) 花管可见

高 3 米的直立灌木；小枝具毛；叶稠密，矛尖形至倒披针形，长达 1 厘米，上凹；花白色或奶油色，生长于短侧枝上的密集簇中，每朵花（至少在幼花时）具基部苞片（但有些作者认为没有）；非木质蒴果，具宿存花萼。分布在澳大利亚的维多利亚州东部的威尔逊岬和海岸、新南威尔士州和塔斯马尼亚州。有时会在原来的生长范围外自然驯化。花期从春季至夏季。参照图版 20e–g。（a–c × 7）

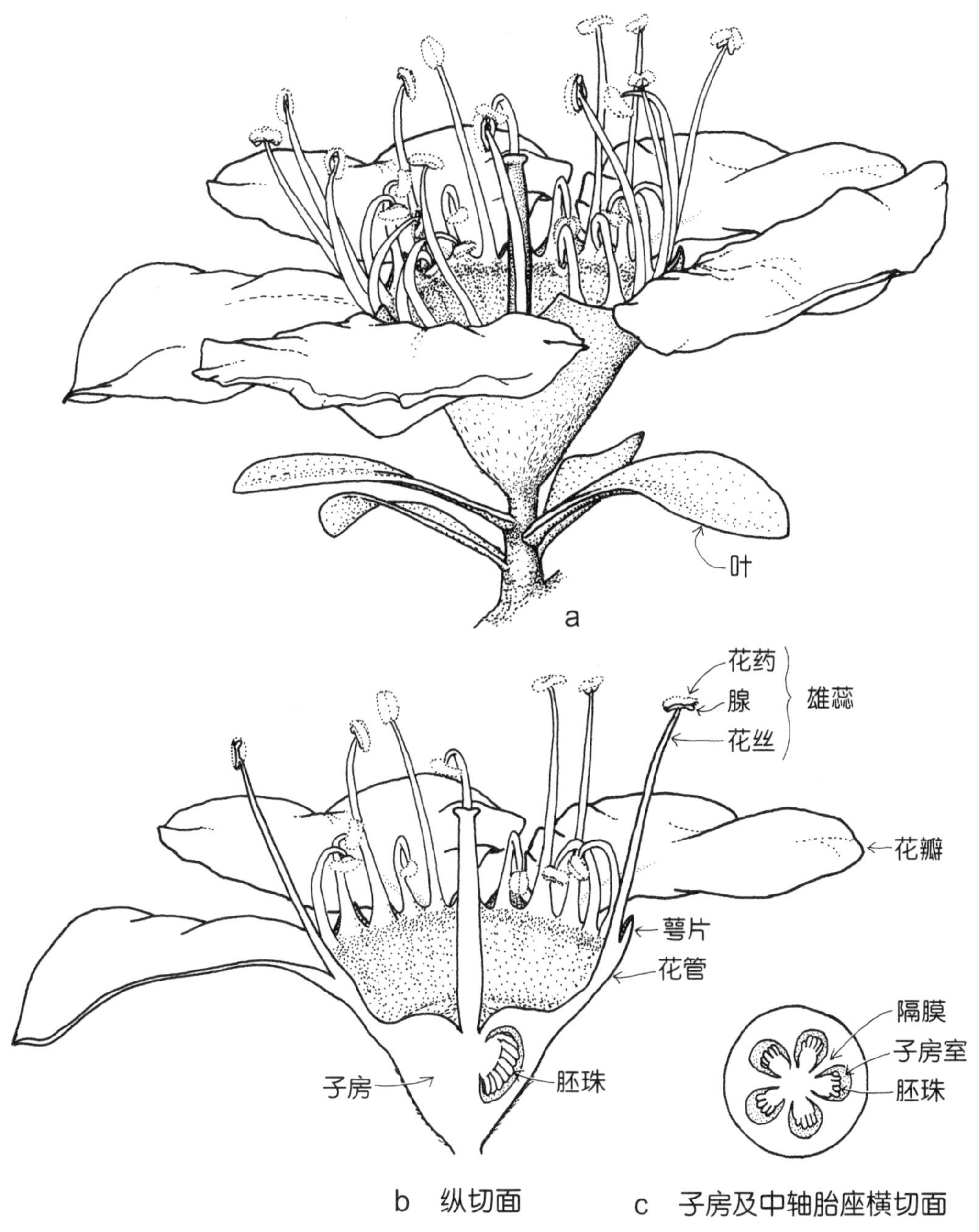

线图 90 丝茶树（*Leptospermum myrsinoides*）

花程式为 K5 C5 A∞ G（$\overline{5}$）花管可见

2 米高的灌木；叶倒披针形，长达 1 厘米，内凹，暗绿色，无毛；花白色或粉红色，在短侧枝上顶生；非木质蒴果。广泛分布于荒野和沙地森林，主要分布在澳大利亚的维多利亚州、南澳大利亚州和新南威尔士州的沿海地带。花期在春季。参照图版 20h、i。（a–c×7）

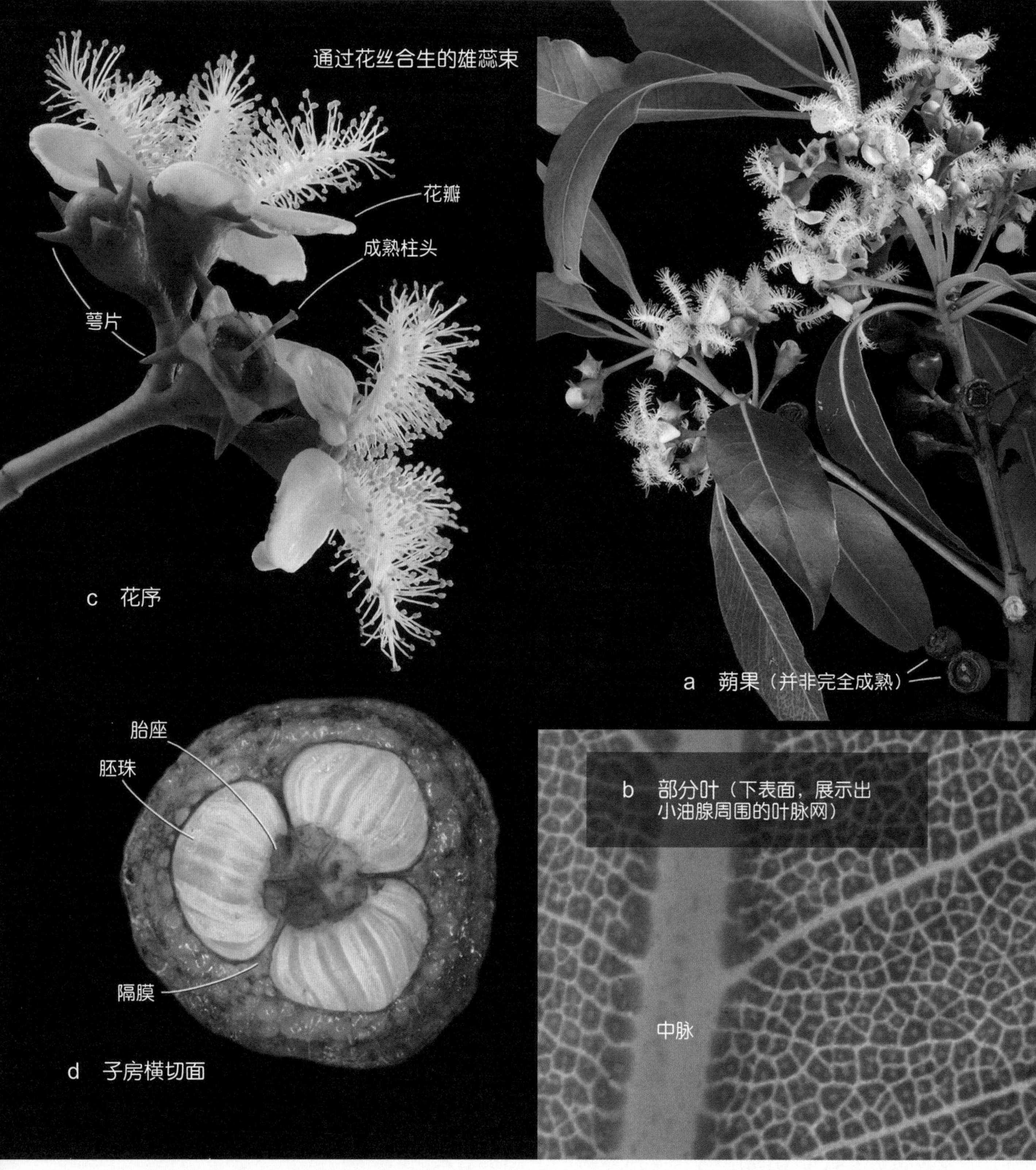

图版 20a-d 红胶木（*Lophostemon confertus*）

高约 15 米（在森林中高约 40 米）的圆形乔木；花直径约 3 厘米，聚伞花序腋生；蒴果。原产于新南威尔士州和昆士兰州的热带雨林边缘，在澳大利亚其他地区作为街树种植。花期在夏季。

花程式为 K5 C5A(∞) G($\bar{3}$) 花管可见，中轴胎座

图版 20e-g 新西兰茶树（*Kunzea ericoides*）

高约 5 米的茂密灌木或小乔木，多变；花直径约 9 毫米，生长于上叶腋中；果实为蒴果。广泛分布于澳大利亚东部和新西兰。花期在春末和夏季。

花程式为 K5 C5 A(∞) G($\bar{3}$) 花管可见，中轴胎座

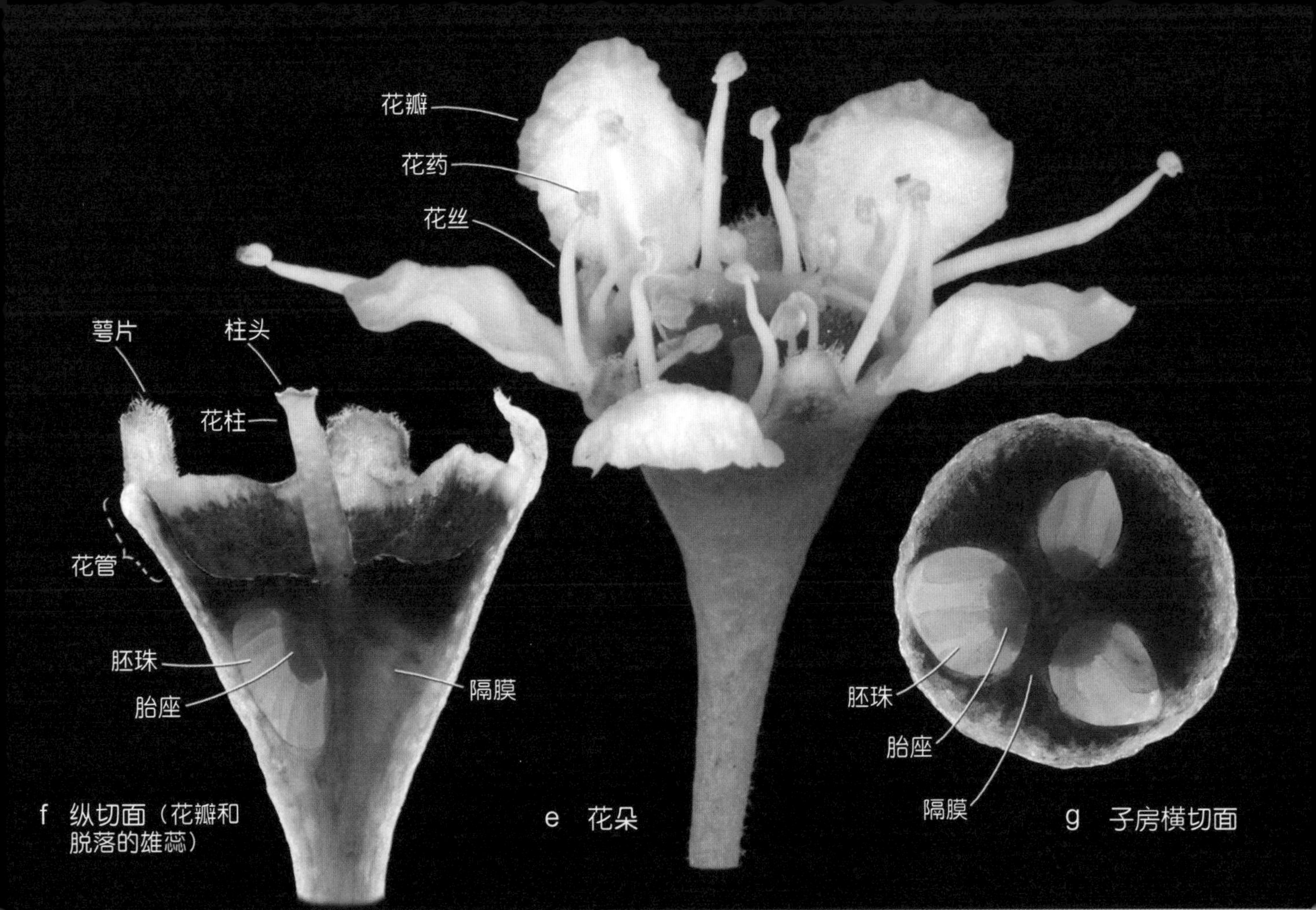

花瓣
花药
花丝
萼片
柱头
花柱
花管
胚珠
胎座
隔膜

f 纵切面（花瓣和脱落的雄蕊）

e 花朵

胚珠
胎座
隔膜

g 子房横切面

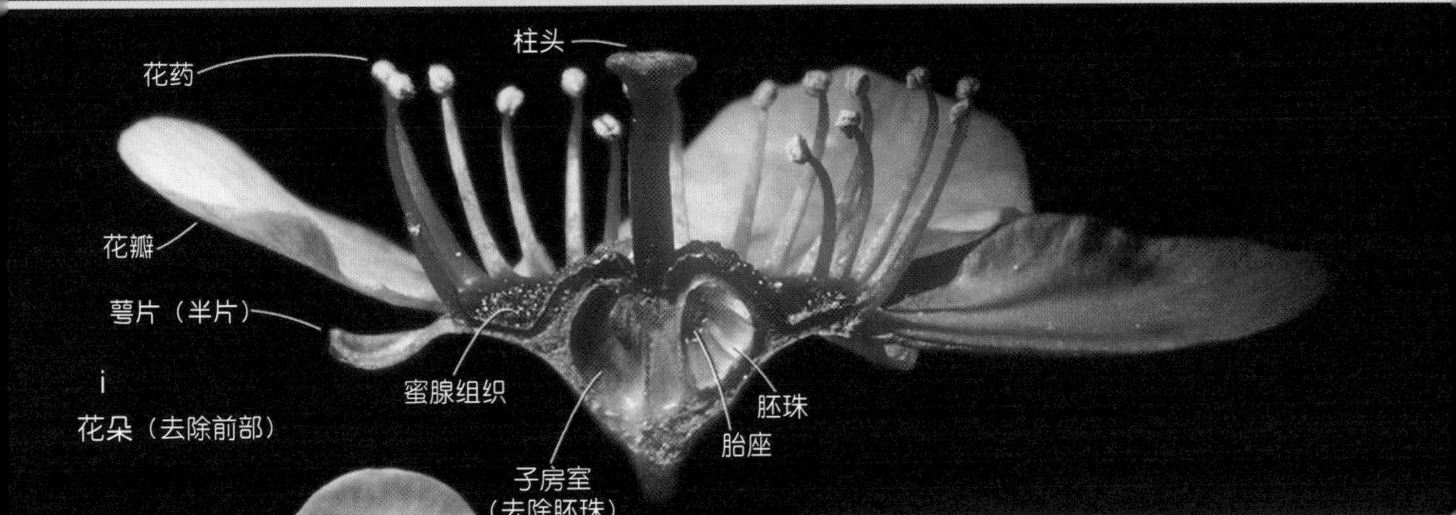

柱头
花药
花瓣
萼片（半片）
蜜腺组织
胚珠
胎座
子房室（去除胚珠）

i 花朵（去除前部）

h 花朵

花瓣

图版 20h、i 松红梅（*Leptospermum scoparium*）

高约 3 米的茂密灌木；花直径约 1.5 厘米，生长于上叶腋中，大多为白色的野生形态；果实为蒴果。原产于澳大利亚东南部和新西兰，许多开粉花的栽培种也原产于此。花期多在春季和夏季。

花程式为 K5 C5 A∞ G(−5−) 花管可见，中轴胎座

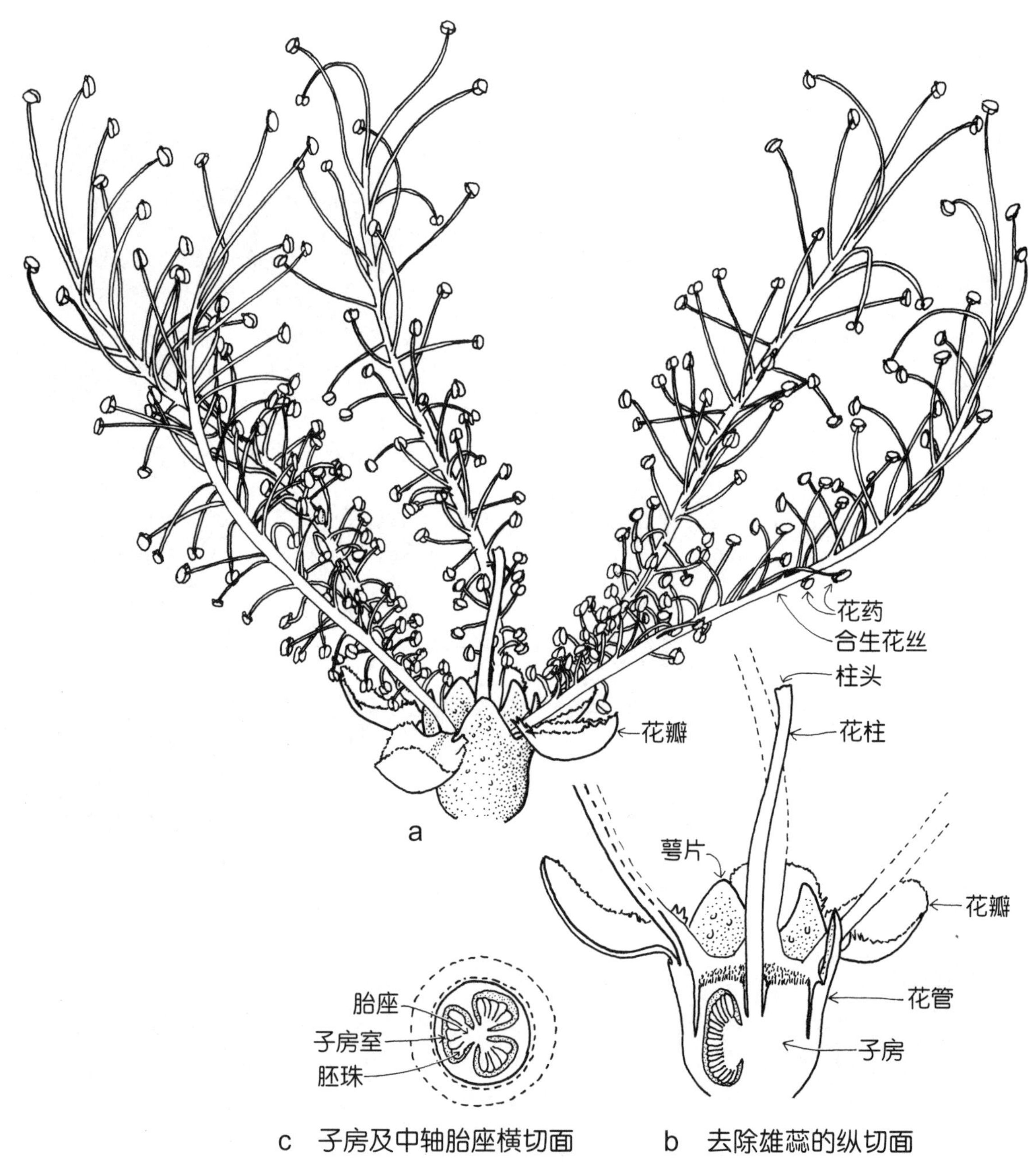

线图 91 轮叶白千层 / 夏雪草（*Melaleuca linariifolia*）

花程式为 K5 C5 A（∞）G（$\overline{3}$）花管可见

高 10 米的灌木或小乔木；叶矛尖状，略微内凹，长 2~3 厘米；花白色，排成穗状花序，穗状花序位于继续生长的枝条尖附近；雄蕊通过花丝合生形成 5 束（在某些植物中不明显合生）；蒴果，多年不裂。分布在澳大利亚的新南威尔士州和昆士兰州的沿海地带和潮湿地区。广泛作为观赏植物和街道树木种植，有时自然驯化。花期在夏季。参照图版 19j。（a×5，b–c×7）

养芽。当植物的地上部分受到破坏时，比如因大火或被采伐（用于榨油），这些芽就会迅速发育成新芽。灌状桉的木块茎特别发达，人们通过开垦土地收集它，并将可用作燃料的灌状桉根茎出售。桉属植物也能从火灾中再生，当树冠和小枝死亡时，隐藏在树皮下的芽和分枝就会发芽，形成大量的嫩条。当树冠重新长出来时，大部分枝条就会枯死。这种再生方式是澳洲桉树的典型特征，但也不仅限于它们。比如说王桉（澳大利亚桉属）等植物皮薄，无木块茎，易死于火灾，必须由种子再生。蒴果可以保护种子免受重大火灾的侵蚀。当树死亡后，蒴果就会释放种子，这些种子在适宜的环境下生长不久后，便会形成许多茁壮生长的幼苗。

《澳大利亚植物志》第 19 卷中有大量线图、检索表和物种描述，这些物种在 1988 年该书出版时已被鉴定，也就是从那时起人们对桉属的研究多了起来，随之发现了大量的新物种。布鲁克和克莱尼格（Brooker & Kleinig）合著的《桉属植物野外鉴别指南》（*Field Guide to Eucalypts*）第 1~3 卷可能仍是最全面、最实用的鉴定文献，也可参阅 CPBR（2006）参考文献的数字光盘。

《澳大利亚东南部本土乔木和灌木》（*Native trees and shrubs of south-eastern Australia*）一书由科斯特曼（Costermans）于 2009 年所作，书中介绍了澳大利亚东南部的桉属植物及桃金娘科植物，具有很高的参考价值。科斯特曼作于 2006 年的《维多利亚和相邻地区的乔木》（*Trees of Victoria and adjoining areas*）适用于桉属植物初学者，也是最有用的野外指南，其他作品包括布鲁克和克莱尼格（Brooker & Kleinig，1996）和尼科尔（Nicolle，1997、2006）的著作。

28　芸香科

芸香类、柑橘类、石南香类及钟南香类植物

芸香科中等规模，广泛分布在温带和热带地区，特别是在澳大利亚和南非。澳大利亚约分布有 43 个典型属，包括 480 余种植物。“芸香科”这一名称来源于芸香属，该属包括芸香，这是一种据传有许多治疗功效的欧洲草本植物。

许多植物具油腺，因此有香味，最常散发香味的器官为叶和花朵。包括石南香属在内的一些植物可为香水提供带有香味的油脂，因此主要为了商业目的进行种植。许多属产生可食用果实，其中最重要的是柑橘属，包括西柚、金橘、柠檬、酸橙、柑橘和橙子。澳大利亚的指橙（以前为澳橘檬属）和澳大利亚沙漠青柠（以前为澳沙檬属）等澳大利亚本土物种的果实与栽培柑橘相似，为原住民和殖民者所利用。随着人们对澳大利亚灌木食物兴趣的日益浓厚，这些植物逐渐获得了人们的喜爱。

许多本土属和引种属作为观赏植物而

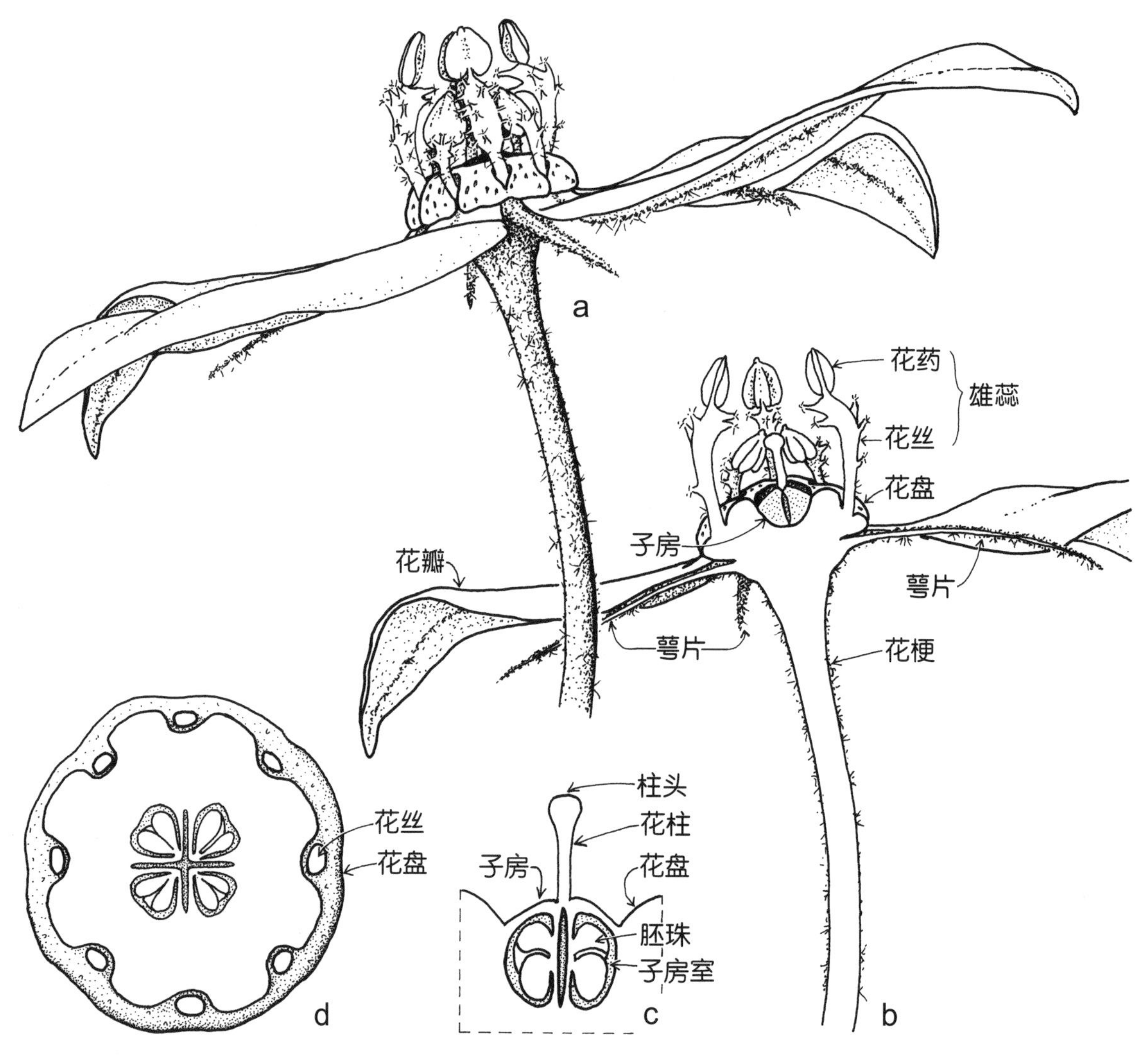

线图 92　柔毛石南香（*Boronia mollis*）

花程式为 K4 C4 A4+4 G（4）

a 花朵侧视图；**b** 半花（切面经过子房室）；**c** 心皮纵切面（子房室和胚珠经切割）；**d** 子房、花盘和花丝基部，中轴胎座横切面。（a–b × 7，c–d × 12）

高 2 米的小灌木；分枝具浓密毛；叶对生，羽状，具 3~7 片小叶；花粉红色，花序腋生或顶生；花梗、花萼和花丝具星状毛；外层雄蕊比内层雄蕊长；突出花盘围绕在子房和花丝基部；心皮在单个花柱上合生，子房离生。原产于澳大利亚的悉尼和新南威尔士州南部的内陆砂岩河谷。有时栽培。花期在春季。参照图版 4h、i。

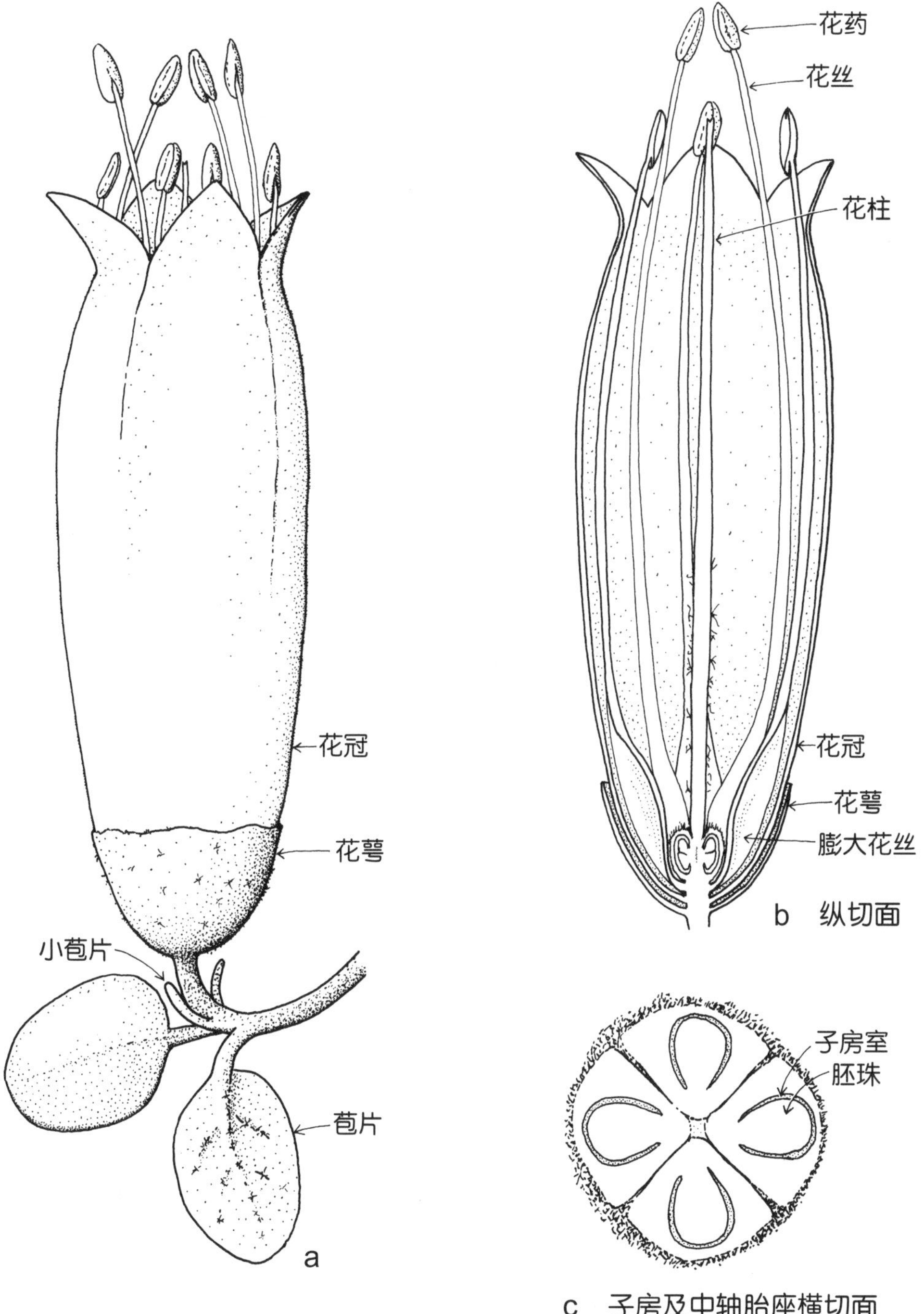

线图 93 折瓣钟南香（*Correa reflexa*） 花程式为 K（4）C（4）A4+4 G（4）

高 2 米的多变小灌木；幼枝、叶和花具星状毛；叶对生，长 2~5 厘米，矛尖形至卵形；花通常下垂，1 或几朵生于小侧枝顶端；花色各异，有红色、红色绿尖和全绿；小苞片生长于花梗上，有时早落；内层雄蕊具有与花丝相连的宽基部；成熟时心皮合生，子房离生。原产于澳大利亚各州。花期从深秋至春季。（a–b × 2.5，c × 13）

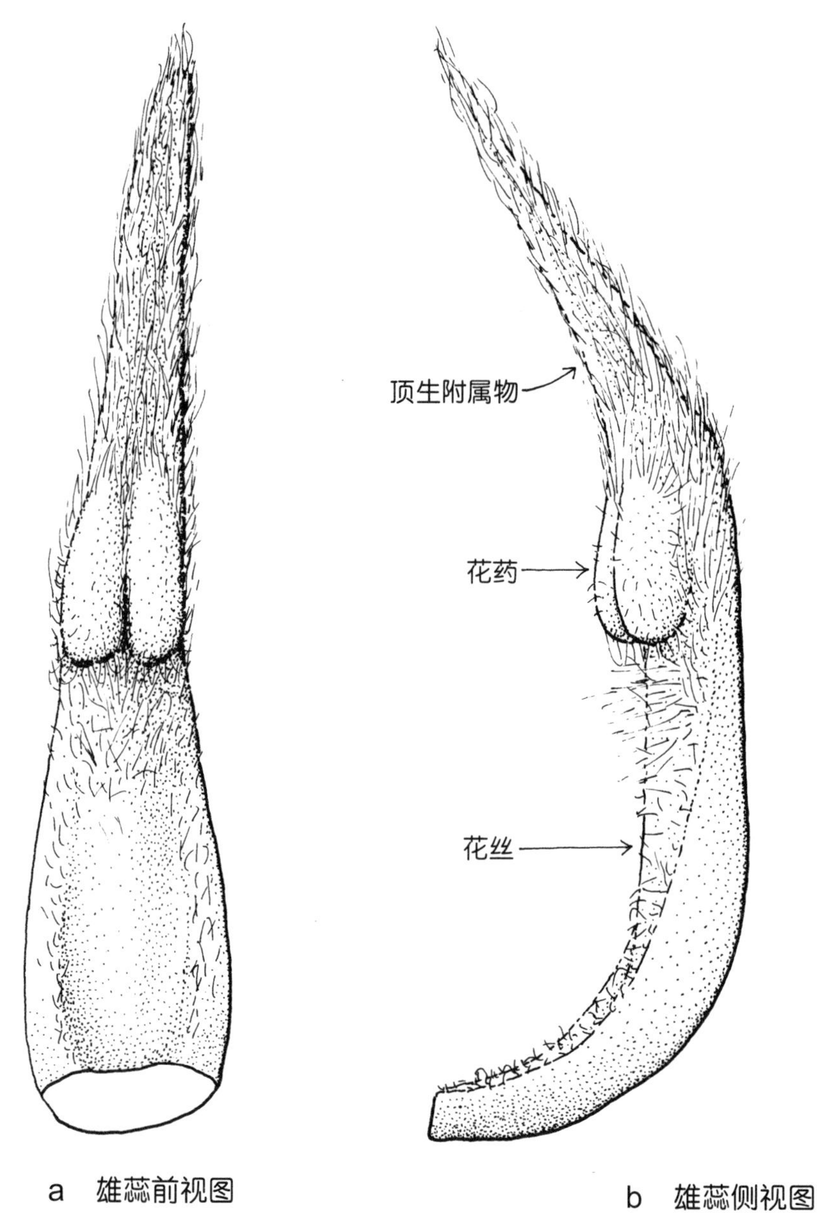

线图 94 柳南香（*Crowea*）

柳南香属为小型属，生于澳大利亚，花为粉红色，包括 3 种植物和几种常见的栽培种。与毛南香属密切相关，具有相同的花程式。两者的重要区别是具毛花药，描述为突出的具须顶生附属物。（a–b × 12）

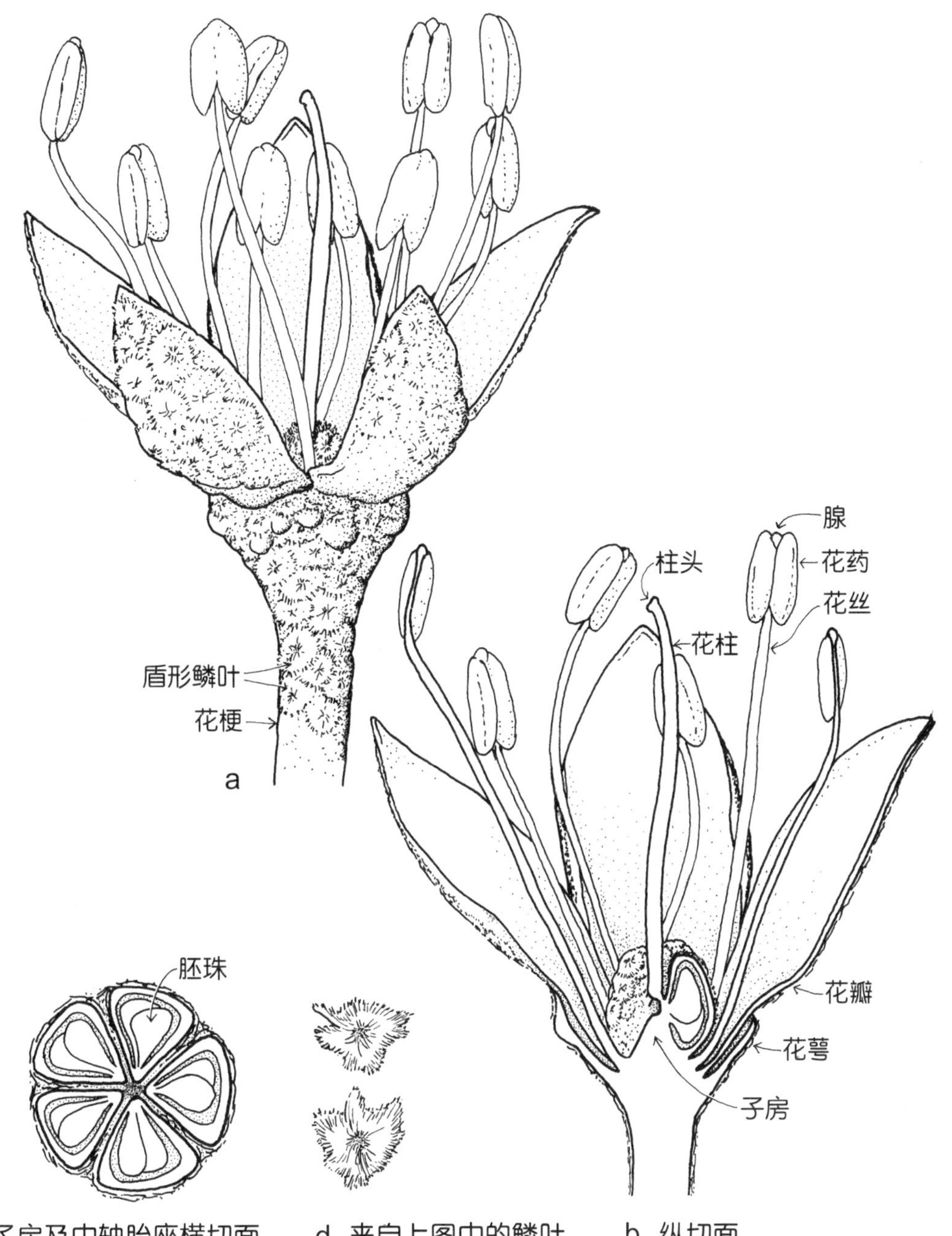

线图 95 鳞衣澳新芸香（*Phebalium squamulosum*）

花程式为 K（5）C5 A5+5 G（5）

直立灌木，形态各异，该植物大部分覆盖有银色或褐色的重叠鳞叶；叶互生，窄长方形或椭圆形，长 1~7 厘米；花奶油色至黄色，生长于顶生小伞状花序丛中；每个花药长有一圆形的顶端小腺；子房具密集鳞叶，在基部通过单个花柱合生。原产于澳大利亚的维多利亚、南澳大利亚州、新南威尔士州和昆士兰州东部的森林中。有时作为观赏植物而种植。花期在春季。（a–b × 10，c–d × 20）

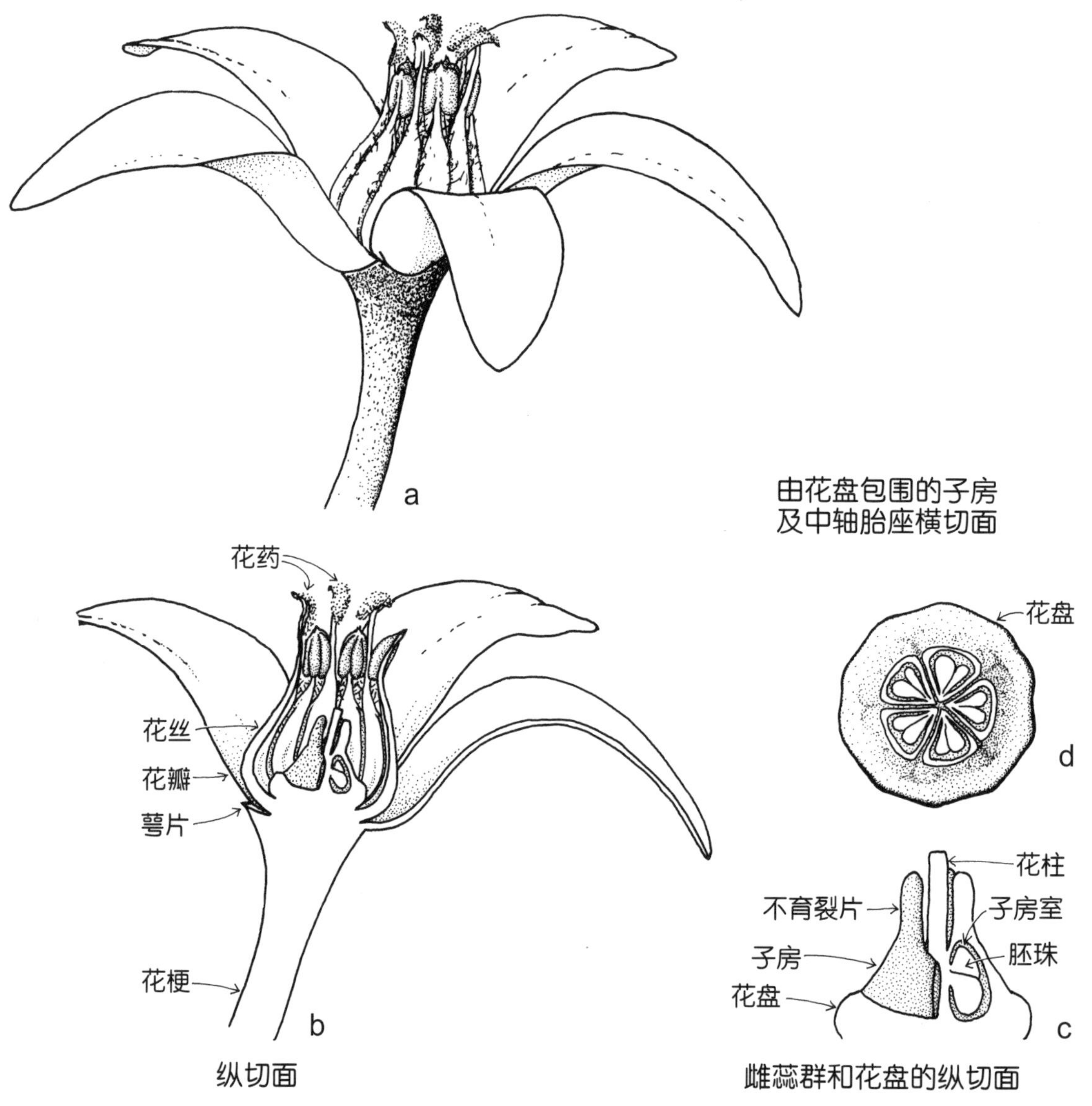

线图 96　长叶蜡花（*Philotheca myoporoides*）

花程式为 K5 C5 A5+5 G（5）

高 5 米的多变灌木；茎无毛，具突出油腺，因此表面粗糙；叶互生，矛尖状，芳香；花蕾粉红色，花白色，排成具柄腋生伞状花序；花丝具毛但花药无毛，尖端有一小点；子房通过单个花柱的基部合生，每个子房有一突出顶生裂片；突出花盘围绕在子房基部。在澳大利亚的维多利亚州、新南威尔士州和昆士兰州东部自然生长，常作为观赏植物。花期在春季和夏季。以前名为海茵芋状蜡南香。（a–b × 5，c–d × 10）

线图 97　臭木（*Zieria arborescens*）
（×0.7）

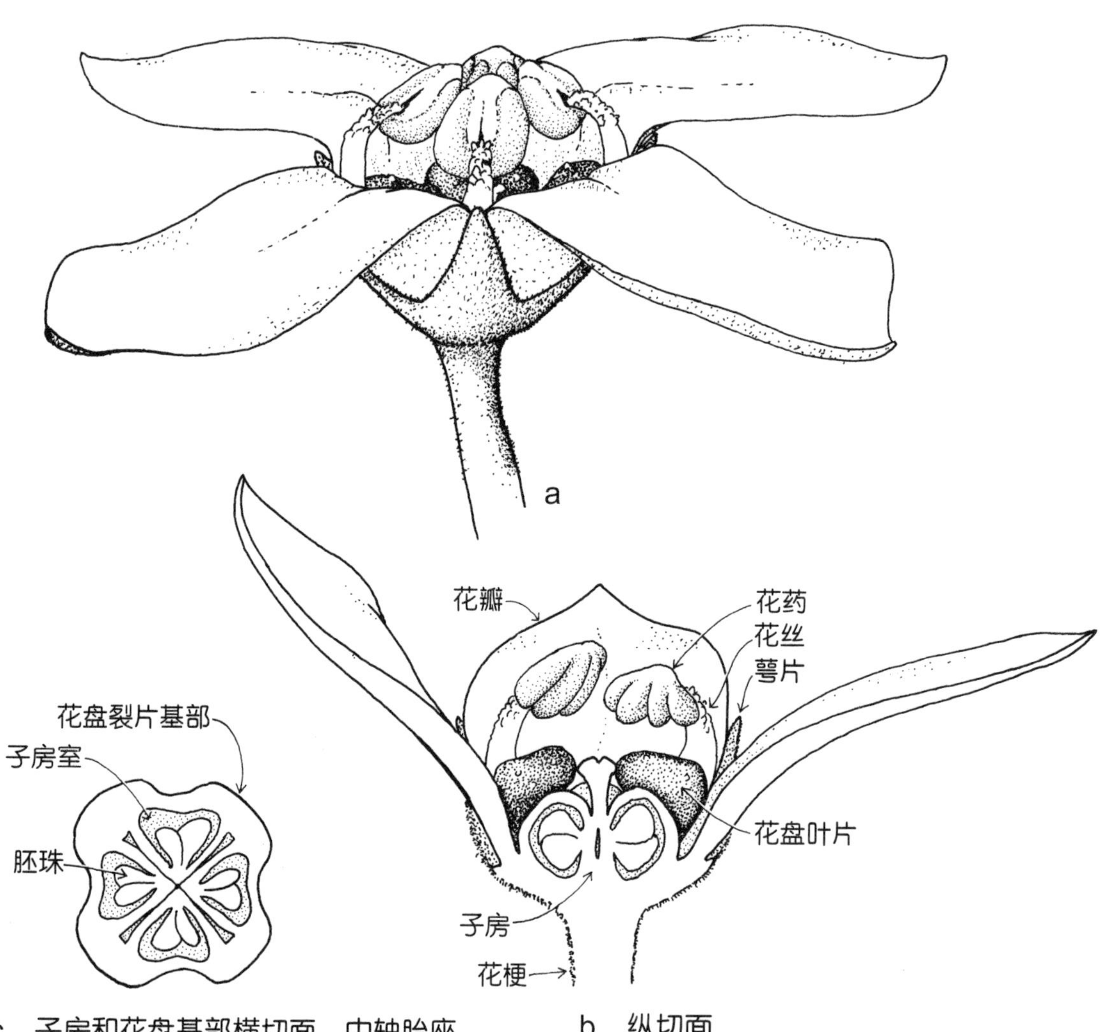

线图 98 臭木（*Zieria arborescens*）

花程式为 K4 C4 A4 G（4）

高大灌木或小乔木，高 5 米；叶对生，具三小叶，小叶长 3~10 厘米，具难闻气味；小枝和叶的下表面被星状微小细毛；花白色，小，聚伞圆锥花序腋生；花盘 4 裂；雄蕊具疣状花丝。生长于澳大利亚的塔斯马尼亚州、维多利亚州、新南威尔士州和昆士兰州的潮湿森林和河谷中。花期为冬末至夏初。偶尔进行人工培育。（a–c × 10）

种植，如石南香属、钟南香属、毛南香属（以前为艾里奥斯特门属）、墨西哥橘属、石南芸木属（布枯属）和九里香属。好望角美树是一种漂亮的开花树，偶尔见于公园和大型花园中。

花的结构

花朵 通常辐射对称，两性，有时单性。花序多样。

花萼 萼片4~5片，有时更少，合生或离生，星南香属植物的花朵不明显。

花冠 花瓣4~5片，通常离生，钟南香属的某些植物有时合生（见线图93）。

雄蕊群 雄蕊通常为8或10枚，2轮，每轮4或5枚，有时在基部合生，柑橘属植物中有15枚或更多。在柳南香属植物中，每个花药顶端覆盖着一个具须的突出附属物（见线图94），常具退化的雄蕊。

雌蕊群 心皮通常4~5个，有时离生，完全合生，有时基部离生，顶部合生，形成单个花柱和柱头，如石南香属植物（见线图92；图版4i）和毛南香属植物（见线图96）。子房上位。通常为中轴胎座，每子房室具1~2颗胚珠。花盘通常出现在子房基部（见线图92，96；图版4h、i）。

果实 多种果实。通常干燥，革质，成熟时分裂成许多部分，在柑橘属等植物中为浆果，有时为蒴果或翅果。

此类植物大多为灌木或乔木，有时多刺，通常为复叶，大多互生，无托叶。石南香属、钟南香属和澳桔属（见线图97）有对生叶，为鉴定这些属提供了有用的识别特征。

《澳大利亚植物志》第26卷中涵盖澳大利亚物种的检索表和描述。

图 线图92–98；图版4h，i。

识别特征

通常为木本植物。叶含油腺（叶片具斑点），压碎时散发出香味。其他表面特征有星状毛和盾形鳞叶（见线图95d）。花辐射对称，4或5裂，雄蕊数通常是花瓣数的两倍。子房上位，具花盘。

29 锦葵科

锦葵类、猴面包树类、椴树类及酒瓶树类植物

最新的分类法借助分子研究，将锦葵科定义为种类较多、广布全球的科。该科的传统界限已扩大，被纳入了木棉科（猴面包树和巴沙木）、梧桐科（异叶瓶木、宝瓶树和光叶花）和椴树科（菩提树）。这4科都单独存在，不是单系类群的，它们之间的界定非常随意，目前包括9个已鉴定的亚科。

下述内容介绍了木棉科、梧桐科、椴树科和锦葵科：

木棉科

种类较少，大多为产自热带南美洲的

图版 21a–d　蜜源葵（*Lagunaria patersonia*）

高约 15 米的深绿色茂密乔木；叶片会变色；花直径约 5 厘米，单生于上叶腋中；果实为蒴果。原产于诺福克和豪勋爵群岛（澳大利亚东部的太平洋）以及昆士兰州东部，通常作为街道树广泛种植，有时记录为自然驯化。花期在夏季。

花程式为 K(5) C5 A(∞) G(5)

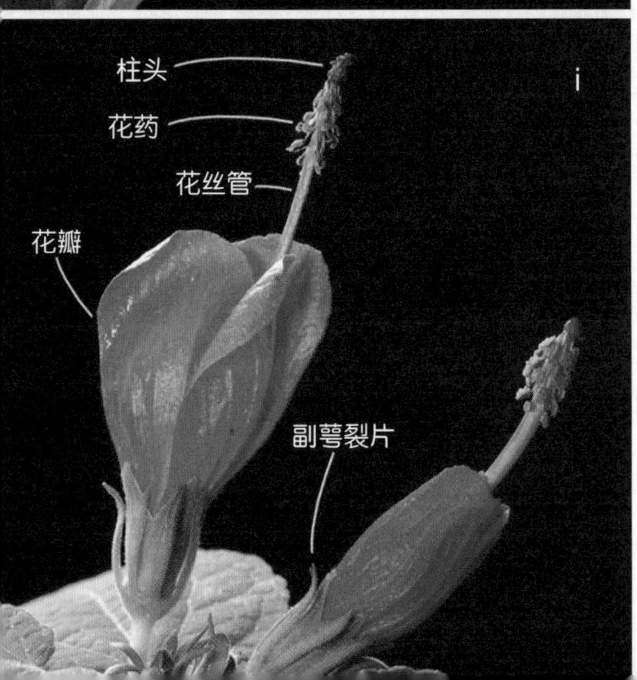

图版 21e　小花锦葵（*Malva parviflora*）

图版 21f、g　尼斯锦葵（*M.nicaeensis*）

高不低于 60 厘米的一年生可变植物；花直径约 1.5 厘米，生长于腋生花序丛中；果实分裂成 1 籽部分（双悬果）。原产于地中海，现已在其他地方广泛自然驯化，是花园和路边的常见野草。一年中的大部分时间都会开花。

花程式为K(5) C5 A(∞) G(c. 10)

图版 21h　朱槿（*Hibiscus rosa-sinensis*）

高约 2 米的粗壮灌木；花单生于叶腋中，直径约 17 厘米。原产于亚洲热带。许多栽培种作为观赏植物而种植，包括许多杂交种；其植物学名称通常随意使用。花期在夏季。

花程式为K(5) C5 A(∞) G(5)

图版 21i　垂花悬铃花（*Malvaviscus arboreus*）

见线图 99 说明。

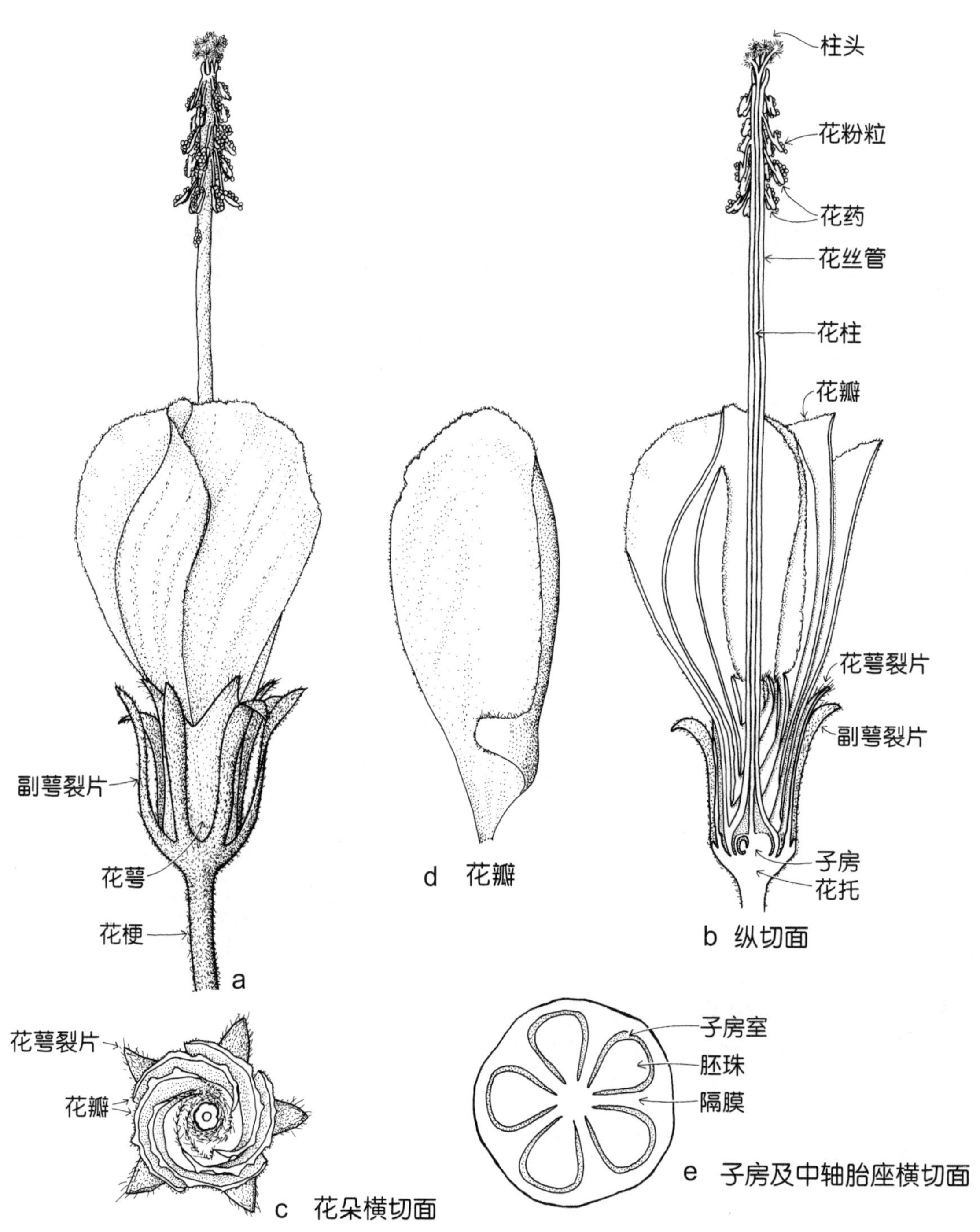

线图 99 垂花悬铃花 / 南美朱槿（*Malvaviscus arboreus*）

花程式为 K（5）C5 A（∞）G（5）

高 2 米的有蔓生习性灌木；叶宽卵形，长 15 厘米，具毛，尖端 3 裂；花鲜红色（见图版 2i），单生在腋中，即包围着管状花萼的副萼；花瓣与花丝管相连，花丝管位于花柱周围，不与花柱合生。原产于南美洲，有时作为观赏植物种植。花期多在夏季至秋季。（a–b × 2，c × 2.5，d × 2，e × 7）

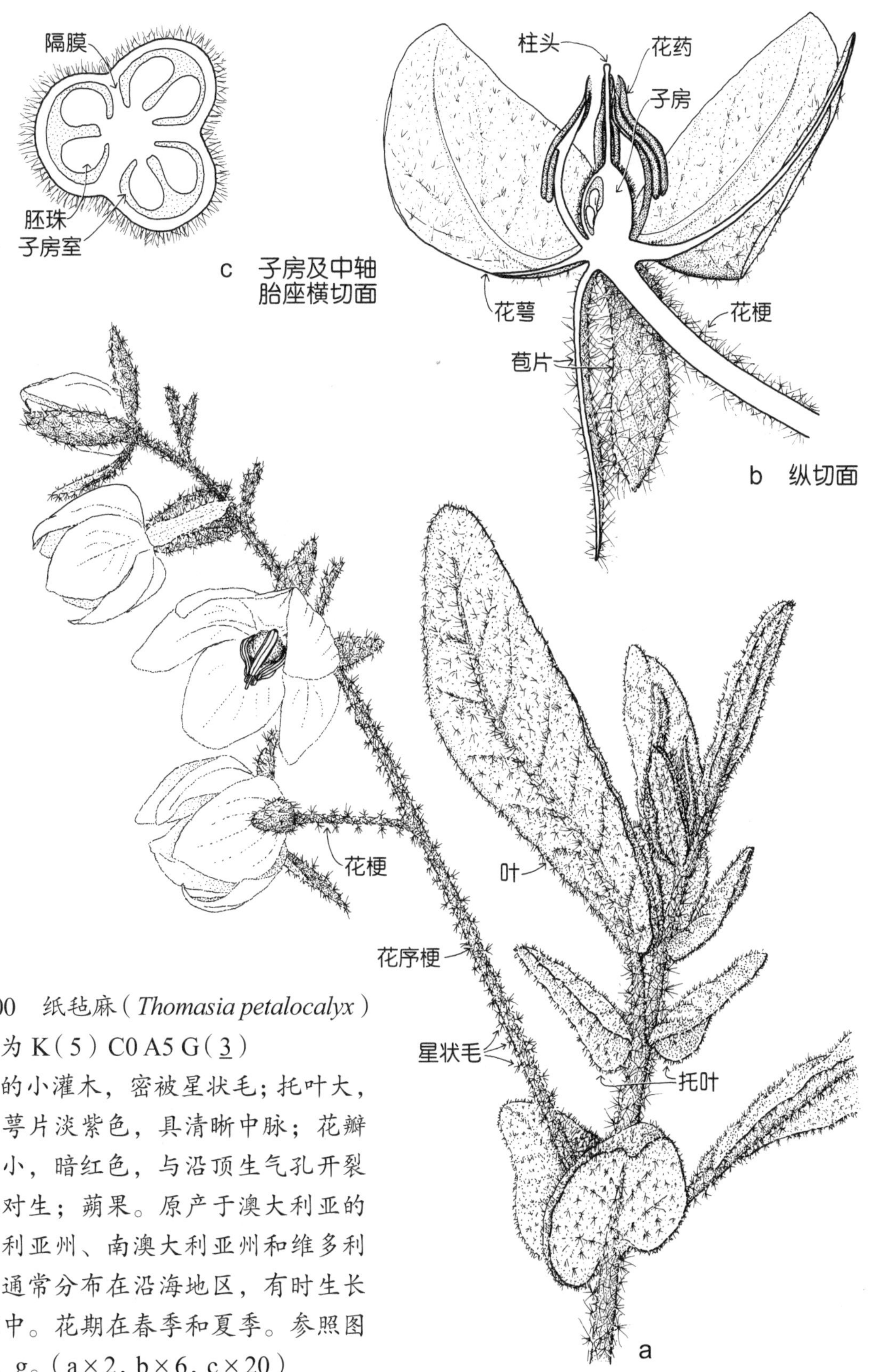

线图 100 纸毡麻（*Thomasia petalocalyx*）
花程式为 K（5）C0 A5 G（3）
高 1 米的小灌木，密被星状毛；托叶大，叶状；萼片淡紫色，具清晰中脉；花瓣无或甚小，暗红色，与沿顶生气孔开裂的雄蕊对生；蒴果。原产于澳大利亚的西澳大利亚州、南澳大利亚州和维多利亚州。通常分布在沿海地区，有时生长在花园中。花期在春季和夏季。参照图版 22f、g。（a×2，b×6，c×20）

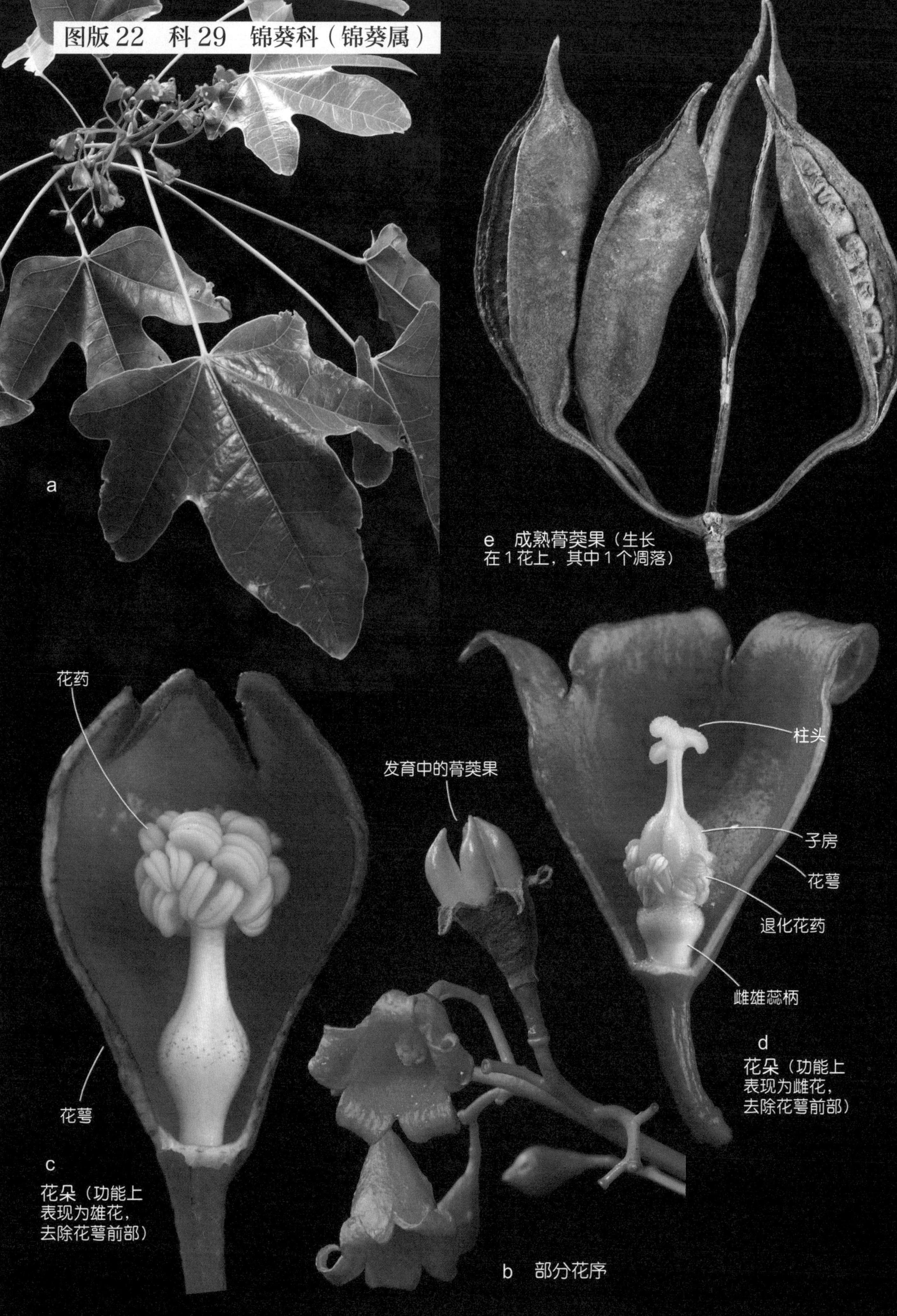
图版 22　科 29　锦葵科（锦葵属）
a
e　成熟蓇葖果（生长
在 1 花上，其中 1 个凋落）
花药
花萼
c
花朵（功能上
表现为雄花，
去除花萼前部）
发育中的蓇葖果
b　部分花序
柱头
子房
花萼
退化花药
雌雄蕊柄
d
花朵（功能上
表现为雌花，
去除花萼前部）

图版 22a-e　槭叶酒瓶树 / 澳洲火焰木

（*Brachychiton acerifolius*）

高约 35 米的直立乔木；叶片浅裂；花的直径约 2 厘米，功能上仅表现为雌性或雄性，排成疏松的腋生圆锥花序；幼花的柱头黏着；蓇葖果长 12 厘米。原产于澳大利亚东北沿海亚热带雨林中。作为观赏植物在花园和公园中种植。花期在夏季。

雄花花程式为：K(5) C0 A (∞) G pistillodes

雌花花程式为：K(5) C0 A staminodes G（$\underline{5}$）

图版 22f、g　粉绒毛灌木（*Lasiopetalum behrii*）

高约 1.5 米的灌木；毛被为星状毛；花直径 1.5 厘米，排成聚伞状圆锥花序；花药长约 2 毫米，与小的花瓣对生，沿顶生气孔分裂。原产于澳大利亚的维多利亚州以及相邻的南澳大利亚州西北部。偶尔用作观赏植物和绿化植被。花期在春季。参照线图 100。

花程式为 K(5) C5 A5 G($\underline{3}$)

g　花朵

乔木，包括树干独特膨大的猴面包树属（猴面包树）和其他树木、产生巴沙木的轻木以及产生木棉纤维的木棉树。

梧桐科

种类较多，主要为分布在热带和亚热带的乔木和灌木，有一些属延伸至多个温带地区。苹婆属包括约150个物种，其中一些原产自澳大利亚北部。较之其他用途，在木材、油料和可食用种子等方面的价值更高。昆士兰瓶形树具有独特的膨大树干，澳大利亚槭叶瓶木（凤凰木，见图版22a–e）具有惹眼的红花，是一种观赏植物。毡麻属（见图版22f、g）和纸毡麻属（见线图100）是澳大利亚特有的小灌木属，常见于本地的花园中。可可树原产于南美洲，现已广泛栽培，果实能用来生产巧克力。

椴树科

种类较少，为广泛分布的乔木和灌木群，大部分分布在热带地区，一些延伸至温带地区。黄麻属能产生黄麻纤维，椴树是珍贵的木材和观赏树木。

锦葵科

种类较多，为广布全球的乔木、灌木和草本植物类群。许多观赏植物被种植在花园中，包括蜀葵、苘麻（风铃花）、紫葵（原生木槿）、木槿（见图版21h）、锦葵和垂花悬铃花（南美朱槿见线图99；图版21i）。斯特提棉（斯特尔特沙漠玫瑰）为本土物种，在澳洲内陆广泛分布，是北领地的花的象征。其他棉属植物经济价值甚高，可产生棉花。常见的野草包括花葵、尼斯锦葵（见图版21f、g）、小花锦葵（见图版21e）和其他锦葵属植物、刺果锦葵和金午时花。

花的结构

花朵　通常辐射对称，两性或单性，通常具形成副萼的额外部分（见线图99a；图版21h、i）。花序多样。

花萼　萼片通常为5片，常合生（见线图99a；图版21b、h），有时离生。

花冠　花瓣通常为5片，离生，有时无（如酒瓶树属，见图版22b–d），与合生花丝的蕊柱基部相连（见线图99b；图版21c）。

雄蕊群　雄蕊5至多枚，花丝通常合生形成位于花柱周围的管（花丝蕊柱、雄蕊柱、雄蕊管）（见线图99b；图版21c、h）。具退化雄蕊。

雌蕊群　心皮数目不定，有多有少，合生（有时视作离生，如酒瓶树属，见图版22b、d）。子房上位。通常为中轴胎座（见线图99e；图版21d）。

果实　多种果实。通常分裂成多瓣（双悬果），每瓣由1个心皮发育而来。

此类植物主要为乔木或灌木，有时为藤草或草本植物。叶通常互生，叶片很宽，浅裂或具齿，主脉掌状，叶尖具边缘齿。通常具托叶。

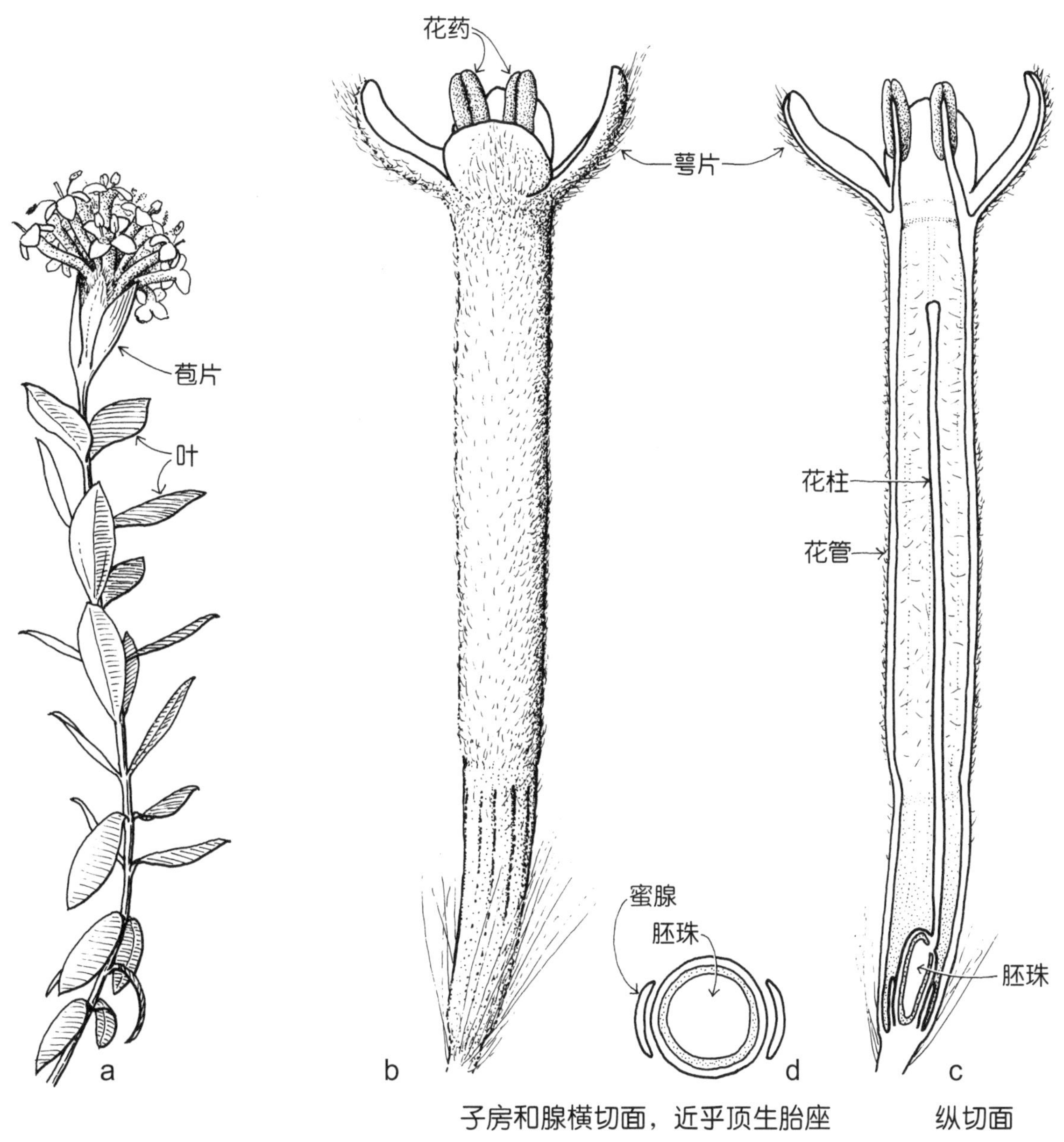

线图 101　青米瑞香（*Pimelea glauca*）

花程式为 K4 C0 A2 G loculus 1 花管可见

高 0.5 米的茂密小灌木，叶对生；花奶油色至白色，有时单性，头状花序顶生，包裹有 4 枚苞片（内部 2 枚边缘具毛）。广泛分布在澳大利亚的南澳大利亚州、维多利亚州、塔斯马尼亚州、新南威尔士州和昆士兰州。花期在春季。（a×1，b–c×7，d×20）

图版 23a-c 芜菁（*Brassica rapa*）

高约 1 米的一年生或二年生草本植物；花排成总状花序，顶端为一分枝，花瓣长约 11 毫米。大多作为一种农作物种植，有时长在路边成为野草。花期在春季，视播种时间而定。
花程式为 K4 C4 A2+4G(2)

e 花朵

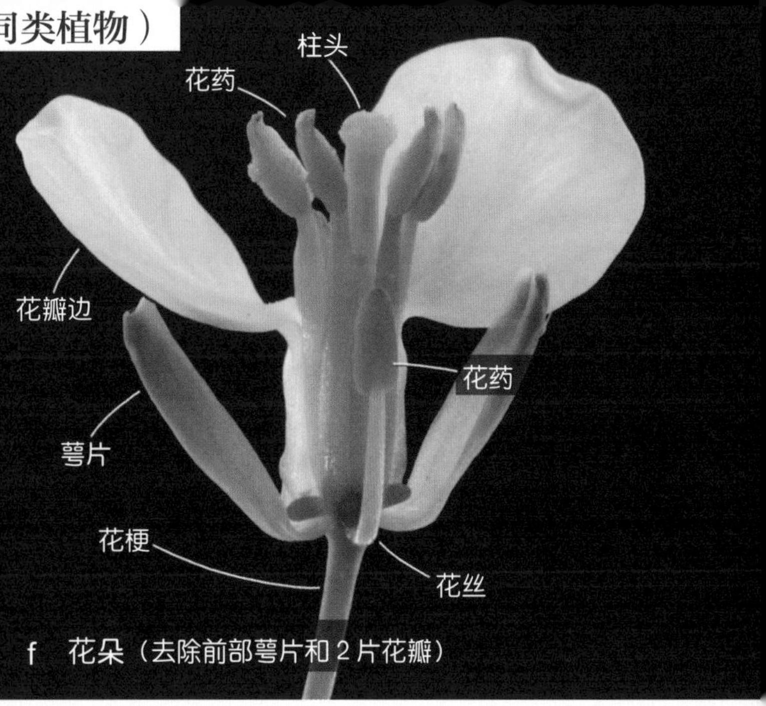

f 花朵（去除前部萼片和 2 片花瓣）

图版 23d-g 地中海卷心菜 / 灌木芥菜（*Brassica fruticulosa*）

高约 70 厘米的二年生或多年生草本植物；叶片深裂；花的直径约 1 厘米，排成疏松的总状花序；果实（短角果）长 1~4 厘米。原产于南欧和北非，现已在其他地方自然驯化，常见于澳大利亚东南部的路边和荒地。一年中的大部分时间都在开花。

花程式为 K4 C4 A2+4G(2)

d

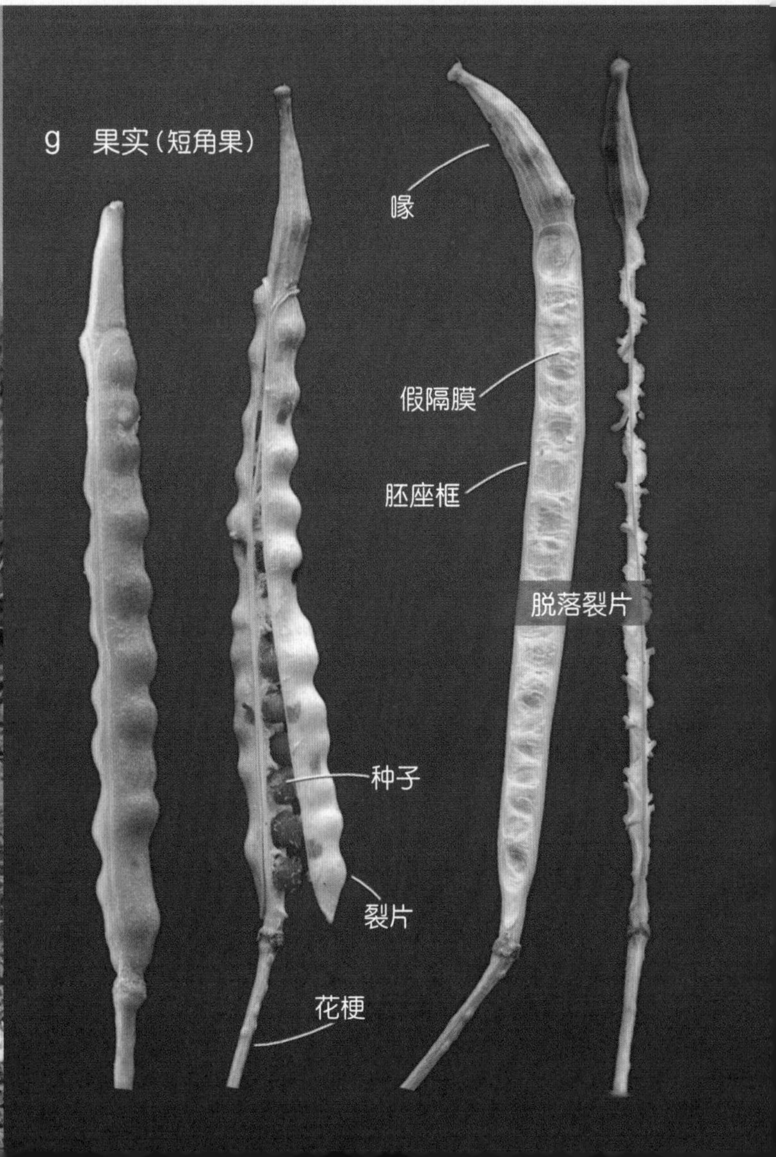

g 果实（短角果）

图 线图 99，100；图版 21，22

识别特征

通常具星状毛（见图版 22g），有时具盾形鳞叶。通常无托叶。叶片通常具掌状脉。花辐射对称，萼片通常合生，常具副萼。雄蕊多枚，花丝常合生，在花柱周围形成一蕊柱。似草的一年生或二年生锦葵科植物，具独特宽叶片，正圆形（见图版 21f）。

30 瑞香科

瑞香类及稻花类植物

瑞香科种类较少，在南半球温带和热带地区（特别是非洲）的分布种类最多。该科植物大多为乔木和灌木。“瑞香科”这一名称来源于欧瑞香属，该属原产于亚洲和地中海，其中有一种植物在澳大利亚南部和维多利亚州适应生长环境而被驯化了。瑞香为一种常见于花园中的灌木，花香浓郁。

在澳大利亚东南部有一种有趣的绒毯植物，名为 *Kelleria dieffenbachii*（以前称为 *Drapetes tasmanica*），有时也在新几内亚和新西兰出现。它的植株叶小，多分枝，形成低而紧凑的堆，通常只有几厘米高。

该科共有 8 个属分布在澳大利亚，其中除了稻花属外，其他属的规模都甚小。稻花属分布广泛，包括 90 多种特有植物，分布在许多栖息地中。少数植物在当地的花园中栽培，用于绿化。其他几种植物延伸至新西兰、豪勋爵岛和菲律宾。

青米瑞香（见线图 101）花小，两性或单性，通常簇生，头状花序顶生，包有 4 枚或更多的总苞片。萼片 4 片，白色、黄色或粉红色，从纤细的花管顶部伸出。无花瓣，2 枚雄蕊着生于花管顶部附近。有时这种排列方式被描述为具萼上雄蕊的花萼管，而在其他属中，小“鳞叶”相应地被称为花瓣或退化雄蕊。子房上位，具 1 室，含 1 颗下垂胚珠（共有 2 个心皮，其中 1 个不育，无法生长）。果实为核果或坚果，包裹在花管的宿存下部。

青米瑞香的叶全缘，通常小，对生或互生，无托叶。靴带木等某些植物茎和枝条上的树皮非常坚韧，殖民时期人们经常将其削成条来代替麻绳。

《澳大利亚植物志》第 18 卷中包括澳大利亚物种的检索表和描述。

31 十字花科

芸薹类、白芥类及桂竹香类植物

十字花科是一个世界性的大科，主要为草本植物，广泛分布于寒冷地区至温带地区（特别是北半球）以及较为干燥的地区。它名称的旧拼写形式仍然符合新的命名规则，来源于拉丁语中表示十字的词，暗指具 4 片花瓣的花朵形状。

十字花科是重要的食源植物，也是调味品和植物油（如芥花油）的重要来源。许多物种作为观赏植物和牲畜饲料而种植，还有许多成为路边野草或在农业上种植：

菘蓝能够制成人们所熟知的传统蓝色染料——靛蓝；可食用物种包括芜菁（大白菜、芜菁甘蓝）、甘蓝（卷心菜）、芝麻菜和萝卜，上述甘蓝包括所有相关植物，如西蓝花、球芽甘蓝、菜花、羽衣甘蓝和球茎甘蓝；许多属产生不同类型的沙拉水芹，芥菜由几种芸薹属植物和白芥的种子发育而来；辣根是欧洲东南部的一种叫作马萝卜的根。

一些常见的园艺物种有桂竹香、屈曲花、香雪球、一年生缎花和紫罗兰。

澳大利亚引种的许多物种现已成为野草，其中许多物种有黄色的花，生长在路边，很容易引起人们的注意。《维多利亚州植物志》中记载了将近100种植物，包括一些引种植物。

花的结构

花朵 通常辐射对称，两性，排成总状花序（见图版23b，24b），有时排成伞状花序或圆锥花序；通常无苞片包裹。

花萼 萼片4片，有时描述为2轮，每轮2片，几乎总是离生（见图版23c、f）。

花冠 花瓣4片，离生，通常具狭窄的下部瓣爪及骤然变宽的冠檐（见图版23f）。花瓣数目几乎不会减少。

雄蕊群 雄蕊通常6枚（很少为2或4或更多），通常离生，外轮2枚较短，内轮4枚较长（见图版23f，24d）。分泌花蜜的腺位于花丝基部（见图版23c）。

雌蕊群 心皮2个，合生。子房上位。侧膜胎座。胎座形成增厚的周缘（胚座框，在果实中更清晰，见图版23g），常通过假隔膜（见图版23g）与子房室相连。

果实 通常干燥，开裂，具2片从假隔膜（见图版23g）脱落的裂片，有时不裂。长度不足宽度3倍的果实称为短角果，而长度大于宽度3倍的果实称为长角果。喙（可能含种子，也可能不含）有时形成果实顶端（见图版23g）。不同科的果实形状、大小和壳饰存在较大的差异，这些特征被广泛用于植物鉴定。压扁果实时，假隔膜可能覆盖更大或更小的区域（见图版24e）。

此类植物通常为一年生、二年生或多年生草本植物，有时为灌木，很少为小乔木或藤本植物。通常为单叶，边缘常呈浅羽状或深羽状，单株基生莲座丛叶与茎生叶各不相同，上部茎生叶与下部茎生叶也不相同，无托叶。压碎时，叶会产生芥菜油，因此可能散发出一种刺鼻的味道，这是该科植物的一大特征。

有关澳大利亚物种的检索表和描述，请参阅《澳大利亚植物志》第8卷。里奇借助线图描述了英国和爱尔兰物种，其中许多物种从其他地方引进。

图 图版23，24a–e

识别特征

草本植物，叶被压碎时常有特殊的恶臭味，花序通常为总状花序。花（萼片和

图版24　科31　十字花科（芸薹属、白芥属及同类植物）
成熟柱头
子房室
胚珠
e
幼果（部分开裂）
柱头
花药
花瓣
子房
萼片
花梗
d　花朵
（去除萼片和
2片花瓣）
花瓣
萼片
c
花朵
a
发育中的果实
b　花序上部

图版 24a–e　荠菜（*Capsella bursa-pastoris*）

高约 50 厘米的一年生草本植物；花排成疏松总状花序，萼片长 2.5 毫米；果实（短角果）长约 9 毫米。原产于欧洲，现已在其他地方广泛自然驯化，常见于路边和不太干燥的荒地中。花期在春季。花程式为 K4 C4 A2+4G($\underline{2}$)

图版 24　科 32　桑寄生科（槲寄生属植物）
科 33　茅膏菜科（茅膏菜属）

图版 24f、g　蔓生槲寄生 / 垂枝寄生藤（*Amyema pendula*）

科 32　桑寄生科

下垂的气生灌木，寄生于宿主树木上；花长 4 厘米；花萼退化至仅剩周缘；花瓣大幅内弯；雄蕊着生于花瓣上；花丝和花柱为粉红色；果长 1 厘米。种子发芽时，长出一细长的绿色“枝”，顶端的吸根与宿主分枝相连。广泛分布于澳大利亚东南部，主要寄生于桉属和金合欢属植物上，但有时也寄生于引进的宿主上。一年中大部分时间都处在花期。

图版 24h　胡克茅膏菜（*Drosera hookeri*）

科 33　茅膏菜科

食虫的温和草本植物（本图中高约 12 厘米），从圆形小块茎发育而来；叶盾形，具腺状毛；花（本图中直径约 6 毫米）少数；花序为聚伞总状花序，原产于澳大利亚和东南亚。花期从冬末至夏季。

花瓣）4 裂，雄蕊 6 枚。果实结构独特（见图版 23g，24e）。

32 桑寄生科

槲寄生类植物

桑寄生科与檀香科和槲寄生科密切相关。最新的 APG IV 分类法将槲寄生科合并至扩大的檀香科，上述科的植物寄生于根或茎上。桑寄生科的大多数植物寄生于茎上，有些寄生在其他的植物上，如桉树、金合欢、木麻黄和引种的橡树、桦树、枫香树、悬铃木和果树，其他植物仅寄生于一个特定属上。澳大利亚西部的澳洲圣诞树则寄生于根部。

桑寄生科主要分布在热带和亚热带地区。模式属桑寄生属曾经包括约 600 种植物，如今人们认为该属不在澳大利亚分布。那些曾经被认为属于桑寄生属的澳洲物种现在被纳入龙须寄生属和其他属。

桑寄生科植物种子的外部包裹有一层富含葡萄糖的黏性物质，是鸟类（尤其是以槲寄生植物为食的鸟类）重要的食物来源。种子被鸟食入后，在 3~12 分钟内通过鸟的肠道，随后鸟在排便时扭动起身体，种子便落在了树枝上。种子的黏性层仍然存在，因此能够附着在树枝上，易于发芽（见图版 24g）。寄生植物通过一个或多个被称为吸器的结构附着在宿主的茎上，该结构连接了分开的维管系统。

在桑寄生科中，龙须寄生属（见图版 24f、g）规模最大，分布在澳大利亚南部。花两性，2 或 3 朵一组，排成腋生伞状花序，每朵花通常由 1 枚苞片包围，花萼退化为下位子房顶部的周缘组织。花瓣 4~6 片，1 轮，离生或合生形成一管，该管通常沿一侧分裂。雄蕊数与花瓣数相等，着生于花瓣上，具基生花药。子房结构不明显，胚珠未分化。果实似浆果，含 1 籽。茎很脆，通常为单叶，较厚，对生，具平行叶脉。无托叶。在许多情况下，寄生植物的叶看起来与宿主的叶相似。

有关澳大利亚物种的描述和检索表，请参阅《澳大利亚植物志》第 22 卷和沃森（Watson，2011）的著作。

33 茅膏菜科

茅膏菜类植物

茅膏菜科虽规模甚小，但广布全球，包括 3 个属，其中 2 个只含一种植物。该科植物为一年生或多年生食肉草本植物。改良的叶能诱捕昆虫，然后将其消化，来补充光合作用和不发达根系所摄入的营养物质。

捕蝇草分布在北美洲东南部，其叶片很宽，沿着中心线“连接”，可以向内折叠。叶折叠时，叶缘的齿互相啮合形成一网，来诱捕被叶缘分泌物吸引的昆虫。

貉藻为一种自由漂浮、无根的水生草本植物，广泛分布于欧洲和亚洲，并延伸至非洲和澳大利亚东北部。叶轮生，每轮

5~9 片或更多，叶片诱捕昆虫的方式与捕蝇草相似。

茅膏菜属（见图版 24h）约有 100 种植物，其中大多数分布在澳大利亚。茅膏菜为一年生或多年生草本植物，通常每季由块状茎结构发育而来，该结构夏季时在地下休眠。它们的习性各不相同，有的为簇生，有的为小型直立植物，还有的为茎长不小于 1 米的蔓生植物。叶片近似呈圆形、带形或匙形，有时呈叉形，上表面被具刺激反应的腺毛。这些腺毛会分泌一种黏性物质，捕获蚂蚁或蚊子等昆虫，随后折叠起来以防止小动物逃跑，其他毛能分泌酶来消化猎物。

茅膏菜属植物的花规则，两性，大多有 5 片萼片。花瓣 5 片，呈白色或彩色。雄蕊通常为 5 枚。子房上位，1 室，花柱 2~5 条（可进一步分裂），侧膜胎座上有 3 至多颗胚珠。果实为蒴果。

《澳大利亚植物志》第 8 卷中涵盖茅膏菜科，可参阅劳里编写的《澳大利亚食肉植物》（*Carniverous plants of Australia*）（早期卷本为小型野外指南，2013 版为大篇幅介绍）。

34 石竹科

剪秋萝类、蝇子草类、繁缕类及石竹类植物

石竹科数量较多，大多为草本植物，广泛分布在温带地区，在地中海和邻近的欧洲和亚洲分布的种类最多。传统的分类法将该科分为 3 个亚科。最近的研究并不足以支撑这种分类，近期一项研究发现，为了将大量小种群鉴定为族，上述亚科已被废弃。后续研究将继续关注属，范围的界定也会发生变化。

该科的许多植物常栽培在花园中，还有一部分数量相当的是普通野草。观赏植物中包括许多栽培种，如石竹（麝香石竹、美洲石竹）、卷耳草、肥皂草和蝇子草属植物（剪秋萝、捕蝇草，现在也包括剪秋萝属），丝石竹的多分枝花序在花艺中很有价值。许多属中包括似草植物，如卷耳属、多荚草属、漆姑草属、蝇子草属、大爪草属、牛漆姑草属和繁缕属。

南极漆姑草分布在南部的温带地区，是南极圈仅有的双子叶植物。藓状雪灵芝分布在珠穆朗玛峰的最高处。

花的结构

花朵　辐射对称，两性，通常排成明显的聚伞状花序（见图版 25a、f），有时单生。

花萼　萼片通常为 4~5 片，离生（见图版 25h）或合生（见图版 25e）。

花冠　花瓣通常为 4~5 片，离生，具深缺刻（见图版 25g、k），或明显分化为狭窄的基生爪或较宽的上边缘（见图版 25d），有时无。

雄蕊群　雄蕊通常 5~10 枚，有时更少，通常离生（见图版 25d）。

雌蕊群　心皮 2~5 个，合生，但花柱离生

图版 25　科 34　石竹科（剪秋萝属、蝇子草属和繁缕属）

a
花序

b
花朵
（俯视图）

图版 25a–e　毛剪秋罗（*Silene coronaria*）

高约 60 厘米的直立一年生植物，具茸毛；花直径约 3.5 厘米，排成复合二歧聚伞花序；花萼长约 15 毫米；花瓣具窄爪和宽边以及一对冠状鳞叶；蒴果。原产于温带欧亚大陆，通常在花园中种植，有时在澳大利亚东南部和新西兰逐渐自然驯化。花期在春季。

花程式为 K(5) C5 A5+5 G($\underline{5}$)

c
花朵
（侧视图）

冠状鳞叶
花药
花丝
花瓣边
花瓣爪
花柱
子房
花萼

d
花朵（裂开：
许多花药脱落）

e
果实
（包裹在成熟
花萼内部）

图版 25f–i 球序卷耳（*Cerastium glomeratum*）

高约 40 厘米（往往远低于 40 厘米）的一年生植物，具腺状毛；花直径约 8 毫米，排成复合二歧聚伞花序；花瓣具缺口；蒴果长约 10 毫米。原产于欧洲，在其他地方广泛自然驯化，是一种常见于花园、草坪和路边的野草。花期在春季。

花程式为 K5 C5 A10 G($\underline{5}$) 特立中央胎座式

图版 25j、k 繁缕（*Stellaria media*）

高或宽约 60 厘米（往往远低于 60 厘米）的多分枝一年生植物，脆弱；下部叶具柄，上部叶近无柄；花直径约 9 毫米，排成多叶顶生单歧聚伞花序；花瓣具深缺口；蒴果约 6 毫米长。原产于欧洲，现已在其他地方广泛自然驯化，是一种常见于花园、草坪和路边的野草。花期多在春季。

花程式为 K5 C5 A3–5 G($\underline{3}$)

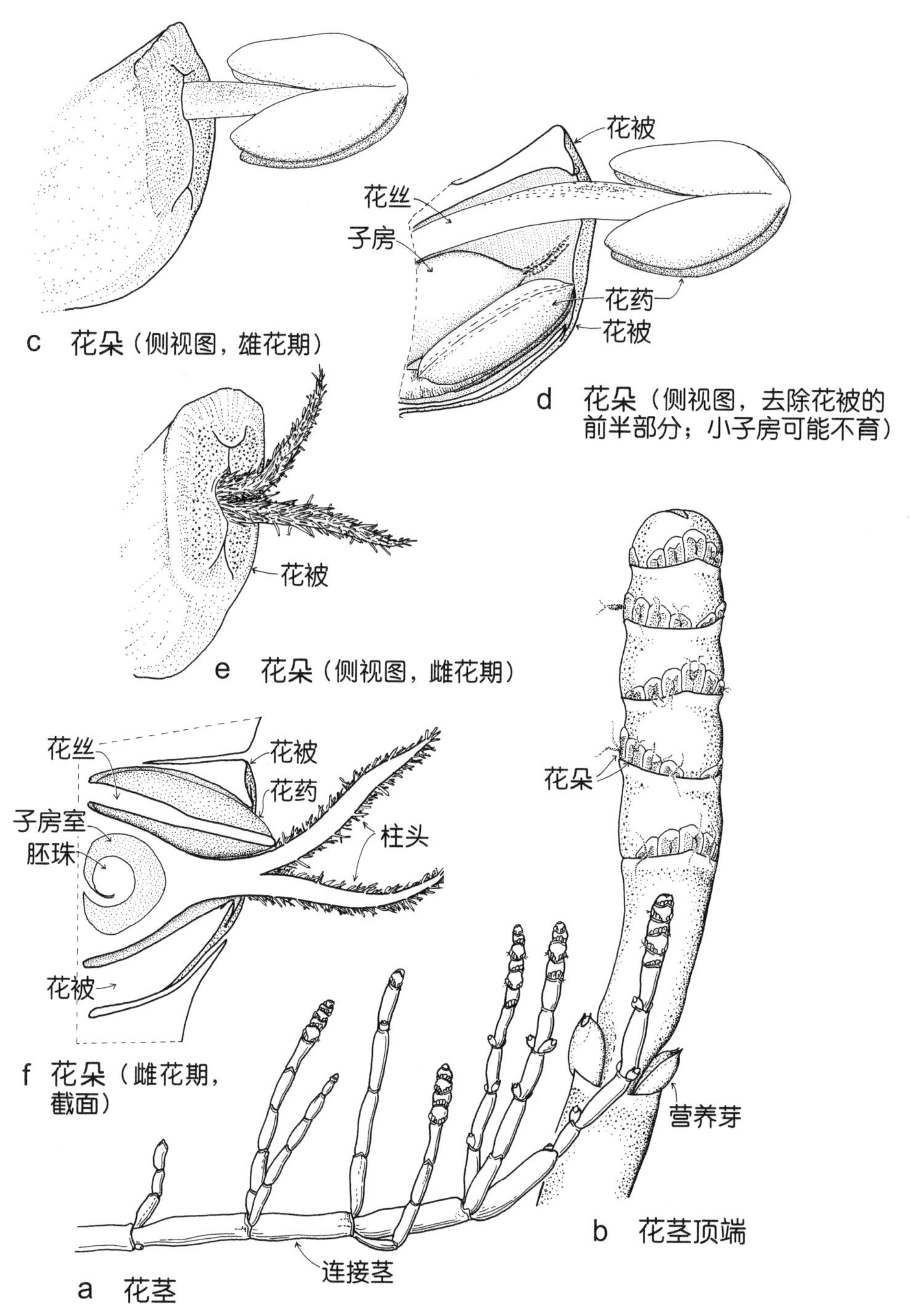

线图 102 串珠盐角草 / 串珠海蓬子（*Salicornia quinqueflora*）

花程式为 P（4）A2 G（2）

匍生或半直立或丛生的多年生植物，茎明显无叶，由肉质圆柱形部分组成；穗状花序，上面的小花簇沉埋入茎组织中，朝向小枝的顶端；花被被片 3 或 4 片，肉质，上部裂片与侧生裂片重叠。常见于除澳大利亚北领地以外所有州的盐沼地中，主要分布在沿海地区，有时也分布在内陆盐碱湖的边缘。花期大多在秋季。参照图版 26g、h。（a×0.6，b×3，c–f×24）

（见图版 25d）或部分离生。子房上位。中轴胎座，离生（见图版 25i）。雄蕊和雌蕊群有时在高于花瓣附属物的柄（雌雄蕊柄）上生长。

果实 通常为蒴果，常沿顶生齿或裂片开裂，顶生齿和裂片数是花柱数的倍数。很少不裂。

上述花的结构的描述与植物志中最常采用的描述一致。一些文献认为真正的花瓣不存在，并把显性花瓣描述为外轮上的改良雄蕊。

此类植物几乎全为草本植物，有时为灌木，单叶，对生，全缘，常为（近）无柄。若有托叶，则通常为干膜质，有时通过节连接。

埃尔南德斯·莱德斯马（Hernández-Ledesma, 2015）为该科所含属提供了注释表。

图 图版 25

识别特征

草本植物，茎通常具膨大的节，叶常常对生。花序为单歧聚伞花序或二歧聚伞花序（见线图 11a、b）。花辐射对称，雄蕊数通常是花瓣数的两倍。常为蒴果。

35 藜科

滨藜类及盐角草类植物

藜科中等规模，广布全球，但不在热带地区分布，最常见的是在盐碱地和干旱环境中，在澳大利亚内陆分布较多。有些植物能作为食物，如甜菜属和菠菜属的多种植物。澳藜属（见图版 26f）和浆果藜属植物（见图版 26d）产生的肉质果实可食用，为澳大利亚土著民所利用。滨藜属和澳海蓬属的种子能制作面粉。圭奴亚藜产自南美洲，是一种营养丰富的种子作物，正变得越来越受欢迎。

滨藜属的一些植物，特别是大洋洲滨藜和银叶相思树（见图版 27a、b）为澳大利亚干旱地区的牧区提供饲料。藜科中，有许多植物为常见的荒地野草、路边野草和栽培野草，如灰菜（见图版 26a、b）。

近年来，藜科内部的分类受到了重视。有关人员提出了一些新属，但不久便被合并了。盐角木属植物已被纳入之前的盐角草属中（见线图 102），其他的仍在评定中。有人提议应将藜科与苋科合并为一科，但这一提议尚未得到普遍认可。

花的结构

花朵 小，通常辐射对称，两性或单性。可能具短花管，可忽略不计。单生（见图版 26f）或几朵一起生长于密集花序丛中（见图版 26f），海蓬子的花则沉埋入茎组织中（见线图 102；见图版 26h，g）。若花为单性，则该植株为雌雄同株或雌雄异株。

花被 1 轮，通常称为被片，有时为萼片。被片通常 5 片（有时更少），离生，或常在基部合生或更广部位合生，常呈淡绿色，草

b　幼花

a　花茎

图版 26a、b　藜 / 灰菜（*Chenopodium album*）

高约 1.2 米的多年生植物，通常具肿胀毛（可能会形成一层粉状覆盖物）；花直径约 2 毫米，两性或雌花，生长于分歧花序的密集小丛中；花被片朝向基部合生；花丝基部合生；瘦果（有时称为胞果）。原产于欧洲，现已广泛自然驯化。是路边和荒地上的常见野草。花期多在夏秋两季。花程式为 P(5) A(5) G(2)

图版 26c–e　海莓盐藜（*Rhagodia candolleana*）

高约 4 米的茂密蔓生灌木，雌雄异株；花序为圆锥花序；花被片朝向基部合生；花丝基部合生；果实肉质，1 籽。原产于澳大利亚南部沿海地区。花期在春季和夏季。
雄花花程式：P(5) A(5) G vestigial　雌花花程式：P(5) A(staminodes) G(2)

图版 26f　红宝石滨藜（*Enchylaena tomentosa*）

高约 1 米的疏松可变灌木，有时具毛，或半匍匐；双性花，单生于叶腋中；结果期花被肉质，直径约 5 毫米，呈绿色、红色或黄色，广泛分布于澳大利亚大陆。花期和果期从春季至秋季。

图版 26g　香肠澳海蓬（*Tecticornia verrucosa*）

一年生或短生的肉质多年生植物，高约 40 厘米；双性花，3 个一组隐藏于分枝上重叠的肉质苞片间，分枝与茎呈直角，只有单个雄蕊或柱头外露；小坚果。原产于澳大利亚的南澳大利亚州、西澳大利亚州和北领地干燥的内陆地区。花期不定。

图版 26h　复花澳海蓬（*Tecticornia pluriflora*）

高约 1 米的小灌木，分枝肉质、具节、无叶；花小，嵌入肉质轴中从而形成顶生穗状花序，该花序成熟时变干，3~7 朵花生长于每片对生苞片上面；小坚果。主要分布在澳大利亚的南澳大利亚州中部和北部盐湖以及清泉附近，在新南威尔士州北部也有分布。任何时候皆可开花。可参照线图 102。

c 雌株
d 果实
成熟花被
花药
被片
e 雄花
f
h
g

质至稍肉质，通常宿存，在结果期扩大。人们认为滨藜的雌花中通常无花被，子房由一对小苞片包裹（见图版 27g）。有人详细研究并观察了小苞片从开始发育至成熟的整个过程，因此建议小苞片可描述为被片。

雄蕊群 雄蕊 1~5 片，与花被部分对生（见图版 26b、e），通常离生，有时在基部合生，有时与额外的分枝或裂片（可指退化雄蕊）互生。

雌蕊群 心皮通常 2 个，有时 3~5 个，合生。子房几乎总为上位，具 1 室，1 胚珠附着于基部，花柱通常 2 裂（见线图 102e、f）。

果实 通常为浆果、瘦果或坚果，花被通常宿存。在许多属中，花被在结果期扩大，发育为翼瓣（见图版 27b）、刺（澳藜）或小瘤等附属物。结果期，红珠澳藜属植物（见图版 26f）的花被为肉质。在滨藜属中，小苞片扩大（见图版 27g），常发育为附属物或变成泡状。

此类植物主要为一年生、多年生草本植物和灌木。叶通常小，肉质，密集生长于树枝上，无托叶。幼株通常被覆囊状细毛（见图版 26b、e），随后这些毛缩小，因此植物呈现出浅灰色或粉状的外观，果实特征广泛应用于植物鉴定。

《澳大利亚植物志》第 4 卷中介绍了藜科。埃尔南德斯·莱德斯马（Hernández-Ledesma，2015）等人提供了一份最新的注释表来介绍石竹目中包含的藜科和其他科的属。谢泼德和威尔逊（Shepherd & Wilson，2007）合并了几个澳大利亚属。

图 线图 102；图版 26，27a-g

识别特征

小灌木或草本植物，大多具肉质叶，通常粉状，无托叶。花小，通常紧密簇生。1 花被。花柱通常 2 分枝和（或）柱头通常为 2。

36 苋科

苋类植物

苋属植物主要为草本植物和灌木，广泛分布在较温暖的地区。一些似草植物也在较冷的温带地区顽强地生存了下来。

有些物种是众所周知的花园植物，如鸡冠花、尾穗苋和千日红。澳洲狐尾属包括 90 多种植物，只有 1 种分布在澳大利亚，其中许多被种植在本土花园中，经常引人注目。不同苋属植物的叶和种子可食用，苋科还包括一些似野草植物，在多种情况下，这些植物选择地区并伺机生存了下来，有时却极具入侵性，如空心莲子草和银花苋。

人们一直认为苋科和藜科关系密切，有人建议把这两科合并成一科，即扩大的苋科，但这一提议并未得到普遍的认可。

花的结构

花朵 单花通常小，辐射对称。单生或簇生，通常排成密集的穗状花序或头状花序（见

图版 27h、l)。若花单性，则该植株可能为雌雄同株或雌雄异株。通常由薄且干燥如纸的苞片或小苞片包裹。

花被 1 轮，组成部分为被片或萼片。

花萼 萼片通常 4~5 片（有时更少），通常离生，组成部分通常薄且干燥如纸，通常呈白色到粉红色或微红色（见图版 27i、j、m）。

花冠 无花瓣。

雄蕊群 雄蕊 1~5 枚（见图版 27i、m），有时更多，花丝通常合生，花管有时长有瓣状或加穗裂片或花药间具分枝。

雌蕊群 心皮通常 2 个，有时为 3 个，合生（见图版 27j）。子房上位，具 1 室，通常具 1 单生胚珠。花柱通常为 2 裂。

果实 通常干燥，开裂（有时沿顶生盖开裂，见图版 27j），果皮通常薄，不规则开裂，有时不裂。有时称为胞果。

此类植物通常为一年生或多年生草本植物，或有时为灌木，单叶，通常全缘，无托叶。在栽培植株中，叶通常颜色各异。

埃尔南德斯·莱德斯马（Hernández-Ledesma，2015）为该科所含属提供了注释表。

图 图版 27h–m

识别特征

草本植物或灌木，无托叶。花小，花被通常薄且干燥如纸（1 轮），相连的苞片聚生排成密集花序。

37 澳石南科

澳石南类及石南类植物

传统的澳石南科是一个几乎广布全球的大科，而较小的掌脉石南科（澳石南科）则主要分布在澳大利亚，二者之间关系密切，这一事实已得到人们的认可。当前，最新的分类法扩大了澳石南科的范围，新纳入掌脉石南科和其他一些小科，如越橘

线图 103 澳石南（*Epacris impressa*）（×0.7）

图版 27　科 35　藜科（滨藜属和海蓬子）

a

b

开花期和
结果期的茎

图版 27a　银叶相思树（*Maireana sedifolia*）

寿命长的雌雄异株灌木，茂密。高约 1 米。广泛分布于澳大利亚内陆干旱地区。花期多在夏秋两季。

图版 27b　三翅银叶相思树 / 三翼马尾草（*Maireana triptera*）

高约 50 厘米的密集小灌木；结果期花被发育成圆形纸质翅，起初浅粉色至绿色，成熟时变为深褐色至黑色。广泛分布于澳大利亚内陆干旱地区。花期多在秋季至早春。

图版 27c、d　南方碱蓬（*Suaeda australis*）

高 70 厘米的多年生灌木；花两性（很少为雌花），直径 2~3 毫米，生长于腋生小花序丛中。分布在除北领地外澳大利亚各州的沿海和河口盐沼中。花期在夏季和秋季。花程式为 P(5) A5 G(2)

图版 27e-g　灰滨藜（*Atriplex cinerea*）

高约 1.5 米的雌雄同株或雌雄异株灌木；雄花生于密集花序丛中，花被片下部合生；花丝基部合生。分布于澳大利亚南部沿海地区。花期在春季。雄花花程式：P(5) A(5) G0　雌花花程式：P0 A0 G(2)

花药

被片

d　花朵

c

g　雌花芽（开花期和结果期）

柱头

e

包裹果实
的小苞片

花药

被片

f　雄花

图版 27　科 36　苋科（苋属植物）

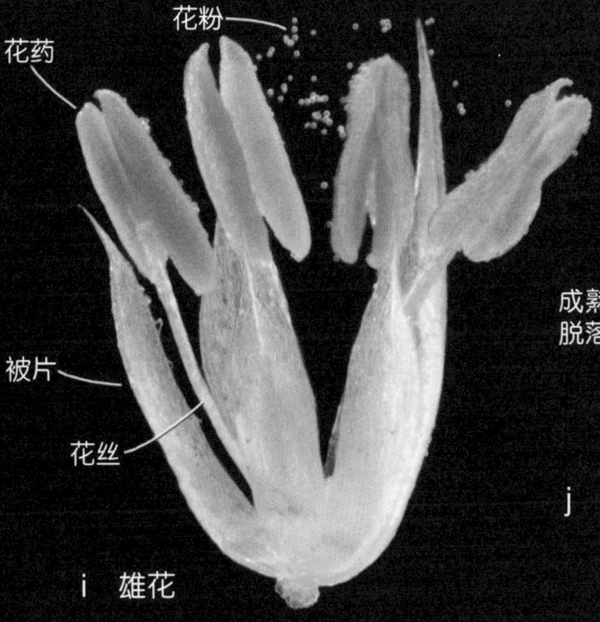

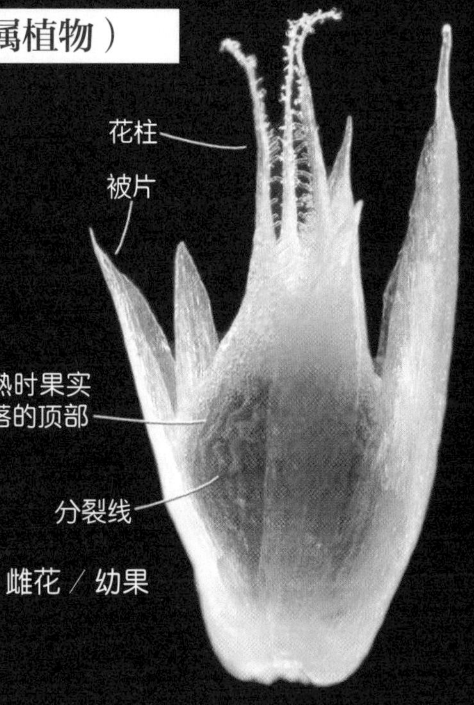

密集的花
花药
花粉
花柱
被片
成熟时果实
脱落的顶部
分裂线
被片
花丝
h
i　雄花
j　雌花／幼果

图版 27h-j　直穗苋（*Amaranthus powellii*）

直立或匍生的一年生植物，高约 1.2 米，雌雄同株；花序为密集穗状花序，顶生和腋生；花被片（3 毫米长）、雄蕊和花柱数量不等；果实为环切状胞果，含 1 籽。原产于北美洲，现已在其他地方自然驯化。花期在夏季和秋季。

雄花花程式：P5 A4 G0　雌花花程式：P5 A0 G(loculus 1)

图版 27k-m　小齿莲子草（*Alternanthera denticulata*）

匍匐或微弱挺立的一年生或多年生植物，枝长约 50 厘米；花生长于密集腋生花序丛中，直径约 8 毫米；花被片长 3.5 米；花丝基部形成一杯状结构，有时具退化雄蕊。原产于澳大利亚，通常分布在沼泽和河流的潮湿边缘。花期在春季和夏季。

花程式为 P5 A(3) G(2)

被片
花药
子房
小苞片
m
花朵（裂开）
l
花序
k

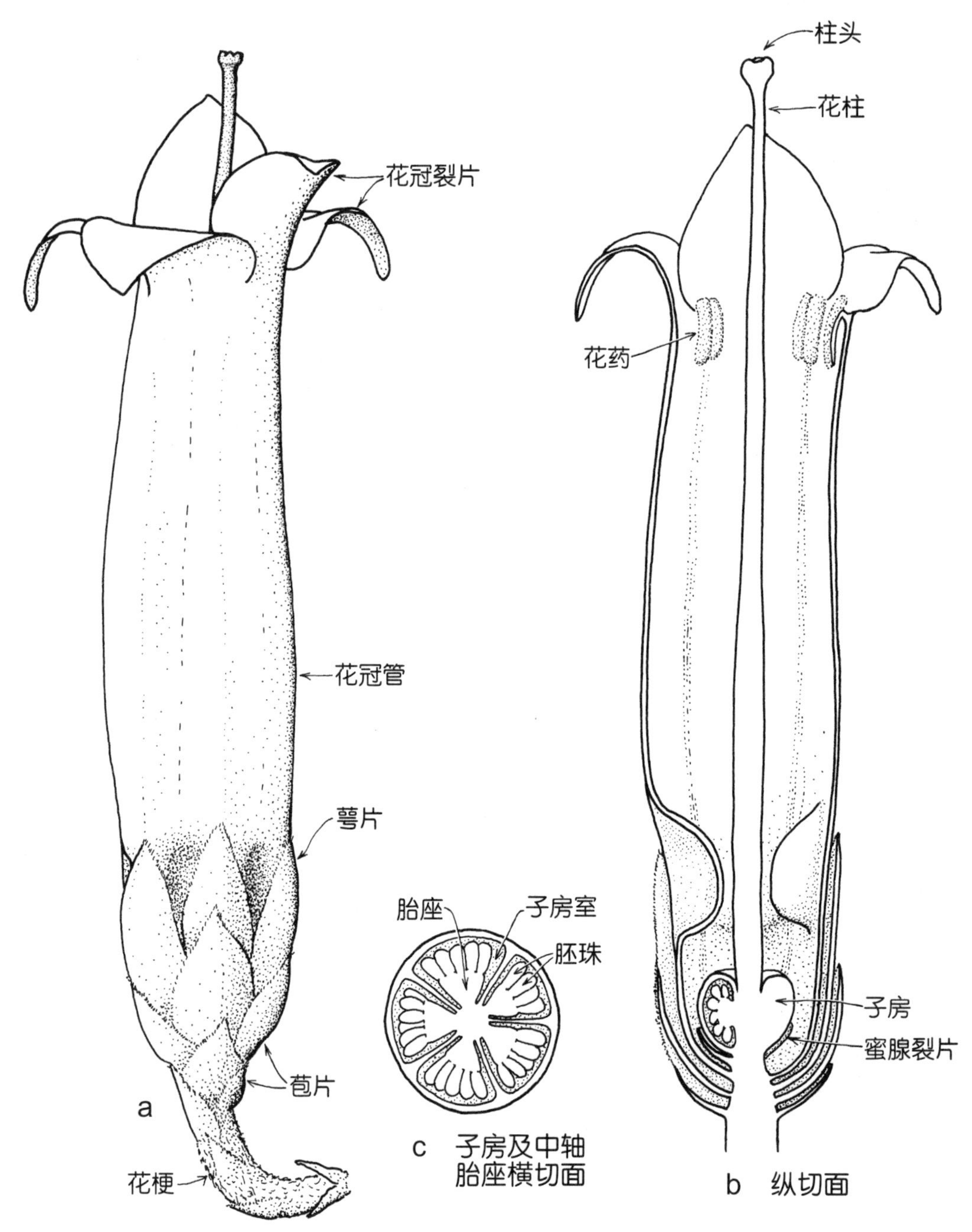

线图 104 澳石南（*Epacris impressa*）

花程式为 K5 C（5）A5 G（5）

高约 1 米的直立至有蔓生习性的灌木；叶披针形，长 1.5 厘米，尖锐，下表面中脉突出；花白色、粉红色或红色，腋生；花冠裂片在花蕾中重叠；蒴果，沿 5 片裂片开裂。广泛分布在澳大利亚的维多利亚州、塔斯马尼亚州、新南威尔士州和南澳大利亚州石南丛生的荒野和长有石南下层木的干燥森林中。花期从秋季至春季。参照图版 28h。（a–b×7，c×12）

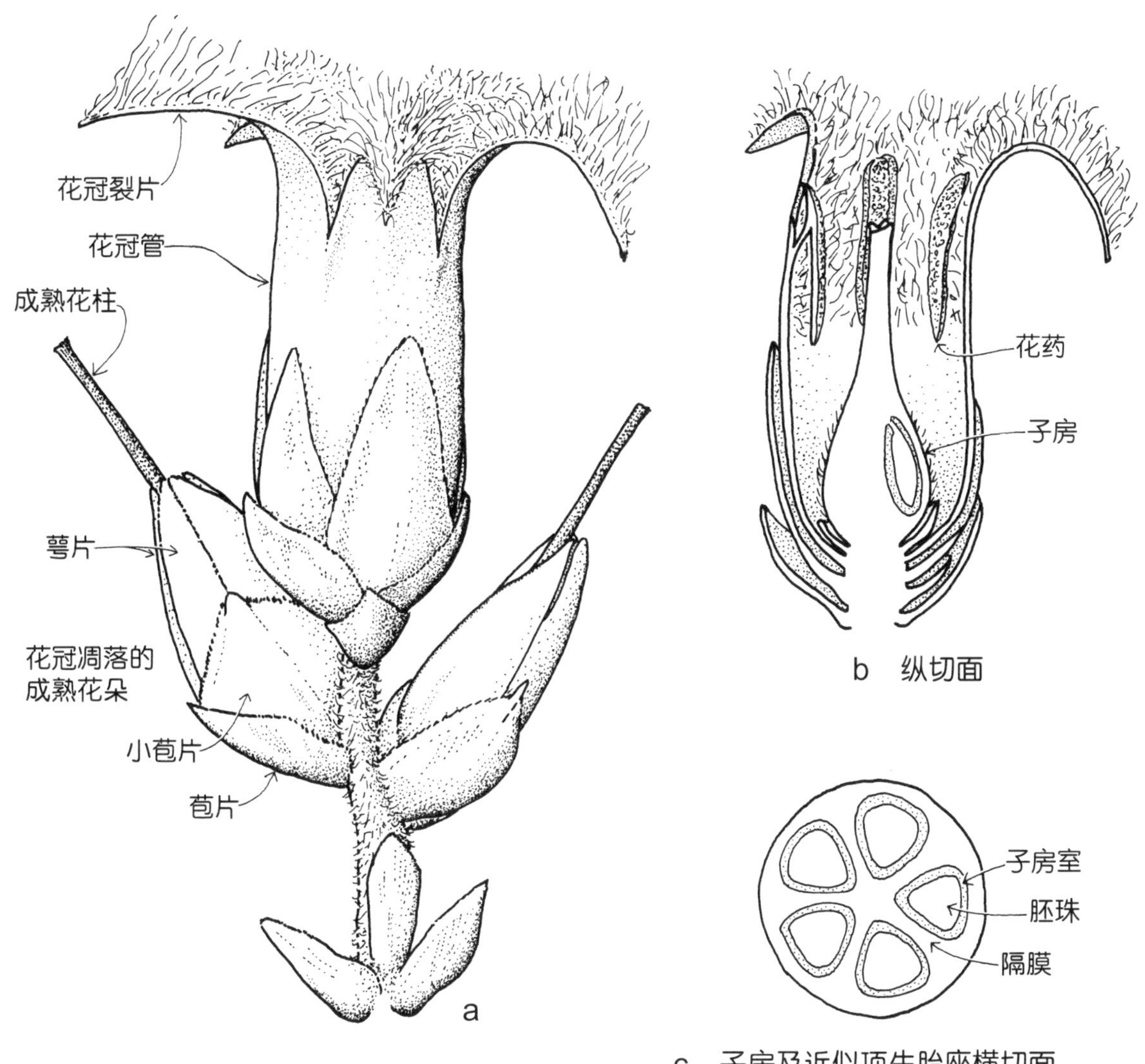

线图 105　皱叶须石南（*Leucopogon ericoides*）

花程式为 K5 C（5）A5 G（5）

高 2 米的小灌木，细长，硬而结实；分枝被覆短茸毛；叶长方形，长不足 1 厘米，具短尖，边缘下弯；花白色到粉红色，2~4 朵，排成短腋生穗状花序，每朵花由 1 枚苞片和 2 枚小苞片包围；花蕾中的花冠裂片呈镊合状；核果。广泛分布在澳大利亚的维多利亚州、塔斯马尼亚州、新南威尔士州、南澳大利亚州和昆士兰州石南丛生的荒野。花期在春季。（a–b × 15，c × 30）

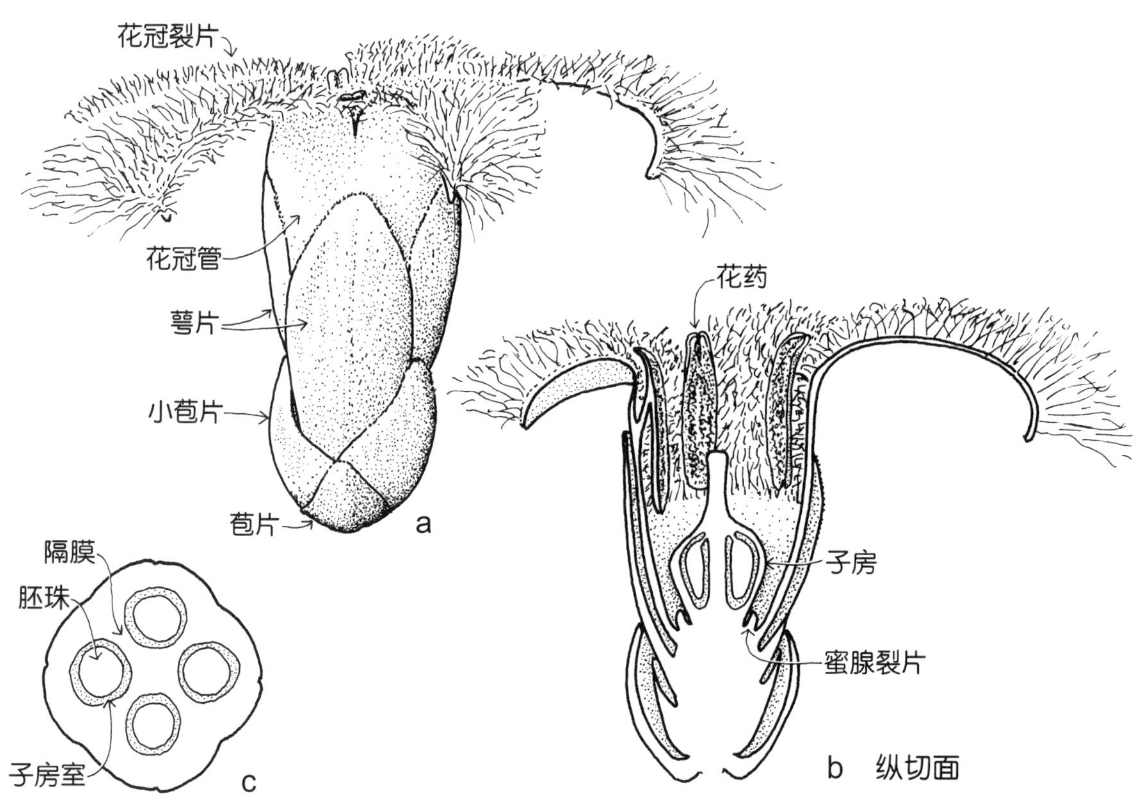

线图 106 贝叶石南（*Leucopogon virgatus*）

花程式为 K5 C（5）A5 G（4）

高 1 米的小灌木；叶长 1.5 厘米，矛尖状，内弯，急尖，下表面具清晰平行脉；花白色，排成密集的短腋生穗状花序，每朵花由 1 枚苞片和 2 枚小苞片包围；花蕾中的花冠裂片呈镊合状；花药具不育顶端；子房内的子房室数不等，通常为 4 个或 5 个；核果。广泛分布在澳大利亚的维多利亚州、塔斯马尼亚州、新南威尔士州、南澳大利亚州和昆士兰州石南丛生的荒野中。花期在春季。（a–b×15，c×40）

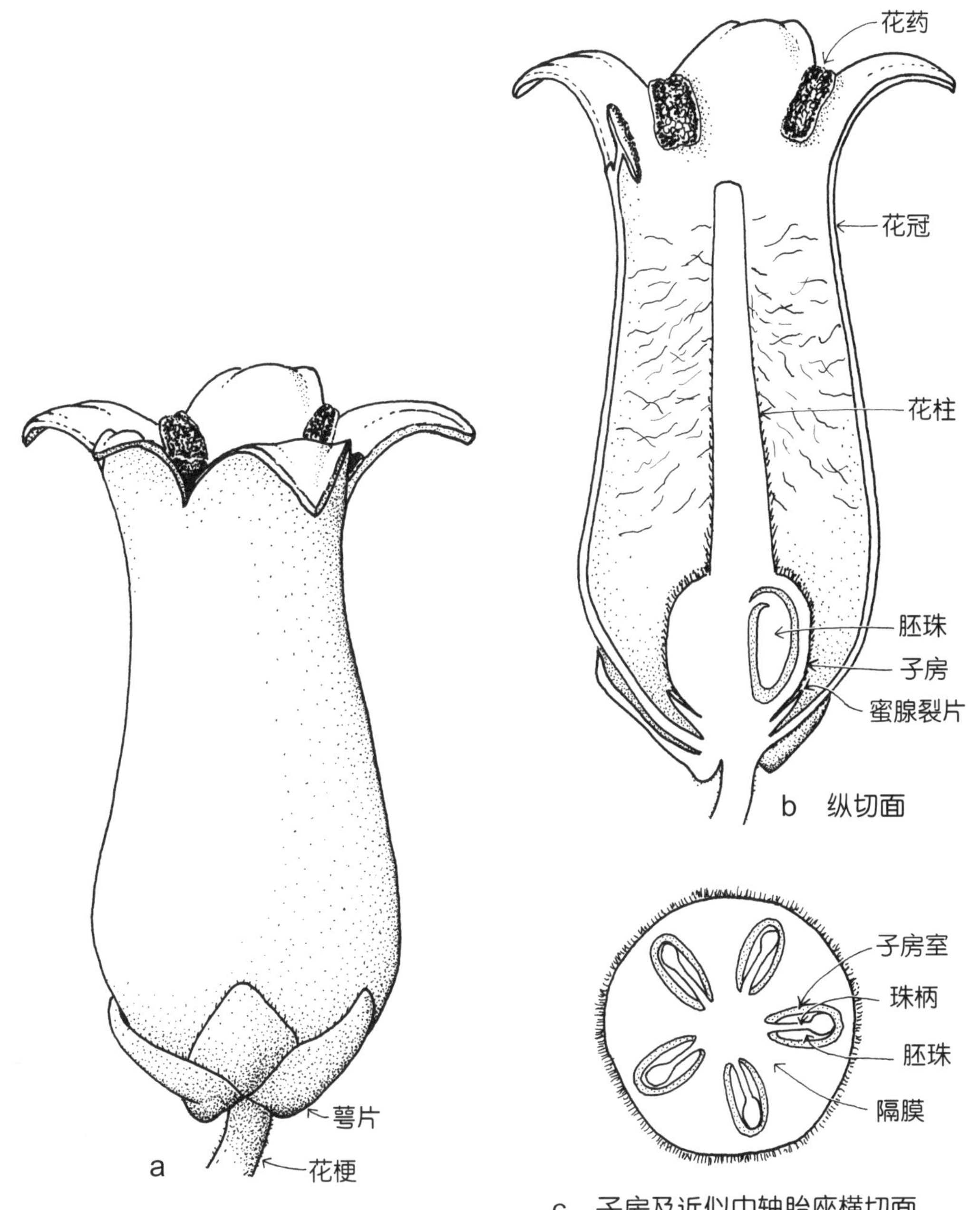

线图 107　桃石南（*Lissanthe strigosa*）

花程式为 K5 C（5）A5 G（5）

小而坚硬的灌木，高约 0.5 米；叶线形，尖锐，长 1.5 厘米，边缘下弯；花浅粉红色，生长于小腋生花序丛中；花蕾中的花冠裂片呈镊合状；核果。广泛分布于澳大利亚除西澳大利亚州以外的所有州。花期从冬末至次年春季。（a–b × 12，c × 25）

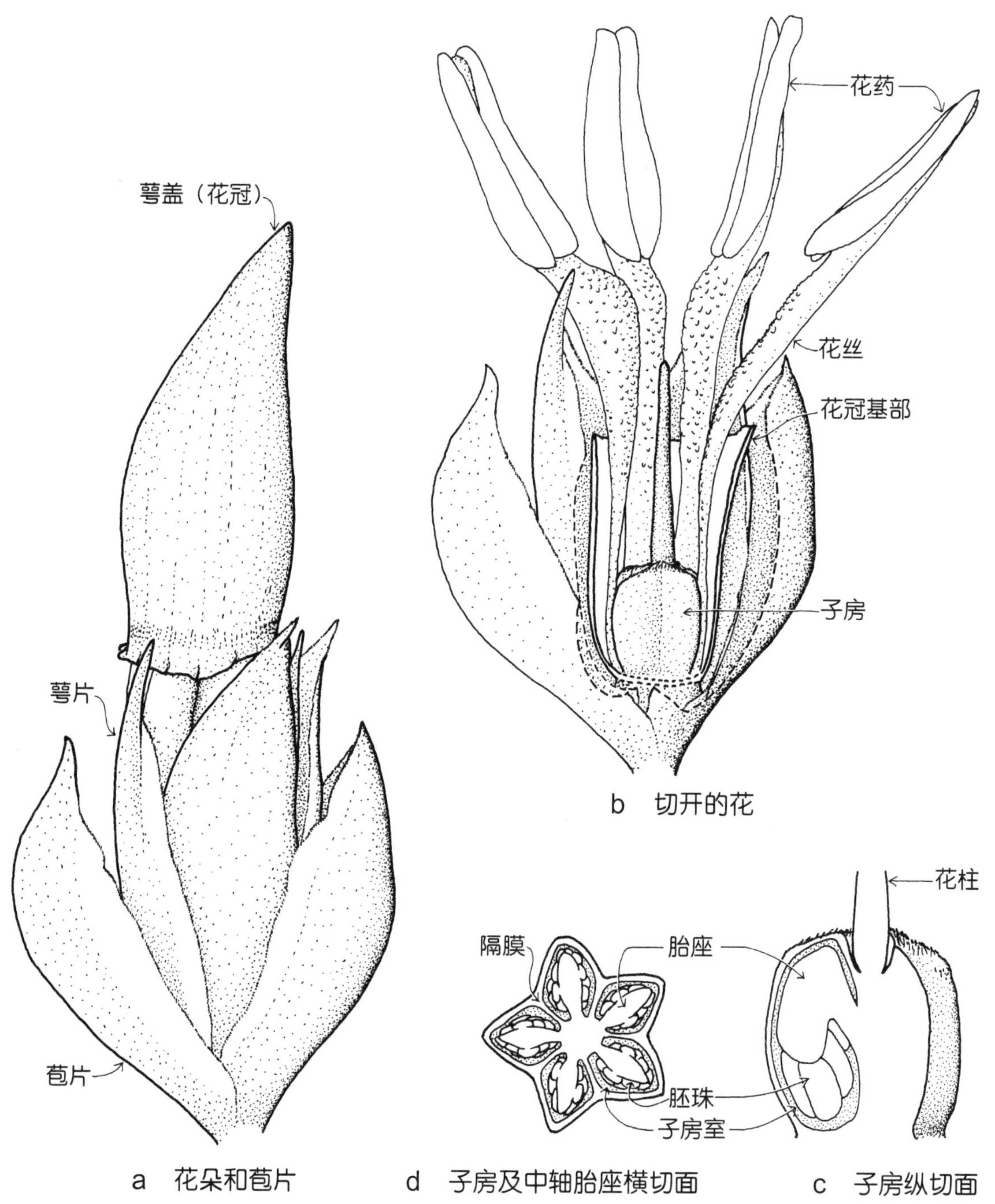

线图 108　低地彩穗木（*Richea procera*）

花程式为 K5 C（5）A5 G（5）

高 3 米的少分枝灌木；叶覆瓦状叠盖，下弯，卵形至矛尖形，逐渐变细形成一尖端，长 1~3.5 厘米，具鞘基；花奶油色至黄色，排成短穗状花序或头状花序，末端为主或侧枝；花冠横裂，上部脱落形成一萼帽或萼盖；花丝增厚，上部多乳突。澳大利亚塔斯马尼亚州特有植物，在当地广泛分布，有时散布于中部和南部。花期在暮春。（a–b × 10，c–d × 20）

科和鹿蹄草科。扩大的澳石南科包括 8 个亚科，掌脉石南亚科则包括一些以前属于掌脉石南科的属。

有名的观赏植物有野草莓树、澳石南（见图版 28a–e）和杜鹃花属植物（包括杜鹃花）。虽然澳石南科植物也作为观赏植物种植，但其他亚科的植物则难以繁殖，所以并未广泛栽培。澳石南（见线图 103，104；图版 28h）是维多利亚州的州花，常见于澳大利亚东南部石南丛生的荒野和开阔森林。

早期的定居者和土著民食用一些属的肉质水果，他们也很珍视许多植物产生的大量花蜜。越橘属植物可结出蓝莓和小红莓，二者富含营养，因此越发受欢迎。

较早时期所谓的澳石南科在澳大利亚分布不多，只有四五个小属，如分布在东南部高山地区的白珠树属（杨梅属）。澳石南属在园艺中不可缺少，红杜鹃（见图版 28i–k）产自昆士兰州北部，是该属中唯一的一种本土植物。

“澳石南”一词也指以灌木为主的植物类群，灌木的高度从 0.5 米到 2 米不等。这些类群包括许多掌脉石南亚科植物，它们生长在浅滩和（或）排水不良、养分含量低的土壤中。

花的结构

花朵 通常辐射对称，两性，通常小；杜鹃花属植物的花较大，颜色鲜艳。

线图 109 昙石南（*Sprengelia incarnata*）（×0.7）

图版 28　科 37　澳石南科（澳石南属和石南属）

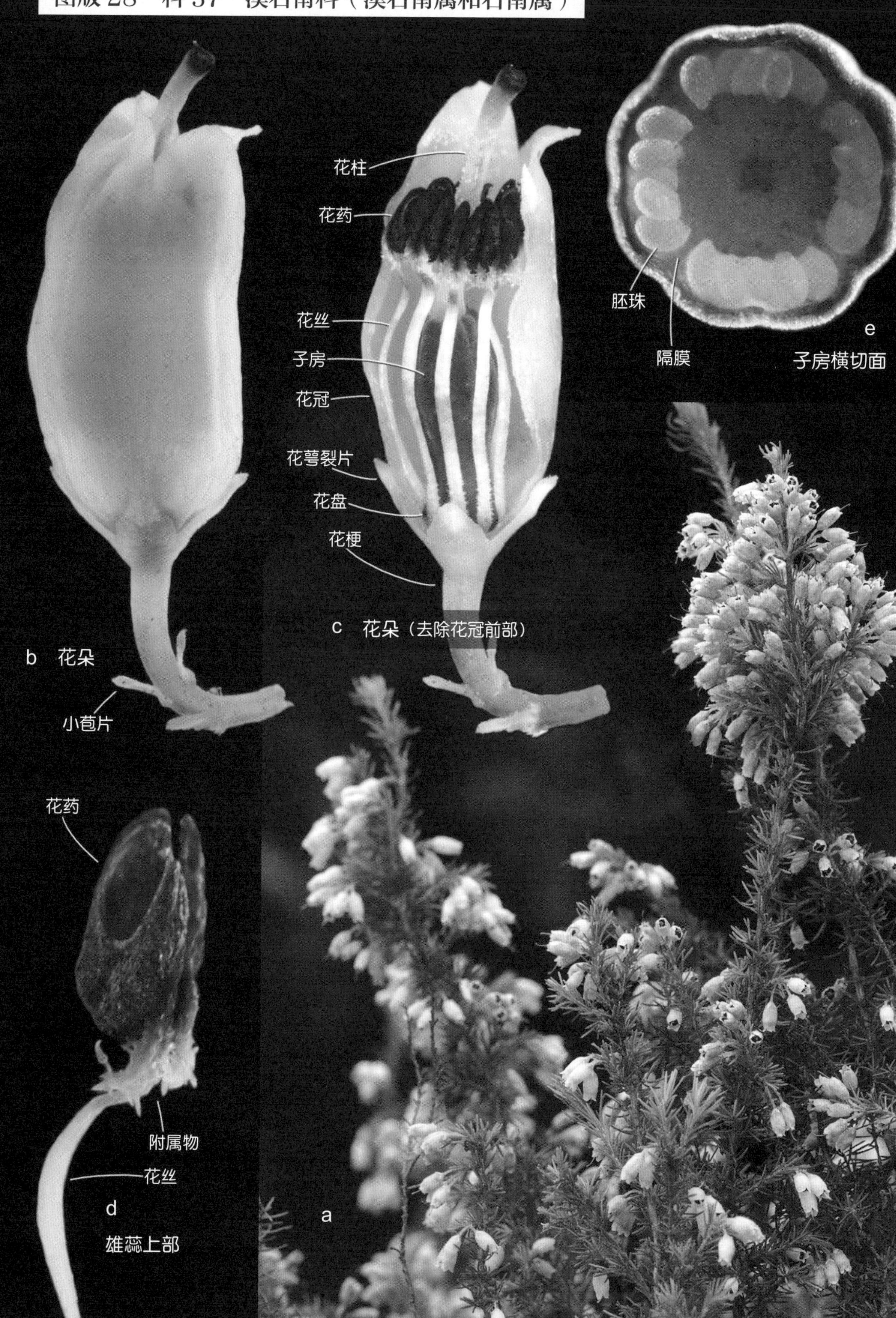

b　花朵

c　花朵（去除花冠前部）

d　雄蕊上部

e　子房横切面

a

图版 28a-e　西班牙石南（*Erica lusitanica*）

高约 2 米的直立灌木；花长约 5 毫米，成对或成小簇生长于短小枝顶端；花药在分裂前一直保持合生；小蒴果。原产于欧洲西南部，在澳大利亚东南部自然驯化。花期从冬季至次年春季。

花程式为 K(4) C(4) A(8) G(4) 中轴胎座

图版 28f　蜜罐木（*Acrotriche serrulata*）

花芽一部分。低矮的伸展灌木，直径约 75 厘米；花长约 7 毫米，在较成熟茎上排成密集的穗状花序；萼片绿色，尖端略带紫色；花冠管状，每个裂片顶端附近具一簇毛；成熟花药浅棕色。广泛分布于澳大利亚东南部的林地中。花期在春季。

图版 28g　瑞香石南（*Brachyloma daphnoides*）

花芽一部分。高不低于 1 米的直立灌木；花单生，长 6 毫米，芳香；花冠裂片在花蕾中重叠。广泛分布于澳大利亚东部干燥的石南荒野和林地。花期多在春季。

图版 28h　澳石南（*Epacris impressa*）

花芽一部分。高不低于 1 米的直立灌木；花单生，长 2 厘米。广泛分布于澳大利亚东南部干燥的石南荒野和林地。花期从秋季至春季。参照线图 103，104。

图版 28i-k　红杜鹃（*Rhododendron lochiae*）

高约 5 米的可变灌木；花萼仅为花基部的周缘；花冠的长度和直径约为 5 厘米；花药深色，沿气孔分裂，花粉黏着形成浅色花粉束；每个子房室的圆形胎座附近有多颗胚珠。原产于澳大利亚东北部。花期多在夏季。

花程式为 K(5) C(5) A5+5 G(5)

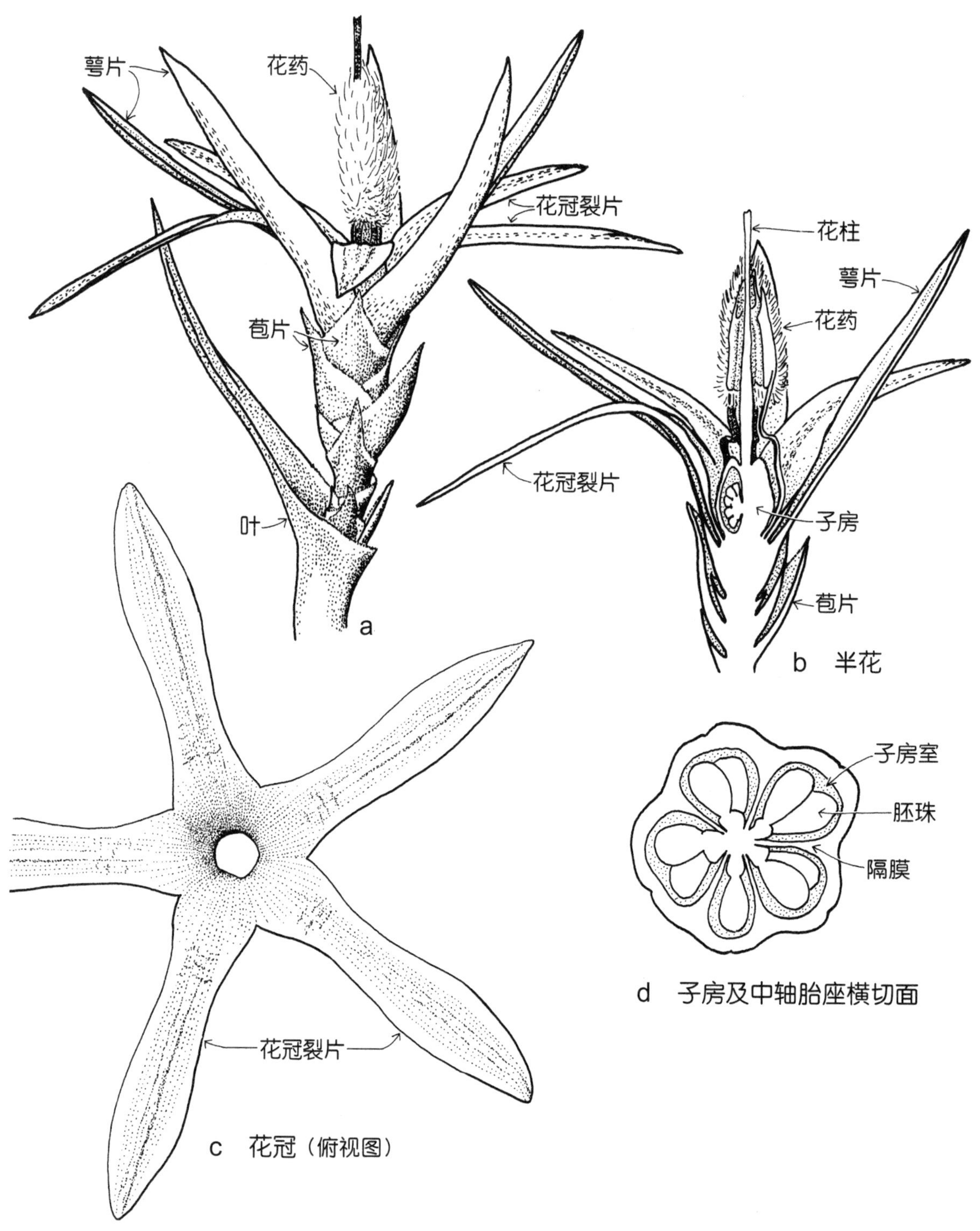

线图 110　昙石南（*Sprengelia incarnata*）

花程式为 K5 C（5）A5 G（5）

高 2 米的细长灌木，茎直立，坚韧；叶具鞘基，长 2 厘米，逐渐变细形成一个尖；花粉红色，生长于多叶顶生花序丛中；蒴果。分布在澳大利亚的维多利亚州、南澳大利亚州、塔斯马尼亚州和新南威尔士州南部潮湿的石南丛生荒野和沼泽中。花期在春季。（a–c × 7，d × 25）

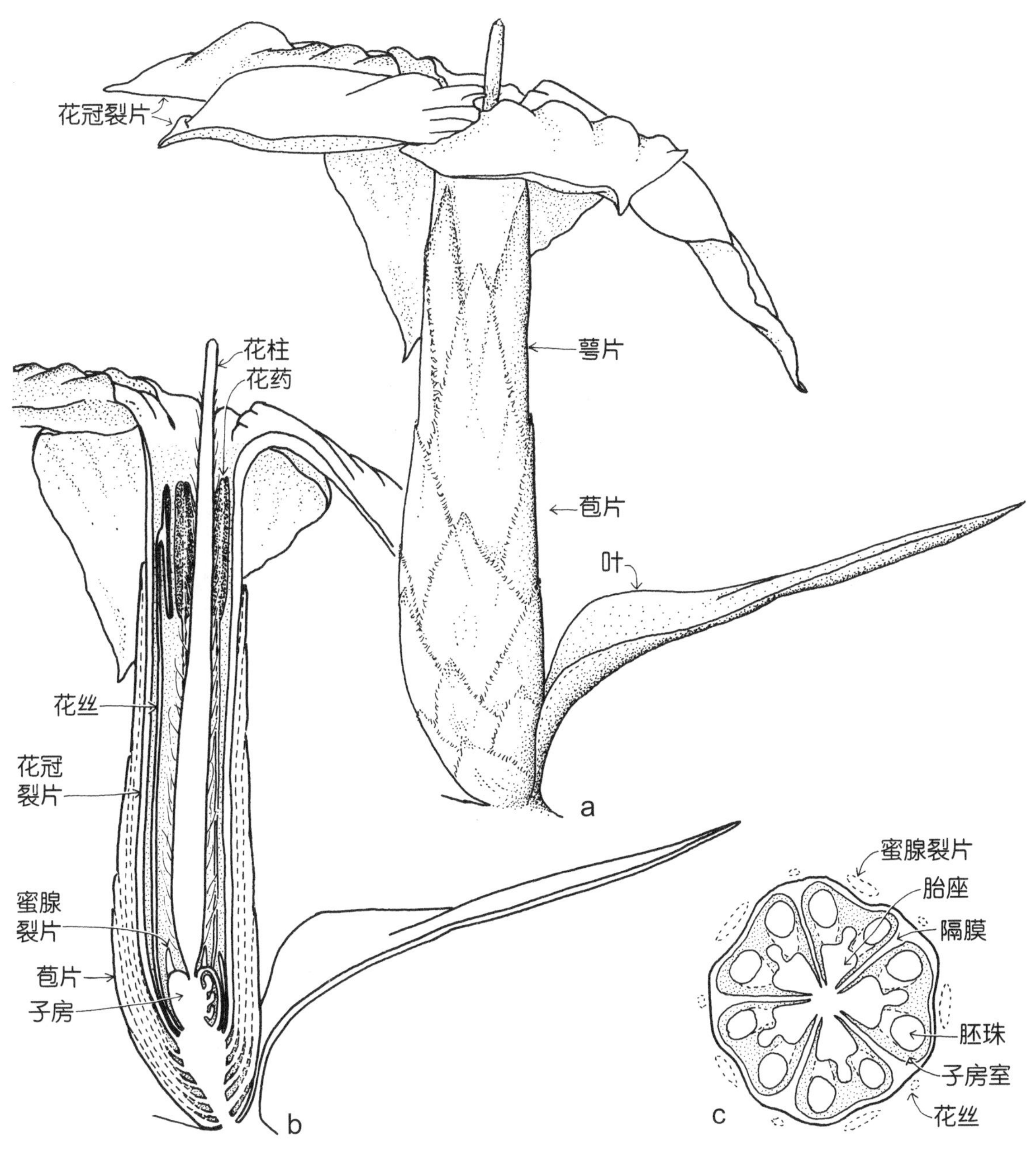

线图 111　尖刺辣石南（*Woollsia pungens*）

花程式为 K5 C（5）A5 G（$\underline{5}$）

a 由苞片和叶包围的花朵；**b** 半花——虚线表示苞片和萼片的界线以区分它们与花冠管；**c** 子房及中轴胎座横切面（a–b × 7，c × 25）

高 2 米的直立灌木；叶密集，无柄，卵形，渐尖，长约 1 厘米；花白色或微红色，无柄，腋生；花基部附近的苞片分化为 5 片萼片；花蕾中的花冠裂片褶皱；花药生长于较细的花丝上，该样本无花冠管（一些文献称部分花丝与花冠合生）；蒴果。常见于澳大利亚的新南威尔士州和昆士兰州沿海石南丛生的荒野和干燥林。有时栽培。花期在冬季或早春至夏季。

图版 29　科 38　紫草科

a

c　子房、柱基和部分花萼

b　花序

图版 29a-c　车前叶蓝蓟 / 救赎草（*Echium plantagineum*）

高约 1 米的一年生植物，具粗糙毛；花长约 3 厘米，排成顶生聚伞花序；萼片在基部合生；花柱顶端 2 分枝，子房 4 深裂。原产于欧洲，现已在其他地区广泛自然驯化。花期从冬末至夏季。

花程式为 K(5) C(5) A(5) G($\underline{2}$)

图版 29d-f　天芥菜 / 苦龙胆草（*Heliotropium europaeum*）

高约 0.5 米的一年生多毛植物；花长约 5 毫米，排成密集的聚伞花序。原产于地中海地区和西亚，在其他地方自然驯化。花期为春末至秋季。在许多文献中，天芥菜属于紫草科，现已被归入天芥菜科。

花程式为 K(5) C(5) A(5) G($\underline{2}$)

e
花朵

d　花序

f　花朵（切开，
去除部分花冠）

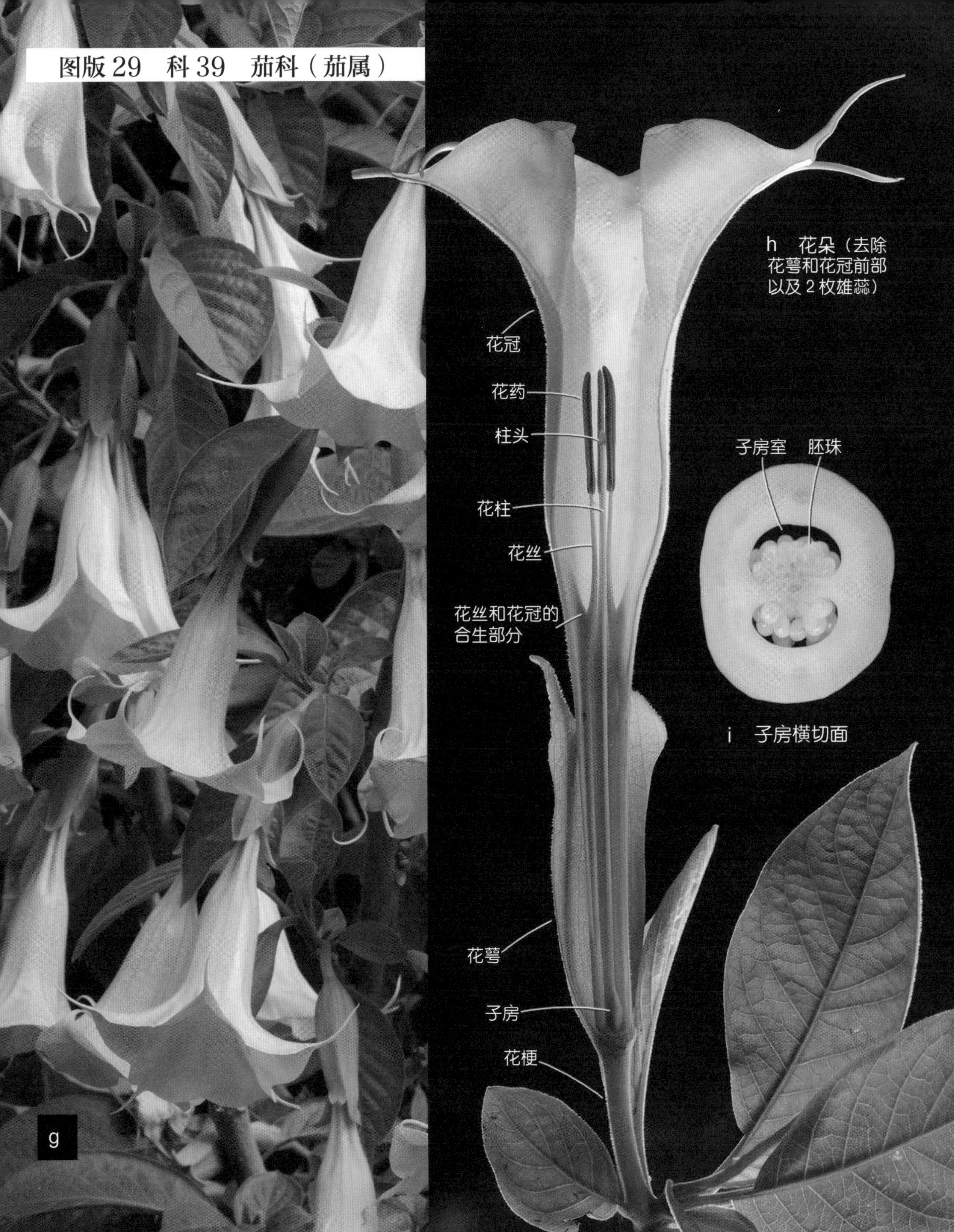

图版 29g–i　木本曼陀罗 / 天使的号角（*Brugmansia hybrid*）

高约 3 米的茂密灌木；花腋生，长约 20 厘米；本图中子房宽约 2.5 毫米；蒴果。木本曼陀罗属原产于南美洲；白花曼陀罗在花园中较为常见，但其花的结构可能不规则。花期从春季至秋季。

花程式为 K(5) C(5) A5 G(2)　中轴胎座

花萼 萼片通常4或5片，离生或少部分合生。花梗上常长有额外的苞片，像萼片或逐渐变为萼片（见线图104a，111a）。

花冠 花瓣通常4或5片，合生，很少离生。花冠通常管状，顶部长有5片裂片，在须石南属（见线图105，106）植物中可能被覆浓密毛。在彩穗木属（见线图108a）植物中花冠保持封闭，直到花药成熟时才在基部附近横向分裂，花冠上部（萼盖或萼帽）脱落，只剩下杯状周缘。

雄蕊群 雄蕊通常5~10枚，有时更多，通常离生，有时通过花丝或花药合生（见图版28c、d），通常着生于花瓣上（如在许多澳大利亚的属中，见线图104b，107b）。有时也为下位，如分布在澳大利亚的龙草树属、电珠花属、彩穗木属（见线图108b）、昙石南属（见线图110b）和辣石南属等，以及分布在澳大利亚之外的澳石南属（见图版21c）和杜鹃花属。在一些分布在澳大利亚的属中，花药成熟时为单细胞，沿纵向裂缝开裂。

雌蕊群 心皮通常4~5个。子房通常上位，有时下位，具1~10个子房室（大多4~5个，见图版28e、k）。每个子房室胚珠1至多数。顶生胎座或中轴胎座（见图版28e），有时为侧膜胎座。花柱无分杈，可能顶生（见线图105b，106b），或嵌入子房顶端的凹陷中（见线图104b）。子房基部通常具蜜盘或蜜腺（如图106b所示），昙石南属植物无蜜腺。

果实 蒴果、浆果或核果。

此类植物大多为常绿灌木，有时为乔木、藤本植物或附生植物，很少为草本植物。通常为单叶，互生且无托叶。澳大利亚物种通常为木本小灌木。

叶呈澳石南状的，小，大致与叶缘呈一条直线，叶缘后弯，遮住了下表面，大多出现在澳石南亚科植物中，在澳石南属植物中尤为常见。澳大利亚的属通常叶小，坚韧，尖锐，与主脉纹理近似平行（见图版28f）。昙石南属（见线图109）、龙草树属和彩穗木属等植物的叶具宽鞘基。一些分布在塔斯马尼亚州的彩穗木属植物形似小棕榈树，塔斯马尼亚被子植物高达18米，其样本发现于茂密的热带雨林中。

图 线图103-111；图版28

识别特征

木本灌木。叶通常小，坚韧，具尖，主脉近似平行，在下表面更清楚（见图版28f）。花辐射对称，4或5裂，萼片通常分化为大小和结构相似的苞片。花冠通常为管状。

38 紫草科

紫草类及勿忘草类植物

紫草科规模中等，广泛分布于温带和热带地区，特别是北美西部和地中海东部。在许多现行植物志中，该科的定义范围更广泛（包括更多属），超过了最新分类法中该科的定义；不同的属现已被归入不同的科中，如包括几百种天芥菜属植物，它们常见于花园中或成为路边的野草，最新分类法中的紫草科具独特的花柱顶端。欧洲天芥菜（见图版 29f）的花柱顶端为圆锥形，顶端 2 裂，柱头基部附近有一环。

紫草科中有些属是著名的花园植物，如紫草属及勿忘草属植物。琉璃苣和聚合草为常见的草本植物。

琴颈草属、地仙桃属（肥皂草）和蓝蓟属等属中包括大量似草物种。在澳大利亚南部，车前叶蓝蓟（见图版 29a–c）在干旱时期会被绵羊吃掉，但它仍是牧区主要的野草。

花的结构

花朵 辐射对称或有点两侧对称，通常两性，排成独特的卷曲花序（见图版 29b），即蝎尾状聚伞花序，有时单生。

花萼 萼片通常为 5 片，离生或常合生，有时仅在基部合生。花萼常常在果实附近宿存。

花冠 花瓣通常 5 片，合生（见图版 29b）。花冠管内部常长有附属物或鳞叶（有时有效地关闭了狭窄的通道）或朝向基部的侵入物。

雄蕊群 雄蕊通常 5 枚，着生于花瓣上。

雌蕊群 心皮通常 2 个，合生。子房上位，通常 4 深裂（具 4 个子房室），花柱嵌入裂片中（见图版 29c）。分泌花蜜的花盘通常生长在子房基部。胚珠通常着生于每个子房室内部下方的“角”中，因此胎座近似为中轴胎座，或有时为近基生胎座。

果实 多种果实，有时为核果，或常干燥，分裂成含 1 籽的瓣，或为蒴果。

此类植物大多为具粗糙毛的草本植物，有时为灌木或乔木，单叶，互生，无托叶。基生叶通常能形成一个短生或宿存的莲座叶丛。

图 图版 29a–c，图版 29d–f

识别特征

通常为草本植物，一般被覆粗糙毛（因此摸起来粗糙）。花序明显弯曲，成熟时变直（见图版 29b）。

39 茄科

茄类植物及澳洲茄

茄科中等规模，广泛分布于热带和温带地区，特别是在中美洲和南美洲，澳大利亚和非洲也分布有该科的代表植物。

大多数属植物的叶、花和未成熟果实中均含有生物碱。许多为毒素，有些在制药业中很重要。茄碱可用于生产避孕药，提取自澳洲茄（见图版 30m）。众所周知，澳大利亚原住民曾嚼食烟草属植物（见图版 30j）中本土物种的叶，而美洲烟草是商业烟草的起源。烟叶软木茄（见图版 30h）的叶中含有尼古丁和去甲烟碱，以前澳大利亚原住民也嚼食这种叶，还可用于制作

图版 30　科 39　茄科（茄属）

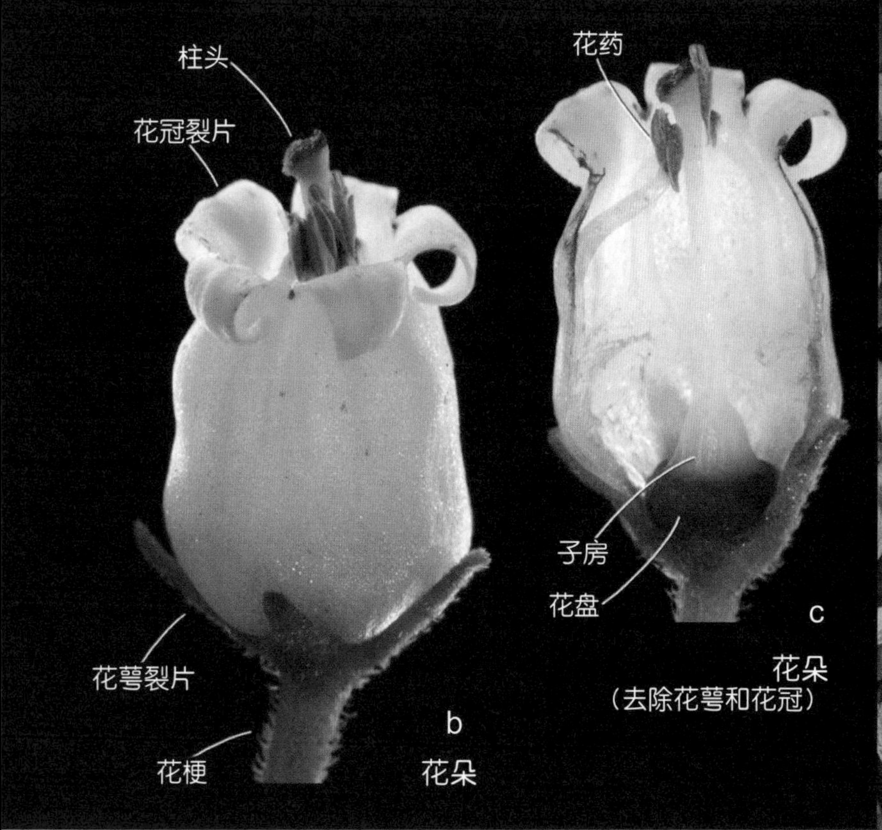

柱头
花冠裂片
花萼裂片
花梗
b
花朵

花药
子房
花盘
c
花朵
（去除花萼和花冠）

a

d
果实

图版 30a-d　陀螺人参果 / 潘帕斯的铃兰（*Salpichroa origanifolia*）

普遍具有根状茎的多年生草本植物，茁壮，茎数米长，能在其他植物上攀缘；花长约 8 毫米，单生于叶腋中；浆果。原产于南美洲，现已广泛自然驯化。花期在春季。

花程式为K(5) C(5) A5 G($\underline{2}$)

图版 30e、f　蓝花茄（*Lycianthes rantonnei*）

高约 3 米的灌木或攀缘植物；花直径约 3 厘米，排成小腋生聚伞花序；5 片额外小裂片与花萼裂片互生；花药长约 3 毫米；浆果。原产于南美洲。用作观赏植物。花期多在夏秋两季。

花程式为K(5) C(5) A5 G($\underline{2}$)

花药
柱头
花冠
子房
f　花朵
（去除花萼前部、花冠和雄蕊）

e

g 智利夜香树

h 烟叶软木茄

i 紫叶酸浆（黏性灯笼）

j 澳烟草

k 小番茄（樱桃番茄品种）

l 椭圆叶茄

m 澳洲茄（大袋鼠苹果）

n 龙葵（黑龙葵）

杀死动物的毒药。

茄科中供食用的植物包括辣椒属植物（胡椒和辣椒）、小番茄（见图版 30k）、树番茄、茄子和马铃薯（土豆）。马铃薯储存于地下，由茎轴上的根状茎末端发育而来。著名的观赏植物有夜香树属（见图版 30g）、木曼陀罗属（见图版 29g–i）、蓝花茄（见图版 30e、f）、烟草属、碧冬茄属杂交种、酸浆属和星茄藤（素馨叶白英）。澳洲茄（见图版 30m）通常用于植被绿化。

一些引进种渐渐成为野草，给当地人带来了麻烦，包括曼陀罗属、一些烟草属和酸浆属植物（见图版 30i）、枸杞属、龙葵（见图版 30n）和陀螺人参果（见图版 30a–d）。

花的结构

花朵 辐射对称或少数两侧对称，大多为两性。花序多样，通常顶生或单生。

花萼 萼片通常 5 片，合生。花萼管形至钟形，通常 5 裂，宿存，有时进一步发育包裹了果实（酸浆属，见图版 30i）。

花冠 花瓣通常 5 片。花冠可能管形、钟形、瓮形或漏斗形（见线图 2g、j、k）。冠檐常轮状或星状（见线图 2h）。

雄蕊群 雄蕊通常 5 枚，有时 4 或 6 枚，离生或合生，着生于花瓣上，与花冠裂片互生。花药有时连着，沿纵向狭缝或顶生气孔开裂，有时部分不育。

雌蕊群 心皮通常 2 个，有时更多，合生。子房上位，通常具蜜腺盘（见图版 30c）。子房室通常为 2 个，但有时为不完全假隔膜发育，因此子房室数量增多。中轴胎座，胚珠通常多数（见图版 29i，30k）。

果实 浆果，有时较为干燥，或为蒴果。

此类植物大多为草本植物、灌木、一些小乔木和攀缘植物。茎无毛或多毛，或具刺。单叶，互生，有时几乎对生，全缘，深裂或羽状，无托叶，有时多刺。

有关澳大利亚物种的描述和检索表，请参阅《澳大利亚植物志》第 29 卷。亨齐克（Hunziker，2001）为茄科所含属进行了概述。

图 图版 29g–i，图版 30

识别特征

花通常辐射对称，合生萼片 5 片，合生花瓣 5 片。花冠常辐射状（见线图 2h）。雄蕊 5 枚，着生于花瓣上。浆果或蒴果，多籽。

40 玄参科

玄参类、海茵芋类及喜沙木类植物

玄参科中等规模，包括草本植物、灌木和小乔木，广泛分布在温带和热带地区。

在最新的分类法中，该科的范围发生了较大的变化，移除了许多属，新纳入了一些以前属于其他科的属。常见的花园草本植物有金鱼草属、毛地黄属、柳穿鱼属和钓钟柳属，现在都属于车前草科。广泛栽培的灌木赫柏属现属于婆婆纳属，也被归入车前草科中。

保留在原科中或现属于玄参科的花园植物包括龙面花属、醉鱼草属和毛蕊花属，后者还包括一些似草植物。水玄参（见图版 31a–e）在南澳大利亚州和维多利亚州很少被驯化。

现在的玄参科包括澳大利亚特有的喜沙木属，分布在东南亚、澳大拉西亚和夏威夷的海茵芋属以及产自西印度群岛和热带美洲的单型假瑞香属。三者曾经构成过一个小科——苦槛蓝科。

喜沙木属包括 200 多种植物，其中大部分生长于澳大利亚的干旱地带。通常为灌木或小乔木，花颜色各异，许多经过栽培成为引人注目的花园植物。

海茵芋属包括 30 种植物，其中约有一半分布在澳大利亚南部和温带地区。南澳大利亚州和维多利亚州的防风林中广泛种植的海岸苦槛蓝、垂枝苦槛蓝和蔓生苦槛蓝为引人注目的观赏植物。宽果苦槛蓝常见于干旱地带的低林地中。

花的结构

花朵 通常两侧对称（如图版 31c 所示的玄参属和图版 31j–m 所示的喜沙木属），或近似辐射对称（如图版 31f–h 所示的海茵芋属）。两性，有时在功能上表现为单性。花序通常为顶生总状花序，或在喜沙木属和海茵芋属中腋生花序，花单生或约 2~11 朵簇生。

花萼 萼片 5 片，有时 3 或 4 片，离生或合生，有时仅在基部合生，有时在开花期扩大。

花冠 花瓣通常 4 或 5 片，花冠通常 2 唇。在海茵芋属中，花瓣 5 片，基部合生，具短花冠管和伸展裂片，或钟形。在喜沙木属中，花冠管形至钟形，上唇具 4 或 2 片裂片，下唇为 1 或 3 片。

雄蕊群 雄蕊通常为 5 或 4 或 2 枚，着生于花瓣上。在海茵芋属中，雄蕊通常为 4 枚，突出，花丝大多直立。在喜沙木属中，雄蕊为 4 或 5 枚，伸出或包含在花冠中，花丝直立或弯曲。花药裂片通常连生，沿单个 U 形狭缝或近似与花丝呈直角的狭缝分裂。

雌蕊群 心皮 2 个，合生，子房上位。受精后，胎座长出幼芽，因此子房可能进一步分裂。中轴胎座。

果实 多种果实，通常为多籽蒴果。在海茵芋属中，通常为肉质核果。在喜沙木属中，为肉质或干质核果。

此类植物大多为草本植物或灌木或小乔木，少许为藤本植物。

若想进一步了解喜沙木属，详见布朗和布切尔（Brown & Buirchell）的相关论文（2011）。奇诺克（Chinnock）（2007）主要介绍了以前的苦槛蓝科。

图 图版 31

识别特征

草本，灌木或小乔木，叶互生，无托叶。

图版 31　科 40　玄参科（玄参属和喜沙木属）

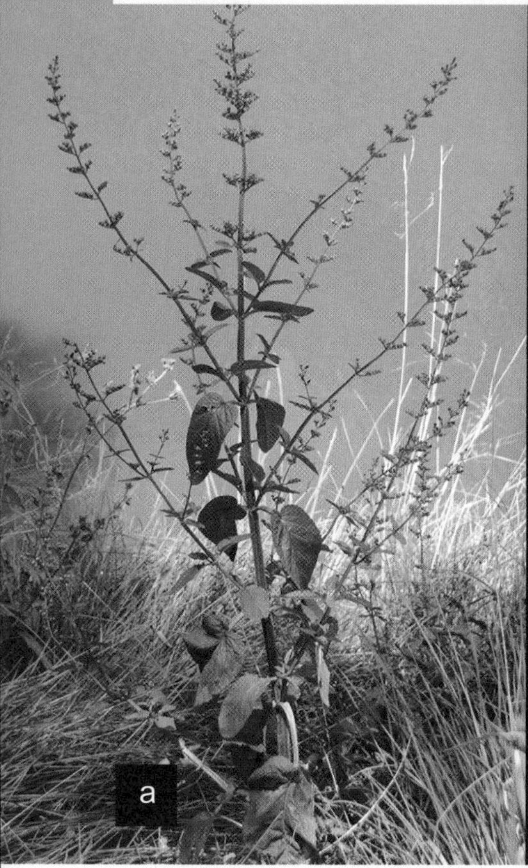
a

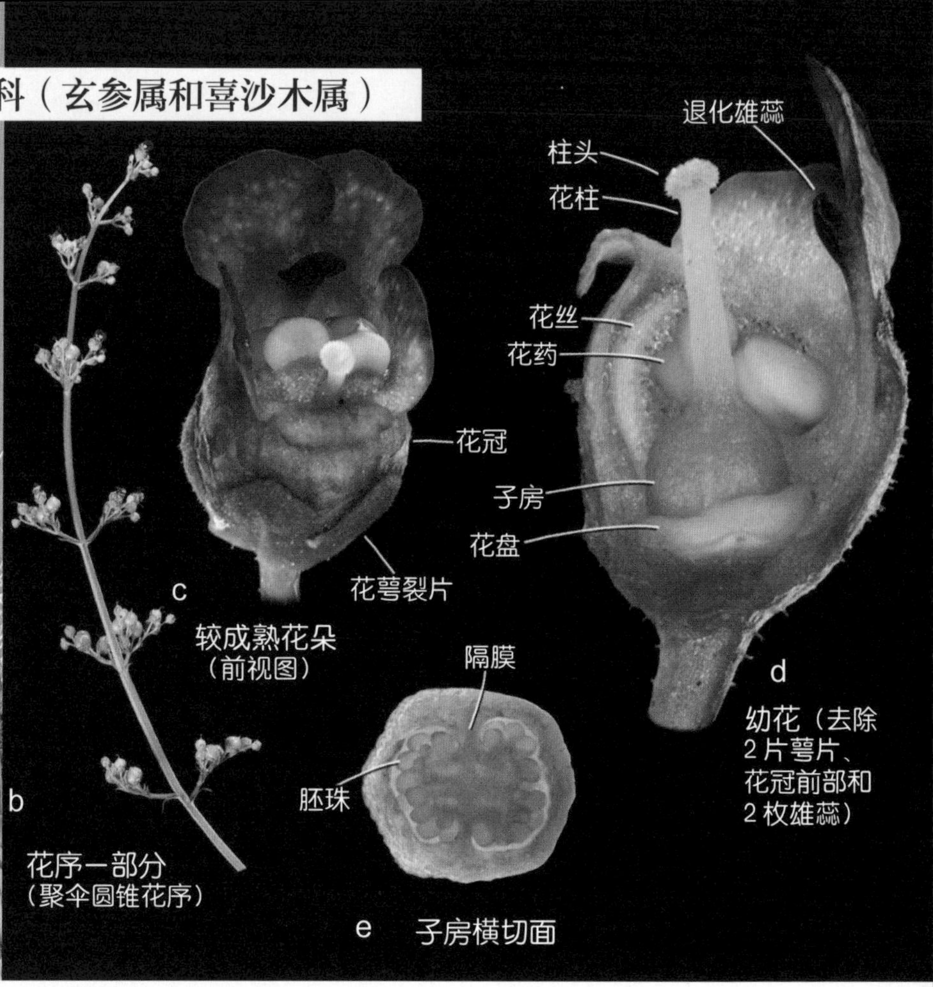
b
花序一部分
（聚伞圆锥花序）
c
较成熟花朵
（前视图）
花冠
花萼裂片
退化雄蕊
柱头
花柱
花丝
花药
子房
花盘
d
幼花（去除
2 片萼片、
花冠前部和
2 枚雄蕊）
隔膜
胚珠
e　子房横切面

图版 31a–e　水玄参（*Scrophularia auriculata*）

多年生植物；花长约 6~7 毫米；萼片在基部合生；花丝具腺状毛；子房直径约 1.6 毫米；蒴果。原产于非洲西北部和欧洲，在南澳大利亚州和维多利亚州很少自然驯化。花期在春季和夏季。
花程式为K(5) C(5) A4，staminode G($\underline{2}$)

图版 31f　黏苦槛蓝（*Myoporum petiolatum*）

高不低于 2 米的直立灌木；花长约 1 厘米，2~7 朵生长于腋生花序丛中；核果。原产于澳大利亚的南澳大利亚州和维多利亚州。花期大多从深冬至春季。

图版 31g–i　沿海苦槛蓝（*Myoporum insulare*）

高 6 米的灌木或小乔木；花长约 1 厘米，3~8 朵生长于腋生花序丛中；核果。原产于澳大利亚的西澳大利亚州至新南威尔士州和塔斯马尼亚州的沿海植被中。花期在春季和初夏。花程式为K5 C(5) A4 G(loculi $\underline{4}$)

f

g
h　花朵
花药
花冠裂片
柱头
花盘
i　花朵
（去除 1 片萼片、部分
花冠和 2 枚雄蕊）

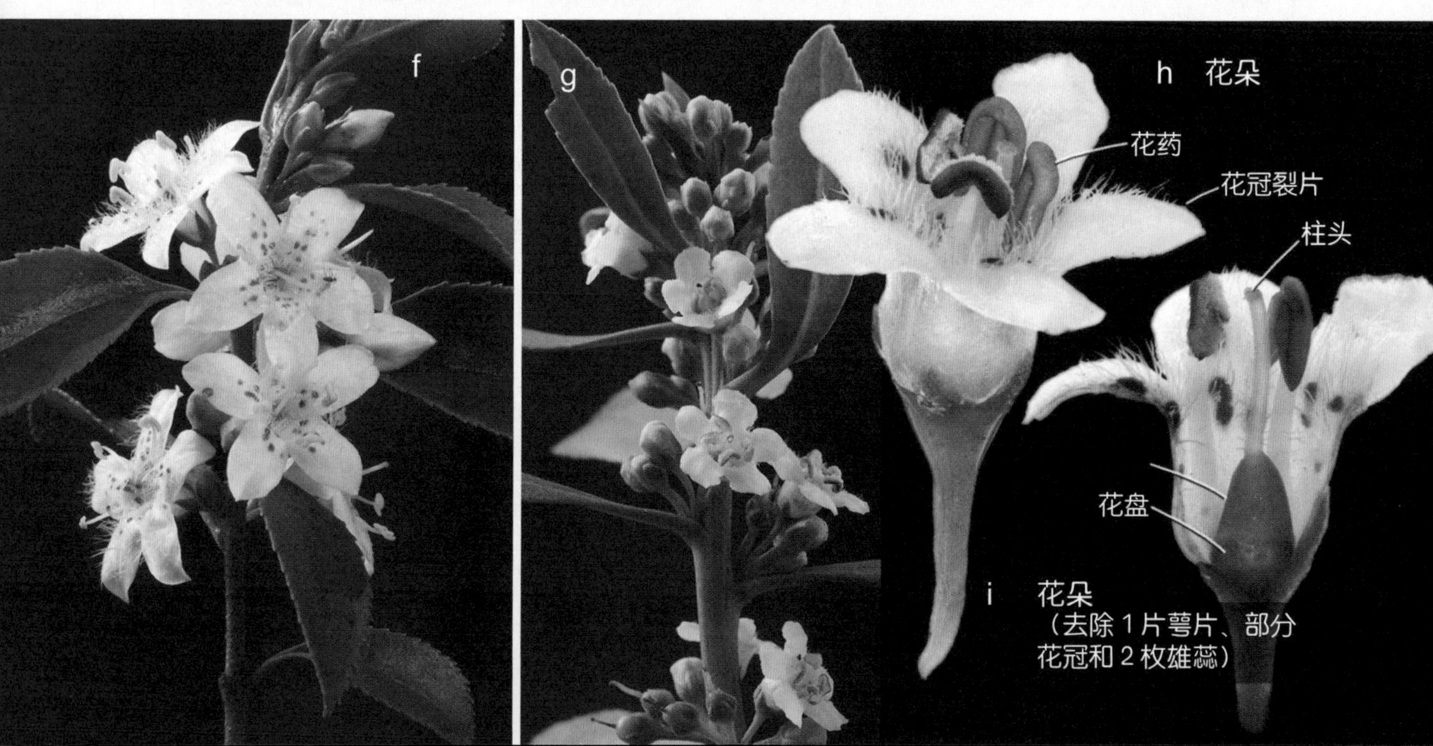

图版 31j、k 小爱沙木（*Eremophila microtheca*）

高约 1.5 米的细长灌木；花长 1.5 厘米，单生于叶腋中；花冠上唇 2 裂，下唇 3 浅裂；果实干燥，不裂。原产于澳大利亚的西澳大利亚州西部的几个地区。花期在春季。

花程式为K(5) C(5) A4 G(2)

图版 31l、m 光秃爱沙木（*Eremophila glabra var.tomentosa*）

高约 2 米的灌木；花长 3 厘米，通常单生于叶腋中；花冠上唇 4 裂；果实为干质或核果质。该植物非常多变，有 9 个已知变种，广泛分布于澳大利亚内陆南部地区；该变种原产于西澳大利亚州中南部。花期大多在春季。

花程式为K(5) C(5) A4 G(2)

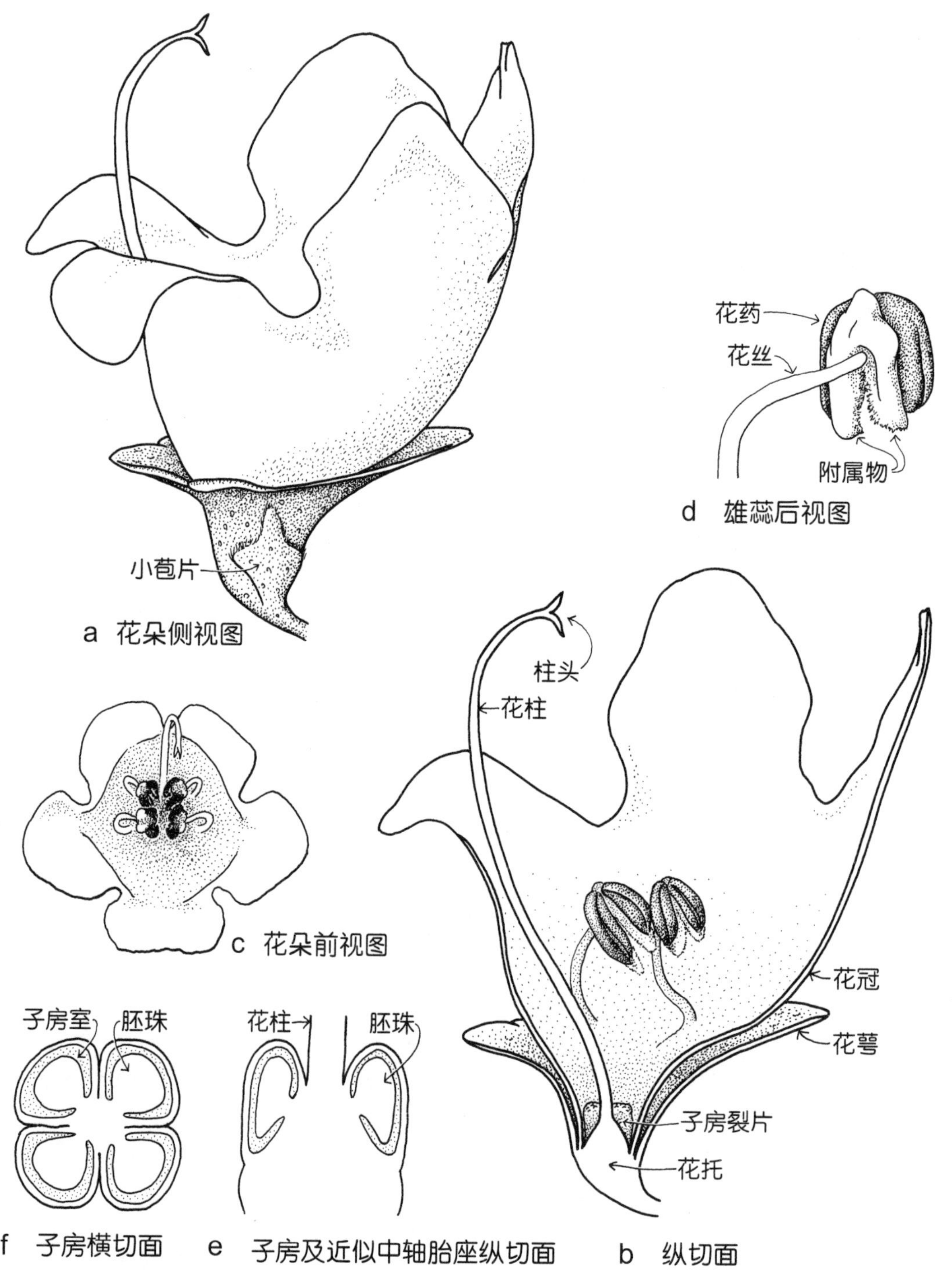

线图 112 圆叶木薄荷（*Prostanthera rotundifolia*）

花程式为 K（5）C（5）A4 G（loculi 4）

高 4 米的茂密灌木；叶对生，芳香，近圆形，长约 1 厘米；花淡紫色至紫色，多数，排成腋生短苞总状花序；花萼具小苞片，其上遍布油腺；花药具附属物。生长于澳大利亚的维多利亚州、塔斯马尼亚州和新南威尔士州的干旱山丘和河流边。木薄荷属的许多植物为栽培种。花期在暮春。（a–b × 7，c × 2.5，d × 10，e–f × 20）

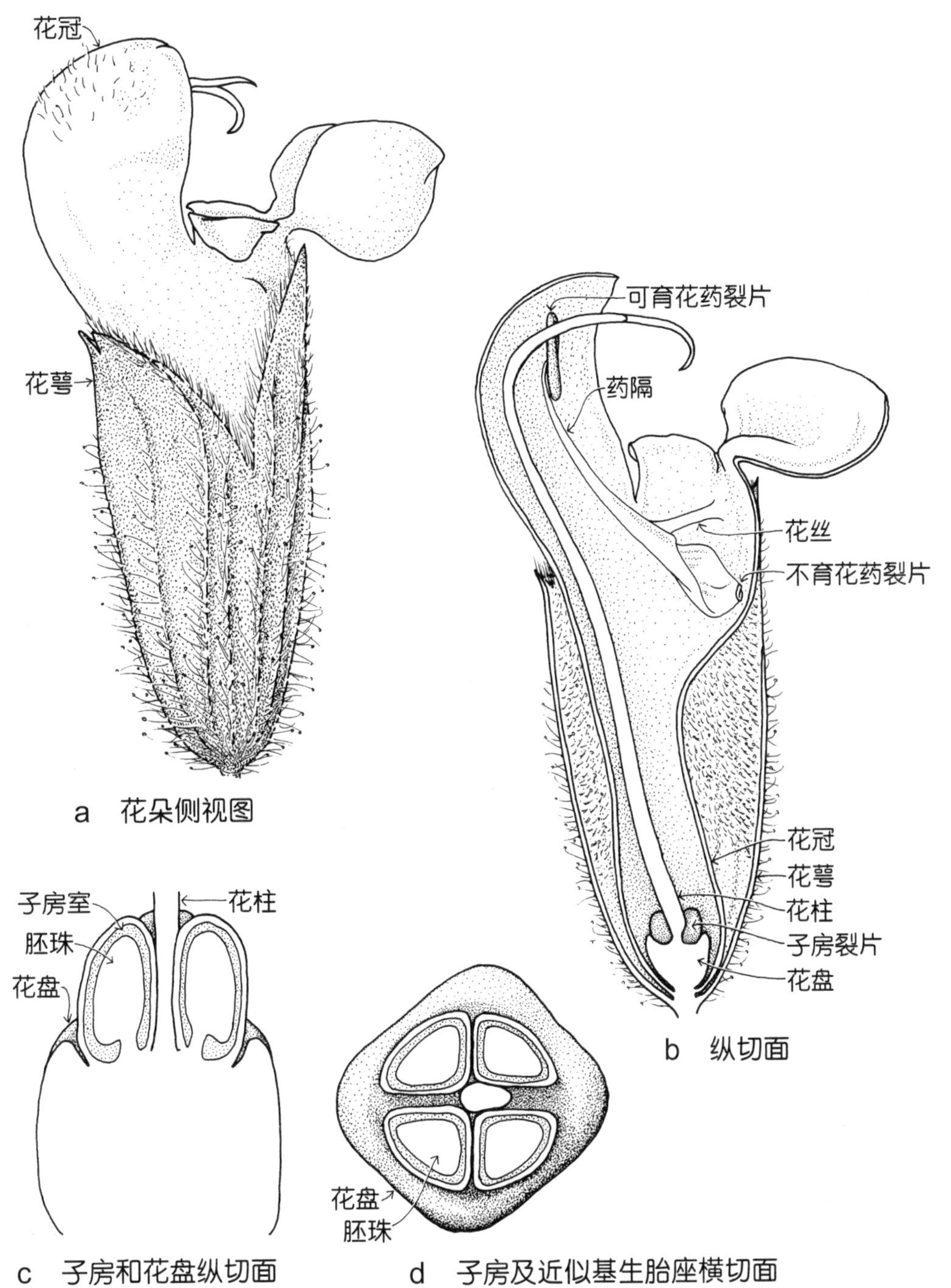

线图 113　鼠尾草（*Salvia verbenaca*）

花程式为 K（5）C（5）A2 G（loculi $\underline{4}$）

高 60 厘米的多年生草本植物，具毛；叶对生，卵圆形至长方形，表面具皱，边缘圆齿状，通常浅裂；花带紫色，很少白色，轮生，每轮约 6 朵生长于球形苞片的腋中；花萼和花冠均二唇形；每个花药具一甚宽药隔，将可育叶和不育叶分隔。不育叶和药隔形成一杆从而来移动可育裂片。觅食昆虫推动此杆时，杆上的花粉会洒落在昆虫背上。作为从欧洲引进的一种野草，它们在澳大利亚广泛分布。花期在夏季。（a–b × 6，c–d × 24）

图版 32 科 42 花柱草科（扳机植物）
科 44 菊科

图版 32a 海石竹花柱草

（*Stylidium armeria*）

簇生多年生草本植物。具黑尖腺毛点缀在基部、子房和 2 唇形花萼上；前 4 片花冠裂片伸展，第五片小且下弯；花丝与花柱结合形成 1 个应激性蕊柱。原产于澳大利亚的南澳大利亚州、维多利亚州和塔斯马尼亚州。花期为春季。参照线图 114。

花程式为K(5) C(5) $\widehat{A2\ G}$ (loculi $\overline{1}$ or $\overline{2}$)

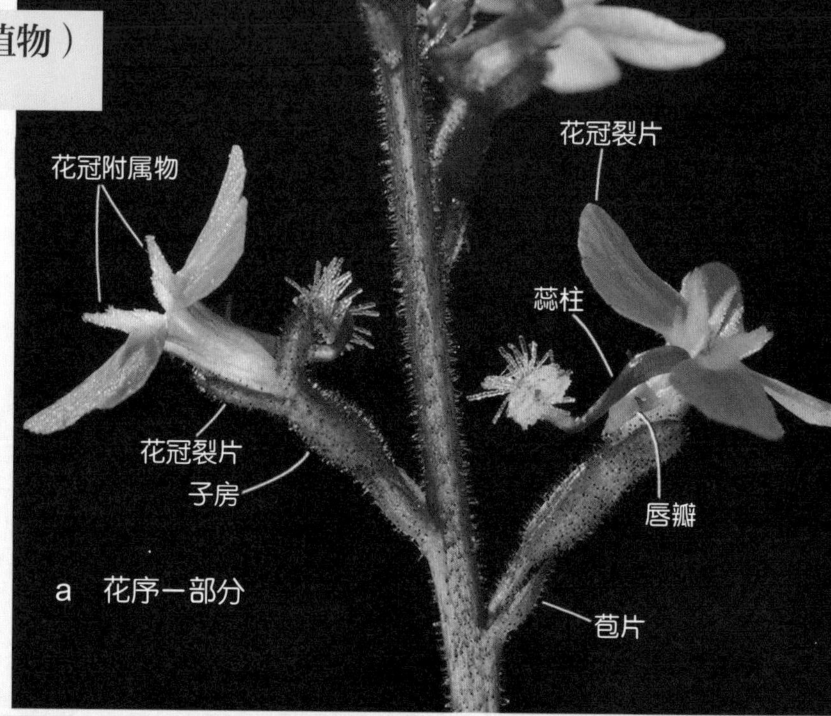

花冠附属物
花冠裂片
蕊柱
花冠裂片
子房
唇瓣
苞片

a 花序一部分

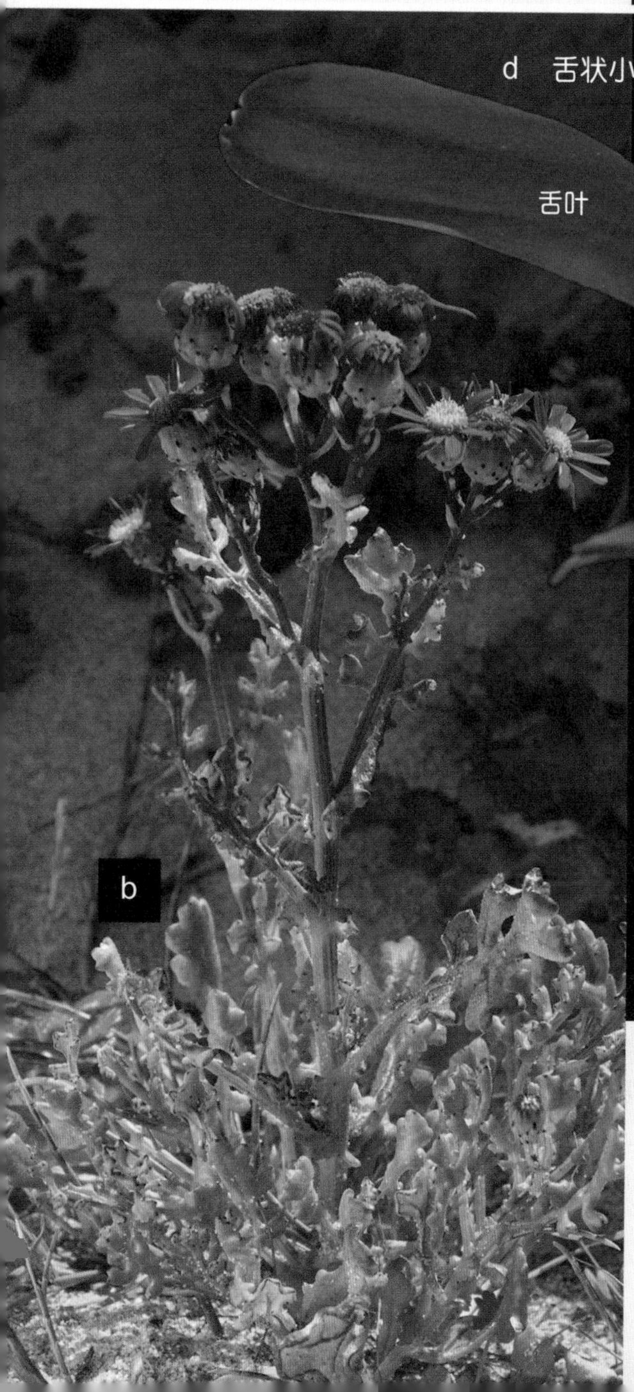

b

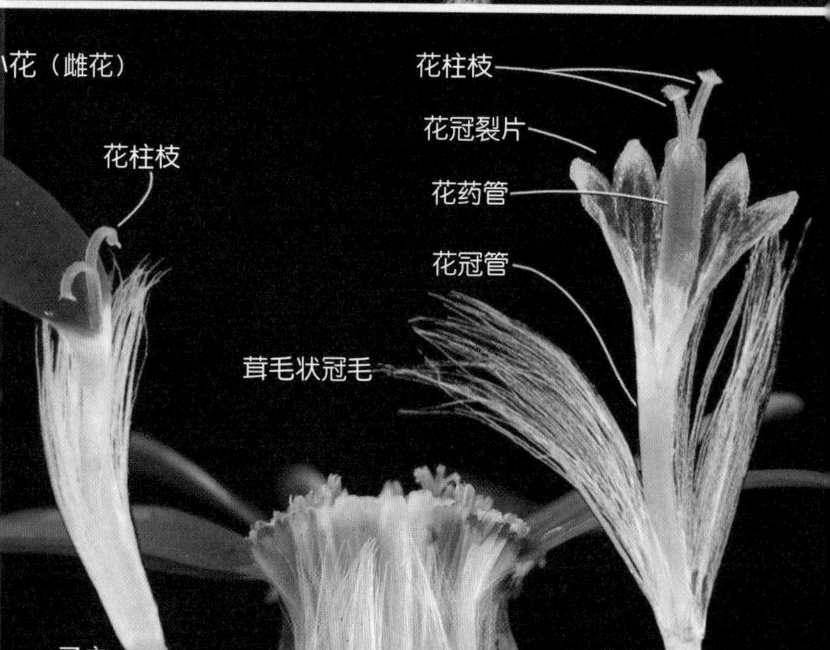

d 舌状小花（雌花）
舌叶
花柱枝
花柱枝
花冠裂片
花药管
花冠管
茸毛状冠毛
子房
子房
总苞片
花托
e
管状小花
（两性，切开）

c 花序（去除前部）

图版 32b-e 缕丝千里光（*Senecio elegans*）

高不低于 60 厘米的直立一年生植物；头状花序直径约 2.5 厘米；舌状小花雌性；花盘小花两性，长约 6.5 毫米；冠毛为细茸毛。原产于南非，在澳大利亚南部的沿海沙滩上自然驯化。花期在春季和夏季。

图版 32f-k　欧洲猫耳菊（*Hypochoeris radicata*）

高约 70 厘米的可变多年生草本植物，具主根；头状花序直径约 3 厘米；仅有舌状小花；膜质鳞叶生长于小花间（j）；连萼瘦果具喙，长约 15 毫米，冠毛为羽状细刚毛。原产于欧洲，现已广泛自然驯化。花期多在冬末夏初。

喜沙木属和海茵芋属植物，含树脂，叶具分散的小分泌腔，呈白点。花通常两侧对称，花冠通常2唇。雄蕊着生于花瓣上，花药裂片连生，沿一个狭缝分裂。

41 唇形科

薄荷类及木薄荷类植物

唇形科种类较多，广布全球，尤其是在地中海地区，约有40个属原产于澳大利亚。旧名唇形花科在命名规则中仍然适用，来源于花冠特征，其中一片或更多花瓣形成独特唇，其别称来源于分布在地中海的野芝麻属。

唇形科包括许多可用于烹饪的香草，如薄荷属、罗勒属、牛至属、迷迭香属、鼠尾草属和百里香属，这些都是澳大利亚早期的引进种。薰衣草属具商业价值，在塔斯马尼亚州和维多利亚州栽培，用于提取精油制作香水。作为观赏植物而引种的属有：鞘蕊花属、薰衣草属、狮子耳属、假荆芥属、香茶属、鼠尾草属和水苏属。木薄荷属（见线图112）和澳洲迷迭香属为两个著名的本土属，广泛栽培。几种原产自欧洲的植物在澳大利亚似草，如夏至草、法国薰衣草和宝盖草。

最新的分类法扩大了唇形科的范围，纳入了许多之前属于马鞭草科的属。马鞭草科植物花序的现行定义为不确定的总状花序，或穗状或头状。

花的结构

花朵 通常辐射对称，两性。通常排列在总状主茎上的总状花序丛中，有时在茎附近轮生，很少单生。

花萼 萼片通常4~5片，很少多于这个数量，合生。花萼通常2唇，在果实附近宿存。

花冠 花瓣通常4~5片，合生。花冠管状，有时深裂，通常2唇。

雄蕊群 雄蕊通常2或4枚，着生于花瓣上（见线图112b、c），有时排列为长度不等的两对。

雌蕊群 心皮2个。子房上位，顶端合并为一花柱，或常深裂为4片裂片（每片1个子房室），花柱随后发育为雌蕊托（见线图113c），柱头通常2裂（2叉），每子房室含1颗胚珠。通常具花盘。

果实 通常干质，分裂为4个瘦果状的小坚果，有时为核果。

虽然薄荷属植物中有些为树木，但大多数为芳香灌木或草本植物，茎通常四角形，具单叶，对生或偶尔轮生。植株通常具毛，表皮被有腺毛。无托叶。

图 线图112，113

识别特征

茎正方形（横切面），通常多毛，叶对生，芳香。花两侧对称，雄蕊2或4枚。

42 花柱草科

花柱草类及唇柱草类植物

花柱草科种类较少，主要分布在澳大利亚，但也有一些代表植物分布在东南亚、新西兰和南美洲的合恩角。

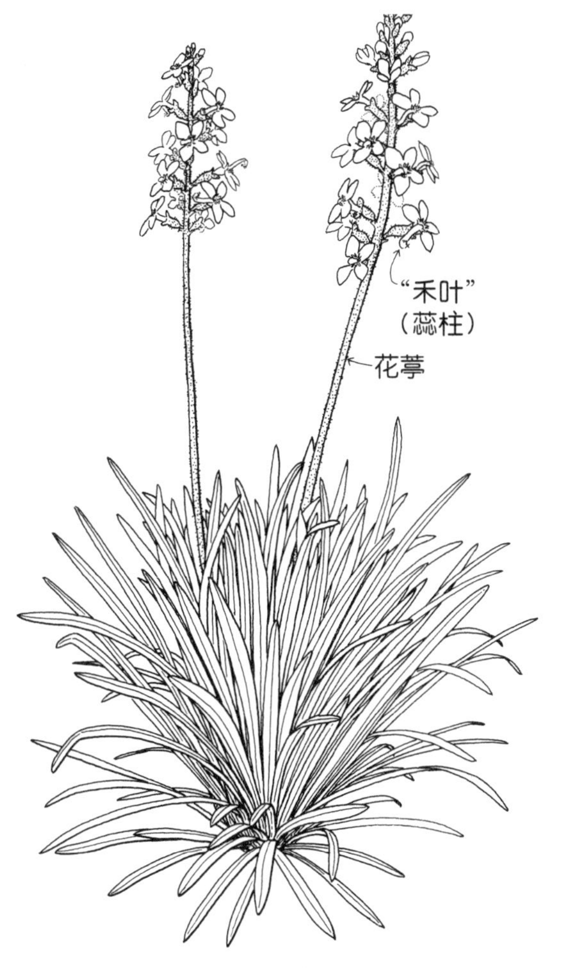

线图 114 海石竹花柱草（*Stylidium armeria*）

多年生簇生高矮不一植物，茎高约 1 米（但通常不足 1 米）；花浅色至暗粉红色，排成无分权的直立总状花序，广泛分布于澳大利亚东南部和东部。花期从冬末至次年夏季。参照图版 32a。（×0.4）

花柱草属（见线图 114；图版 32a）规模最大，广泛分布在澳大利亚。大多数植物为一年生或多年生草本植物，无托叶，种类较多的植物具基生叶丛，茎或花梗由此发育而来且支撑着花序。花两性，左右对称。萼片 5 片，花萼通常二唇形。花冠具 5 片合生花瓣，白色至深粉红色，深裂，具短管。其中一片裂片较短，形状迥异，常反折，称为唇瓣。花冠的咽喉状部分可能有 6 或 8 个突出的直立附属物（见图版 32a）。两枚雄蕊的花丝与花柱合生，形成一蕊柱。花药附着在蕊柱顶端，中间有花药。子房下位，细胞 1~2 个，含许多附着在中央胎座上的胚珠，果实为蒴果。花萼、子房的外壁和花葶通常具腺状毛。

花柱草属的蕊柱对触摸有应激性，起初在唇瓣上反折。昆虫采蜜时，蕊柱产生了应激性，从而迅速长出，花粉便洒落在昆虫背上。当花粉分散后，蕊柱再次反折，柱头开始等待授粉。如果下一个触碰蕊柱的昆虫背上有花粉，那么花粉就会被传到受粉柱头上。

埃里克森（Erickson，1958）撰写的文献简洁实用、图文并茂，在当时看起来很全面。

43 草海桐科

草海桐类及金鸾花类植物

草海桐科几乎全部分布在南半球，其中所有的 10 个属都在澳大利亚存在，一些

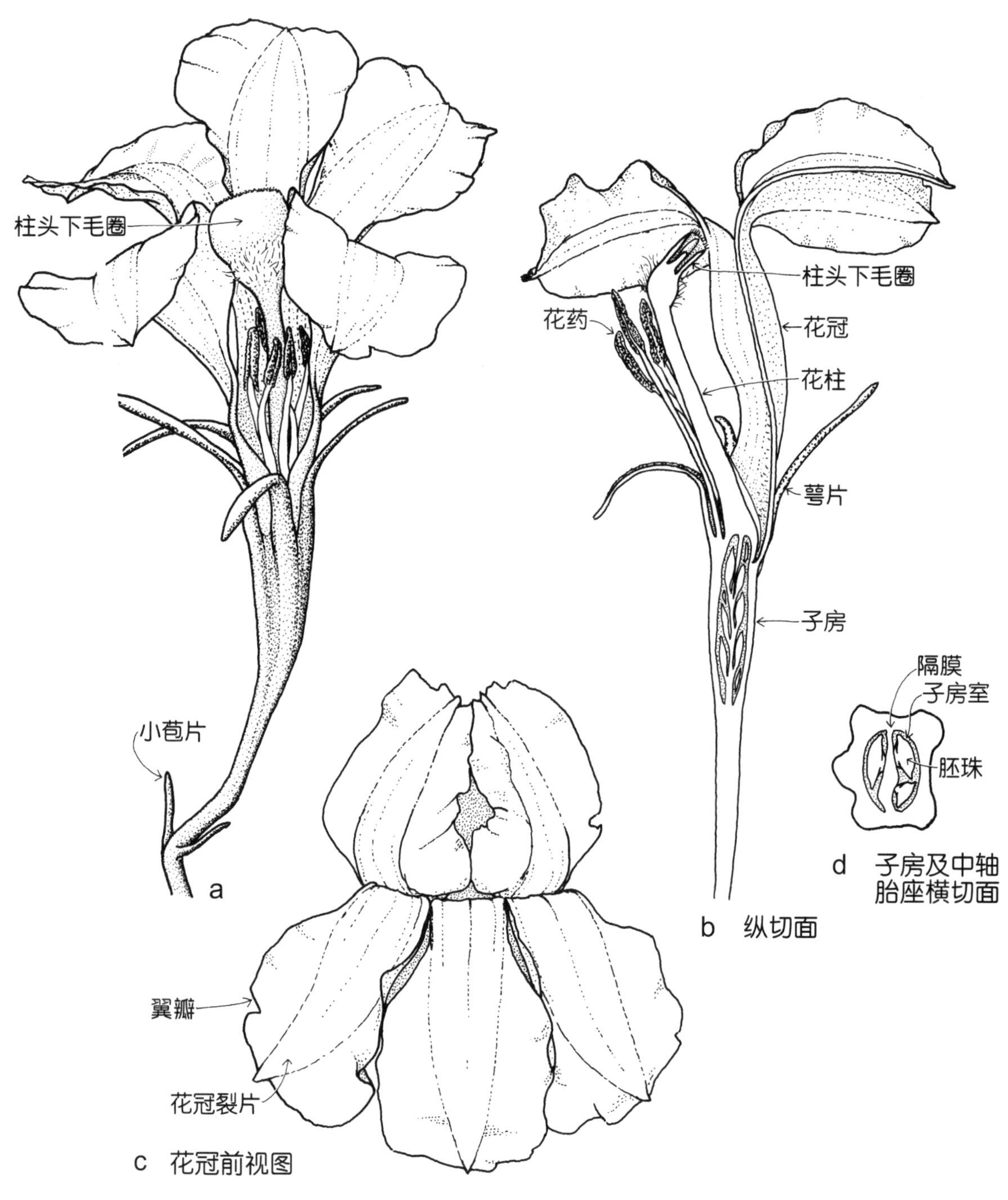

线图 115　卵形金鸾花（*Goodenia ovata*）

花程式为 K5 C（5）A5 G（loculi $\overline{2}$）

2 米高的伸展灌木；叶为卵圆形，薄，长 2~5 厘米，边缘具细齿；花黄色，1~3 朵一起生长于叶腋中；花冠裂片具明显翼瓣；柱头下毛圈生长于花柱的顶端；子房内，隔膜将子房室不完全地分隔开；圆柱形蒴果，长约 1 厘米。广泛分布在澳大利亚的维多利亚州、南澳大利亚州、塔斯马尼亚州和昆士兰州的海岸和山林附近。花期大多在春季和夏季。（a–c×6，d×8）

物种延伸至了东南亚。最新的分类法扩大了该科的范围，新纳入了之前只包括蓝针花这一种植物的蓝针花科。模式属金鸾花属规模最大，广泛分布于澳大利亚东南部。彩鸾花属在西澳大利亚州广泛栽培，青鸾花属植物具惹眼的蓝色花朵，备受人们喜爱。

澳大利亚土著民常利用多刺草海桐等少数物种，其产生的核果备受在南澳大利亚州弗林德斯山脉中生活的部落的珍爱。

花的结构

花朵 通常两侧对称，两性，排成不同的花序。

花萼 萼片通常5片，离生或有时合生，或退化为周缘。

花冠 花瓣5片，合生（除蓝针花属），花冠沿一侧分裂（见图版5e），常二唇形，有时具花距，如刺冲鸾花。花冠裂片有时像扇子一样展开，如草海桐属（见图版5d、e），有时具翼瓣，此时，沿中脉的中央带在颜色或质地上不同于边缘较薄的翼瓣，这些翼瓣被折叠在花蕾中（见线图115c）。

雄蕊群 雄蕊5枚，离生，或花药在花柱周围的管内合生。雄蕊有时着生于花冠基部的花瓣上。

雌蕊群 心皮合生，通常描述为2个，隔膜通常为不完全发育，因此很难在子房横切面中鉴别这一点，可能具1或2个子房室（有时不完全）。胚珠1至多数。子房通常下位至半下位，很少为上位。花柱顶部为二唇形或杯形结构，通常具多毛边缘，称为柱头下毛圈（见线图115a、b；图版5e、i）。花开放前，花粉会洒入柱头下毛圈中，花柱伸长从而使得毛圈向上移动。随后，两裂片的柱头发育，从而挤出了花粉。

果实 大多为蒴果，有时为核果或坚果。

此类植物大多为一年生或多年生草本植物或矮生灌木。单叶，通常互生或根生。无托叶，但通常具腋生毛簇。

有关澳大利亚物种的描述和检索表，请参阅《澳大利亚植物志》第35卷。

图 线图115；图版5d–i

识别特征

花通常两侧对称。花冠裂片通常具翼瓣，有时全部朝向花的一侧，如草海桐属（见图版5d），有时形成二唇，如金鸾花属（见线图115c）。柱头下毛圈（见线图115a、b；图版5e、i）位于花柱顶端，是草海桐科的典型特征。

44 菊科

雏菊类

菊科是广布全球的大科，常分布于草原、森林稀疏的地区以及山地植被中，但在潮湿的低地热带森林中很少出现。澳大利亚分布有约290个属，1400多个物种，包括所有的雏菊、蓟和不凋花。“菊科”这一名称来源于紫菀属，该属包括一些常见的花园植物，如紫菀和复活节雏菊。菊科具明显的“花”，此种花会缩合为许多小花序丛，因此通常易于鉴定。菊科以前的名称来源于这一特性，且该名称至今仍在广泛使用。

菊科适应性强，繁殖率高，因此被人们广泛种植。澳大利亚引种的许多物种成了常见野草，其中一些具有严重的侵入性。当地的物种包括蓟、金盏花、情人菊（见图版 33f–h）和新疆千里光。虽然兰花菊苣有时作为饲料作物而种植，但菊科植物不在牧场种植。有些是重要的食用植物，如莴苣、菊苣和洋蓟（见图版 33m）。红花油从红花属植物的种子中提取而来，向日葵油从向日葵种子中提取而来，而烹调用的龙蒿油则是从狭叶龙蒿中提取而来。许多属的植物作为观赏植物而种植，如紫菀、金盏花、菊花、大丽菊、蜡菊和百日菊。其他的许多植物商业价值较高，能用来生产杀虫剂、清漆和油漆、肥皂和清洁剂、化妆品和香水以及药品等。

花的结构

花朵　规则或两侧对称，通常两性或雌性，排成头状花序，常描述为小花（见线图 117a、b，118c、d；图版 32d、e 等）。

花萼　若存在，通常表现为鳞叶（见线图 117b、c；图版 33d、e），毛（见图版 32e）、刚毛（见线图 123d；图版 32k）或芒被称为冠毛。

花冠　花瓣通常 5 片，有时 3 或 4 片，合生。

雄蕊群　雄蕊通常 5 片，着生于花瓣上，通过花药合生，花药在花柱周围形成一管（见线图 117d；图版 32e、i）。

雌蕊群　心皮基本为 2 个（表现为 2 个花柱枝），合生。子房下位，单室，具 1 基生胚珠。

果实　通常干燥，不开裂，从过去到现在一直常被称为瘦果（有些作者更倾向于使用“连萼瘦果”这一词——由下位子房发育而来的瘦果状果实，见图版 32k，33e）。有时为核果，如情人菊（见图版 33h）。

菊科植物花的结构变化多端，下述内容对上述简要概述进行了补充。大部分描述特征都展现在线图 116–127、图版 32 和图版 33 中。

花序称为**头状花序**（见图版 32c、h），单朵花通常称为**小花**。小花无柄，生长于**花托**上，即**花梗**的膨大末端。花托通常近似扁平，有时某些属的花托细长，从而形成棒状或圆锥形结构。花托表面可能光滑或有凹陷，有时每个小花基部具毛或有小鳞叶（见图版 32j，33b）。若无毛或鳞叶，花托则被认为是裸露的。

每个头状花序都由许多苞片包围，通常统称为**总苞**，由**总苞片**（见图版 32h，33m）组成。

管状小花和舌状小花这两种小花是人们最常观察的对象。**管状**小花也称为**花盘**小花（见线图 117b，118d；图版 32e，33d），有一个辐射对称的管状花冠，具5（有时为4）片合生花瓣，顶端具5（有时为4）片裂片。丝状小花是一种管状小花，其花冠管很细，通常为单性。

舌状小花，也称为放射状小花（见线图117a，118c；图版32d、i，33c），基部具一短花冠管，其一侧延伸至扁平的带状部分，称为舌叶或边花。唇瓣末端有3或5个裂片或齿，据说可代表花瓣的数目。

开花期，花粉脱落，洒落至花药管内部，随着花柱的向上生长，从花冠中被释放出来，而后被昆虫采集或传播。最后，花柱分枝离生，柱头表面等待授粉。

根据小花的排列方式，头状花序可分为常见的3种类型：辐射状头状花序、盘状头状花序和舌状头状花序。

辐射状头状花序（见线图116，118a；图版32b、c，33a、g、i）具管状小花和舌状小花。管状小花通常为两性，生长于花托中部，可统称为花盘。舌状小花在花托边缘周围排列为一行或多行，统称为边花。二者通常具一片3齿舌状花序，通常为雌性或无性。

盘状头状花序（见线图121a）只有通常均为两性的管状小花。有时外部小花（紧挨总苞片）为雌性（见线图123a）或无性，此外，其花冠可能呈丝状（见线图123a）或不存在。这些情况下的小花有时称为**卵状花序**（见线图122b；图版33j）。

舌状头状花序（见线图125a；图版32g、h）只有舌状小花，这些小花几乎总为两性，有时可能均为雄花或雌花。小花通常具1片5齿的舌叶（见图版32i）。

谈及小花，有些作者将“舌状的”这一术语用来只指舌状头状花序中的小花，相应地，舌叶也仅指这些小花花冠的带状部分。同理，“舌状花”一词仅指辐射状头状花序边缘附近的单唇小花，而“薄片”一词可用于指其花冠的延伸部分。

头状花序的小花数量不等，因种而异（从很少至几百不等），这些小花可能同性或异性。若所有的小花性别相同，则称其为同性花；若雌花和雄花都有，则称其为异性花。最常见的组合为两性和雌性，其中两性小花排列在中央，一两排雌性小花排列在头状花序外侧（见线图116b；图版32c，33b）。由于头状花序为总状排列，因此花龄最小的花排列在中央，且最晚成熟（见图版33g、i）。很少看到所有小花均为单性，因此植物为雌雄同株或雌雄异株。

头状花序可能单生或与其他花的排列方式相似，即总状花序或圆锥花序等。有些植物中，许多头状花序紧密聚集在单茎末端，从而形成一**复合状花序**（见线图126；图版33l）。在复合状花序内，每个小头状花序均具**分总苞**，称为**假舌状花序**（见线图127a）。复合状花序基部的苞片称为**总苞**。

菊科规模甚大，因此在鉴定过程中需要考虑小细节。下面的段落强调了花的一些深层结构特征，这些特征在分类法中也

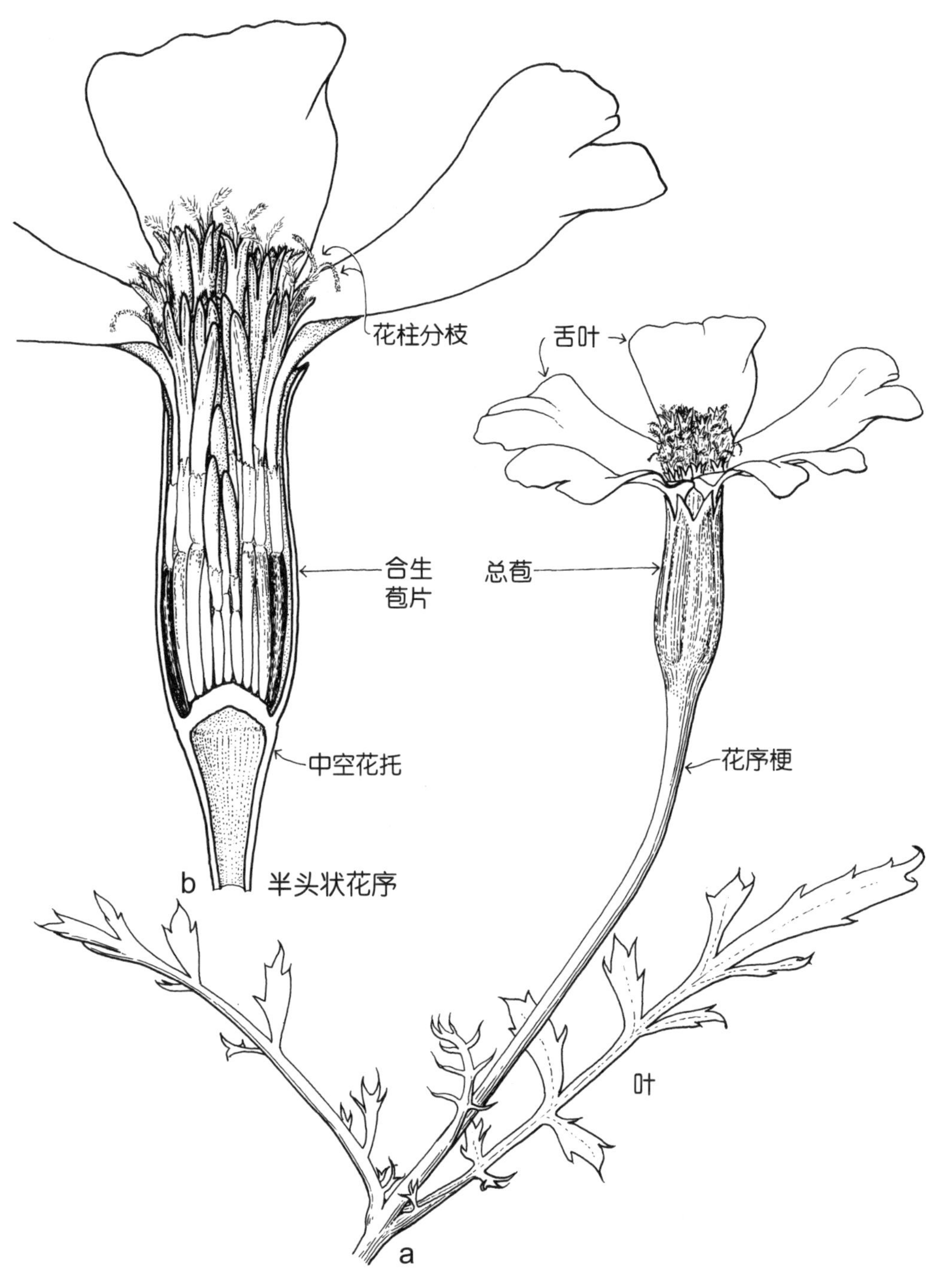

线图 116 “朱红”万寿菊（*Tagetes* ‘Cinnabar’）

高约 30 厘米的一年生草本植物；叶大，多对生，羽状全裂，长不低于 10 厘米，芳香浓郁；头状花序辐射状，由一排合生总苞片包围；舌状小花雌性，深红色，具黄边；管状小花两性，黄色；白色鳞叶具冠毛；随着植物的发育，子房逐渐变黑，在结果期接近黑色。栽培万寿菊属植物中的一种，该属中大多数花重瓣，基本结构不可见。花期从夏季至秋季。万寿菊属原产于中美洲和南美洲及邻近的北美洲。（a×1.5，b×3）

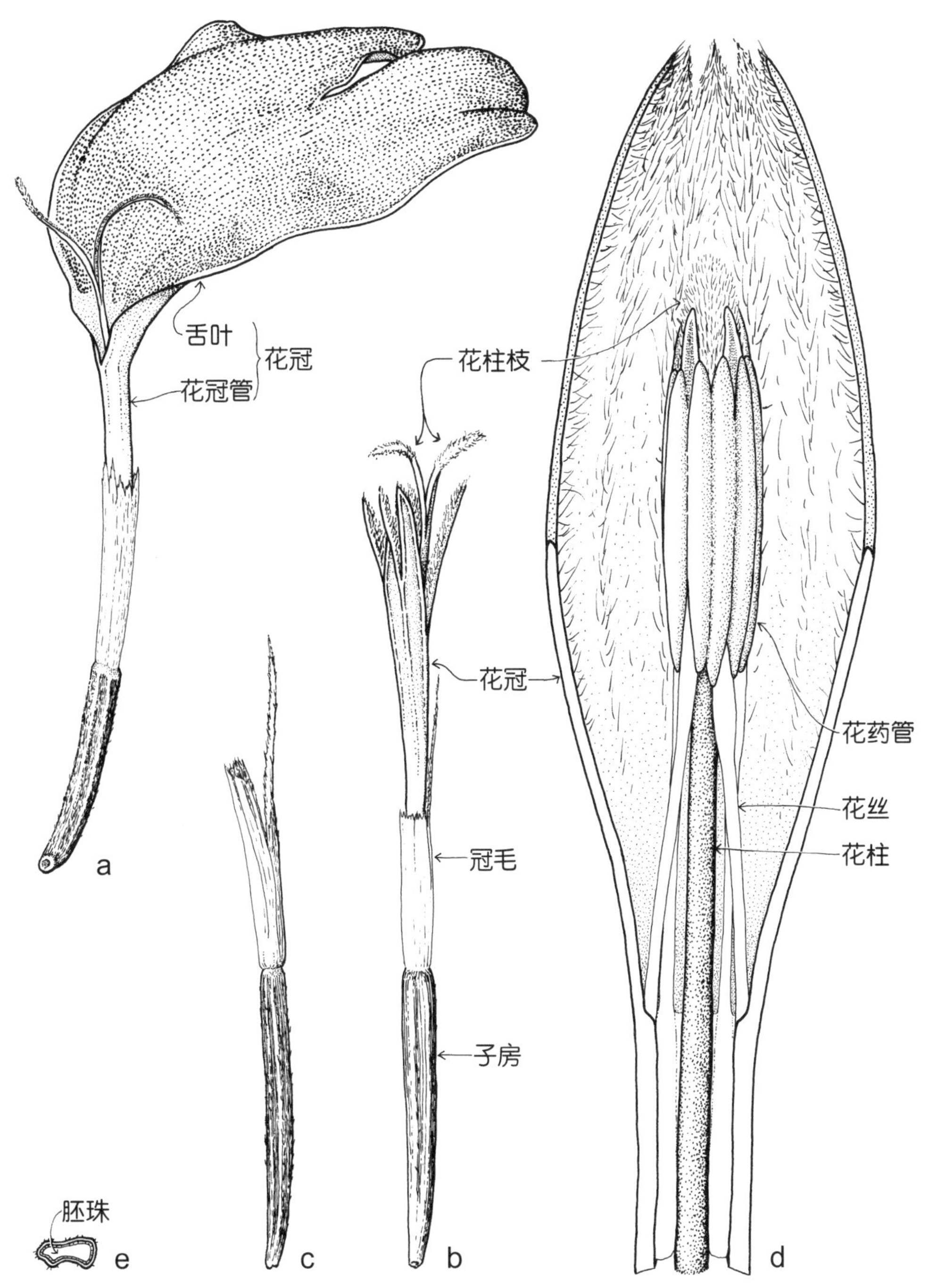

线图 117 “朱红”万寿菊（*Tagetes* ‘Cinnabar’）

a 舌状小花；**b** 管状小花；**c** 果实；**d** 幼管状小花——花冠上部张开，显示出了花柱周围的花药管和新生出的花柱枝；**e** 成熟子房的横切面——胚珠完全填满子房室，基生胎座。（a–c×3，d×12，e×6）

印加孔雀草（臭罗杰）为芳香的一年生植物，高不低于 1 米，在澳大利亚大陆广泛自然驯化（但通常较少分布在维多利亚州）。

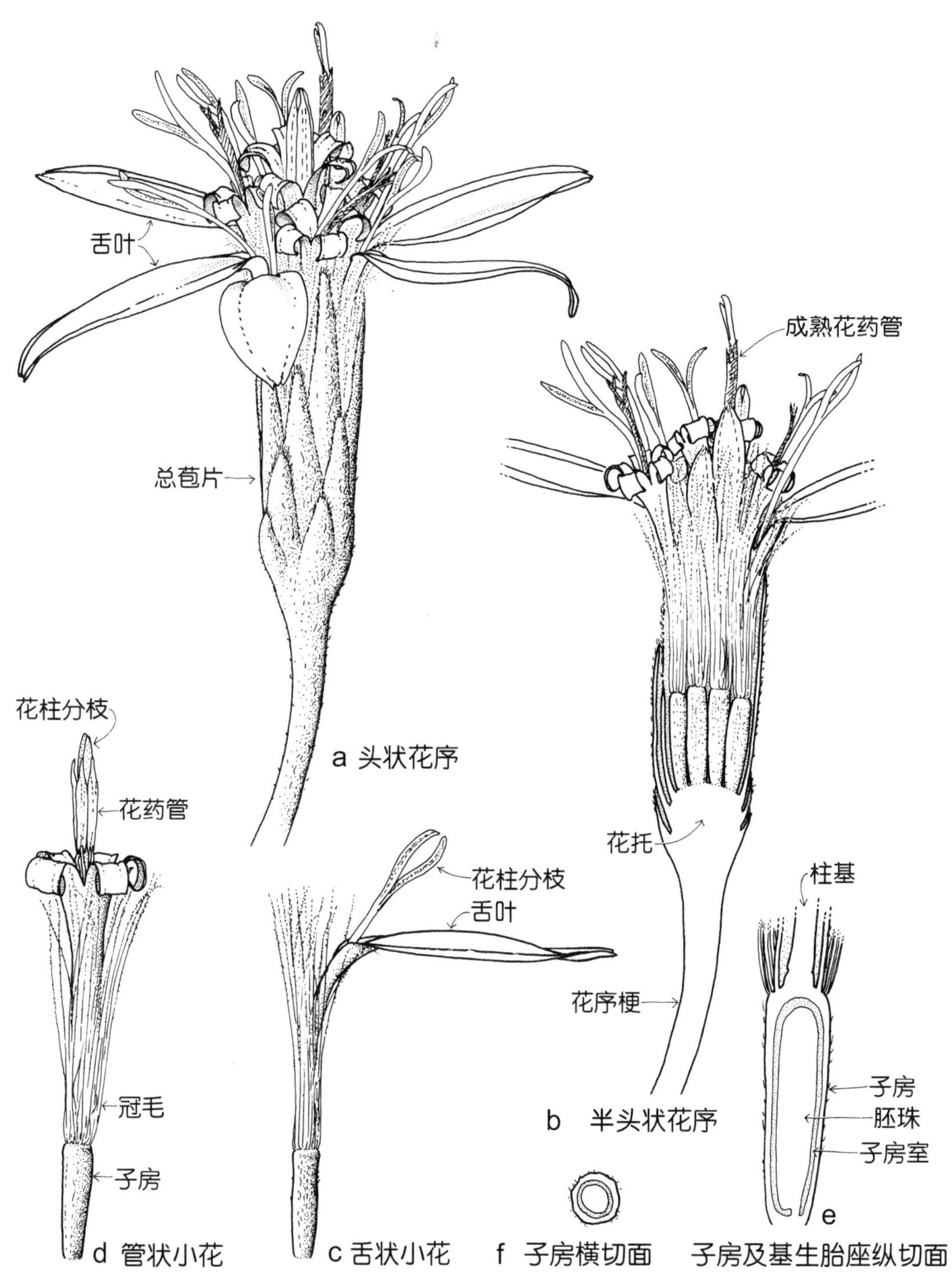

线图 118　麝香木 / 麝香雏菊灌木（*Olearia argophylla*）

高 10 米的小乔木；叶宽矛尖形至卵形，长 15 厘米，有麝香味，边缘略呈锯齿状，上表面绿色，下表面覆盖银色毛；头状花序辐射状，奶油色，多朵排成大圆锥花序；冠毛为许多毛状刚毛。常见于澳大利亚的维多利亚州、塔斯马尼亚州和新南威尔士州的凉爽河谷和荫蔽森林中。花期在春季和夏季。（a–d × 6，e–f × 12）

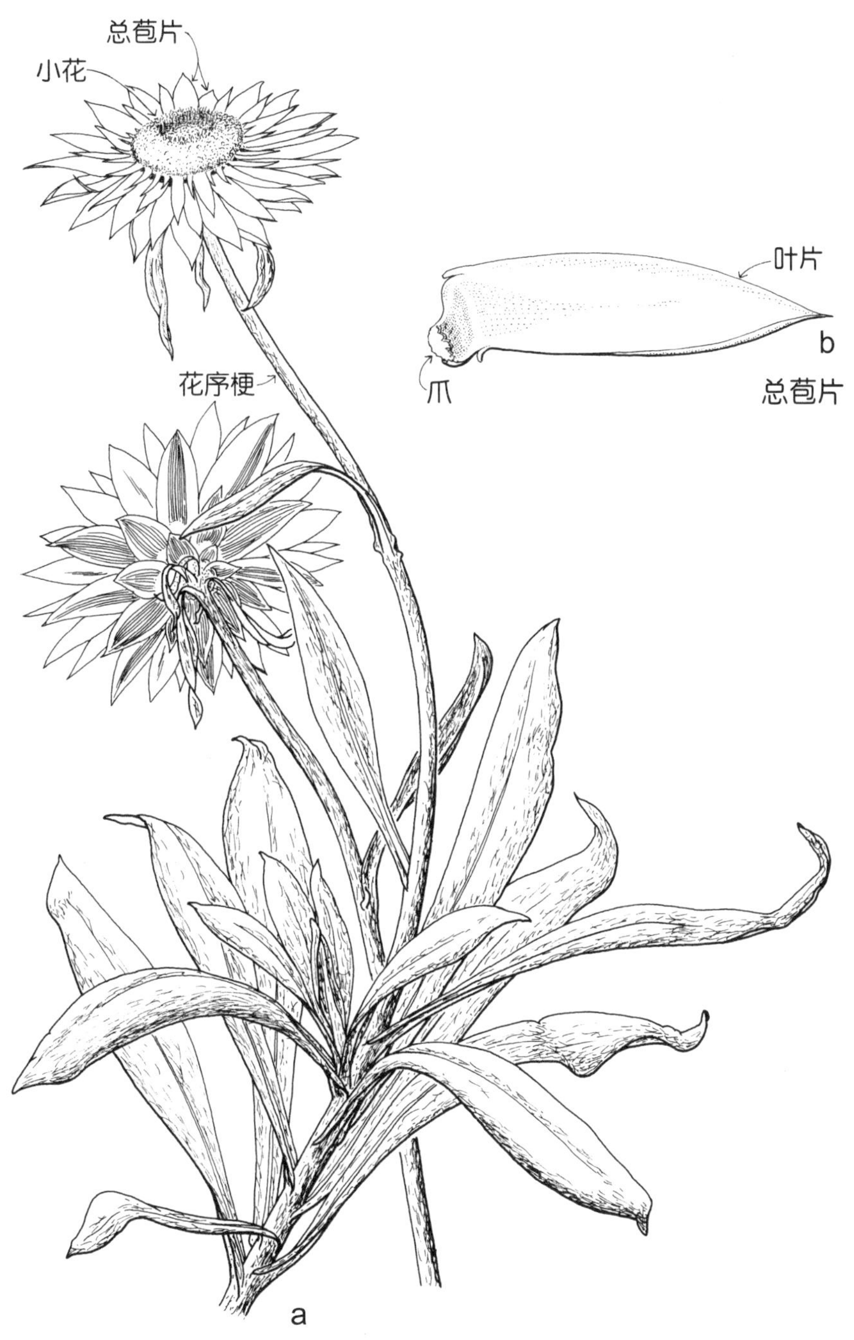

线图 119 蜡菊（*Xerochrysum bracteatum*）

高 50 厘米的具有扩散生长特性的多年生植物；叶矛尖形，银灰色，多毛；头状花序为金黄色，大，直径可达 7 厘米；小花均呈管状，由平展的纸质总苞片包围。中心小花成熟和凋落时，总苞片仍然颜色鲜艳，因此得名“不凋花”。以前属于蜡菊属，后来又属于麦秆菊属，但后者更常使用。该植物可变，广泛分布，此变种原产于澳大利亚的昆士兰州（坎宁安峡谷）。花期在春季和夏季。（a×0.6，b×2）

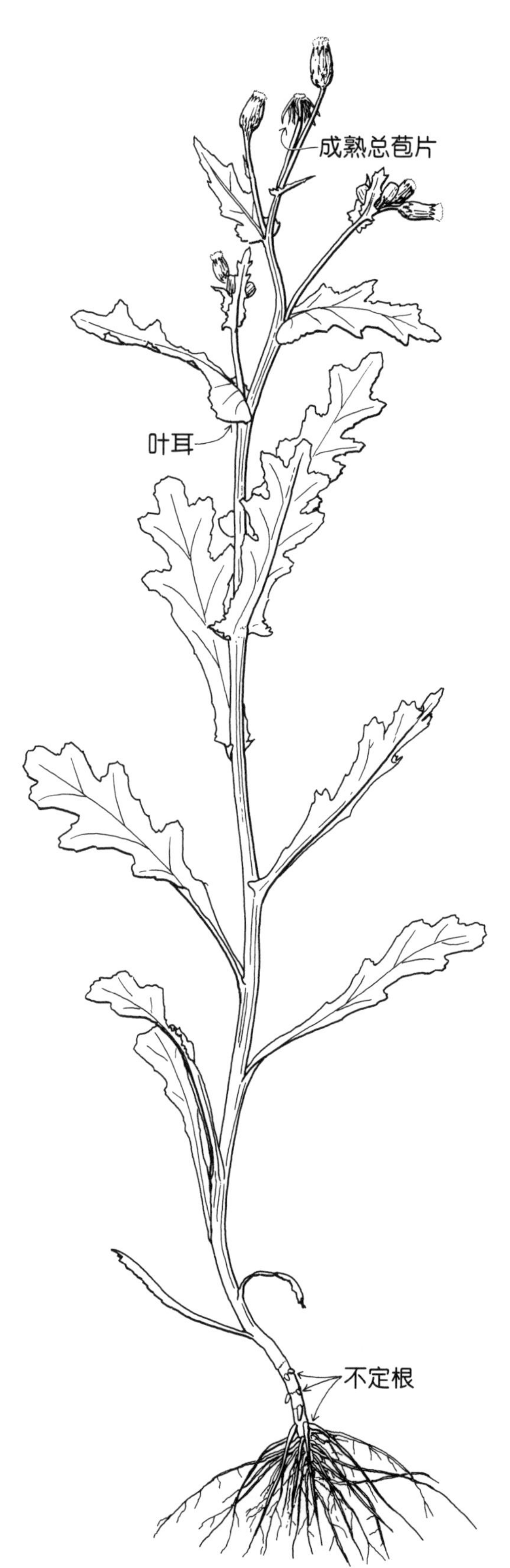

线图 120　欧洲千里光 / 狗舌草（*Senecio vulgaris*）

高 30 厘米的一年生直立草本植物；茎无毛或具疏落毛；叶有时羽状半裂，裂片间隔宽，波状边缘为锯齿状，上部叶趋向于抱茎；总苞片通常指该属苞片的一排，但此种情况具有额外的较小苞片，生长于总苞基部，通常呈明显黑色；小花均为管状，黄色；花药基部钝形；冠毛为许多毛状刚毛。广泛自然驯化为野草，常见于花园中，从欧洲引进。花期主要从冬季至次年春季。（×0.5）

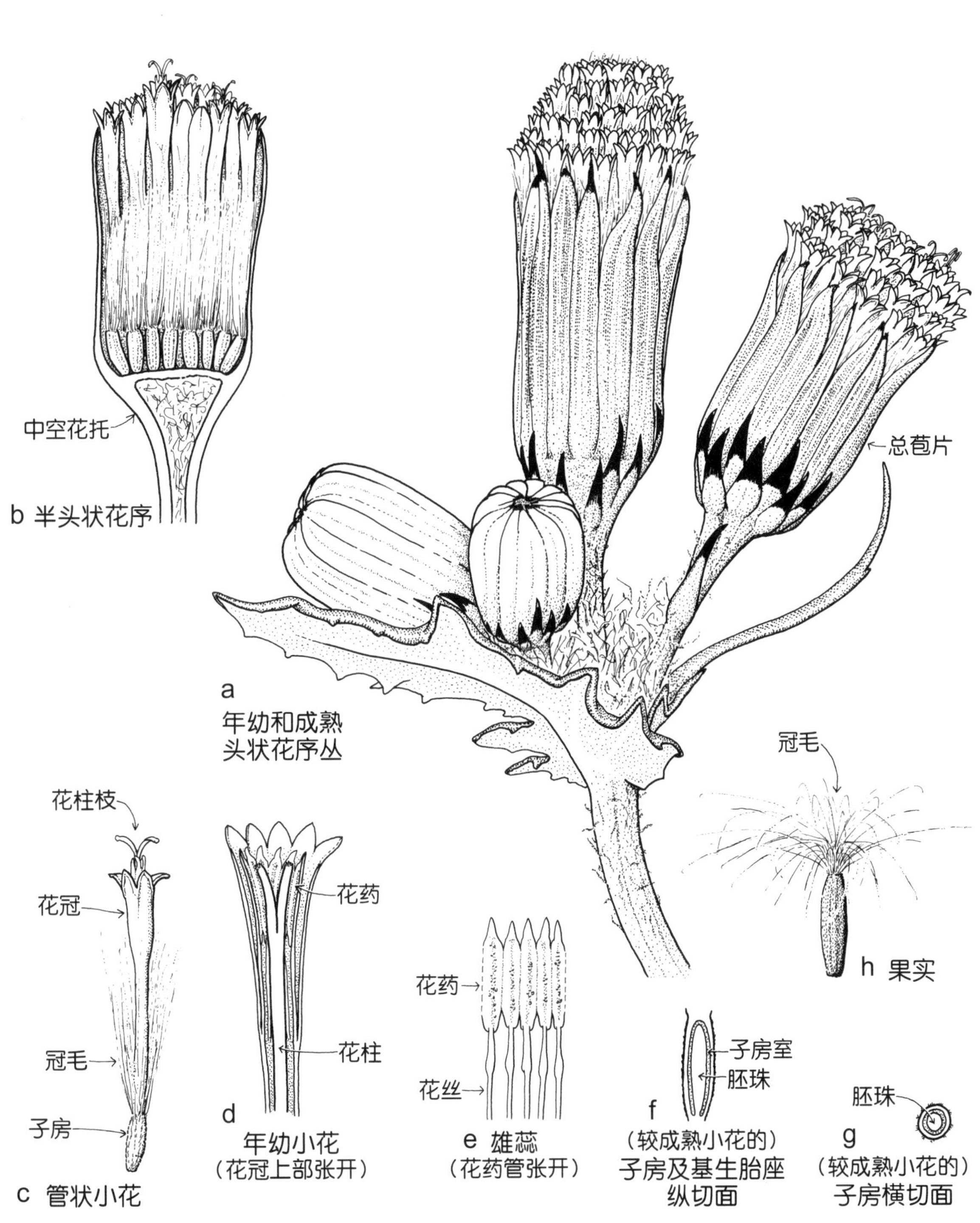

线图 121　欧洲千里光 / 狗舌草（*Senecio vulgaris*）
（a–c，f–h×6，d，e×12）

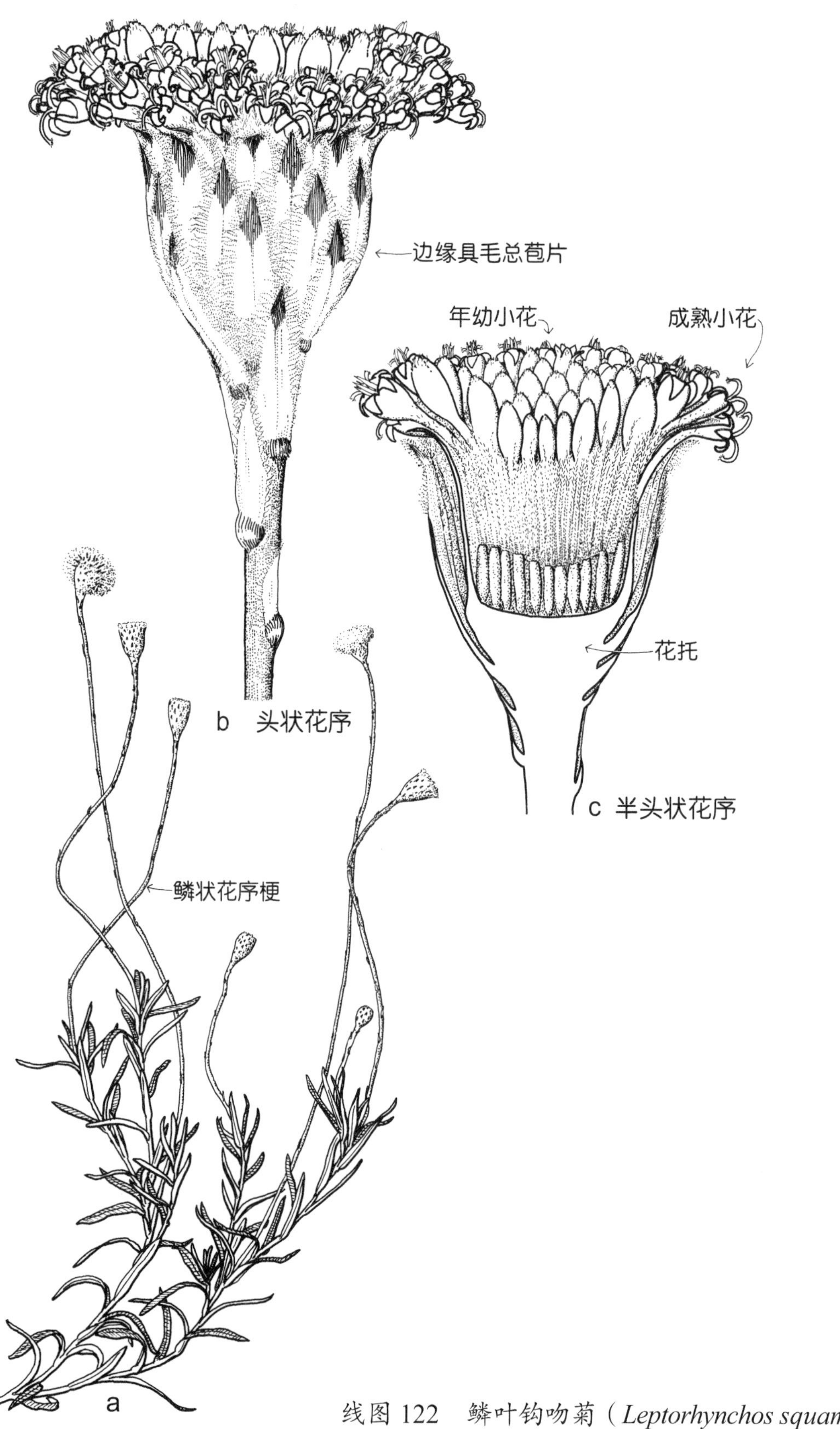

线图 122　鳞叶钩吻菊（*Leptorhynchos squamatus*）

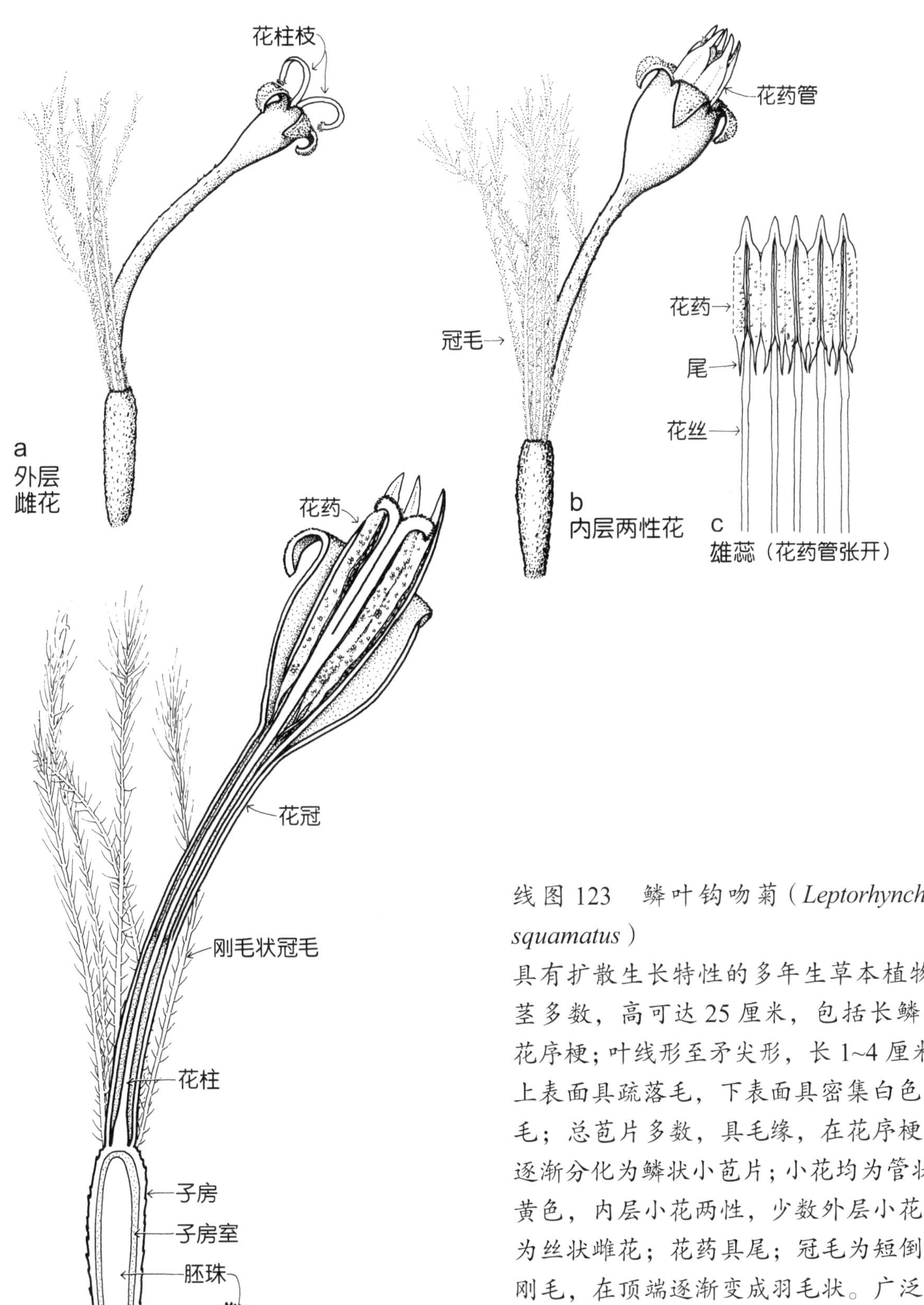

线图 123　鳞叶钩吻菊（*Leptorhynchos squamatus*）

具有扩散生长特性的多年生草本植物；茎多数，高可达 25 厘米，包括长鳞状花序梗；叶线形至矛尖形，长 1~4 厘米，上表面具疏落毛，下表面具密集白色茸毛；总苞片多数，具毛缘，在花序梗上逐渐分化为鳞状小苞片；小花均为管状，黄色，内层小花两性，少数外层小花常为丝状雌花；花药具尾；冠毛为短倒钩刚毛，在顶端逐渐变成羽毛状。广泛分布于澳大利亚的东部各州。花期在春季和夏季。（a–c × 12，d–e × 20）

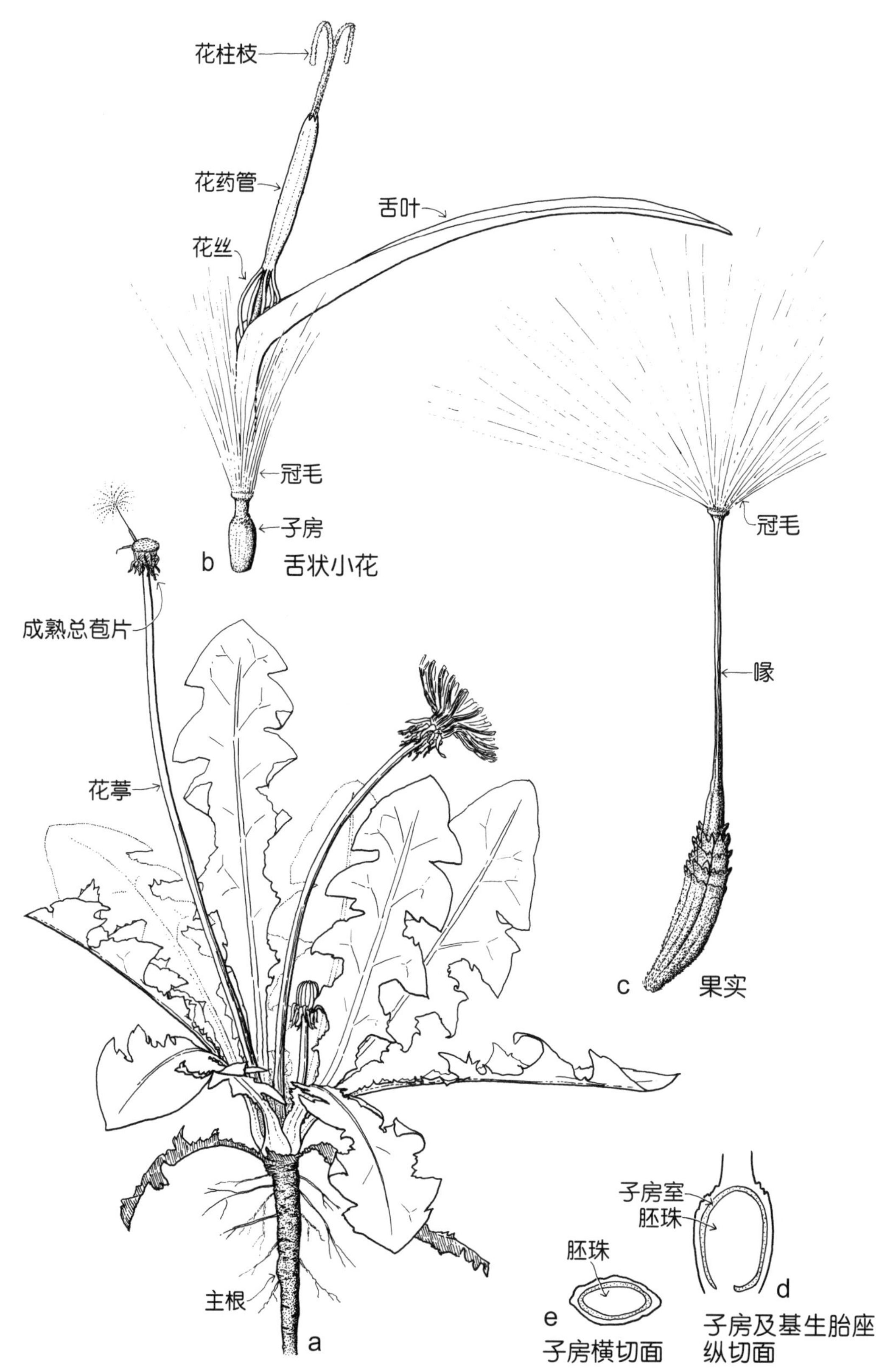

线图 124　西洋蒲公英 / 药用蒲公英（*Taraxacum officinale*）
（a × 0.6，b–c × 6，d–e × 12）

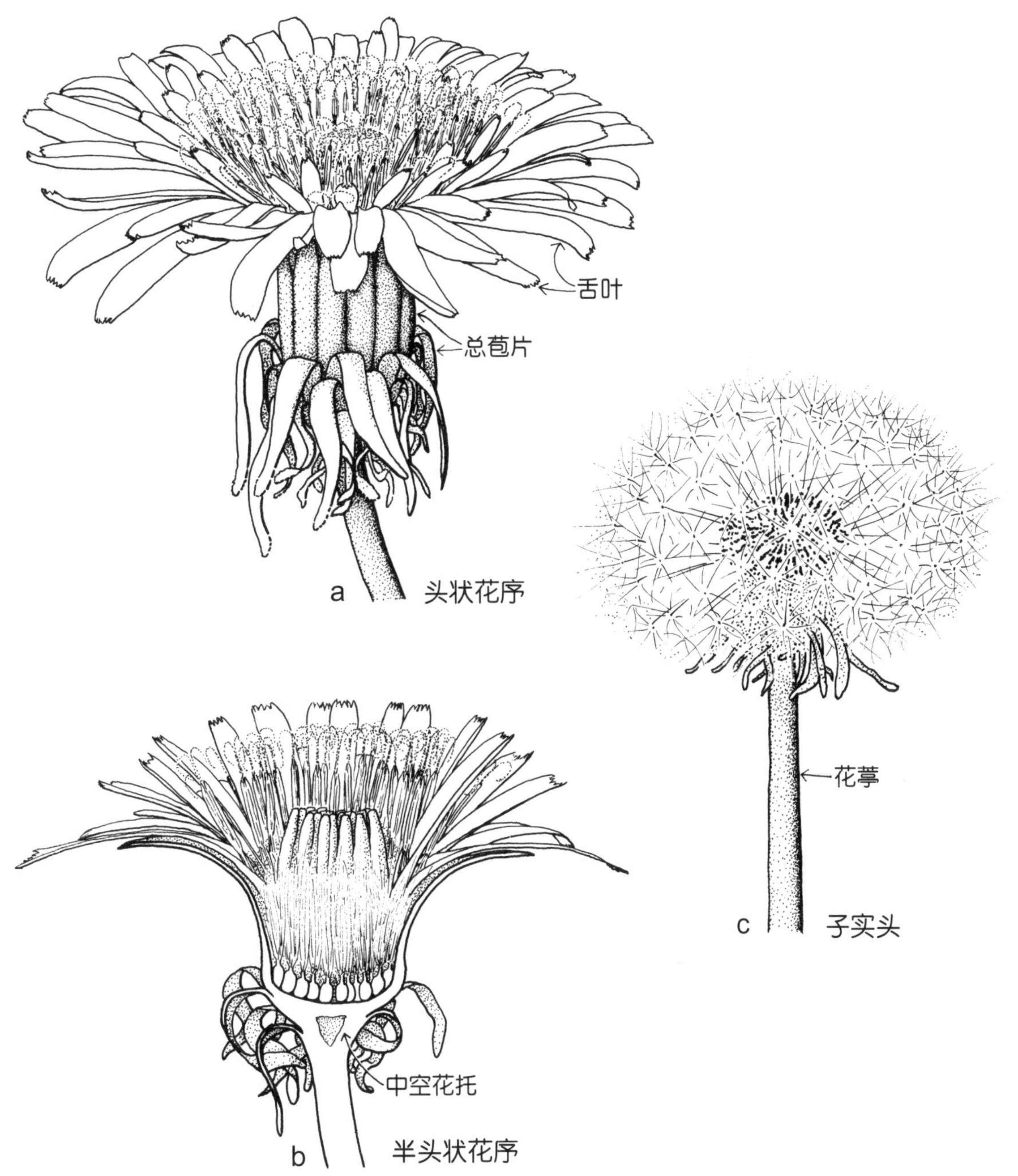

线图 125 西洋蒲公英 / 药用蒲公英（*Taraxacum officinale*）

多年生草本植物，具发达主根；叶生长于基生莲座叶丛中，羽状半裂，常描述为倒向羽裂的，长 3~15 厘米，具尖裂片；头状花序只具黄色舌状小花，生长于不分杈的单个花葶上，折断时会溢出乳胶；总苞片多数，草质；冠毛为许多毛状刚毛；连萼瘦果（有时称为瘦果）具喙。广泛自然驯化为野草，原产于欧洲和亚洲，现广布全球。在区分澳大利亚驯化的各类蒲公英方面已经有所进展，这些蒲公英以前均属于西洋蒲公英这一复合种（参见《澳大利亚植物志》第 37 卷）。花期多在春季和夏季。（a–c × 3）

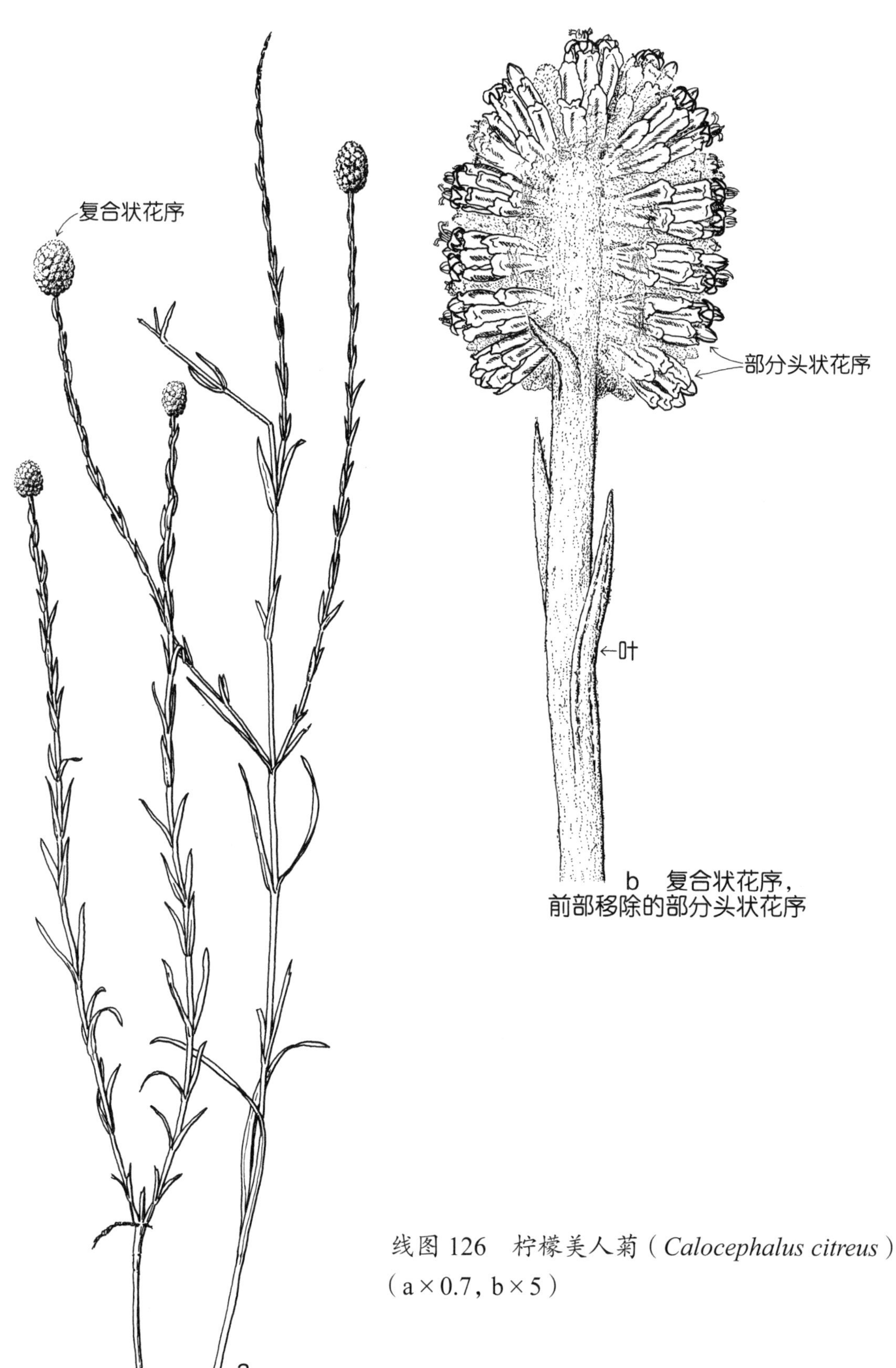

线图 126 柠檬美人菊（*Calocephalus citreus*）
（a×0.7，b×5）

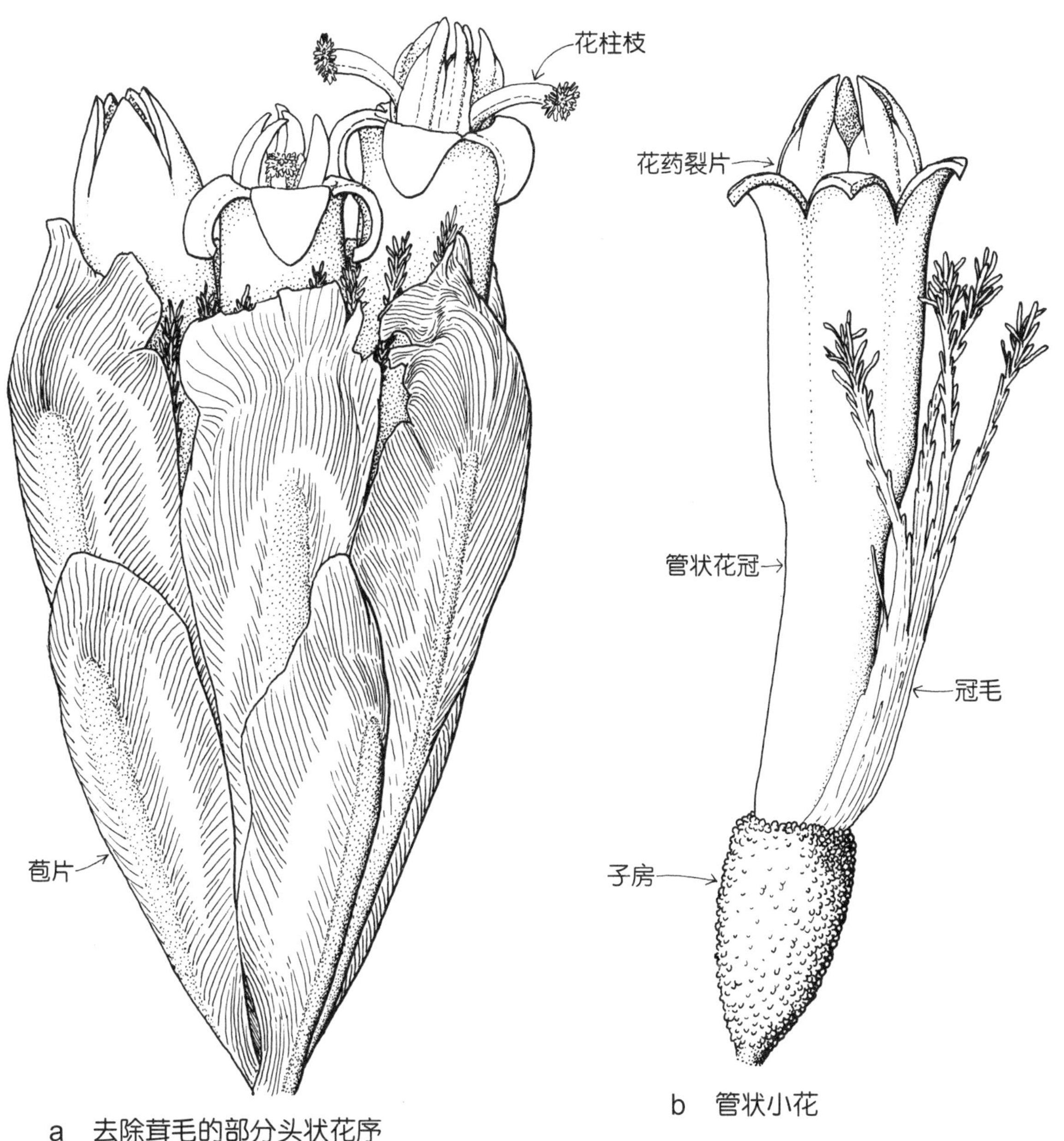

线图 127 柠檬美人菊（*Calocephalus citreus*）

高 40 厘米的多年生草本植物；茎分枝，银灰色，具密集毛；叶多数对生，线形，长 8 厘米，被纤细白毛；复合状花序黄色；部分头状花序小，具少数管状小花，浸没在茸毛中；冠毛为具羽状尖的细鳞叶，在基部合生；连萼蒴果（有时称为瘦果）具小乳突。广泛分布于除澳大利亚西澳大利亚州外的各州的低地地区。花期在春季和夏季。（a–b × 25）

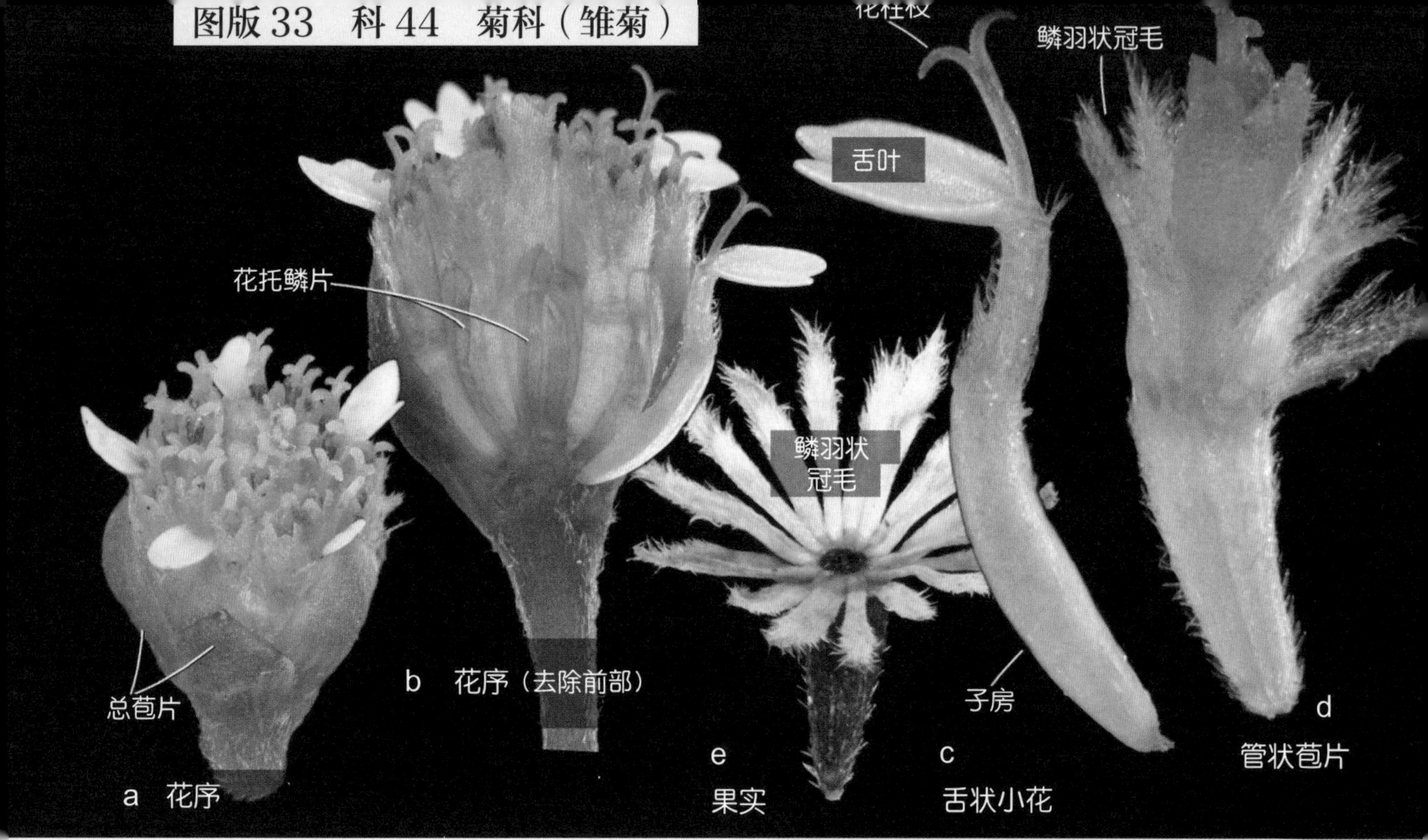
花柱枝
鳞羽状冠毛
舌叶
花托鳞片
鳞羽状
冠毛
总苞片
a　花序
b　花序（去除前部）
e
果实
子房
c
舌状小花
d
管状苞片

图版 33a-e　牛膝菊（*Galinsoga parviflora*）

高约 60 厘米的直立一年生植物，幼嫩；叶对生；头状花序直径为 4~7 毫米；每朵小花由 1 片长约 2 毫米的小鳞叶包围；管状小花冠毛为具毛缘鳞叶，原产于南美洲；在澳大利亚广泛自然驯化。花期多从春季至秋季。

图版 33f-h　情人菊（*Chrysanthemoides monilifera*）

高约 2 米的茂密灌木；头状花序直径约 3.5 厘米；果肉质，直径约 8 毫米，原产于南非；现已在各地自然驯化。花期多在冬末和春季。

成熟管状小花
（雄花）
果实
h　结果期的头状花序
f

g　花序（俯视图）
舌叶
管状小花
（雄花）

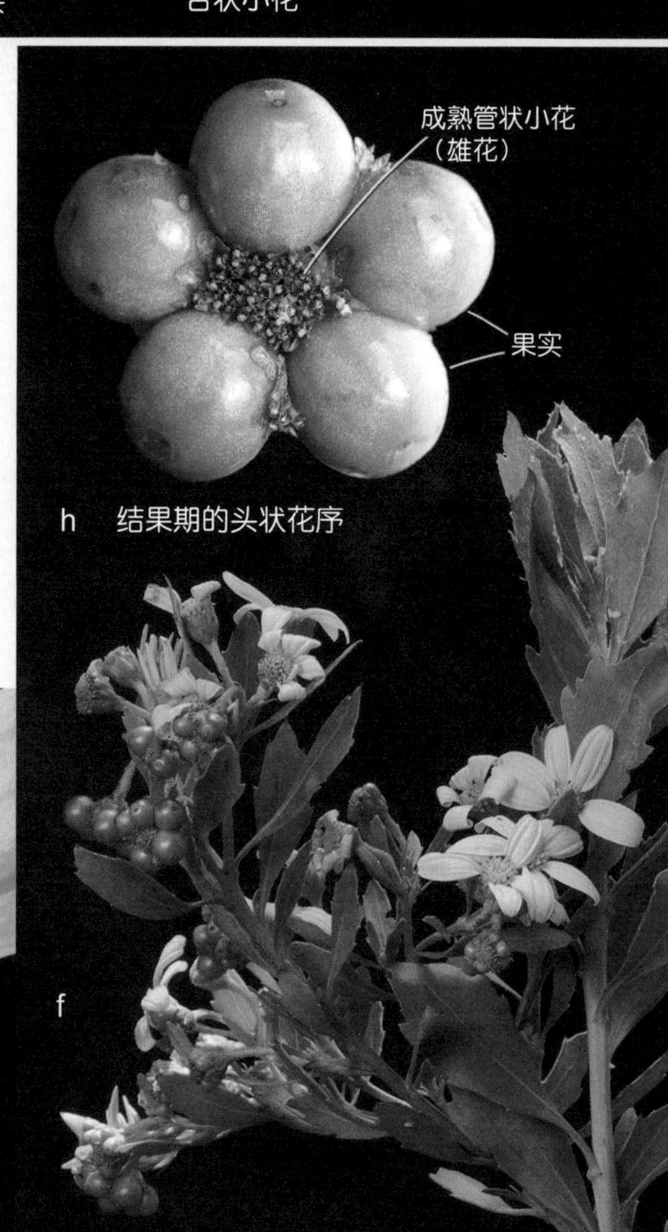

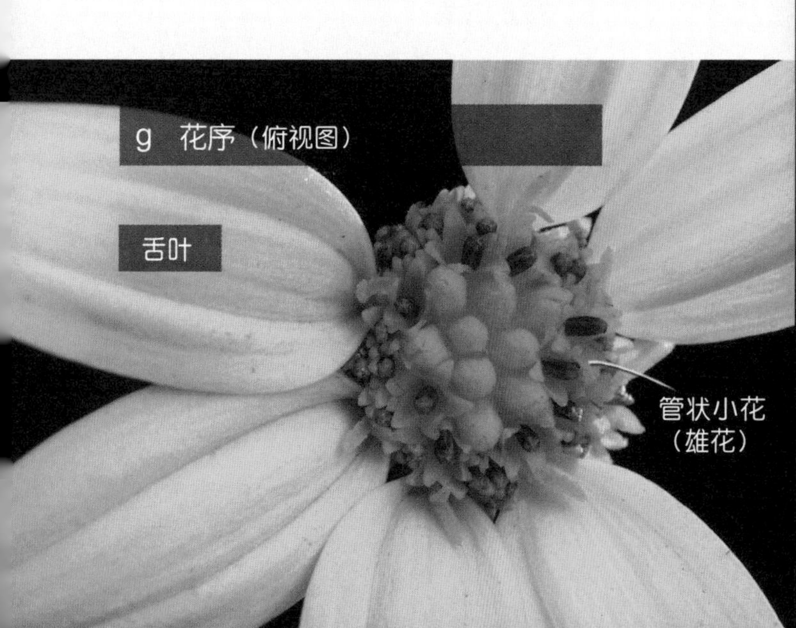

图版 33i　铜线雏菊（*Podolepis jaceoides*）

高约 70 厘米的多年生草本植物；头状花序直径约 5 厘米；舌叶 3 深裂。原产于澳大利亚东部。花期在春季和夏季。

图版 33j　臭荠山芫荽（*Cotula coronopifolia*）

高约 20 厘米的多年生草本植物；头状花序直径约 1 厘米。原生地尚未确定，但广泛分布在温带地区。花期多从冬季至次年春季。

图版 33k、l　澳洲鼓槌菊 / 金槌花（*Pycnosorus globosus*）

高 1 米的多年生草本植物；复合花状花序直径约为 3.5 厘米。原产于澳大利亚东部，花期多在春季和夏季。

图版 33m　洋蓟（*Cynara scolymus*）

高约 2 米的多年生草本植物；头状花序的肉质花托和总苞片的加厚基部可食用，因此得以种植。原产于地中海地区。

有使用。

花药裂片

基部的形状以及有无顶生和（或）基生附属物是植物鉴定的重要特征。若具基生短附属物，则称花药裂片为急尖的；若附属物较长，则称该附属物为**尾**，花药裂片为**加尾的**或**有尾的**（见线图 123c）。花粉脱落后，花药开始枯萎，因此对裂片附属物的检查最好在花蕾上进行。

分枝花柱

有时称为花柱分枝，形态各异（见图版 32d、e、i，33c）。其横截面可能扁平或圆形，其顶端可能为急尖的、钝形的或截形的。柱头区通常多乳头状突起，可覆盖每条枝的内表面或覆盖面积更小。

冠毛

可能为茸毛（见图版 32d、e）、刚毛、鳞叶或芒。若刚毛光滑，则称其为单纯刚毛；若具短而粗糙的附属物，则为倒钩短刚毛；若长有细长茸毛（见图版 32k），则为羽状刚毛。窄鳞叶和宽刚毛间的区别有时并不明显，但鳞叶通常为扁平的苞片状结构。鳞叶可能无毛或被短柔毛，若只是边缘具毛（见图版 33e），则鳞叶被描述为具毛缘的。

总苞片

通常为多数，列为一或多排，可能离生或合生（见线图 116）。它在结构和质地上大为不同，可能为草本植物（叶状，绿色，见图版 32h），革质，呈鳞片状，坚韧或多刺。草本植物苞片的边缘通常干燥，无色或淡褐色，膜质，因此被称为**干膜质的**。

果实

通常干燥，1 籽，不开裂，正确名称为**连萼瘦果**。然而，人们通常称它为**瘦果**（术语“瘦果”只指一种由单生心皮上位子房发育而来的果实，干燥，1 籽，但一些作者省略了其定义中的子房位置和心皮数目）。若花具冠毛，则冠毛通常在结果期宿存，有助于果实传播（见线图 117c，121h；图版 32k，33e）。干燥、多毛、宿存的冠毛有助于果实随风传播，许多蓟也以这种方式传播。有时，冠毛和子房间的组织随果实的发育而生长，于是冠毛通过称为**喙**（见线图 124c；图版 32k）的小柄与果实顶部相连。整个结构通常称为**喙形瘦果**。

一些植物的年幼营养器官受到损伤时，会分泌出一种白色的黏稠汁液，即胶乳。这是菊苣族植物的典型特征，蒲公英、莴苣和一些蓟属植物也具备此特征。

菊科植物大多为一年生、二年生或多年生草本植物。有些甚小，有些较大，像向日葵，具显花花序。一些属包括木本灌木或小乔木，通常为单叶，无托叶，形状和边缘大为不同；叶通常深裂。

《澳大利亚植物志》第 37 卷介绍了约

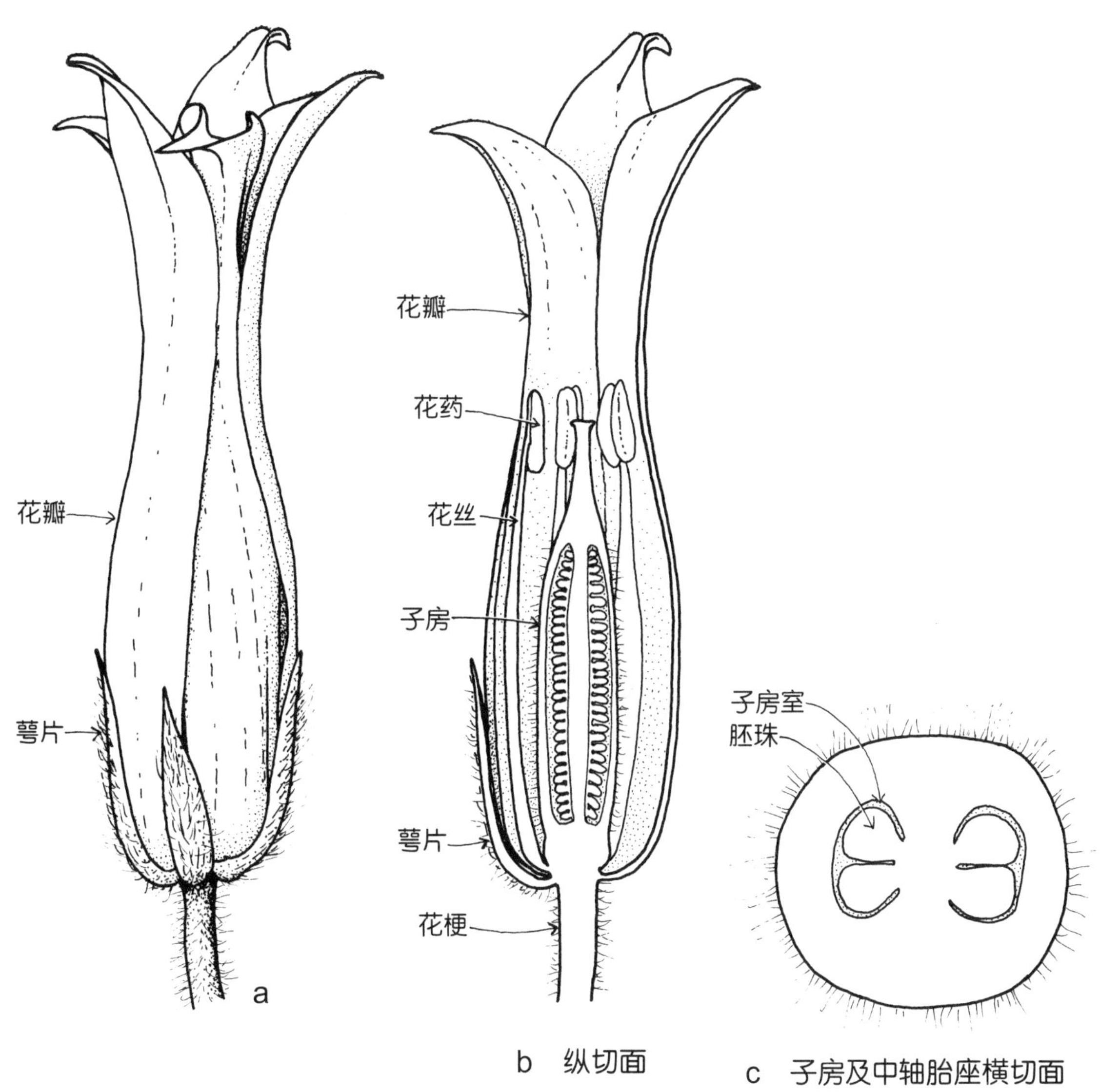

线图 128 吊藤莓（*Billardiera scandens var.scandens*）

花程式为 K5 C5 A5 G（2）

缠绕匍匐植物；叶矛尖形至线形，通常具波状边缘，长 1.5~5 厘米；花下垂，淡黄色，单生，腋生；花冠呈管状，花瓣离生；细长的淡绿色浆果。广泛分布于澳大利亚的维多利亚州、南澳大利亚州、塔斯马尼亚州、新南威尔士州和昆士兰州的森林中。花期从春季至初夏。（a–b × 4，c × 12）

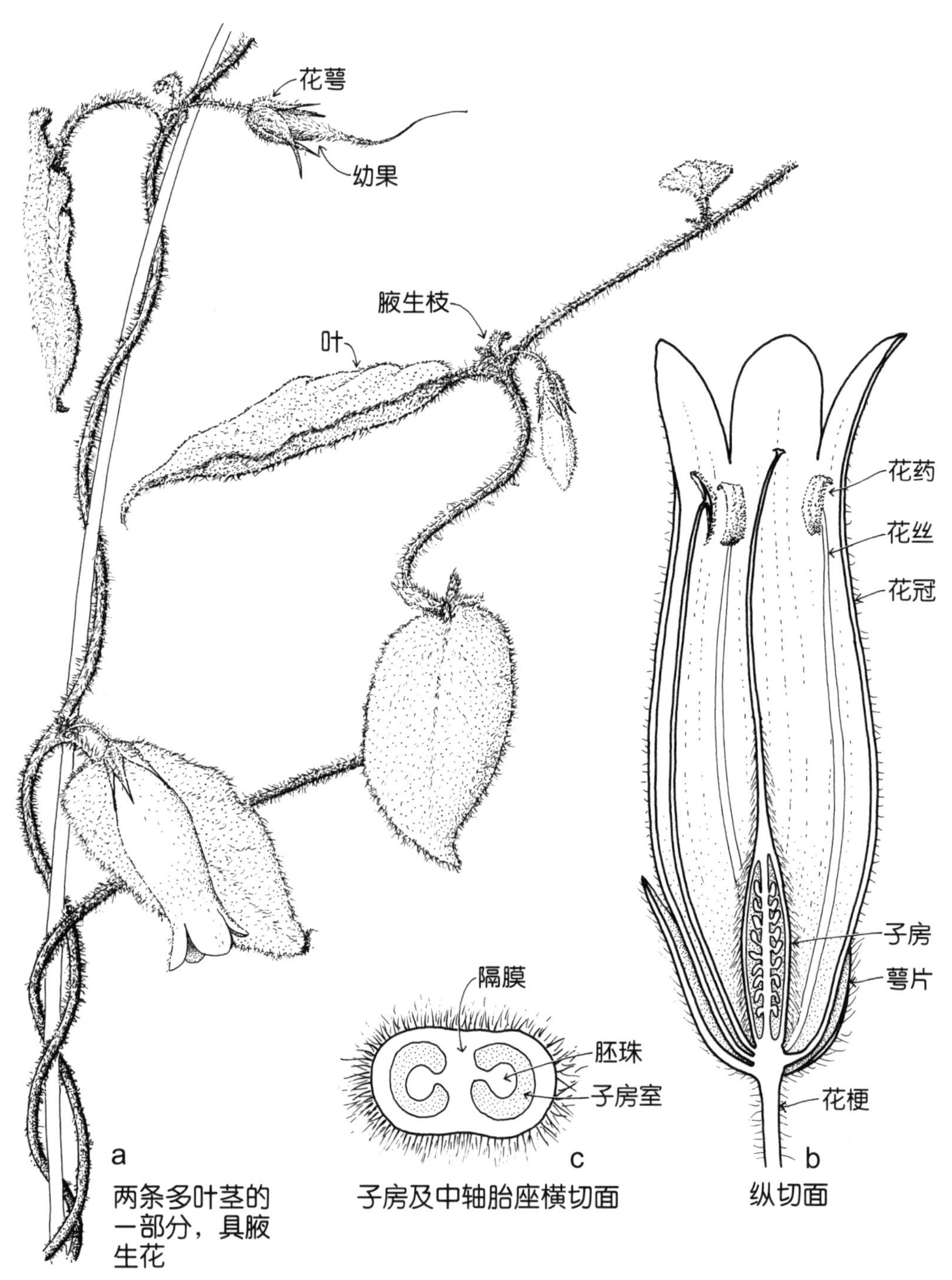

线图 129　炽酪藤 / 橙色攀缘花（*Marianthus bignoniaceus*）

花程式为 K5 C（5）A5 G（2）

缠绕匍匐植物，随着植物的发育，茎变为管状；叶多毛，疏落，卵形或心形，长 2~4 厘米；花从细柄上下垂，1~3 朵生长于叶腋中；花冠基部淡绿色，上部橙色至浅橙色；被短柔毛蒴果。生长于澳大利亚的格兰屏山区、维多利亚州阴暗潮湿的地方以及南澳大利亚州的坎格罗岛和洛夫蒂山脉。花期主要在夏季。有时属于藤海桐属，如紫葳藤海桐。（a×1.2，b×4，c×16）

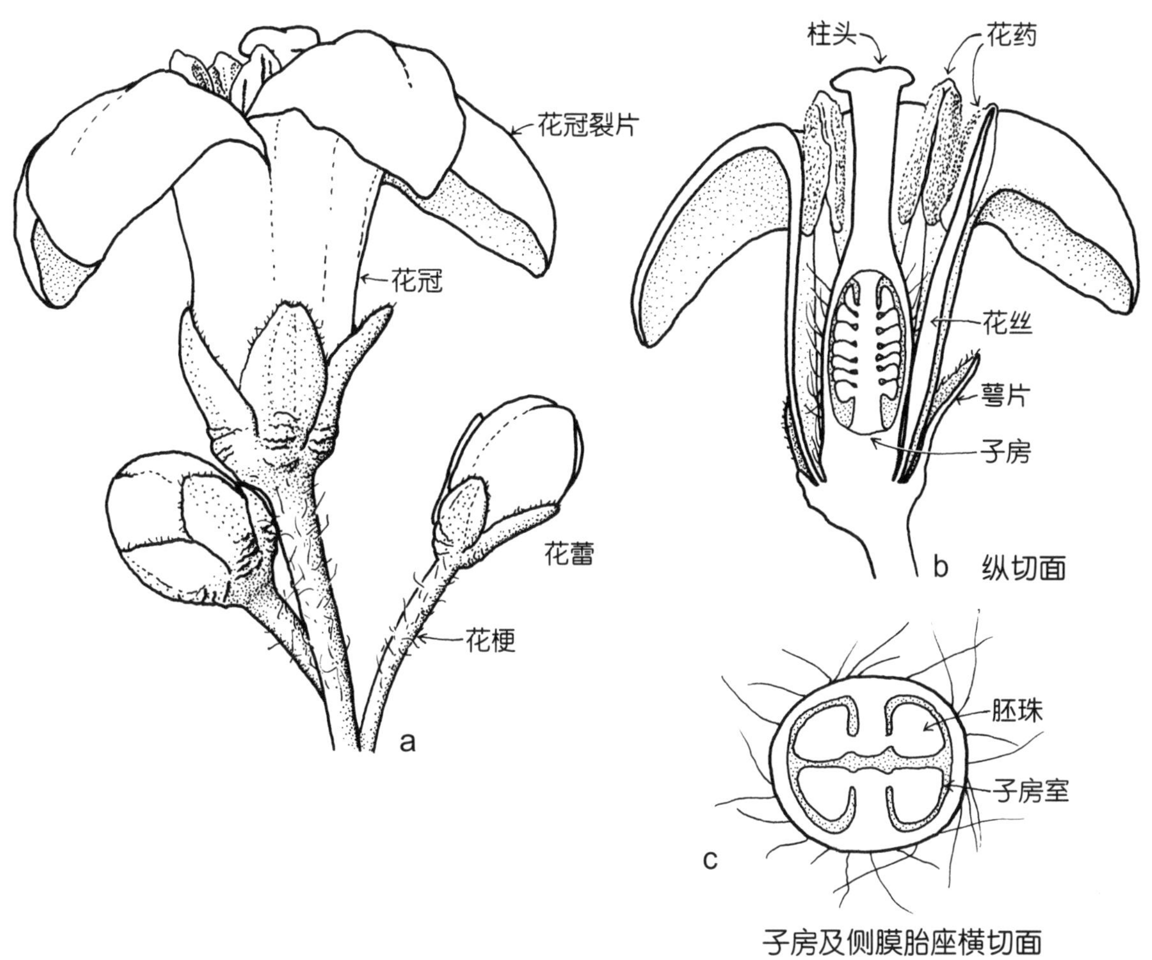

线图 130　窄叶海桐 / 垂枝海桐（*Pittosporum angustifolium*）

花程式为 K5 C（5）A5 G（$\underline{2}$）

高 7 米的灌木或小乔木；枝条下垂；叶无毛，狭条形，长 4~10 厘米；花黄色，单生或生长于腋生小聚伞花序丛中；幼花瓣几乎总是合生，随着植物的发育逐渐变得离生；卵形蒴果，橙色，长 1~2 厘米，种子红色，黏质，分布于除澳大利亚的塔斯马尼亚州外各州的干旱内陆地区。花期从冬季至春季。（a–b × 5，c × 10）

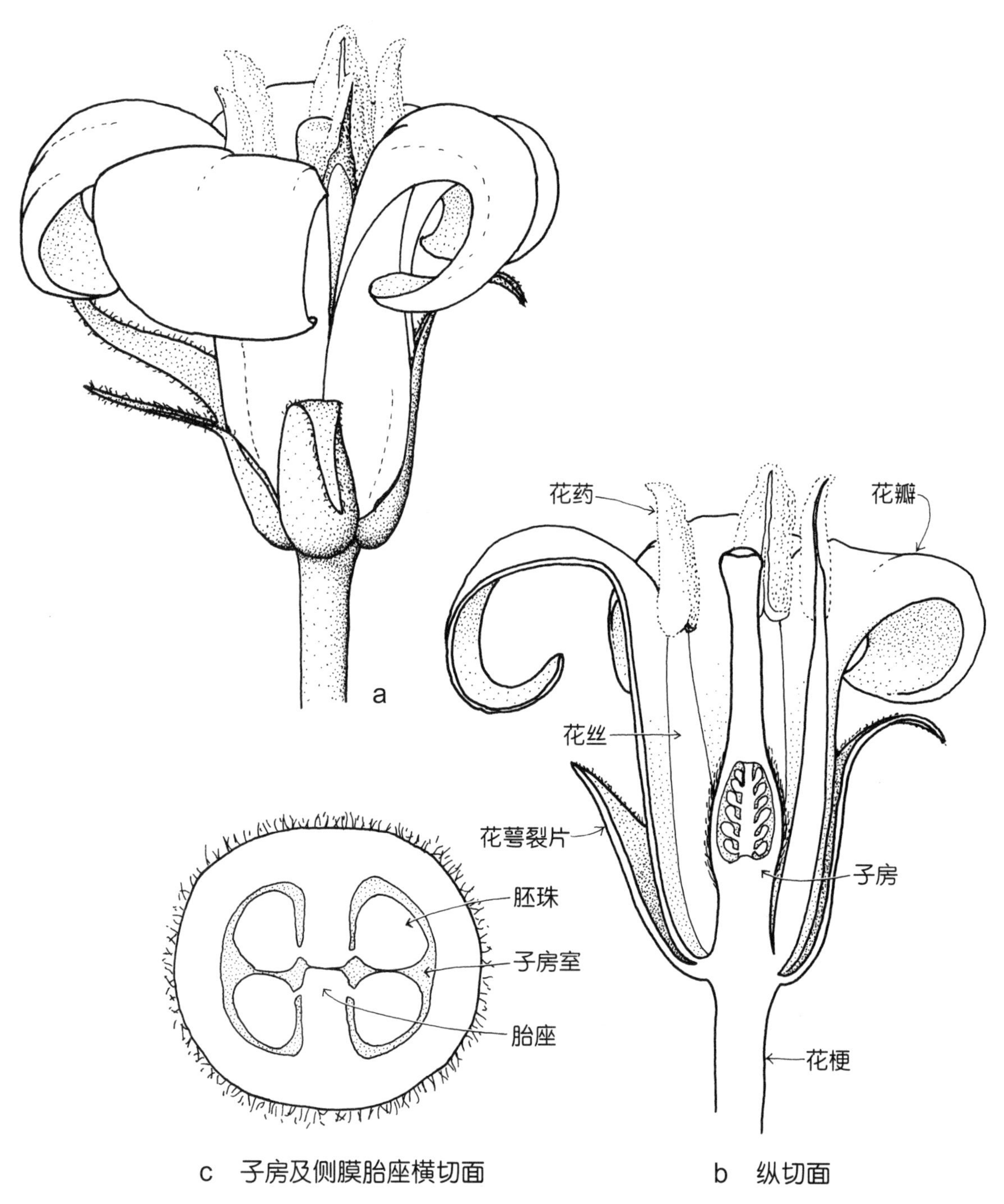

线图 131　波叶海桐（*Pittosporum undulatum*）

花程式为 K（5）C5 A5 G（2）

高 15 米的茂密乔木；叶无毛，矛尖形，长 6~12 厘米，有时在分枝顶端轮生，边缘波形；花奶油色，芳香，生长于多叶花序丛中；球形蒴果，橙色，种子褐色，黏质。在栽培中，雌花植株较常见。原来只分布于澳大利亚的维多利亚州东部潮湿的河谷，但现已广泛种植于树篱和公园里，在一些地区野化为野草，特别是近海岸地区。在新南威尔士州和昆士兰州也有分布，在西北部的塔斯马尼亚州很少见。（a–b × 5，c × 20）

一半菊科植物，第 38 卷尚未出版。参阅萨尔金（Salkin，1995）和 ADSG（2002）。

选定实例

图中（线图 116–127；图版 32b–k，33）展示了辐射状、盘状、舌状和复合状花序的实例。有些植物省略了花程式，因为它们具有通用的花程式：K pappus C $(\widehat{5})$ A $(\widehat{5})$ G $(\underline{\widehat{2}})$，但不包括那些花冠 4 裂或小花单性的花。

45 海桐花科

海桐花类

海桐花科包括 9 个只分布在澳大利亚的属。“海桐花科”这一名称来源于海桐花属，该属规模最大，约包括 140 种植物，其分布范围遍及新西兰、东南亚和非洲。

澳大利亚原住民食用藤海桐（见线图 128）。窄叶海桐（垂枝海桐，见线图 130）、波叶海桐（见线图 131）和伯萨里亚荆棘树是树篱植物和观赏植物。海桐花属的许多其他植物包括许多栽培种生长于花园中。香荫树、攀缘植物蓝钟藤（风铃藤）、炽酪藤（见线图 129）和其他海桐花属植物常生长于花园中。波状海桐原产于维多利亚东部的潮湿森林中，现已蔓延至一些南部沿海和森林地区以及其他许多国家。同样，蓝钟藤也在自然分布范围外定植。

花的结构

花朵　辐射对称，通常两性。花序常为圆锥花序或伞状花序，或花朵单生。

花萼　萼片通常 5 片，离生或稍合生至大面积合生，海桐花属植物的花萼早早地脱落。

花冠　花瓣 5 片，离生或有时完全或部分连着，或合生。

雄蕊群　雄蕊 5 枚，通常离生。

雌蕊群　心皮 2~5 个，子房上位，具 1~5 个子房室，2~5 个侧膜胎座或中轴胎座。侧膜胎座向内生长，从而使得单室子房有时不完全分裂（见线图 131c）。

果实　蒴果或浆果。

此类植物包括乔木、灌木和攀缘植物，通常具独特树脂味。单叶，通常互生，有时轮生。无托叶。

图　线图 128–131

识别特征

叶通常芳香。花辐射对称，5 裂，花冠常呈管状，常具伸展冠檐。子房上位，通常具 2 个合生心皮。种子常陷入在彩色的黏质果肉中。

46 伞形科

芹类、胡萝卜类、欧芹类及同类植物

伞形科规模中等，分布广泛，包括许多重要的食料和香料植物，如莳萝属（莳萝）、芹属（芹菜）、葛缕子属（葛缕子）、芫荽属（芫荽）、孜然芹属（孜然芹）、胡萝卜属（胡萝卜）、茴香属（茴香）、欧防

图版 34a–h　野胡萝卜（*Daucus carota*）

高 1.5 米的二年生草本植物，具主根；叶多裂，如花序下面的苞片；花直径约 2 毫米，排成复伞形花序；萼片小；果实沿中央支撑物（果瓣柄）分裂成两半（双悬果）。原产于北非和欧亚大陆，上乘胡萝卜作为蔬菜种植，野胡萝卜广泛自然驯化。花期在春季和夏季。

花程式为 K5 C5 A5 G $(\overline{2})$

风属（欧洲防风草）和欧芹属（欧芹）。毒参属（毒参）等属的许多植物毒性较大。

该科的旧名称伞形花序植物至今仍在使用，指伞形科中常见的花序类型。

伞形科与五加科密切相关，有时两者也被放在一起。在目前的分类法中，它们各为一科，并与海桐花科和其他几个科一起组成了伞形目。

花的结构

花朵 通常辐射对称，两性，接近 5 裂，大多排成简单或复伞形花序。

花萼 萼片通常 5 片，有时甚小，有时无。

花冠 花瓣通常 5 片，离生。

雄蕊群 雄蕊 5 枚，离生。

雌蕊群 心皮 2 个，合生。分泌花蜜的花盘（见图版 5b）遮住了子房顶部（有些文本中称为柱基）。子房下位。胎座通常被视作中轴胎座，但实际上为顶生胎座。

果实 干燥，不开裂，沿中部柄（果瓣柄，见图版 34g、h）分裂为两半（每半为 1 个双悬果）。

此类植物通常为草本植物，很少为灌木，通常具复合叶或多裂叶。

蒂坦（Tutin，1980）图文并茂地介绍了英国物种，其中许多是引进种。

图 线图 132；图版 5a–c，34

识别特征

通常为芳香草本植物，通常为复叶。花序通常为简单或复伞形花序。花两性，具内折花瓣，子房下位，果实分裂成两半。

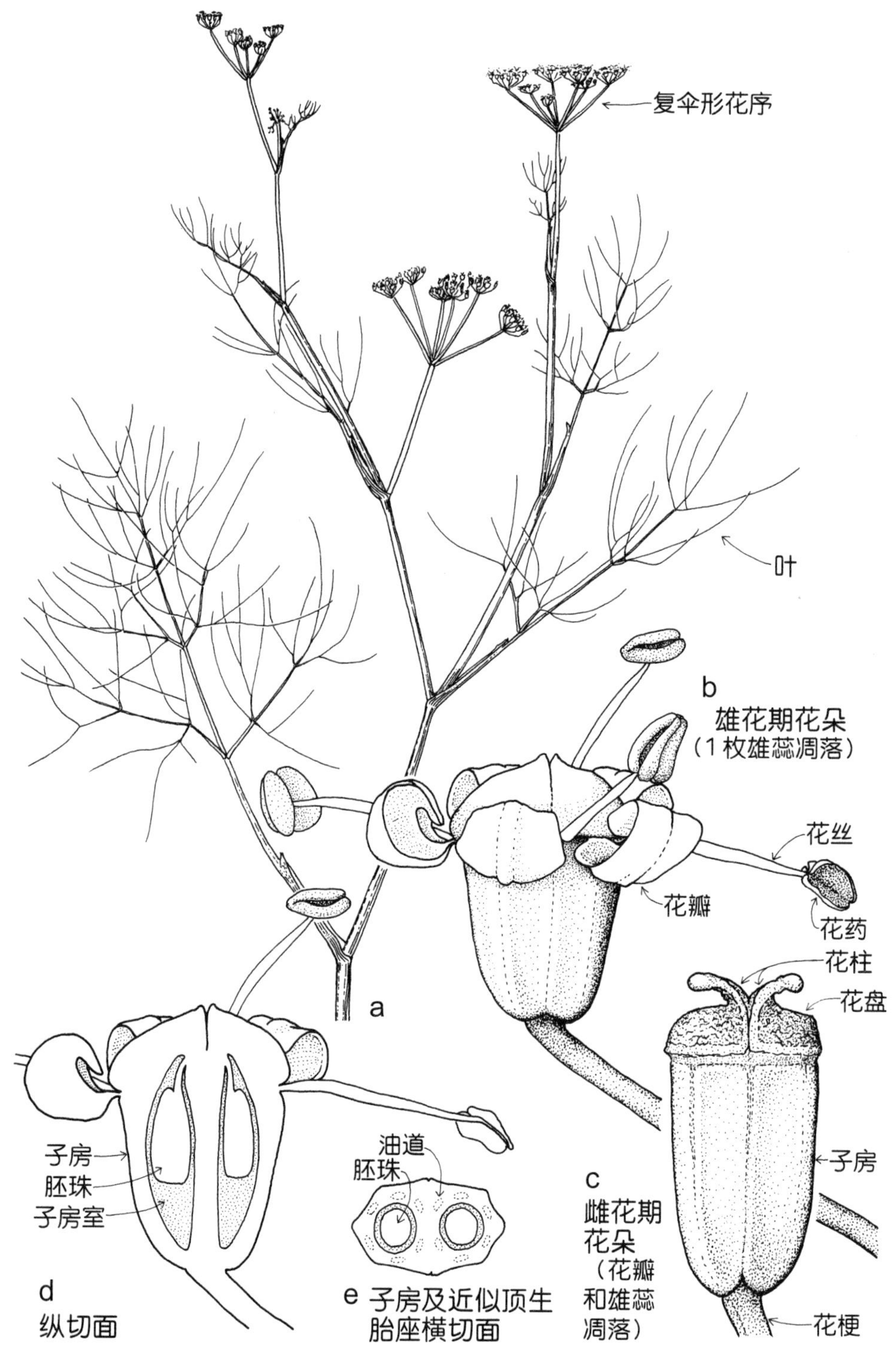

线图 132　茴香（*Foeniculum vulgare*）

花程式为 K0 C5 A5 G($\overline{2}$)

高 2 米的多年生草本植物，无毛，直立；复叶，裂成小片；花排成复伞形花序；花柱和柱头发育前，雄蕊成熟紧接着逐一脱落；黄色花盘覆盖子房顶部；果实干燥，裂成 2 瓣。原产于南欧，广泛自然驯化，通常似野草。花期从春末至秋初。（a×0.5, b–e×12）

参考书目和网站 >>>

此列表囊括了本书改版时所参考过的所有著作、标准植物教科书中的案例、针对特定话题的专业出版物样本（如分类、术语表或特定的科属），以及其他一些特别有助于植物鉴定的资料，其中一些参考文献与花园植物尤为相关。对于想要查询特定植物信息的人士，许多植物志能够提供相关种属的说明以供参考。

在计算机及相关软件的助力下，特定地区（往往相当有限）或特定植物类群（如兰花）鉴定指南的出版总量大大增加。同时，目前互联网上有大量与植物有关的资料和图片，加之一个公认的事实是纸质文本并非许多信息寻求者的首选。在本书现有篇幅内，我们无法列出详尽的文献清单；与这本书之前版本的参考书目相比，此列表显得更为有限。

许多植物标本馆现已不再印刷其所在区域的纸质植物志或植物物种清单，而是倾向于利用互联网资源，其中的佼佼者便是澳大利亚的维多利亚植物志（https：//vicflora.rbg.vic.gov.au）。之前一些仅通过纸质出版物呈现的植物志，现在均可上网查询，透过屏幕看到的植物外观更加清晰，信息查询也更为便利。

我们可以在专业植物学杂志上找到海量的植物鉴定信息，其中很多内容也已上线（有些已经停止印刷）。澳大利亚联邦科学与工业研究协会出版了杂志《澳大利亚系统植物学》（*Australian Systematic Botany*），西澳大利亚州、南澳大利亚州、昆士兰州、新南威尔士州和维克州的每本植物标本馆都会出版一本杂志，内容包含与各种植物类群相关的文章（并非所有都与鉴定有关）。此外，各州野外自然学家俱乐部的期刊上也经常刊登一些更加热门的文章，例如科里克（Corrick）在《维多利亚博物学家》（Victorian Naturalist）上发表的有关矮豌豆的系列文章。

包含植物辨认标识的光盘早已问世，现有桉树、兰花和金合欢等植物的光盘，但这种形式显然已被线上版本和应用程序所取代。尽管此列表中罗列了一些光盘文献，但相关内容的载体可能早已变更。

有些植物类群的多址计算机密钥已被纳入 VicFlora 在线植物志，还有少量其他植物信息可通过西澳植物标本馆的主页（https://florabase.dpaw.wa.gov.au）获取。

要牢记的一点是，以下大多数文献出版时，APG（被子植物种系发生学组）分类方案尚未发布，因此这些资料遵循的分类方案与本书不同；有些植物科的划分将受到一定的影响，一些植物属会归属于不同的植物科中。

左边空白处的灰色字母表示各种主题类别，也许有助于定位相关文本：Aq——水生植物，Cl——分类，Cu——栽培植物，D——字典，E——百科全书，F/Fg——鉴定专用的植物志、野外工作指南或类似材料，Fo——化石，G——词汇表，N——命名法，P——图册，Pf——植物科，Pfs植物科（复数），S——植物结构，T——树，W——草。小写字母表示特定的植物群：**a**——金合欢属，**b**——班克木属，**d**——菊属，**er**——喜沙木属，**eu**——桉属，**g**——禾本科，**gr**——银桦属，**l**——豆科，**m**——白千层属，**o**——兰属，**p**——矮豌豆属，**tr**——扳机植物，**v**——旋心蛤属。

d **ADSG** [Australian Daisy Study Group] (2002) *Everlasting Daisies of Australia.* (C.H. Jerram and Assoc. with R.G. and F.J. Richardson, Meredith, Vic.) Covers all species then known in 12 genera, with descriptive notes and numerous photographs.

F **Allan** H.H. (1961) *Flora of New Zealand.* (Govt Printer, Wellington, NZ.) Keys and descriptions for all then-known indigenous vascular plants except monocots. Vol 2 (1970) edited by **Moore** L.B. and **Edgar** E. deals with indigenous monocots except grasses. Vol. 3 (1980) edited by **Healy** A.J. and **Edgar** E. deals with adventive monocots in 23 families (excludes grasses and some others). Vol. 4 (Botany Division, D.S.I.R., Christchurch, 1988), edited by **Webb** C.J. et al., deals with naturalised vascular plants except monocots. Vol. 5 (2nd edn, Manaaki Whenua Press, Lincoln, 2010) by **Edgar** E. and **Connor** H.E. deals with grasses.

Cl **APG** [Angiosperm Phylogeny Group] (1998) An ordinal classification for the families of flowering plants. *Annals of the Missouri Botanical Garden* 85: 531–553.

Cl **APG** II (2003) An update of the Angiosperm Phylogeny Group classification for the orders and families of flowering plants: APG II. *Botanical Journal of the Linnaean Society* 141: 399–436.

Cl **APG** III (2009) An update of the Angiosperm Phylogeny Group classification for the orders and families of flowering plants: APG III. *Botanical Journal of the Linnaean Society* 161: 105–121.

Cl **APG** IV (2016) An update of the Angiosperm Phylogeny Group classification for the orders and families of flowering plants: APG IV. *Botanical Journal of the Linnaean Society* 181: 1–20.

Aq **Aston** H.I. (1977) *Aquatic Plants of Australia.* (Melbourne University Press, Carlton.) Comprehensive, well-illustrated manual with keys.

W **Auld** B.A. and **Medd** R.W. (1987) *Weeds. An Illustrated Botanical Guide to the Weeds of Australia.* (Inkata Press, Melbourne.) Comprehensive, with many colour photographs. Species are arranged in families.

o **Backhouse** G. (2016) *Bush Gems: A guide to the wild Orchids of Victoria, Australia.* (Pdf file on CD., author published) Authoritative, comprehensive, numerous colour photographs.

Cu **Bailey** L.H. (Rev. edn, 1949) *Manual of Cultivated Plants*. (Macmillan, New York.) Useful botanical handbook with keys and descriptions of families, genera and species cultivated in North America. A few illustrations accompany family descriptions.

Cu **Bailey** L.H. and **Bailey** E.Z. (Rev. & expanded edn, 1976) *Hortus Third. A concise dictionary of Plants Cultivated in the United States and Canada*. (Macmillan Publishing Co., New York.) Encyclopaedic listing of a large number of plants with brief descriptions, and numerous entries on more general topics.

F **Baldwin** B.G. et al., eds (2nd edn, 2012) *The Jepson Manual: vascular plants of California*. (Univ. of California Press, Berkeley.) Comprehensive, large format flora, with keys and descriptions, many small line drawings.

g **Barkworth** M.E. et al. (2007) *Manual of Grasses for North America*. (Utah State Univ. Press, Logan, Utah.) An abridged, 1-volume version of vols. 24 and 25 of Flora of North America North of Mexico.

F **Bentham** G. (1863–1878) *Flora Australiensis*. Vols 1–7. (Reeve, London, reprinted 1967 by Asher & Reeve, Amsterdam.)

Pf **Blomberry** A.M. and **Maloney** B. (1992) *Proteaceae of the Sydney Region*. (Kangaroo Press, Kenthurst, NSW.) Good descriptions, colour photographs of more than 90 species in 14 genera. Introductory sections cover geology and floral structure.

W **Blood** K. (2001) *Environmental Weeds. A Field Guide for SE Australia*. (C.H. Jerram and Assoc., Mt Waverley, Vic.) Covers over 175 species with good colour photographs, brief descriptions, and notes on ecology, means of spread, similar species.

T **Boland** D.J. et al. (5th edn, 2006) *Forest Trees of Australia*. (CSIRO Publishing,Clayton, Victoria.) Some 300 species described in detail, selected for their prominence in the landscape, environmental or ornamental interest, and importance to the timber industry. Numerous black and white photographs.

N **Borror** D.J. (1960, repr. 1971) *Dictionary of word roots and combining forms*. (Mayfield Publ. Co., Mountain View, Calif.) A useful list of the meanings of Latin and Greek roots, with explanatory notes.

N **Brickell** C.D. et al. (eds, 9th edn, 2016) *International Code of Nomenclature for Cultivated Plants*. (International Society for Horticultural Science, Leuven, Belgium.) Sets out the rules and recommendations for naming cultivated plants.

S **Briggs** B.G. and **Johnson** L.A.S. (1979) Evolution in the Myrtaceae — evidence from inflorescence structure. *Proceedings of the Royal Society of New South Wales* 102(4): 157–256.

S **Bowes** B.G. (1996) *A Colour Atlas of Plant Structure*. (Manson Publishing Ltd, London.) Includes excellent, extensively labelled colour photographs of plant parts from cells to flowers and leaves etc., with many close-ups and sections with detailed supplementary captions.

eu **Brooker** M.I.H. (2000) "A New Classification of the genus *Eucalyptus*". *Australian Systematic Botany* 13: 79–148. A research paper proposing the inclusion of the genus *Angophora* within an expanded concept of *Eucalyptus*, and setting out a detailed infrageneric classification.

eu **Brooker** M.I.H. and **Kleinig** D.A. (1983, 1990, 1994) *Field Guide to Eucalypts*, vol. 1, *South-eastern Australia*; vol. 2, *South-western and Southern Australia*; vol. 3, *Northern Australia*. (Inkata, Melbourne and Sydney.)

Includes a discussion of the important characteristics of the genus, keys, descriptions and colour photographs of all species then known in the regions. Second edn of vol. 3 (2004) and 3rd edns of vols 1 (2006) and 2 (2016) published by Bloomings Books, Melbourne, Vic.

eu **Brooker** M.I.H. and **Kleinig** D.A. (1996, repr 1999) *Eucalyptus. An illustrated guide to identification.* (Reed New Holland, Frenchs Forest, NSW.) Well illustrated guide to 200 of the most common species, with introductory discussion of important characteristics.

m **Brophy** J.J. et al. (2013) *Melaleucas. Their botany, essential oils and uses.* (Australian Centre for International Agricultural Research, Canberra.) Detailed account of taxonomy, essential oils, cultivation, uses.

er **Brown** A. & **Buirchell** B. (2011) *A Field Guide to the Eremophilas of Western Australia.* (Simon Nevill Publications, Perth.) Comprehensive, colour photographs of all then known species, no keys.

o **Brown** A. et al. (2008) *Orchids of Western Australia.* (Univ. of WA Press, Perth.) Numerous colour illustrations.

o **Brundrett** M. (2014) *Identification and Ecology of Southwest Australian Orchids.* (West Australian Naturalists Club Inc., Perth.) Introductory chapters on ecology, biology, family features. Some 1500 colour photographs, brief descriptions, keys.

Fg **Bull** M. (4th edn, 2014) *Flora of Melbourne. A guide to the indigenous plants of the greater Melbourne area.* (Hyland House Publishing.) Comprehensive, large format, with brief descriptions, numerous line drawings and colour photographs. Includes introductory sections on vegetation types etc., but no keys.

F **Burbidge** N.T. and **Gray** M. (1970) *Flora of the Australian Capital Territory.* (Australian National Univ. Press, Canberra.) Amplified keys to species, numerous line drawings.

Pfs **Byng** J.W. (2014) The Flowering Plants Handbook. (Plant Gateway Ltd.) An illustrated key to families of Flowering Plants. A pdf version of this text accessible via https://www.researchgate.net/publication/267510854

Carr D.J. and **Carr** S.G.M. (eds, 1981a) *People and Plants in Australia.* (Academic Press, Sydney.)

Carr D.J. and **Carr** S.G.M. (eds, 1981b) *Plants and Man in Australia.* (Academic Press, Sydney.)

g **Champion** P. et al. (2012) *An Illustrated Guide to the Common Grasses, Sedges and Rushes of New Zealand.* (NZ Plant Protection Soc., Christchurch.)

Cl **Chase** M.W. (2004) Monocot relationships: an overview. *American Journal of Botany* 91(10): 1645–1655.

Cl **Chase** M.W. and **Reveal** J.L. (2009) A phylogenetic classification of the land plants to accompany APG III. *Botanical Journal of the Linnaean Society* 161: 122–127.

er **Chinnock** R.J. (2007) *Eremophila and Allied Genera. A Monograph of the plant family Myoporaceae.* (Rosenberg Publishing Pty Ltd, Dural, NSW.) Large format volume includes very detailed descriptions, line drawings, colour photographs, keys.

Pfs **Christenhusz** M.J.M. (2017) *Plants of the world: an illustrated encyclopedia of vascular plants.* (Royal Botanic Gardens, Kew, UK & Univ. of Chicago Press, Chicago, USA.) Large format, authoritative, with brief introductory essays followed by descriptions and other notes for all vascular plant families following the APG IV classification. More than 2500 colour photographs. Extensive references.

g **Clarke** I.C. (2015) *Name those grasses: iden-*

tifying grasses, sedges and rushes. (Royal Botanic Gardens Victoria, Melbourne.) Detailed account of structure, classification, nomenclature, plus the process of identification. Numerous colour photographs on 64 pages, 151 detailed black and white drawings. Comprehensive glossary.

b **Collins** K. et al. (2008) *Banksias*. (Bloomings Books, Melbourne.) Descriptions and illustrations of all 78 then recognised species, plus much background information.

Aq **Cook** C.D.K. (1990) *Aquatic Plant Book*. (SPB Academic Publishing, The Hague.) Descriptions of 407 genera, with keys. Well illustrated with line drawings.

Cooper W. and **Cooper** W.T. (1994) *Fruits of the Rainforest*. (GEO Productions, Chatswood, NSW.) Larger format volume of excellent watercolour illustrations of fruits of 626 species, with brief descriptions, occurring in the tropical rainforests of Qld.

g **Cope** T.A and **Grey** A.J. (2009) *Grasses of the British Isles*. (Botanical Society of the British Isles, London.) (Now Botanical Society of Britain and Ireland.) Keys, line drawings and detailed descriptions of all species, many now introduced in Australia.

P **Corrick** M.G. (1976–90) "Bush-peas of Victoria — genus *Pultenaea*, Nos 1–24", *Victorian Naturalist* vols 93–107. An excellent series with descriptions and illustrations. The last article includes a key.

P **Corrick** M.G. and **Fuhrer** B.A. (2000) *Wildflowers of Victoria and Adjoining Areas*. (Bloomings Books, Hawthorn.) Brief introductory pages and small glossary followed by 838 good colour photographs, several per page, each with brief descriptive text, arranged in families.

P **Corrick** M.G. and **Fuhrer** B.A. (updated edn, 2002) *Wildflowers of Southern Western Australia*. (The Five Mile Press, Noble Park, Vic., with Monash Univ.) Brief introductory section, excellent colour photographs of over 700 species, each with brief description, arranged in families.

Fg **Costermans** L.F. (revised edn, 2009) *Native Trees and Shrubs of South-eastern Australia*. (Rigby, Melbourne.) An excellent guide designed for identification, with species arranged in families, as well as regional guide lists, and informative introductory chapters. Numerous colour photographs and line drawings. (Reed New Holland, Sydney.)

Fg **Costermans** L.F. (6th edn, 2006) *Trees of Victoria and adjoining areas*. (Costermans Publishing, Frankston, Victoria.) Illustrations and descriptions of the common species. A very good field guide.

F **Costin** A.B. et al. (2nd edn, 2000) *Kosciuszko Alpine Flora*. (CSIRO Publishing, Clayton, Victoria.) Authoritative, with keys, descriptions and good colour photographs, covering 212 species. Introductory sections deal with the alpine environment, human history, plant communities, etc.

F **Cowie** I.D. et al. (2000) *Floodplain Flora. A Flora of the Coastal Floodplains of the Northern Territory, Australia*. (Flora of Australia supplementary series, No.10, ABRS, Canberra/Parks and Wildlife Commission of the NT, Darwin.) Introductory sections on climate, vegetation, Aboriginal uses, fauna, etc., followed by descriptions, keys, many line drawings, for >300 species, with 14 pages of colour plates.

eu **CPBR** [Centre for Plant Biodiversity Research] (2006) EUCLID: Eucalypts of Australia. (CSIRO Publishing, Clayton, Victoria.) Comprehensive, authoritative,very well illustrated (>9000 images) account of genera *Angophora*, *Corymbia* and *Eucalyptus* (894 taxa covered) in DVD format for use on computer. Includes a multiaccess key, and much supporting infomation.

Fo **Crane** P.R. et al. (2004) Fossils and plant phylogeny. *American Journal of Botany* 91(10): 1683–1699.

Fg,T **Crowe** A. (1992, 2nd edn 1999, repr 2001) *Which Native Tree?* (Penguin Books, Auckland, NZ.) Small format, illustrated identification manual based on leaf shapes.

Fg **Crowe** A. (1994, 2nd edn 1999) *Which Native Forest Plant?* (Penguin Books, Auckland, NZ.) Small format, illustrated identification manual based on leaf shapes.

Pfs **Cullen** J. (4th edn, 1997) *The Identification of Flowering Plant Families.* (Cambridge Univ. Press.) Brief explanatory section followed by a key to families.

F,Cu **Cullen** J. et al. (eds 2nd edn, 2011), *The European Garden Flora.* Vols 1–5. (Cambridge Univ. Press, Cambridge, UK.) Comprehensive and authoritative largeformat work with keys and descriptions for vascular plants cultivated in Europe.

Fg **Cunningham** G.M. et al. (2 edn, 1993) *Plants of Western New South Wales.* (Inkata Press, Melbourne.) Large format, comprehensive with descriptions, many colour photographs and line drawings. No keys.

F **Curtis** W.M. (1956–1980) *The Student's Flora of Tasmania.* Parts 1–4A. (Govt Printer, Tasmania.) Keys and detailed descriptions, many line drawings. Part 1 revised 2nd edn (1975) and part 4B (St. David's Park Publishing, Hobart, 1994) authored by **Curtis** W.M. and **Morris** D.I.

Pfs **Dahlgren** R.M.T. et al. (1985) *The Families of Monocotyledons. Structure,Evolution and Taxonomy.* (Springer-Verlag, Berlin, Heidelberg, NY, Tokyo.) Large format, informative discussion with a narrow view of family limits.

Aq **DiTomaso** J.M. and **Healy** E.M. (2003) *Aquatic and Riparian Weeds of the West.* (Univ. of California, Oakland, Calif.) Small format, rather bulky text profusely illustrated with good colour photographs emphasising distinctive features.

F **Dunlop** C.R. et al. (1995–) *Flora of the Darwin Region.* (Conservation Commission of the Northern Territory, Palmerston, Vol. 2, 1995; Vol.1, 2011.) Comprehensive and authoritative, with keys, descriptions and line drawings. Vol. 2 (the first published of 4 vols) covers 440 spp. of the total of about 1500, including legumes.

E **Elliot** W.R. and **Jones** D.L. (1980–2010) *Encyclopaedia of Australian Plants Suitable for Cultivation.* Vols 1–9. (Lothian, Melbourne.) A comprehensive, well-illustrated work, plus 3 supplements in loose-leaf format. Notes on families, brief descriptions of genera and species.

S **Endress** P.K. (2010) Disentangling confusion in inflorescence morphology: patterns and diversity in reproductive shoot ramification in angiosperms. *Journal of Systematics and Ecology* 48(4): 225–239.

tr **Erickson** R. (1958) *Triggerplants.* (Paterson Brokensha, Perth.) Well illustrated, comprehensive in its time.

Fg **Fairley** A. and **Moore** P. (3rd edn, 2010) *Native Plants of the Sydney District. An Identification Guide.* (Jacana Books, Allen & Unwin, Crows Nest, NSW.) Comprehensive guide with nearly 1400 species of dicots, monocots (including grasses and sedges), ferns and gymnosperms arranged in families, described and illustrated with good colour photographs.

F **Flora of Australia** various editors (1981–) *Flora of Australia.* Vols 1– . (Initial vols

Aust. Govt Publ. Service, Canberra. Later vols ABRS/CSIRO, Australia.) A large series of volumes with descriptions and keys to all Australian species known at the time of publication, with numerous illustrations (line drawings and colour photographs).Some 33 vols published to date covering over 140 families of Flowering Plants (ferns, gymnosperms and allies are treated in vol. 48). Early vols edited by **George** A.S., editors of later volumes (after 1992) include **Orchard** A.E., **Mallett** P., **McCarthy** P.M., and **Wilson** A.J.G. The 2nd edn of the introductory vol. 1, considerably enlarged, was edited by **Orchard** A.E. (1999). Both edns include a chapter on classification. A complete flora of Norfolk Is. and Lord Howe Is. is presented in vol. 49. Other offshore islands and territories are dealt with in vol. 50. Now moving to an electronic format.

Fo **Friis** E.M. et al. (2011) *Early Flowers and Angiosperm Evolution*. (Cambridge Univ. Press, Cambridge, UK.) Scholarly text documenting recent advances in the discovery and interpretation of fossil Flowering Plants.

F **FNAEC** [Flora of North America Editorial Committee] (1993–) *Flora of North America north of Mexico*. Large format flora with detailed descriptions, keys, and well illustrated with line drawings. Volumes 1–9, 12, 19–26 published to date, some now available online. Vols 27, 28 deal with Bryophytes.

b **George** A.S. (3rd edn, 1996) *The Banksia Book*. (Kangaroo Press and Soc. for Growing Aust. Plants, NSW Ltd, Kenthurst.) Detailed, thorough, with many colour photographs.

v **George** E. (2002) *Verticordia. The Turner of Hearts*. (Univ. of WA Press, Nedlands.) Comprehensive guide to 101 species with watercolour illustrations and line drawings as well as numerous colour photographs, maps, cultivation notes, etc.

g **Gibbs Russell** G.E. et al. (1990) *Grasses of Southern Africa. An identification manual with keys, descriptions, distributions, classification and automated identification and information retrieval from computerized data*. (Memoirs of the Botanical Survey of South Africa, No. 58, National Botanic Gardens, Pretoria.)

N **Gledhill** D. (2nd edn, 1989) *The Names of Plants*. (Cambridge Univ. Press, Cambridge, UK.) Provides the meanings of scientific names, with introductory chapters on the history and rules of nomenclature as then established.

Goldblatt P. and **Manning** J.C. (1998) *Gladiolus in southern Africa*. (Fernwood Press, Vlaeberg, South Africa.) Large format, detailed, illustrated examination of the genus and all then known species.

N **Govaerts** R. et al. (2008) *World checklist of Myrtaceae*. (Royal Botanic Gardens, Kew, UK.) Authoritative listing of all validly published plant names associated with the family, with places of publication, etc.

Pf **Haaksma** E.D. and **Linder** H.P (2000) *Restios of the Fynbos*. (Botanical Society of South Africa, Cape Town.) Field guide to Restionaceae of the region.

G **Harris** J.G. and **Harris** M.W. (1994) *Plant Identification Terminology*. (Spring Lake Publishing, Payson, Utah, USA.) Well illustrated glossary, plus another section where terms are grouped under subjects.

F **Harden** G.J. (ed., 1990–1993) *Flora of New South Wales*. Vols 1–4. (Univ. NSW Press, Kensington.) The standard text for identification of all then-known species in the area, large format, with keys, descriptions, small line drawings of all species, plus numerous colour photographs. Supplement to vol. 1 edited by **Harden** G.J. and **Murray** L.J. (2000); vol. 2, 2nd edn edited by **Harden** G.J. (2002). Now available via the internet at http://plantnet.rbgsyd.nsw.gov.au.

Pfs **Hernández-Ledesma** P. et al. (2015) A taxonomic backbone for the global synthesis of species diversity in the angiosperm order Caryophyllales. *Willdenowia* 45: 281–383. DOI: http://dx.doi.org/10.3372/wi.45.45301 Includes a summary of research on the group to date and an annotated listing of the families and genera then recognised in the order, along with numerous references.

Pfs **Heywood** V. H. et al., eds (2007), *Flowering Plants of the World.* (Royal Botanic Gardens, Kew, UK.) Useful, illustrated introduction to >500 flowering plant families.

Pfs **Hickey** M. and **King** C. (1997) *Common Families of Flowering Plants.* (Cambridge Univ. Press, Cambridge, UK.) Botanical descriptions and one detailed illustrated example of each of 100 flowering plant families.

eu **Hill** K.D. and **Johnson** L.A.S. (1995) "Systematic studies in the eucalypts. 7. A revision of the bloodwoods, genus *Corymbia* (Myrtaceae)". *Telopea* 6(2–3):185–504. A research paper in which the new genus *Corymbia* is formally published, and 113 species transferred to it from *Eucalyptus*.

o **Hoffman** N. and **Brown** A. (2nd edn, 1998) *Orchids of South-west Australia.*(Univ. of WA Press, Nedlands.) Includes nearly 450 species illustrated in colour, with maps, descriptions, and notes on distinctive features, flowering times and habitats.

m **Holliday** I. (vol. 1 1989, vol. 2 1997) *A Field Guide to Melaleucas*. (Vol. 1 Hamlyn, Port Melbourne; vol. 2 author publ.) Fairly comprehensive with about 140 species covered. Good colour photographs, many small line drawings, with brief descriptive text. Volume 2 updates vol. 1 and deals with nearly 50 spp.

g **Hubbard** C.E. (3rd edn, 1984) *Grasses*. (Penguin, Ringwood, Vic.) Well illustrated with detailed, somewhat diagrammatic line drawings, covering species of the British Isles, many of which are introduced in Australia. Key and detailed descriptions included.

Pf **Hunziker** A.T. (2001) *The genera of Solanaceae.* (distrib. by Koeltz Scientific Books, Konigstein, Germany.) Comprehensive, scholarly account, with 135 detailed line drawings mostly of floral disections etc.

W **Hyde-Wyatt** B.H. and **Morris** D.I. (1975) *Tasmanian Weed Handbook. A Guide to the Identification of the Main Broad-leaf Weeds of Crops and Pastures in Tasmania.* (Dept Agriculture, Hobart.) Descriptions and good line drawings with a key to seedlings.

W **Hyde-Wyatt** B.H. and **Morris** D.I. (1980) *The Noxious and Secondary Weeds of Tasmania.* (Dept of Agriculture, Hobart.) More than 100 species illustrated with good line drawings, with accompanying notes including descriptions of seedlings.

Fg **Hyland** B.P.M. et al. (2003) *Australian Tropical Rainforest Plants.* (CSIRO Publishing, Melbourne.) CD-ROM covering >2150 species of trees, shrubs and vines from Broome, WA to Townsville, Qld. Interactive keys, numerous photographs.

o **Jeanes** J. & **Backhouse** G. (2006) *Wild orchids of Victoria, Australia.* (Aquatic Photographics, Seaford, Vic.) Authoritative guide to all then-known species (c. 360). More than 1400 colour photographs. Keys, brief descriptions.

F **Jessop** J.P. (ed., 1981, repr. 1985) *Flora of Central Australia.* (Reed, Sydney.) Keys, descriptions and numerous line drawings. Covers a broad area of inland Australia.

F **Jessop** J.P. and **Toelken** H.R. (eds, 4th edn 1986), *Flora of South Australia.* Parts 1–4.

(Govt Printer, Adelaide.) The standard identification text for SA species, with keys, descriptions and numerous line drawings.

g **Jessop** J. et al. (2006) *Grasses of South Australia: an illustrated guide to the native and naturalised species*. (Wakefield Press, Kent Town SA.) Comprehensive, authoritative, with keys, descriptions and numerous line drawings.

Jones D.L. (1996) *Palms in Australia*. (Reed, Port Melbourne,Vic.) Comprehensive, well illustrated with good colour photographs, includes descriptions.

o **Jones** D.L. (2006) *A complete guide to native orchids of Australia, including the island territories*. (Reed New Holland, Frenchs Forest, NSW.) Comprehensive, authoritative, well illustrated, large format.

o **Jones** D.L. et al. (2006) *Australian Orchid Genera. An information and identification system*. (CSIRO Publishing, Clayton, Victoria.) Comprehensive, authoritative CD-ROM covering all 192 genera then recognised, includes interactive key, descriptions, >2500 photographs, >260 line drawings. Available for trial (or purchase) at https://www.anbg.gov.au/cpbr/cd-keys/orchidkey/ [accessed Aug 2018]

Pfs,S **Judd** W.S. et al. (4th edn, 2016) *Plant Systematics: A Phylogenetic Approach*. (Sinauer Assoc. Inc., Sunderland, MA, USA.) A standard tertiary level textbook covering aspects of theory and practice of systematics and taxonomy. Numerous families of vascular plants are described and illustrated, including >150 Flowering Plant families.

Cl **Kanis** A. et al. (1999) Classification, phylogeny and the Flora of Australia. In: **Orchard** A.E. (ed., 2nd edn) *Flora of Australia*. Volume 1. Introduction. (Australian Government Publishing Service, Canberra.)

W **Kleinschmidt** H.E. and **Johnson** R.W. (1987) *Weeds of Queensland*. (Qld Dept Primary Industries, Brisbane.) Most of the book deals with 369 species, one per page, each with brief description and black-and-white photograph. Includes identification guide to groups illustrated with 16 pages of colour photographs.

N **Knapp** S. et al. (2011) Changes to publication requirements made at the XVIII International Botanical Congress in Melbourne—what does e-publication mean for you? *Botanical Journal of the Linnaean Society* 167: 133–136.

Pfs **Kubitzki** K. et al. (eds) (1990–) *The Families and Genera of Vascular Plants*. (Springer-Verlag, Berlin.) Large format (A4) series of volumes providing detailed summaries of families, including structure, dispersal, distribution, affinities, key to genera, brief generic descriptions etc. Vol. II (1993) includes Caryophyllaceae, Casuarinaceae, Chenopodiceae, Lauraceae, Magnoliaceae, Moraceae, Papaveraceae, Ranunculaceae and many others. Vol. III (1998) deals with 56 monocot families including petaloid groups but excluding orchids. Vol. IV (1998) non-petaloid monocots excluding grasses. Vol. V (2003) Malvales, Capparales, and part of Caryophyllales. Vol.VI (2004) Celastrales, Oxalidales, Rosales, Cornales, Ericales. Vol. VII (2004) Lamiales. Vol. VIII (2007) Asterales. Vol. IX (2007) covers 54 families including Proteaceae, Dilleniaceae, Crassulaceae and Hypericaceae. Vol. X (2011) includes Myrtaceae and Rutaceae. Vol. XI (2014) covers Euphorbiaceae. Vol. XII (2015) includes Loranthaceae. Vol. XIII (2015) covers Poaceae. Vol. XIV (2016) includes Boraginaceae and Solanaceae. *Note that the limits of the families in this series (particularly the earlier* *vols) may not fully coincide with those in the APG classification.*

Fg **Kutsche** F. & **Lay** B. (2003) *Field guide to the plants of outback South Australia.* (Dept of Water, Land and Biodiversity Conservation, Adelaide.) Small format, chunky text covering 437 species (356 of which are fully treated) grouped into life forms. Numerous colour photographs, brief descriptive text, pastoral notes, habitat etc.

Pfs **Lawrence** G.H.M. (1951) *Taxonomy of Vascular Plants*. (MacMillan, New York.) A standard text of its time, includes detailed chapters on plant structure, descriptions of families, glossary. The classification is old; limits of many families have changed.

g **Lazarides** M. (1970) *The Grasses of Central Australia.* (Aust. Nat. Univ. Press, Canberra.) Keys, descriptions, black-and-white photographs.

l **Lewis** G. et al. (eds, 2005) *Legumes of the World.* (Royal Botanic Gardens, Kew, UK.) Comprehensive illustrated account of 727 genera, deals with classification, biogeography, synonymy, geographical ranges, ecology, phylogeny, economic uses etc.

Lewis L.A. and **Court** R.M (2004) Green Algae and the origin of Land Plants. *American Journal of Botany* 91(10): 1535–1556.

Lowrie A. (1987, 1989, 1998) *Carnivorous Plants of Australia*. Vols 1–3. (Univ. WA Press, Nedlands.) Comprehensive, each species described and illustrated with good photographs and line drawings, descriptions and distribution maps. Includes keys.

Lowrie A. (2013) *Carnivorous Plants of Australia. Magnum Opus*. Vols 1–3. (Redfern Natural History Productions, Poole, Dorset, England.) Large format, comprehensive, beautifully illustrated, with keys and descriptions. A life's work.

l **LPWG** [Legume Phylogeny Working Group] (2017) A new subfamily classification of the Leguminosae based on a taxonomically comprehensive phylogeny. *Taxon* 66 (1): 44–77.

D **Mabberley** D.J. (4th edn, 2017) *Mabberley's Plant-book. A portable dictionary of plants, their classification and uses*. (Cambridge Univ. Press, Cambridge, UK.) A most useful, compact, very concise dictionary of families and genera, providing brief information on taxonomy, distribution, uses, etc.

Fg **Manning** J. (2007, repr 2008) *Field guide to Fynbos*. (Struik Publishers, Cape Town, S Africa.) Well illustrated guide to >1500 spp. in this plant community.

F **Marchant** N.G. et al. (1987) *Flora of the Perth Region Parts* 1–2. (Western Australian Herbarium, Perth.) Comprehensive and authoritative, with keys and descriptions for some 2000 species from the region. Numerous line drawings.

a **Maslin** B.R. (Coordinator, 2018) WATTLE. Interactive Identification of Australian *Acacia.* Version 3. (Australian Biological Resources Study, Canberra; Dept Biodiversity, Conservation and Attractions, Perth; Identic Pty Ltd, Brisbane.) Available online or as an app, covers all then recognised species, with descriptions, photographs, and an interactive key for identification. https://apps.lucidcentral.org/wattle/text/intro/index.html

F **Mayfield** E. (2010, 2013) *Flora of the Otway Plain and Ranges*. Vols 1 & 2. (CSIRO Publishing, Clayton, Victoria.) Comprehensive, many small, detailed, slightly stylised colour illustrations.

gr **McGillivray** D.J. (1993) *Grevillea.* (Melbourne Univ. Press, Carlton.) Large format, a comprehensive study of the whole genus as it was then known. Includes keys, descriptions, maps, drawings, numerous colour photographs.

Meney K.A. and **Pate** J.S. (eds, 1999) *Australian Rushes. Biology, Identification and Conservation of Restionaceae and Allied Families*. (Univ. of WA Press, Nedlands.) Comprehensive and authoritative work, with good B&W illustrations, keys and descriptions.

Fg **Moore** P. (2005) *A guide to plants of inland Australia*. (Reed New Holland, Frenchs Forest NSW.) Small format, rather bulky text covering >900 species, mostly two per page with brief description, colour photograph, distribution map and notes for each. Some 70 pages of introductory sections cover numerous general topics.

Pfs **Morley** B.D. and **Toelken** H.R. (eds, 1983) *Flowering Plants in Australia*. (Rigby, Adelaide.) Large format, well-illustrated, and informative work on plant families as then recognised, including keys to the genera in each family.

g **Morris** D.I. (1991) *Grasses of Tasmania*. (Tasmanian Herbarium, Hobart, Occasional Paper No. 3.) Keys and descriptions to all then-known Tas. species.

Murphy R.J. (2009) *Fumitories of Britain and Ireland*. (Botanical Society of the Britain Isles, London. BSBI Handbook No. 12.) [now Botanical Society of Britain and Ireland] Small format text with detailed descriptions, line drawings, colour photographs, key.

eu **Nicolle** D. (2006) *Eucalypts of Victoria and Tasmania*. (Bloomings Books, Melbourne.) Covers all taxa then recognised in the area, with keys, descriptions, some 600 colour photographs, distribution maps, notes on uses, etc.

eu **Nicolle** D. (1997) *Eucalypts of South Australia*. (author publ., Morphett Vale, SA.) Covers all 95 species then recognised in the area, with descriptions, colour photographs, distribution maps, notes on uses, etc.

gr **Olde** P. and **Marriott** N. (1994, 1995) *The Grevillea Book*. Vols 1–3. (Kangaroo Press, Kenthurst.) Comprehensive, detailed and very well-illustrated work on all then-known species, as well as numerous forms in cultivation. Includes keys, descriptions and usually several good colour photographs per species.

Paczkowska G. and **Chapman** A.R. (2000) *The Western Australian Flora. A Descriptive Catalogue*. (Wildflower Soc. of Western Australia Inc., The Western Australian Herbarium, and the Botanic Gardens and Parks Authority, Perth.) Comprehensive listing of 11,922 species arranged alphabetically by families etc., each with a brief descriptive statement noting habit, height, flowering time and colour, habitat and distribution. Includes extensive bibliography and appendices.

Palmer J.D et al. (2004) The plant tree of life: an overview and some points of view. *American Journal of Botany* 91(10): 1437–1445.

F **Parnell** J. & **Curtis** T. (2012) *Webb's An Irish Flora*. (Cork Univ. Press, Cork.) Keys, descriptions, glossary.

W **Parsons**, W. T., and **Cuthbertson**, E. G., (Revised edn, 2001) *Noxious weeds of Australia*. (CSIRO Publishing, Clayton, Victoria.) Comprehensive and authoritative, detailed descriptions, numerous colour photographs, distribution maps, no keys.

a **Pedley** L. (1991) *Acacias in Queensland*. (Qld Herbarium, Dept Primary Industries, Indooroopilly.) Comprehensive descriptions of Qld species, with keys.

F **Pellow** B.J. et al. (5th edn, 2009) *Flora of the Sydney Region*. (Sydney Univ. Press.) Spans the near-coastal zone from Newcastle south to Nowra, inland to Lithgow. Keys and descriptions to about 3000 species. https://eflora.library.sydney.edu.au

Fg **Petheram** R.J. and **Kok** B. (1983) *Plants of the Kimberley Region of Western Australia.* (Univ. of WA Press, Nedlands.) Brief introductory pages, then 242 spp. briefly described, with colour photographs, notes on occurrence and feed value.

eu **Pryor** L.D. and **Johnson**, L.A.S. (1971) *A Classification of the Eucalypts.*(Australian National Univ., Canberra.) A landmark research publication in the history of eucalypt classification in which an informal subdivision of the genus is proposed. Contains an informative discussion of characteristics of the genus and of previous work on its classification.

Raven P.H. et al. (4th edn, 1986) *Biology of Plants.* (Worth Publishers Inc., New York.) Large format, tertiary level textbook covering many aspects of plant biology, including useful summaries of plant classification and evolution as then considered.

Cl **Reveal** J.L and **Pires** J.C. (2002) Phylogeny and Classification of the Monocotyledons: An Update. In: Flora of North America Editorial Committee (eds) *Flora of North America North of Mexico* v. 26: 3–36. Charts the changing landscape of monocot classification over the previous few decades. Many references.

Pf **Rich** T.C.G. (1991) *Crucifers of Great Britain and Ireland.* (Botanical Society of the British Isles, London. BSBI Handbook No. 6.) [Now Botanical Society of Britain and Ireland.] Very useful small format text with detailed descriptions, line drawings, key.

W **Richardson** F.J. et al. (3rd edn, 2016) *Weeds of the south-east: an identification guide for Australia.* (R.G & F.J. Richardson, Meredith, Victoria.) Comprehensive guide to >2000 species usefully arranged in families, with >3000 colour photographs.

a **Rogers** F.J.C. (3rd edn 1993, repr. 1995) *A Field Guide to Victorian Wattles.* (La Trobe Univ. Press, Bundoora, Vic.) Useful, small-format introduction, with very brief descriptions, line drawings, and key to groups of species aiding identification.

Fg **Robinson** L. (1991) *Field Guide to the Native Plants of Sydney.* (Kangaroo Press, Kenthurst, NSW.) Comprehensive small-format text covers about 1370 species arranged in families, illustrated with small line drawings, with brief descriptions, general notes, as well as a field key to families and main groups.

W **Roy** B. et al. (eds, 2nd edn, 2004) *An illustrated guide to common weeds of New Zealand.* (Plant Protection Soc. NZ, Canterbury.)

Aq **Sainty** G.R. and **Jacobs** S.W.L. (3rd edn, 1994) *Waterplants in Australia. A Field Guide.* (Sainty and Assoc., Darlinghurst, NSW.) Small-format, extensively illustrated, with small pictorial key.

d **Salkin** E. et al. (1995) *Australian Brachyscomes.* (Australian Daisy Study Group, Melbourne.) Some 30 pages of introductory notes (mostly on cultivation) then 74 species described in detail (mostly from cultivated material), with line drawings, distribution and cultivation notes.

Fg, T **Salmon** J.T. (rev, edn, 1986) *The Native Trees of New Zealand.* (Reed Methuen, Auckland.) Some 40 pages of introductory sections then comprehensive coverage of all tree species with more than 1500 good colour photographs and brief descriptive text.

F **Sell** P. & **Murrell** G. (1997–2018) *Flora of Great Britain and Ireland.* Vols 1–5 (Cambridge Univ. Press, UK.) Comprehensive, authoritative flora with descriptions and keys. (Vol. 5, the first published, is dated 1996 but in fact appeared in April 1997.)

Sharpe P.R. (1986) *Keys to Cyperaceae, Restionaceae and Juncaceae in Queensland.* (Queensland Dept Primary Industries, Brisbane, Qld.)

D **Sharr** F.A. (1996) *Western Australian Plant Names and their Meanings*. (Univ. of WA Press, Nedlands.) Includes a section on pronunciation of botanical names.

Pf **Shepherd** K.A. and **Wilson**, Paul G. (2007) Incorporation of the Australian genera *Halosarcia*, *Pachycornia*, *Sclerostegia* and *Tegicornia* into *Tecticornia* (Salicornioideae, Chenopodiaceae). *Australian Systematic Botany* 20: 319–331.

g **Simon** B.K. and **Alfonso** Y. (accessed Oct 2018) AusGrass2: Grasses of Australia. (Scratchpad version available on the web: http://ausgrass2.myspecies.info/)

W **Smith** N.M. (2002) *Weeds of the wet/dry tropics of Australia. A field guide*. (Environment Centre NT Inc., Darwin.) Small format, illustrated. Brief intro, then some 70 pages of information with spp. divided into groups based on plant habit.

Soltis P.S. and **Soltis** D.E. (2004) The origin and diversification of Angiosperms. *American Journal of Botany* 91(10): 1614–1626.

N **Spencer** R.D. et al. (2007) *Plant Names: a Guide to Botanical Nomenclature*. (CSIRO Publishing, Clayton, Victoria.) Small format, detailed, plain language guide to the use and construction of botanical names for both wild and cultivated plants. Undergoing revision in 2019.

F,Cu **Spencer** R.D. (1995, 1997, 2002, 2002, 2005) *Horticultural Flora of Southeastern Australia*. Vol. 1, *Ferns, Conifers & their Allies*; Vol. 2, *Flowering Plants, Dicotyledons*, part 1; Vol. 3, *Flowering Plants, Dicotyledons*, part 2; Vol. 4, *Flowering Plants, Dicotyledons*, part 3; Vol. 5, *Monocotyledons*. (Univ. of NSW Press, Sydney.) Comprehensive coverage with keys and descriptions for nearly all plants known in cultivation at the time (excluding specialist collections), with small line drawings of most species, and several pages of colour plates. Extensive references are a valuable addition. Now available on the internet (with updated nomenclature and classification) at https://hortflora.rbg.vic.gov.au.

F **Stace** C. (3rd edn, 2010, repr. 2011) *New Flora of the British Isles*. (Cambridge Univ. Press, Cambridge.) Comprehensive, concise flora (covers native, naturalized and crop plants), with keys, descriptions, numerous line drawings.

F **Stanley** T.D. and **Ross** E.M. (1983–1989) *Flora of South-eastern Queensland*. Vols 1–3. (Qld Dept Primary Industry, Brisbane.) Keys and descriptions to all species then recorded in the region.

Cl **Takhtajan** A. (2nd edn 2009) *Flowering Plants*. (Springer.) A detailed account of the author's classification scheme for Flowering Plants.

a **Tame** T. (1992) *Acacias of Southeast Australia*. (Kangaroo Press, Kenthurst.) Detailed descriptions and line drawings of all then-known species in the region. With keys and numerous colour photographs.

Pf **Thiele** K.R. & **Adams** L.G. (2002) *Families of Flowering Plants of Australia. An interactive identification guide*. (CSIRO Publishing, Clayton, Victoria.) CD-ROM covering all families then recorded, with interactive key, descriptions, notes and >1500 colour photographs or drawings.

Toelken H.R. (1981) The species of *Crassula* L. in Australia. *Journal of the Adelaide Botanic Gardens* 3: 57–90.

Toelken H.R. (2013) Notes on *Hibbertia* subg. Hemistemma (Dilleniaceae) 9. The eastern

Australian *H. vestita* group including *H. pedunculata* and *H. serpyllifolia*. *Journal of the Adelaide Botanic Gardens* 26: 31–69.

N **Turland** N. et al. (2013) *The Code Decoded. A User's Guide to the International Code of Nomenclature for Algae, Fungi and Plants*. (Koeltz Scientific Books, Königstein, Germany.) Written as a guide to the Melbourne Code published in 2012.

N **Turland** N. et al. (2018) *International Code of Nomenclature for Algae, Fungi and Plants*. (Schenzhen Code.) (Koeltz Botanical Books, Oberreifenberg, Germany.) https://www.iapt.taxon.org/nomen/main.php

Pf **Tutin** T.G. (1980) *Umbellifers of the British Isles*. (Botanical Society of the British Isles, London. BSBI Handbook No. 2.) [Now Botanical Society of Britain and Ireland.] Very useful small format text with detailed descriptions, line drawings, key.

Fg **Urban** A. (1993) *Wildflowers and Plants of Central Australia*. (Portside Editions, Fishermans Bend, Vic.) Mostly 2 good colour photographs per page with brief descriptions arranged in families in systematic order following that of Flora of Central Australia. Covers the southern half of NT.

D **Usher** G. (1970) *A Dictionary of Botany*. (Van Nostrand, Melbourne.)

Fl **Walsh** N.G. and **Entwisle** T.J. (eds, 1994–1999) *Flora of Victoria*. Vols 2–4 (Inkata Press, Melbourne.) Comprehensive and authoritative work covers all then-known species, with keys, descriptions, small distribution maps, numerous line drawings. Volume 1, edited by **Foreman** D.B. and **Walsh** (1993), contains essays on Victorian climate, soils, weeds, rare and threatened flora, etc. Up to date Flora with more photographs and illustrations now online at https://vicflora.rbg.vic.gov.au.

N **Wapstra** M. et al. (2010) *Tasmanian plant names unravelled.* (Fullers Bookshop Pty Ltd + the authors, Launceston, Tas.) Comprehensive, well illustrated account of the origins and/or meanings of common and botanical names of all Tas. species, genera and families, plus pronunciation and much supplementary information.

Watson D.M. (2011) *Mistletoes of Southern Australia*. (CSIRO Publishing, Clayton, Australia.) Intro pages on evolution, ecology, life history, cultural values etc, plus detailed accounts of 46 spp. with colour illustrations and >130 photographs.

S **Weberling** F. (translated by R.J. **Pankhurst**, 1989) *Morphology of flowers and inflorescences*. (Cambridge Univ, Press, Cambridge, UK.) A scholarly, detailed study, illustrated with numerous line drawings.

eu **West** J. (3rd edn, 2006) Evolutionary relationships in *Eucalyptus* sens. lat.— a synopsis. In: CPBR [Centre for Plant Biodiversity Research], *EUCLID Eucalypts of Australia*. (CSIRO Publishing, Clayton, Victoria.)

g **Wheeler** D.J.B. et al. (4th edn, 2008) *Grasses of New South Wales*. (Univ. of New England, Armidale, NSW.) Keys to spp., descriptions of genera, many line drawings.

F **Wheeler** J. et al. (2002) *Flora of the South West*. (Univ. of WA Press, Nedlands.) Comprehensive work of two volumes, with descriptions, keys, and numerous small sketches of the plants in the Bunbury, Augusta, Denmark area of Western Australia. Includes notes on ecology and distribution.

F **Wheeler** J.R. et al. (eds, 1992) *Flora of the Kimberley Region* (Dept Conservation and Land Management, Como, WA.) Comprehensive and authoritative, with keys and descriptions for more than 2000 species from the region. Numerous line drawings.

a **Whibley** D.J.E. and **Symon** D.E. (2nd edn,

1992) *Acacias of South Australia*. (Govt Printer, Adelaide.) Comprehensive, very well illustrated with line drawings and colour photographs, detailed descriptions and keys.

Pf **Wrigley** J.W. (1989) *Banksias, Waratahs, and Grevilleas, and all Other Plants in the Australian Proteaceae Family*. (Collins, Sydney.) Comprehensive, with introduction and cultivation notes, followed by brief descriptions and notes for each species, with small distribution map. Numerous line drawings and more than 45 pages of colour photographs.

Pf **Wrigley** J.W. and **Fagg** M. (1993) *Bottlebrushes, Paperbarks and Tea Trees, and all other Plants in the Leptospermum Alliance*. (Angus and Robertson, Pymble.) Introductory sections on the family, classification etc., illustrated with good colour photographs and some line drawings, with brief descriptions, distribution maps, ecological and cultivation notes.

以下这份简短的网址清单绝对值得一看。许多世界各地的植物爱好者（往往是种植者）都创建了针对特定植物类群的网站，相关植物物种及栽培品种的照片经常可以在这类网站中找到。但在尚未通过权威渠道对植物进行鉴定的情况下，就把植物网名当作准确定名的做法可能略欠考虑。许多植物园和植物标本馆都会开设提供专业信息的站点。

https://www.ala.org.au

澳大利亚生物图集官网，记录和编目所有澳大利亚生物。内部链接至许多标本馆（例如植物标本馆）。

www.anbg.gov.au

澳大利亚国家植物园官网。内部链接至许多其他植物学网站，澳大利亚植物志在线（包括词汇表），以及一些可搜索的数据库，如澳大利亚植物名称索引，澳大利亚植物普查，澳大利亚虚拟植物标本室（可访问澳大利亚植物标本室的标本记录）。

www.bamboo-identification.co.uk

竹子结构、分类、鉴定的官方权威信息网站。

https://bsbi.org

英国和爱尔兰植物学会官网。

http://eflora.nt.gov.au

澳北区植物信息网站。

https://florabase.dpaw.wa.gov.au

大型数据库，囊括西澳大利亚植物类群名称、分布、图片等信息。可多路径访问多科植物。内部链接至植物标本数据库及期刊 *Nuytsia*。

https://www_iapt_taxon.org

国际植物分类学协会官网。允许访问最新版本的命名法规。

www.ipni.org

国际植物名称索引官网，大型数据库，包含所有种子植物名称和相关书目的详细信息。

https://www.kew.org

英国皇家植物园官网，提供和链接至海量植物学信息。

www.mobot.org/MOBOT/research/APweb/welcome.html

密苏里植物园官网，存储了被子植物种系发生学官网以及许多其他植物学信息与链接。

https://www.nybg.org

纽约植物园官网，包含全球约 3000 个植物标本馆的详细联系信息（https://www.nybg.org/plantresearch-and-conservation/collections-resources/）。

www.plantgateway.com

http://plantnet.rbgsyd.nsw.gov.au

新南威尔士州线上植物志。

www.rbge.org.uk

爱丁堡皇家植物园官网。

https://rbgsyd.nsw.gov.au

悉尼皇家植物园官网。

www.rbg.vic.gov.au

维多利亚皇家植物园官网，包括维多利亚国家植物标本馆期刊 *Muelleria* 的所有文章链接。

www.tmag.tas.gov.au

塔斯马尼亚植物类群，需通过塔斯马尼亚博物馆与美术馆网站访问。

http://www.worldfloraonline.org

世界在线植物志官网。

http://wpvherbarium.science.unimelb.edu.au

该网站包含维多利亚州威尔逊海角的植物标本扫描件，已成为一个较为全面的线上植物标本室。

术语表 >>>

本术语表中所包含的术语，有可能在描述和识别有花植物的检索表中遇到。其中有些词在生物学上不止有一层含义，此表只给出其植物学含义。

目前学界所使用的植物术语，历经多个世纪由多位学者编撰而成。其中包括一些目前尚未有确切定义的术语，如描述叶子形状、果实类型及花序类型的某些术语。在某些情况下，有时，某个术语可以指代多个植物结构，同理，某个特定植物结构可由多个术语来表述。有时，不同作者对术语的定义不同，在植物志中使用的术语时常在定义上有一定的自由度。由此产生的不精确性与生物的变异性相联系，而且也并不是百害而无一利。在其他情况下，这就变成了读者在特定文本中理解、处理和应用意义的问题。

本术语表中也纳入了一些新进的描述花序的术语（目前常见于专业文献），这么做主要是考虑到这些术语将来会进入通用识别范围。

在线术语库：

***Flora of North America North of Mexico*:**
www.huntbotanical.org/databases/show.php?4

澳大利亚植物志：

155.187.2.69/biodiversity/abrs/online-resources/glossaries/vascular/index.html

有关果实类型的研究可登陆

http://www.worldbotanical.com/fruit_types.htm 进行查阅。

远轴的（abaxial） ①朝向远离轴的方向的，例如器官的表面（通常是叶子或苞片）远离轴，对应词为“近轴的”。②指小穗的朝向，小穗在离轴的一侧有较低的颖片（及小花）的朝向，因此其朝向为远轴的。

缩短的（abbreviated） 变短的，如轴。

（动植物器官）败育（abort） 发育不全，例如胚珠不能发育成种子。

（枯叶或成熟果实的）脱落或离生（abscission）如在预定的点或区域内通过放置一层特殊的细胞而使叶子、果实、树皮等脱落或离生。

无茎的（acaulescent） 看不见茎的。

花后膨大的（accrescent）（花萼或其他

部位）开花后持续长大的，如图版 30i 中的花萼在开花后不断增大，逐渐包住发育的果实。

瘦果（achene） 一种果实类型；该术语用法不统一，但通常指干燥、不开裂、内有一粒种子的果实，由单个心皮的上子房产生，果皮坚硬，如毛茛属植物（毛茛是一种开明黄色花的植物）或铁线莲中由单个心皮产生的果实，有时也指下胚房的单粒种子果实或非单心皮形成的果实，如雏菊属植物的每个小花的果实（这些小花大多被称为连萼瘦果）。具体来说，它的果皮很薄，或与种子相连。若为非单个心皮的果实，有时可根据果皮的软薄程度来区分瘦果和坚果（参见该词条），有时也用来指某些草本植物的果实（如鼠尾粟属植物的果实），但这些也被认为是由于果皮内层塌陷而变成类似瘦果的颖果。

针状的（acicular） 形状似针的。

向顶的（acropetal） 植物的连续结构向顶端生长的趋势，如有花植物的花序由下至上。

顶生发育（acrotonic） ①指花序中位于侧面的花或枝主要向顶端集中。②指分枝系统中的侧枝主要（或更大程度地）在上部发育，对应词为“基底发育”。

辐射对称的（actinomorphic） 指从上方看时，花呈辐射状，形成多个、通常较为规则的对称面（见线图 2a–c），对应词为“左右对称的”。

渐尖的，长尖的（acuminate） 指植物顶端的边缘逐渐（向中线）弯曲并缩小成尖（见线图 17）。

具（皮）刺的，刺状的（aculeate） 通常指分枝或小枝带有皮刺。

急尖的（acute） ①通常指两个边缘形成的锐角（小于 90°）。②在本书中指植物的叶尖逐渐缩小至锋利的细尖（见线图 17）。

近轴的、向轴的（adaxial） 朝向轴的方向的，如器官（通常是叶子或苞片）的表面，面朝与它相连的轴，比如一株小穗的下颖片（及小花）是面朝靠近穗轴的一侧的。对应词为“远轴的”。

背靠背的；背向的（addorsed）形容近轴的先出叶位于腋生枝的近轴侧（靠近主茎）。

附着的（adherent） 不同部位或器官仅表面相连，内部组织并无连续性的。

并生的（adnate） 不同或相似的部位或器官通过内部组织的连续性合生在一起的。

不定的、偶发的（adventitious） 组织或器官在异常位置生长的，比如从下茎生出的根被称为不定根（见线图 120）。

外来物种（adventive） 外来的植物或动物，即非本土植物，自然生长于某个区域，有时也被视作未驯化植物。

通气组织（aerenchyma） 一种细胞状组

织，在薄壁细胞之间有很大的气室或空腔，如植物的茎干和叶中均有通气组织，常见于水生植物。

花被卷叠式（aestivation） 花的各部位在花芽中的排列方式，尤指萼片和花瓣。

聚合果（aggregate fruit） 一种果实类型的分类，每个果实产自某种花的成熟离生心皮。个别的“幼果”可能是肉质的黑莓或干毛茛。

具翅的（alate） （常用于植物的茎或果实）有翼的；任何结构（果实、叶柄、茎等）长出一个或多个薄而扁平且延伸超过“正常”叶缘的凸缘组织时，都称其为有翼的。

外来的（alien） 植物或物种生长在某个非土生地区，通过某种方式从其自然分布区引入的。

异域的（allopatric） 生长在不同地理区域的物种或其他类群的，即它们的分布区不重叠。对应词为“同域的”。

互生的（alternate） 节处生叶，因此每个叶出现在轴的不同位置（见线图 15）。

蜂窝状小窝（alveolae） 通常指表面上的小洞或凹陷，有时也呈现出有规律的图案，如蜂窝。

具两种果实的（amphicarpic） 有两种花序（因此产生两种果实）的植物或物种：一种果实常生长在茎的基部；另一种气生，其果实的大小、形状、花纹、成熟时间等都不同。

混生的（amphipodial） 根茎中同时出现单轴和同轴分枝的（在一些竹类植物中尤为明显）。

两面气孔的（amphistomous） 叶两面都有气孔的。对应词为“上气孔的”“下气孔的”。

抱茎的（amplexicaul） 叶子部分或全部包围茎干的，如无柄叶的基部围绕茎的每一侧延伸时。

联结的；接合的（anastamose） 连在一起形成网状结构的，如苞片或子叶的叶脉。

雄蕊群（androecium） 一朵花内所有雄蕊的总称（见线图 1)，普遍的说法是花的“雄蕊”部分（更准确地说，“雄性”一词适用于每粒花粉中染色体数目减半的部位，这些花粉粒是由细胞分裂而成的，因此这些细胞是单倍体。）

雄全异株的，雄花两性花异株的（androdioecious） 形容某些植物中一部分开雄花而另一部分开两性花的。

雄蕊柄（androgynophore） 位于花被附着物上方长出雄蕊和心皮的茎（见图版 22d）。

雌雄同株的（androgynous） 通常用于形容雄花和雌花在同一花序中的情形。在一些薹草属植物花序中的两性穗状花序中，雄花位于雌花上方。对应词为“雄雌同穗的”。

雄花两性花同株的；雄全同株的（andromonoecious） 用于形容一种植物或物种的，雄花和两性花开在同一植株上的。

风媒的（anemophilous） 靠风传粉的植物或物种的。

被子植物（angiosperms） 植物界的一个主要类群——有花植物。正式拼写为“angiospermae”。

一年生植物（annual） 在一个生长季节内完成其生命周期的植物。

前（面、部、端）的（anterior） ①一般指朝向前方的。②形容花中远离轴的一侧的。

小穗（anthecium/anthoecium） 在本书中，此术语通常指植物的开花部位或结果部位，包括花/颖果、外稃和一些小轴。而有的作者认为该术语仅仅指外稃和内稃的花被，不包括花，或有时进一步将其含义缩小为颖片上面有关节的单花小穗。因此，在某些语境中，本词与“小花”同义。

长侧枝聚伞花序（anthela） 一种分枝的花序类型，其侧枝超过母株轴。常见于灯芯草科和莎草科。

头状花序（anthelodium） 一种花序类型，一般形式类似于长侧枝聚伞花序（参见该词条），但仅限用于不定花序（因此根据一些学者的说法，比起侧枝聚伞花序，该词更适用于莎草花序）。

花药（anther） 雄蕊上带有花粉的部位（见线图 1，3）。

开花期（anthesis） 指花从花蕾期开始开放的时期。

掺花果（anthocarp） 成熟子房的总称，子房的附属部位已经发育，以助于传播。例如，周围长有苞片的颖果（在许多草本植物中）、附着冠毛的连萼瘦果（在许多菊科植物中）、肉质萼筒的苹果以及肿胀肉质花托的草莓。

有限花序的（anthotelic） 花序或部分花序最终长成花或花芽。对应词为“无限花序的”。

顺向的，向上的（antrorse） 通常指植物的毛或表面的凸出物朝向其器官顶端。对应词为“倒向的”。

无花瓣的（apetalous） 没有花瓣的。

基生叶退化的（aphyllopodic） 一种可育的茎，基部有无叶片的叶鞘（通常指某些薹草属植物）对应词为“基生叶可育的”。

无叶的（aphyllous） 没有叶的。

顶端的（apical） 附属于或位于顶端或尖端的。

（叶）顶端成尖形的，具细尖的（apiculate） 叶端骤然成细尖的。

心皮离生的（apocarpous） 由离生（离生的）心皮组成的雌蕊（见线图 1 和图版 1）。

无融合生殖的（apomictic） 不通过受精进行繁殖，因此包括不经受精而育种和营养生殖的形式。

派生性状（apomorphy） 被认为是由祖先身上衍生而来的特征（即随着时间的推移进化而来），现在是某一特定物种或群体所特有的特征（即一个决定性特征）。对应词为“祖征”。

附属物（appendage） 一种外部分枝，通常没有明显的功能。

贴状的（appressed） 紧贴的。

紧靠的（approximate） 形容植物的部位紧密贴合在一起，其间的距离不远，如花序的侧枝以一定间隔排列。

水生植物（aquatic） 指在水中生长的植物、其他生物体或活在水中的其他物种。

蛛丝状的（arachnoid） 毛略松散的，像棉花一样缠绕着的，也像蜘蛛网一样的。

乔木状的（arborescent） 大体呈树状的。

假种皮（aril） 有色的肉质部分，从种皮或柄上生长出来的，通常（或部分）包着种子。

（植物的）芒（arista） 纤细的芒或刚毛。草和谷物具有，通常位于顶端（见线图 17）。

有节的（articulate）①叶与其生长的茎上有明显连接点的（见线图 15，对应词为“下延的”）。②一些禾本科植物的花轴在节点处断裂的，如大麦草或如高粱的花序分枝。对应词为“连续的”。

分节的（articulation） 小穗通常在颖片上下处分节（见线图 37），在这种情况下，也可以选择使用术语“节处断裂的”。

上升的（ascending） 通常指在生长过程中长得或变得越来越竖直，如茎，最初几乎是水平的，但后来长得更为竖直。

无花萼的（asepalous） 没有萼片的。

无性的（asexual） 生殖中不涉及配子的，即营养生殖的。

渐狭的（attenuate） 逐渐变窄或变细的，如在叶基部（见线图 17）。

叶耳（auricles） 耳状附属物或叶片。通常生长于一些禾本科植物及相似物种间的叶片基部或叶端，偶尔也在其他部位。

发起人（author） 植物学名称（物种或其他类别）的发起人，即根据植物学命名规则发布名称的人。

权威（authority） 对植物名称或发表作者的名称，在科学文献中经常以缩写形式出现在物种或其他植物类群的名称之后。

芒（awn） 针状附属物或刚毛，在禾本科植物中通常表现为外稃或颖片中脉的延续。有时它位于下方的柱状结构（常因湿度变化而弯曲），并有顶端刺毛。当其组合呈现出膝盖状弯曲时，芒可以被称为膝状弯曲的。

腋（axil） 叶或苞片的上（正）面与之相连的茎之间形成的角度。在某些禾本科植物中，叶有鞘基，这实际上意味着叶腋在鞘内。

胎座轴的（axile） 胚珠附着在子房房室中轴的胎座上（见线图 5f；图版 11c，28e）。

腋生的（axillary） 附属于叶腋的，如用于描述叶腋上长出的花蕾或花。

轴（axis） 通常指中心的支撑部分，如在整个植物或花序中的轴等，有时指在中间内生纵向联合生心皮隔膜连接的子房。

浆果状的（baccate） 用于形容果实肉质的或多汁的；形似浆果的。

旗瓣（banner） 豌豆花的（通常）长在花“背面”的大花瓣。

芒刺、倒刺（barb） 小而尖锐的凸出物，通常向后凸出。

（植物或植物器官）表皮有钩状毛的或有刺毛的（barbellate） 细小带刺的。

树皮（bark） 灌木和乔木的茎、枝和根上起保护作用的外层组织。

不育的（barren） 不结果实的，不能生产种子的。

基部的（basal） 附属于或生长在基部上的。

基生的、基着的（basifixed） 如线图 3b、42b 和图版 1d 中的花药，附着在花丝的基部。

（植物）由顶部向基部发展的，向基的（basipetal） 一系列结构向基部生长的。对应词为“向顶的”。

基底发育（basitonic） ①指花序中位于侧面的花或枝主要向根基生长。②指分枝系统中的侧枝主要（或更大程度地）向底部发育。对应词为“顶生发育”。

喙（beak） 通常指某种结构顶端的细长延伸（通常为尖状），或生长于顶端的附属物，如线图 124c 和图版 32k 中雏菊属植物连萼瘦果上的结构。

有芒的（bearded） 有长硬毛的，或较小局部范围内有毛簇的。

浆果（berry） ①一种果实类型。②一种不开裂的肉质果实（肉质层仅由子房壁产生），通常含有许多种子，如番茄。

双凸的（biconvex） 在某种双面结构中（如叶片或果实），每一面都稍圆或半圆（凸），因此其横断面近似椭圆形。

双齿的（bidentate） 有两个齿的。

二年生植物（biennial） 一种植物，第一年长得很茂盛，产生一种能贮藏能量的器官，如丝瓜根，第二年开花后死亡。

双面的，（叶）异面的（bifacial） 有两个不同表面的（通常指上表面和下表面），如叶片。对应词为“单面的”。

二裂的（bifid） 通常指叶端分叉或一分为二。

（多叶枝中）双枝叶的，具两叶的（bifoliolate） 形容复叶具两小叶。

二唇形的（bilabiate） 有两片唇的，如图版 31c、j–m 中的花萼或花冠。

两侧的、双面的（bilateral） 形容排列在轴相对两侧的结构。

两裂片的（bilobed） 有两片叶的。

双名的（binomial） 形容（命名法中）物种名称由属名和种加词构成。

二回羽状的（bipinnate） 形容复叶分裂两次的，即有羽状裂片（见线图 14e、j）。

二回羽状全裂的（bipinnatisect） 形容羽状全裂叶深裂（见线图 18）。

（叶缘）重锯齿的（biserrate） 单个齿本身呈锯齿状时指锯齿状的边缘（如叶子），其本身具有锯齿的（见线图 18）。

两性的（bisexual） ①形容两种花兼具雌雄器官（雄蕊和心皮）。②小穗长出兼具雄蕊和心皮的小花。③雌雄同体的。

叶片（blade） 叶或其扁平部分，通常生于叶柄或叶鞘的末端，有时也用于花瓣的展开部分。

无限花序的（blastotelic） 花轴或部分花序在开花期间不断生长的。对应词为“有限花序的”。

（植物的）主要部分，如干、茎等（body） ①禾本科植物中有顶裂片或芒的外稃，即顶裂片之间的外稃基部和缺口间的部分，或芒的基部（可能包括或不包括外稃愈伤组织）。②两龙骨瓣之间的部分。

螺状聚伞花序（bostryx） 一种花序类型，在复合单歧聚伞花序中，苞片和花围绕轴呈螺旋状排列。

总状类花序（botrys/botryum） 参见词条“总状花序”。

总状类花序的（botryoid） 参见术语“总状花序的”。

短枝（brachyblast） 一种短小的新枝，有时也拼作“spur shoot”。

苞片（bract） 泛指一种变态叶，常退化或高度退化，常用来指包围花序、分枝或花蕾的（通常较小的）叶状器官（见线图 10）。生苞片在它的腋部有一个芽。小苞片、颖片、外稃、佛焰苞等可统称为苞片。

小苞片（bracteole） 一种小的苞片状器官，常用于描述如线图 63a、68a 及图版 28b 中花的花梗或花萼上的器官。从有限花轴的最上节生长而来，在这种情况下通常在叶腋内继续生长。通常在单子叶植物中是单个的，在双子叶植物中是成对的。在此定义下，当花最终只形成一个短枝时（无其他茎节），小苞片就相当于一个叶柄。这个术语有时含义宽泛。

簇生枝；分枝（branch complement） 竹子中由某一（中间）茎节生长而来的簇生枝。簇生枝的数量可能是该物种的特征。

刚毛；刺毛（bristle） 一般指硬的毛发状结构；有时指芒顶端的部分，通常指弯茎上直的部分。

芽；花蕾（bud） 一种未发育的嫩枝、花序或花，之后可能会长成熟。

鳞茎（bulb） 如线图 34a 和图版 9a 中所

示的一种短的地下短茎，包裹储存食物的肉质叶基部，并包住一个或多个芽，以供下一季的生长。

珠芽（bulbil） 一种小的球状结构，有时在叶腋中偶然生长，或在花序或小穗内等产生，随后可能离生并产生一株新植物。

鳞茎状的（bulbous） 形容某个结构膨大而成鳞茎状，如茎基；也指某个结构由鳞茎生长而来。

具泡状隆起的（bullate） 形容表面有凸起的水泡状膨胀或褶皱。

隆起的;肿胀的;泡状的（bulliform bubble-like） 多见于某些草本植物和莎草属植物的叶表皮细胞，有时被认为与叶片的折叠或卷曲有关。

丛生禾草（bunchgrass） 植物的一种习性，直立的气生枝从极短的根茎中紧密地簇生，近似于一种簇生或丛生的草本植物习性。

维管束鞘（bundle sheath） 由一个或两个细胞环组成的圆柱形细胞，围绕着维管束。

刺果；刺球状花序（burr） ①某些草本植物的传播体，由一个或多个小穗组成，周围有带刺的苞片或刺毛。②也用于指其他类群的果实，如苜蓿属中某些物种所结的带刺卷曲状豆类果实。

板状根（buttress） 如图版 17a 中的一种从树干底部向下延伸至侧根并提供支撑的结构，多见于热带雨林物种。

早落的（caducous） 不持续的，早落的（通常是花器部分）。

丛生的（caespitose） 成簇并形成密丛的生长习性。

愈伤组织〔calli（plur.）〕 用来指兰花的加厚组织或伸长分枝，通常具腺，通常存在于唇瓣上（见线图 24b）。

愈伤组织〔callus（sing.）〕通常指逐渐变厚或已经增厚的部分；在某些草本植物中，表现为外稃上硬且尖的基部，与小穗轴离生，或小穗与花梗离生；在兰科植物中，通常指加厚组织或增厚器官，通常位于唇瓣上（见线图 24b）。

小萼;杯状器官（calyculus） 在菊科（雏菊科）的花头中，通常有一枚或多枚小苞片，在总苞片的基部或外部形成一个或几个连续体。

藓帽（calyptra） 通常指花或果实上的帽状体或盖状的覆盖物。

花萼；杯状结构（calyx） 在一朵花中，萼片合生在一起，在大多数情况下是花的最外层（见线图 1）。

萼筒（calyx tube） 如图版 21b 中由萼片合生形成的管；一些作者用该词来指称“花管”（参见该词条）。

具沟的（canaliculate） 有纵向槽或沟的。

格状的（cancellate） 外观呈格子状的。

毛状的（capillary） 非常精细的，毛发状的。

头状的（capitate） 结有头或形似头的；头状或球状的，如柱头；也常用于描述密集的头状花序。

头状花序（capitulum） 指无梗花形成的紧致群，位于短轴或有时位于平轴或宽轴上，如大多数雏菊的花序，有时也用来指任何密集的花丛，也可参照“head”(头状花序)。

蒴果（capsule） 一种果实类型；如线图 81、87c 和图版 19j、20a 中所示，从同心果子房发育而来的干燥开裂的果实。

具龙骨状突起的（carinate） 龙骨状的，即有近似尖锐的纵向褶皱或脊状凸起的，如沿草外稃或叶片的中线。

肉质的（carnose）（如某些果实）新鲜多肉的。

心皮（carpel） 雌蕊的基本结构单位，由一个子房（包含一个或多个胚珠）、花柱和柱头组成（见线图 1；图版 1c)。

心皮柄（carpophore） 通常指老花内的果柄，即花被和雌蕊之间。复数形式为 carpodia。在香蒲属植物中，指变性的不育雄蕊。

果柄（carpopodium） 通常指果实的柄。

软骨性的（cartilaginous） 像软骨一样的，结实而坚韧的，但很灵活的。

种阜（caruncle） 外种皮的凸起部分，如地杨梅属的种阜。

颖果（caryopsis） 一种干燥的、单种的、不开裂的果实，由上位子房产生，薄的果皮紧贴着外种皮，这是禾本科植物的典型果实，常伴有外稃、内稃等结构脱落，种皮在种脐的区域与果皮合生。

栗色的（castaneous） 栗子褐色。

低出叶；芽苞叶（cataphyll） 通常指一种退化的叶，呈鞘状或鳞片状，位于茎的基部。在芽周围有保护作用，之后长为正常的叶。

柔荑花序（catkin） 一种花序类型；一种下垂的穗状花序，通常有小的、具苞片的单性花，如在柳树和桦树上。

尾状的（caudate） 具尾的，带有尾巴状的附属物。

茎基（caudex） 通常指一种多年生草本植物的宿存茎，在某些情况下（部分）长在地下。也用来指某些生长缓慢、寿命长的物种的茎，如一些棕榈树、苏铁类植物和黄脂木属植物。

花粉块柄（caudicle） 在兰花中，将花粉团附着在花萼上的梗。

茎生的（cauline） 泛指着生于茎的；从茎上长出的叶子的。与“根生的、基部的”相对。

有茎的（caulescent） 植物有明显茎干的。

室（cell） 生物体的结构单位。有时也作为子房室的同义词（参见该词条)，如“子房 2 室”或“子房 3 室”。

谷类植物（cereal） 可长出供人类或动物食用谷物的草本植物，如大麦、玉米、燕麦、小麦等。

从生的（cespitose） 参见“簇生的”。

具沟的；有沟的（channelled） 形容某种结构（如叶）带有纵向的沟，同义词为“canaliculate（具沟纹的）”。

似纸的（chartaceous） 如纸一般质薄但有一定的硬度。

开花受精的（chasmogamous） 花或小花为等待授粉而正常开放的。与“闭花受精的”相对。

绿色组织（chlorenchyma） 由含叶绿素的细胞构成的组织，参与光合作用。

叶绿素（chlorophyll） 叶绿体中的一种绿色色素，在光合作用的过程中必不可少。

叶绿体（chloroplast） 含有叶绿素的细胞器，存在于植物细胞中。

具纤毛的；具缘毛的（ciliate） 通常形容边缘长有能形成毛缘的纤毛（见线图17），同义词为“具短缘毛的”。

蝎尾状聚伞花序（cincinnus） 一种复合单歧聚伞花序，其中每一连续的分枝都由侧苞片的叶腋生长而来，使花形成向花序一侧弯曲的“之”字形，相当于一个蝎尾状聚伞花序。

旋卷的，拳卷的（circinate） 形容植物器官从基部展开向上生长（如许多蕨类植物的叶），其远端呈螺旋状的。

周裂的（circumscissile） 果实围绕着其周边裂开的（如图版27j所示，果实顶部经周裂后似盖子）。

划界（circumscription） 一种分类单元（种、属、科等），其描述特征中的范围，使其区别于其他分类单元。

分化枝；进化枝（clade） 系统学中的一种单系群（一种通用术语，不限于任何特定的等级），因此也称为“进化分支图”（参见该词条）。与“级”相对。

叶状枝（cladode） 一种能进行光合作用的茎，通常为扁平的，如某些仙人掌属植物的茎。有时呈叶状，在假叶树属或天门冬属植物中可见（如图版11d）。

进化分支图（cladogram） 进化关系的图示，概括了祖先和后代之间的联系。有时在外观上像树，因此也称为“系统进化树”。

囊状枝先出叶（cladoprophyll） 在某些莎草的花序中，在侧枝基部发现的叶柄（但也见花序叶柄）。

棍棒状的（clavate） 棒状的，同义词为“小棍棒状的”。

爪（claw） 具有较宽叶片的植物器官（如瓣、萼片、苞片等）上的较窄基部。

半裂的（cleft） 边缘半裂的，如叶的边缘，当切口到中脉的一半或更多时，形成几个尖的裂片。其定义不一致，近似“缺裂的”（参见该词条）。

闭花受精的（cleistogamous） 不开放的花或小花，在内部发生自我受精的。

与“开花受精的”相对。

闭花受精植物（cleistogene） 在一些草本植物中，一些变态小穗状花序具有自配的小花，这些小花通常隐藏在基鞘中或在秆节处。

合并的（coalescent） 部分或不完全合生的，不太规则的。

玉米穗轴（cob） 玉蜀黍属植物的雌花序，尤指在结果期的。

（果实的）分果片（coccus） 分裂果（参见该词条）的单心皮单位。

共生花序（coflorescence） 在一个无限（多聚）花序内，在主位于在不到主花期就生长出来的侧枝上的花的聚合体，重复主花期的形式，有侧枝花，没有顶花。也可见“花序”。

连着的（coherent） 相似部分或器官仅表面上连接的。

珠托（collar） 在草本植物的叶子中，叶鞘和叶片交界处的一个小区域，是叶片的基部分生组织，叶背表面颜色（通常为淡紫色或淡紫色）通常差异明显，有时以一排毛为特征。

丘状的（colliculate）表面覆盖着小圆突出物的。

合蕊柱（column） ①芒下部通常较粗的弯曲或扭曲的部分，与上部的刺毛不同。②通常在花的结构中柱头和雄蕊合生在一起形成的组织，如在兰科植物的花中（见线图 25、28d）。

种缨，序缨（coma） ①某些种子的顶端有一簇毛。②在某些禾本科植物的外稃中，在叶端的毛通常较长，但在其他方面可能与外稃下部的毛相似。

完全的（complete） ①形容花具有所有器官，如花被、雄蕊和雌蕊。②形容草本植物的小花包含所有器官，即外稃、内稃和两性花。对应词为“不完全的”。

复合的（compound） 通常指由几个相似的器官构成的，如有两个或两个以上分枝的花序。

复果（compound fruit） 一种果实类型的分类，其中每个果实不止由一朵花生长而来（通常是一个花序），例如菠萝。有时也被称为复合果或多果，但后一术语通常用于心皮离生花的产物。对应词为“聚合果”。

复头状花序（compound head） 一种小头状花序，通常有总苞，短轴上无柄，例如雏菊科的一些植物（见线图 126；图版 33l）。

复叶（compound leaf） 被分成两片或更多小叶的叶片（见线图 14d–j）。

复伞形花序（compound umbel） 一种花序类型；从字面上看，是伞形花序。如线图 132a、图版 34b 中所示由一系列伞形花序的茎秆由一端生长而来。

压平；压扁（compression） 小穗倒地的方式，当小穗从一侧倒向另外一侧为侧面压扁，当小穗从前侧倒向后侧为背侧压扁（见线图 37)。“压扁的”一词有时用于修饰其他形容词，如“压扁的三角的”(表示有点扁平的三角形结构，如茎）或“压扁的球状的”(球状，但在一定程度上为扁平的)。

同色的（concolorous） 近似颜色相同的，例如叶的两面颜色相同。对应词为“变色的”。

凝聚的（condensed） 用来形容花序密集或紧密的，与“疏松的”或“松散的”相对。

双折的（conduplicate） 上表面沿中线折起的，如叶片中褶皱内部上的表面。

conflorescence 花序的一种，其主轴具有特性，并具有不同模式的侧枝。常被认为是一个无限主茎上长着重复的侧向单位，显示聚伞花序分枝。

汇合的（confluent） 混合的或会合的。

圆锥形的（conical） 一种立体形状，从宽的基部逐渐变细，截面为圆形。

愈合的；合生的（connate） 相似的部分或器官合生在一起的，如合拢的花瓣。

药隔；连接（connective） 在花药中位于两个承载花粉的裂片之间并将它们连接起来的组织（见线图 3a)。有时在叶端长成“顶端附属物”或花药上的冠(见线图 94)。

靠合的（connivent） 部分聚合或接触的，未合生的。

相接的（contiguous） 碰触但不合生的，如花序中直立枝端对端的碰触（或交叠)。

连续的（continuous） 通常指无节理的，如某些草本植物的花轴保持完整，在成熟时不分裂成片段。对应词为“有节的”。

收缩的（contracted） 一种多分枝草本植物的花序的形状，如圆锥花序，其枝条直立并紧贴主茎。对应词为“开放的”。

叶舌（contra ligule） 某些禾本科植物的叶上有一种舌状的结构，与正常的舌状结构位置相似，但位于叶的背面。也称为轴舌叶、外舌叶。

会聚性的（convergent） 一些部分逐渐结合在一起的。

旋卷的（convolute） 从一个边缘向内卷成筒状的（边缘因此交叠)，如叶片或草本植物外稃。对应词为“(尤指叶的边）内卷的”。

心形的（cordate） 心状的。

革质的（coriaceous） 像皮质的。

球茎（corm） 通常指球状的矮小地下茎，用来储存养料，每年都会生长，通常被鳞叶覆盖，球茎轴垂直，如唐菖蒲属（如图版 10a）和小苍兰属。这个术语常用来泛指茎或根茎中任何膨胀的基部。

花冠（corolla） 花瓣的统称（见线图 1)。

副花冠（corona） ①泛指花中冠状或喇叭状的分枝，通常在花被上（如黄水仙属植物中），但也可能在花托或雄蕊上。②某些草本植物中，芒的基部周围有一种短的冠状结构，如智利针茅。也可参见词条“副冠”。

伞房花序（corymb） 一种平顶的总状花序，花柄下部比上部长，因此所有的花几乎处于同一水平（见线图 10g）。

具中脉的；具肋的（costate） 通常指表面有棱纹的（如草叶）。

子叶（cotyledons） 种子的子叶着生于种子内胚上，有时含有储藏的养料（见线图 13b、d）。

香豆素（coumarin） 一种芳香化合物，某些植物中的一种气味，有时闻起来像新割的草。

框节荚（craspedium） 一种果实类型，不开裂，最初像豆荚，要么分裂成单种子的节段，要么裂片分开为一个单元，留下裂口线作为一个宿存的边缘。

钟口状的，钟形口的，喇叭口的（crateriform） 一种立体形状，类似火山的出口。

具圆锯齿的（crenate） 边缘有圆形齿的，相邻齿间的缺口是急尖的（见线图 18）。常用于描述叶缘。

细圆齿状的（crenulate） 细圆齿的。

根颈；花冠；树冠部（crown） ①在多年生草本植物中，植物每一季在其基部死亡后重新发芽的区域。②在禾本科植物（通常指谷类和草料植物）中，分蘖生长于植物基部的区域（几乎与根茎同义），有时仅指多年生植物的宿存基部。③同样在草本植物中，外稃顶部的一个小圆柱形或杯状的组织环，例如在某些单花针茅属植物（花冠的同义词，但是有些作者认为此术语仅用于顶端的毛和其膨胀的基部的杯状环，以及从冠到其主体的环状）。④在林业中，指树木的上部（叶和上部树枝）。

壳质的（crustaceous） 硬、薄且脆的。

兜形的（cucullate） 盔状的，通常指一种结构的顶端，如苞片或花被片，如苦刺绒茶的花瓣（见线图 73b）。

秆（culm） 一种特殊的气生茎，通常由节和节间组成，结叶，有顶生花序，开花后死亡（见线图 41a）。此术语通常用于草科植物、莎草科植物和灯芯草科植物。

茎鞘（culm sheath） 竹子的鞘，常有一个退化的叶片围绕着茎（茎），往往随着秆的伸长而下降。

栽培品种（cultivar） 很难对其简单定义，但通常认为是一种在栽培中维持的植物（或一组不同的植物），其起源或选择主要是因人的干预，其特征可以有效复制。

栽培（cultivation） 在诸如“只有在栽培中才知道”或“栽培的野草”的语境中为“栽培地”或“种植植物的地方”的简略表达形式。

楔形的（cuneate） 缓慢而均匀地缩小

到基部的（见线图 17）。

顶，壳斗（cupula/cupule） 泛指较小的杯状结构。例如，合生的总苞片形成橡实基部的小杯状；在一些莎草科植物中（如珍珠茅属），坚果底部的小杯状结构；在竹类植物中，标记叶鞘上假黄体接合点的凹陷处（在叶脱落后最明显）。有些草本植物的花梗先端稍加宽、凹陷，可称为杯状。

垫状植物（cushion plant） 植物属性，表现为节间短、分枝多，形成浓密的低丘。通常是适应恶劣环境的结果。

尖突（cusp） 锐利坚挺的点，顶端突然变窄形成一个点。

角质层（cuticle） 表皮上的薄外层，由脂肪和（或）蜡状物质构成。

杯状聚伞花序（cyathium） 一种退化的被总苞包围的花序，形似一朵花，如大戟属（见线图 78b、c；图版 18b）。

船形的（cymbiform） 形似船。

聚伞花序（cyme） 通常定义为：花序群中的一种，其中轴是有限的。主轴在一朵花中停止生长，随后侧轴同样在这朵花的下方停止生长，这种模式可能会不断重复（见线图 11）。一些作者认为，此术语不包括有限花序的轴，并将其定义限制为花序中只有一侧或两侧生枝的轴，与总状花序的花序类型形成对比。在总状花序中，侧轴的数量是变异且（至少在理论上）无限的。

聚伞状的（cymose） 用来形容某些花序的特殊分枝模式的。也可参见词条“聚伞花序”。

连萼瘦果（cypsela） 一种生长自下位子房的、不开裂的小单种果实类型，属于典型的菊科植物果实，这种果实类型有时包含在“瘦果”内。

脱落的（deciduous） 通常发生在有效生命周期的末期，如在生长器官死亡或脱落之前，或季节性脱落的叶或小附属物（如茸毛或托叶）。

有多回复出叶的（decompound） 形容多次分裂结构的总称，如主枝重复分裂时的花序，或再次分裂的复叶。分枝的数量有时限定为两个或更多的，有时指定为三个或更多的。

外倾的（decumbent） 用于形容嫩枝整体倾倒因而向顶端更加直立的。

下延的（decurrent） 通常指向下延伸的，例如，叶柄边缘或基部从连接点向下延伸，形成沿茎向下的翼或凸缘（见线图 15）。

交互对生的（decussate） 相对叶的排列形式，每对叶与其上和其下的叶形成直角（见线图 15）。

有限的（definite） 有限花轴的，如花轴以花结束。也可参见“确定的”，对应词为“无限的”。

外折的（deflexed） 从附着点突然向下弯曲的，如茸毛、树叶、苞片、树枝等。

对应词为“反折的”。

开裂（dehiscence） 结构分裂或打开以释放其内容物，如花药释放花粉或果实释放种子。

正三角形的（deltate） 边长近似相等的平面三角形。

三角形的（deltoid） 一种有三角形的平面图形，但有时也是“正三角形的”同义词。

有齿的（dentate） 如叶的边缘，外部齿近似垂直于叶的轮廓（见线图 18）。同义词为“具小齿的，有细齿的”。

发育不全的（depauperate） 指植物或植物的部分器官，生长受阻的。

有限的（determinate） 植物生长过程中，部分是有有限顶端的，如根状茎很快向上长出新芽，花轴在花中结束也是有限的。当在 Troll（参见韦伯林，1989）的术语中提到花序时，与“monotelic”是同义词。对应词为“无限的”。

二体雄蕊的（diadelphous） 形容雄蕊通过花丝合生为两束，对应词为“单体雄蕊的”。有时更普遍的意义是由两束或两组雄蕊产生的。

传播体（diaspore） 如植物的种子、果实或果实的一部分，脱落后可能产生新植物。

二歧聚伞花序（dichasium） 一种花序（或其部分），具有聚伞花序的分枝模式，其中轴端为一朵花，其下有两个侧生花蕾。一些作者把由此产生的三花单元称为三元组。如果这种模式重复出现，则称为复合的（见线图 11b），尽管一些文本认为添加该层含义是不必要的，但该术语也扩展了其基本的定义，囊括了后续分枝。

二歧分枝的（dichotomous） 分枝的，分叉的，其中的分枝大小相等，通常以同样的方式再次分枝。

双叶子植物（dicotyledons） 在早期分类中指双子叶有花植物的主要亚群。正式英文写法为 dicotyledones（见第六章），其缩写形式为“dicots”，现在认为这类植物不代表一个谱系，而是分为几类，其中最大一类为真双子叶植物纲。后者形成分化枝，共享一个特殊的花粉类型。

掌状复生的（digitate）从一个（似乎是）单点分杈的，如某些草本植物的花序分枝（见线图 41a）。

二形的（dimorphic/dimorphous） 两种形态的，在种类上相似但在形状或结构上不同的，如丛生禾草双形态草的小穗，同时具有开花受精花序和闭花受精的花序。

雄雌异株的（dioecious） 用来形容某种植物的花是单性的，单个植物只有一种性别，例如许多帚灯草科的植物、三齿稃草属的代表植物，以及许多引入的树木，如桦树和柳树。

二倍体（diploid） 生物体有两套完整的染色体，两套分别来自双亲。对应词为“单倍体”。

节处断裂的（disarticulation） 参见词条“分节的”。

花盘（disc） 花的一种通常与子房相连的结构，在顶部或基部，或在花的导管内，经常分泌花蜜（在这个意义上有时拼作“disk”）。在某些莎草科植物中（如珍珠茅属），子房基部的一种浅裂或杯状结构持续到结果期，有时不明显，有时大到几乎可以覆盖果实。在雏菊科的辐射状头状花序中，管状小花聚集在一起。

盘花（disc florets） 雏菊辐射状花头中央的管状小花。

盘状的（disciform） 一种花序类型，在一些雏菊科植物中，中心小花是两性的，有管状花冠，边缘小花在性别和（或）花冠类型上不同，例如雌性或中性，有花冠丝状或没有（如线图 122、123，图版 33 j 所示）。由此产生的花序可能类似于盘状的头状花序的，一些作者将其归入这种类型。

有盘心花的（discoid） 某些雏菊科植物的一种花序类型，其中小花都有管状花冠，并且都是两性的（见线图 120，121），有时也都是单性的。

变色的（discolorous） 通常指叶片等的上下表面有不同颜色。对应词为“同色的”。

传播单元（dispersal unit） 植物脱落或释放的部分，可能长出新植物，如种子、果实（有或没有附属结构，如苞片）或毛刺等。

分裂的（dissected） 用来形容叶片分裂成深裂片或节段的。

传播体（disseminule） 通用术语，指植物中具有传播功能的组成部分，通常是种子或孢子等，但也包括根茎片段、球根等。

远轴的（distal）位于或接近远离结构附着点的结构的末端的。对应词为“近轴的”。

二列的（distichous） 用来形容叶（见线图 15）、颖片等对生成两列（因此在一个平面上），如许多小穗中的小花（如线图 38d；图版 13b 所示）。

离生的（distinct） 参见词条“分离的”。

分叉的（divaricate） 广泛蔓延的，如多分枝的灌木，其枝条以接近 90 度的角度延伸开。

分歧的（divergent） 指逐渐广泛延伸的结构，如某些小花上的芒，某些叶片上的脉。在先端与花丝相连的花药裂片中，其基部是延伸开来的。

虫菌穴名（domatia，**单数形式为** domatium） 小的口袋，通常位于下表面主叶脉的叶腋内，通常部分被叶组织或毛包围。

背面的（dorsal） 着生于或位于后面的，侧生器官的背轴面。对应词为“腹面的”。

背侧压扁（dorsal compression） 参见词条“压扁”。

背着（生）的（dorsifixed） 用来形容花药的花丝附着在花药背面（如线图 3c；图版 3d，4i 所示）。

背腹的（dorsiventral） 有不同的前后或上下表面的器官，例如一些叶片。这种差异有时被定义为结构性的。

（花）重瓣的；双的（double） 形容花瓣的数量高于常数；常见的用于装饰性的栽培品种如许多山茶属、倒挂金钟属和蔷薇属植物。

镰状聚伞花序（drepanium） 一种花序类型，通常被认为是一种复合单歧聚伞花序，其中连续的枝和花都位于花序的一侧，在一个平面上。这种花序类型有时见于灯芯草属。

核果（drupe） 一种肉质果实，有坚硬的内果皮包裹着种子，有肉质的中果皮，外果皮形成“果皮”，如樱桃或李子。

耳状体（ear） 在草本植物中（通常只在谷类如小麦中）的花序。

无苞片的（ebracteate） 没有苞片的。

离心的（eccentric/excentric） 偏离中心的，例如杂草锯齿草丛中着生于外稃。

油质体（elaiosome） 一种含油的附属物，或传播单元的一部分，对昆虫有吸引力，因而可促进传播。

无叶舌亚门（eligulate） 缺少舌状组织的一类植物。

椭圆体（ellipsoid） 纵截面为椭圆的立体图形。

椭圆的（elliptical） 如叶的长度约为宽度的 2~3 倍，最宽的在中心，每端等细（见线图 16）。

细长的（elongate） 延长的，伸长的。

（尖端）微凹的（emarginate） 缺乏明显边缘的；或在尖端有缺口的、顶端的（如叶子）。一些作者认为缺口是尖锐的或急突的（见线图 17）。对应词为“（顶端）微凹的”。

胚胎（embryo） 种子中未充分发育的植物。

特有的（endemic） 与分布区域相关的分类单元，自然地局限于一个特定的地区或国家。

内果皮（endocarp） 果皮的最内层，李子和樱桃中的内果皮会变硬。

胚乳（endosperm） 用来储藏养料，着生在有花植物种子中的胚芽上。

剑状的（ensiform） 像剑刃的。

全缘的（entire） 边缘连续的、未分开的，未被裂片、缺口、齿等阻断的。

环境野草（environmental weed） 参见词条“野草”。

短生植物（ephemeral） 在条件适宜的情况下，短时间内完成其生命周期的植物。

萼状总苞（epicalyx） 一轮生的子叶状苞片，通常附着在花萼上，苞片通常与萼片交替（如线图 99a；图版 21g、h、i 所示）。

（新梢和嫩枝）休眠芽发出枝条的（epicormic） 在一些树（如桉树）的树皮下有休眠的芽，当树落叶时或被破坏时（如着火），休眠芽就会生长。

上胚轴（epicotyl） 植物茎的一部分，位于子叶节和第一片营养叶（见线图 13b）。

表皮（epidermis） 最外层的细胞，通常是单细胞，位于叶、幼芽等的表面。

上位的（epigynous） 用来形容花的花瓣、萼片和雄蕊生长的位置高于子房（如线图 8b；图版 5a 所示）。因此子房是下位的。

花冠上着生的（epipetalous） 形容雄蕊着生在花瓣上。

附生植物（epiphyte） 一种植物生长在另一种植物上，但不能从中获取养分。

萼上的（episepalous） 形容植物器官着生在萼片上。

上气孔的（epistomous） 形容气孔位于叶片的上（近轴）表面。对应词为“下气孔的”“两面气孔的”。

萼生雄蕊的（epitepalous） 着生在花被片上的雄蕊，例如在银桦属和一些单子叶植物中。

叠片的（equitant） 一种叶的排列方式，叶片在茎上成两列对生，基部重叠，叶片通常沿中线压扁或紧密折叠，使每一丛植物具有独特的扁平外观，可见于许多鸢尾科和剑叶灯芯草中。

似澳石南属植物的（ericoid） 叶小而窄的，叶片边缘下弯遮住其下侧，如澳石南科的一些植物。

不整齐齿形的（erose） 通常为叶端或边缘，不规则地侵蚀或撕裂的。

野化植物；野化种（escape） 用作名词，指一种植物或物种通过种植而扩展到自然分布区之外。有时被视为“园艺野化植物”。

真双子叶植物（eudicotyledons） 参见词条“双叶子植物”。

常青的（evergreen） 用来形容一种植物或物种全年保持叶不随季节脱落的。

叶尖突出的（excurrent） 泛指叶向外延伸超过尖端或边缘的，如中脉延伸超过苞片尖端的。

外果皮（exocarp） 果皮的外层，如樱桃皮。

引进植物；外来植物（exotic） 用作名词，指引进的植物或物种；不是本地的。也可参见“外来的”。

突出的（exserted） 例如花药凸出于管状花冠之上的，或芒凸出于包围颖片之上的。

无托叶的（exstipulate） 没有托叶的。

外舌状（external ligule） 反舌状（参

见该词条）。

腋外生的（extra-axillary） 芽没有在叶腋中产生。

花外蜜腺（extra-floral nectary） 与花不相连的分泌花蜜的腺体，如在叶柄或叶片上。

（生长于）鞘外的（extravaginal） 用来形容侧枝的，它突破对生叶鞘的基部，因此生长在叶鞘外面，具有某些草本植物的特征，对应词为“鞘内的”。

（花药）外向的（extrorse） 指花药开裂时，远离花的主茎。对应词为“（花药）内向的”。

兼性的（facultative） 根据条件的需要或允许而改变的方式或反应来变得适应（如习惯或营养）。对应词为“专性的”。

镰形的（falcate） 二维镰刀状的。

下垂萼片（falls） 在鸢尾属中，在基部变窄的外花被片，向上延伸成一个宽且通常呈拱形或下垂的冠檐。

科；家系（family） 一个或多个相关属的分类学组；一个分支。植物学科的名称以“-aceae”结尾（除根据《国际藻类、真菌和植物的命名规则》承认的 8 个替代名称之外）。

簇生花序（fascicle） 通常指一簇或一束相似的部位，如秆、分枝或小穗等。

帚状的（fastigiate） 属于植物习性的，茎和主枝近似直立的，或侧枝紧贴直立的主轴。

纤维；羽纤（fibre） 通常指类似棉线或细绳的长链。厚壁组织是植物组织的组成部分，该结构是构成厚壁组织的主要细胞类型之一。

有纤毛的（fibrillose） 通常由细纤维组成，有时指某一结构（如根茎鳞片）分裂，而叶脉近似完好无损。

纤维的（fibrous） 由纤维组成或含纤维的，同义词为“有纤毛的”。通常用于泛指类似的结构，或由长链组成的结构，如“纤维根系统”或“纤维苞片”（其中苞片大多已分裂，只留下一丝旧的维管组织）。

丝状体（filament） 花药的柄（如线图 1b，3a；图版 1c 所示）。

丝状的（filiform） 线状的，即长、薄、圆柱形的。某些雏菊科植物的一种管状小花。

菌毛（fimbriae） 非常粗糙的毛或延伸形成边缘。

具流苏状缘的（fimbriate） 形容边缘有毛缘的（毛通常比有纤毛的边缘更粗或更大）。

瘘管；喙管（fistula）（源自拉丁语，管或管子），通常是一种中空的结构。在草本植物中通常指空心茎。

扇形的（flabellate） 扇状的。

旗叶（flag leaf） 在草本植物中，茎最上面的叶，位于花序下方。

瓣；下垂物（flaps） 形容内稃有两个龙骨瓣时，其部分与每个龙骨瓣的外部相连，通常向内折叠包裹颖果。

曲折的（flexuose） 呈波浪状或之字形，交替地向相反的方向弯曲。

植物区系（flora） 总的来说指某一地区的植物；或一本关于某一地区的植物的书，通常在分类系统之后附有描述性的条目，以及附有便于识别的检索表。

花叶（floral leaves） 通常指与花序相连的叶状结构。可能包括苞片或佛焰苞等。

花管（floral tube） 花的一种结构，表现为花被部分和雄蕊的合生基部，通常为管状（见线图 9)，也称为花托、环面、托杯、花萼筒。子房下部的花，如倒挂金钟属（如线图 80；图版 19d 所示）的花管与子房相连并位于子房之上。长有上位子房的（如线图 72；图版 3e 所示）花筒离生于子房外，但包围着子房。花管是一个笼统的术语，并未暗指任何特定的起源，而“花托管”意味着花托上着生有花被和雄蕊。

开花期（florescence） 一种不定（多聚）花序，花在主茎上聚集。在一个复合的（分歧的）花序中，分枝长成主花，较低的分枝（共花序）重复侧生花相同模式，没有终端花。因此，花期可以被认为是多聚花序的“基本单元”。也可参见“花序”。

小花（floret） 主要用于指雏菊科植物的头状花序的花，以及禾本科植物的花单位，但并不表示这两个科之间有任何特殊的联系。在禾本科植物中，一个完整的小花由花及其对生的外稃和内稃组成，而在有一个以上的小花的小穗中。退化小花在草本植物中可能只包括一个退化的外稃。

叶状的（foliaceous） 通常在结构、形状等方面像叶状的。

叶的（foliar） 着生于叶的。

膏葖（follicle） 一种果实类型，干燥，含有一个或多个种子，由一个单心皮的花生长而来，成熟时沿一侧裂开。果皮坚硬如皮革。班克木属和银桦属以及山龙眼科的其他一些植物的果实类型（见线图 48b)。

凹窝（fovea） 有洞或有凹形，同义词为“有小凹的”，有小凹面的。

离生的（free） 侧面上没有相似的部分相连，例如离生花瓣。一些作者将这个术语限定为不同的部分（例如没有花瓣的雄蕊），并使用“不同的”这个术语来指代离生的相似部分。

特立中心胎座（free central） 在胎座形成过程中，从单房子房基部中央产生的胎座（如线图 5h；图版 25i 所示)。

多叶的（frondose） 具叶的。

果实（fruit） 有花植物的成熟子房，有时包括附属结构，如蒲公英和其他雏菊科植物的喙和冠毛，或某些草本植物的宿存苞片。

早落的（fugacious） 只持续很短时间的，例如一些鸢尾科植物的花被。

珠柄（funicle） 着生在胎座上的胚珠的柄，后来长成种子的柄（见线图 5a）。

梭形的（fusiform） 一种立体纺锤形的窄圆柱状，中心最宽，两端逐渐变细。

配子（gamete） 有性生殖的单倍体细胞。

合瓣的（gamopetalous） 形容花有合生的花瓣。

合萼的（gamosepalous） 形容花具有合生萼片。

园艺野化植物（garden escape） 一种被引入花园的植物，现在可以在室外自由生长和繁殖。也可参见词条“驯化的，外来的”。

发芽的（gemmiparous） 形容苞片（如竹子假小穗的基部）的叶腋内包裹着芽。

膝状的（geniculate） 突然弯曲的，如在有节的植物中。

属（genus） 在分类学上，科与种之间的主要等级物种的分类群，彼此之间的相似度比它们与其他同类物种的相似度要高。

属名（generic name） 属的名称，如金合欢属、桉属。

发芽皮瓣（germination flap） 在某些禾本科植物的果实中，在宿存外稃基部的一小块组织，通常外形似马蹄，幼苗的第一个根从这里长出。

浅囊状的；具囊状膨大的；具驼背状隆起的（gibbous） 有袋的；有袋状的肿胀的。

变光滑的（glabrescent） 无毛的，例如一种结构最初的茸毛会随着时间的推移而腐蚀或脱落，有时用于表示“几乎无毛的”意思。

无毛的（glabrous） 表面或结构无毛的，没有毛或其他毛状体或覆盖物的。一些作者还在定义中加入了“平滑的”一词。

腺（gland） 有分泌功能的器官或组织，如分泌油、花蜜、树脂或水。腺体可能长在表面或嵌在周围组织中，或长在茎上。同义词为“小腺”。

具腺的（glandular） 形容某种结构具腺或含产生分泌物的组织。

腺毛（glandular hair） 有关腺体分泌的茸毛（分泌物通常表现为顶端处的小液滴）。

带苍白色的；白霜的（glaucescent） 随时间推移呈苍白色的，有时作微具白霜。

具白霜的（glaucous） 叶、茎外层是蓝色或灰色的，表面通常被苍白物质覆盖。

球状的（globose） 形状立体球形的。

具倒刺毛的（glochidiate） 具倒钩毛的。

团伞花序（glomerule） 密集紧凑的花簇，如无柄小花的花簇。

颖状的（glumaceous） 似颖片的，即形状、肌理或颜色像颖片的，如有时描述灯芯草属和地杨梅属的被片。

颖片（glume） 一种特别的苞片。在草本植物小穗中，通常在基部有两个小穗（下部颖片和上部颖片，见线图 38d），它们不包围花。上颖片通常较大。当下部颖片大于上部颖片时，草本植物的颖片被称为“逆颖”。在竹小穗中，可能存在一些颖片，但这些颖片的密切关系不确定，在某些情况下过渡颖片会分化为不育外稃。“开花颖片”一词有时见于较早的草本植物文献中，指的是外稃。在莎草科和帚灯草科的小穗中，每朵花都有一个颖片。有些作者对这种说法提出了质疑，他们更喜欢使用“花片”或“鳞片”。同义词为“内稃”。

级（grade） 为（暂时）方便而放在一起但被认为不是单源的（参见“单源的”）分类群的总称。通常出现在与有关分类学讨论中。不限于任何特定的等级。

颖果（grain） 常指大多数禾本植物的果实。但通常使用比较宽泛，可能包括着生的果壳，或用于指与果皮离生的某些物种的种子，如鼠尾粟属。

颗粒状的（granular） 表面覆盖着微小的圆形凸出物的，因此不是完全光滑的。

聚生开花（gregarious flowering） 在竹子中，某种物种的许多个体在经过一段（通常很长的）纯营养生长期后同时开花。

雌雄蕊合体的（gynandrous） 花的雄蕊和花柱合生形成花柱，如兰科。

雌雄同序的／雌雄同穗的（gynecandrous/gynaecandrous）在薹草属植物花序中的两性穗状花序，在每个穗状花序中雌花高于雄花的。对应词为“雌雄同株的”。

着生子房基部的（gynobasic） 花柱生于近基部的深裂子房（见线图 6c）。

雌全异株的，雌花两性花异株的（gynodioecious） 雌花和双性花在不同植物上的。

雌蕊群（gynoecium） 花的一部分，通常位于中央，由一片或多片心皮组成（见线图 1），常被称为雌花（此术语“雌花”更适用于由细胞分裂后染色体数目减半的那部分胚珠。因此这些细胞是单倍体）。

雌全同株的，雌花两性花同株的（gynomonoecious） 个别植物或物种带有雌花和双性花的。

雌蕊柄（gynophore） 在花中，使雌蕊高于萼片、花瓣和雄蕊着生点的柄。用于指香蒲属雌花中子房下方的茎，可着生在果实的基部。

习性，体形（habit） 一般指植物的外观或形状。在物种中指通常观察到的外部形态。

半下位的（half inferior） 子房延伸为高于花被和雄蕊的着生位置时，其下部嵌入花托（见图版 20i）。这种子房通常称作下位子房。

单倍体（haploid） 有一套染色体。对应词为“二倍体”“多倍体”。

戟形的（hastate） 如叶片的基部带有近似三角形的叶齿，从每个侧面向外凸出（见线图 17）。

吸器（haustorium） 在寄生植物中的一种器官，可以穿透宿主的组织。

头状花序（head） 一种花序类型，由无柄小花组成（如大多数雏菊科植物），但通常用来指形成整个花序或部分花序的簇生小花群（见线图 10d、e）。

螺卷状聚伞花序（helicoid cyme） 参见词条“螺状聚伞花序”。

草本植物（herb） 一种非本木植物（但不包括苔藓类）。草本植物更普遍的用途是指具有药用或食用价值的某种植物。

草本的，草质的（herbaceous） 植物非木本植物的属性，即没有木本植物组织次生加厚的。具有植物部分性质的（如苞片），相对柔软，通常为绿色。

植物标本集，植物标本室（herbarium） ①干燥植物标本集。②存放此类标本的机构或建筑物。世界上大多数国家都设有州（省）级或国家级植物标本室，通常设置在植物园中。

雌雄同株的（hermaphrodite） 同时有雌雄器官的，通常指带有雄蕊和雌蕊的花。等同于“两性的”。

柑果（hesperidium） 一种肉质果实，中轴胎座式，果皮外表革质，内部肉质。在橘子、柠檬等中，果肉是由膨胀的肉质毛囊组成的，填满了子房室。

具两类花的（heterogamous） 形容植物部位具有不同性别，例如雏菊头部的小花，有两性的盘状小花和雄性或不育的射线小花。在某些禾本科植物中，一个小穗为两性，另一个为雄性或中性。反义词为“同性花的”。

异种的（heterogeneous） 植物或植物部位多种类且不一致的。反义词为“同种的”。

异形的（heteromorphic） 具有不同结构或外观的，如某些草本植物的小穗对。反义词为“同形的”。

六倍体（hexaploid） 具有六组染色体的植物或物种。与“多倍体”相对应。

种脐（hilum） 在大多数植物的种子上，种皮上的疤痕就是种子脱离其茎的位置。草本植物的果实（种皮通常与子房壁合生在一起）外面通常可见种脐。

具长硬毛的（hirsute） 表面有坚硬直立的长毛。

具糙硬毛的（hispid） 表面有粗糙坚硬的刺毛。同义词为“有短硬毛的”。

具灰白毛的（hoary） 形容表面覆盖有灰白色且相互交织的短毛。

具同性花的（homogamous） ①泛指会产生同性花的。②有两个同性小穗对的。反义词为“具两类花的”。

同种的（homogeneous） 植物整体或部

分属于同种的。反义词为“异种的”。

同源（homology） 在评估形态结构时表示相同系统发生或进化起源的状态，但当前不一定在结构或功能上相同。其形容词为“同源的”，指部分具有相同发展起源的，但在当前外观或功能上不一定相同。

同形的（homomorphic） 形容植物部位具有同种形状。反义词为“异形的”。

外壳，外果壳（hull/husk） 指遮盖住禾本科植物谷粒的鳞叶（可能是颖片、外稃、内稃）。在农业用语中，通常指谷物。

硬木类群（hummock） 某些草本植物的习性。高度约 1 米、直径 3 米的近似圆形的草丛，其中分枝的秆向外呈辐射状，并向其叶端生叶（通常尖锐），其典型案例为澳大利亚内陆干旱栖息地的耐旱物种。

透明的（hyaline） 指苞片、外稃等的特点，纤细、轻薄而透明，通常是无脉的。

杂种（hybrid） 通常指同属内两个不同品种杂交的植物后代，有时也指属间植物杂交的后代。

托杯，被丝托（hypanthium） 花筒。

下胚轴（hypocotyl） 种子或幼苗中位于子叶节以下但在根部上方的植物轴部分（见线图 13b）。

下位苞（hypogynium） 某些莎草属植物中果实基部的硬化盘状结构。

下位的（hypogynous） ①花中其他部位围绕在子房基部的（见线图 1、8a）。②器官生于子房基部的，如鳞叶或腺体。

下气孔的（hypostomous） 叶片下表面（背面）有气孔的。对应词为“两面气孔的”“上气孔的”。

覆瓦状覆盖的（imbricate） 器官重叠的，如苞片或花瓣。

（**复叶**）**奇数羽状的**（imparipinnate） 带有奇数复叶的，末端有羽片（见线图 14h）。

不完全的（imperfect） 花草缺失某个常见部位的（如雄蕊）。

凹陷的，具印痕的（impressed） 叶脉表面凹陷的。

锐裂的，具缺刻的（incised） 叶片边缘有锐裂时（大约到中脉的一半或更多），叶片尖裂（见线图 18）。该术语定义不一致，分裂有时用作“不规则的”，有时为“均匀的”。

内藏的（included） 形容植物部位包裹在其周围结构内，如花冠管内的雄蕊。

不完整的（incomplete） ①花缺少花被、雄蕊或雌蕊中一个或多个部分的。②草缺少一个或多个部位的。反义词为“完全的”。

增厚的（incrassate） 变厚的。

内弯的（incurved） 向内或向上弯曲的，如叶片的边缘向近轴面弯曲（见线图 17）。反义词为“后弯的”。

（花序）无限的，（雄蕊）无定数的（indefinite） ①花轴无限生长的，如一个花序轴不止结有一朵花。也见"无限花序的""不定的"，反义词为"（花序）有限的"。②花中雄蕊数量多且无固定数目的。

不开裂的（indehiscent） 果实不裂开来释放种子的。

无限的，总状的（indeterminate） ①植物生长过程中，某些部位无限生长的（如根茎、枝条、花轴等）。参见"（花序）无限的"。反义词为"有限的"。②当在Troll（参见韦伯林，1989）的术语系统中提到花序时，与polytelic为同义词。

乡土的，本地的（indigenous） 指植物、物种、植被类型等在特定地区自然生长的。

毛被（indumentum） 植物表面的茸毛或鳞叶等覆盖物的总称。

内向镊合状的（induplicate） 向内折叠的。

硬化的（indurate） 变硬的，变粗糙的。

柱头下毛圈，囊群盖（indusium） ①在柱头周围的花柱顶端的杯状结构，例如在草海桐科（见线图115；图版5e、i）。②在某些蕨类植物中，覆盖孢子囊群的保护层。

（子房）下位的，在下的（inferior） 花被和雄蕊着生在子房上部的。上位花有下位子房（见线图8b；图版5）。反义词为"（子房）上位的"。

膨大的（inflated） ①植物的某一部位围绕着另一部位延伸，如花萼筒非常松散地包围着花或果实。②某些草本植物的叶鞘延伸时，叶鞘和封闭的茎间有明显的空隙。

花序（inflorescence） 植物花序部分的总称，指产生带有花轴和苞片的花聚集体（见线图10、11）。因此，一株植物可以拥有一个以上的花序，每个花序间都由营养生长区隔开。识别不同类型的花序主要靠分枝和花茎的发育程度、分枝模式、开花顺序等特征。在禾本科植物中，花序由小穗、分枝和最高茎秆上方的主轴组成。

［在研究花序的专业文献中，有学者正在研究一套定义更为精准的术语体系。他们表示有必要整理出一套术语，这将有助于在不同物种及分类种群间进行准确而有意义的对比研究。有人批评一些新方法过于理论化，结果是提供的术语仅适用于纯描述方法，缺乏理论意义。这里介绍了一些术语，但这些术语在多大程度上能被未来研究植物的学者们采用还有待观察。

以花序为例，其花生于中心主轴和许多侧枝上。在最上方侧枝之上的主轴上的花以特定的排列方式出现，侧枝也会以很接近的方式重复这种模式。"同花序"是一种复合花序系统，由覆盖主轴顶端的花结合与主轴形成镜像的侧轴组合而成。当主轴和侧轴在花中无限生长时（无限花序的），则此类同花序称为多端花序。

反之，如果这些轴在花中生长受限（有限花序的），则称为单端花序。重复主轴排列方式的侧枝可以被称为伞形进化枝（重复枝）。在多端花序中，主轴上的花集合体可以被称为主序，而侧枝上的花集合体称为共序。因此，花序可以被认为是多端同花序的一个"基本单位"。

在禾本科和莎草科植物中，小穗被视为无限花轴，因此可视为花序；主轴顶端的小穗为主序。在这种情况下，小穗的茎可以合理推断为花梗。在布里格和约翰逊（Briggs and Johnson，1979）、安德里斯（Endress，2010）、韦伯林（Weberling，1989）等人的著作中都有关于花序结构以及许多表示不同花序类型的术语。]

花序花苞（inflorescence bract） 包围花序的苞片或有时包裹部分花序的苞片。

花序先出叶（inflorescence prophyll） 在一些薹草属（莎草属）的花序中，一级侧枝上方的主轴基部有先出叶（通常类似于雌器苞或外壳）。主轴基部可能有不同形式的先出叶，称为"先出叶枝"。

鞘内的（infravaginal） 侧枝从包裹其叶鞘下方的枝带中长出，该分枝形式多见于竹中。

果序（infructescence） 指花序的结果期。

新生枝（innovation） 禾本科植物中的基芽，未成熟的分蘖，通常指无性芽，有时仅限于多年生植物。

内卷的（inrolled） 形容叶或苞片等的边缘向上表面卷曲直至中线的。

间生的（intercalary） 生长于轴的顶端与基部之间（非顶端和基部上）的，例如供禾本科植物的茎生长的分生组织，也见于描述无性生长的两区域间的花序（如红千层，见线图 81）。

棱间（intercarinal） 见词条"中肋"。

叶脉间的（intercostal） 表面或区域在叶脉间的，如形容叶片或苞片。

中肋（interkeel） 两龙骨间的区域，如许多禾本科植物的中部区域。

壳斗间（intermast） 竹子开花时的无性生长期。

脉间（internerve） 相连叶脉间的表面部分或区域，如形容颖片。

节间（internode） 两个相邻茎节间的部分（见线图 13）。

叶柄间的（interpetiolar） 托叶生长在对生叶柄基部间的。

间断的（interrupted） 通常指连续性的间断，如穗状圆锥花序的茎轴在下部枝条间是可见的。

（生长于）叶鞘内的（intravaginal） 指一

个新营养枝在苞叶的叶鞘内部生长，并在叶鞘顶端可见的样子。常用于描述草本植物。其对应词为“(生长于)鞘外的”“鞘内的”。

引种的（introduced） 指某种植物或物种是从另一个地区或国家引进的，通常因特定目的而有意引进，因此绝非本土物种。

（花药）内向的，向心释放花粉的（introrse） 指花药朝花中心开裂的。其对应词为“(花药)外向的”。

倒置的（inverse） 指在小穗上，下颖片高于上颖片的情况。

小总苞（involucel） 指在复合伞形花序中包围每个伞形花序的苞片轮生体。

总苞苞片（involucral bract） 苞叶的一种，但有时指花序下方的单片苞叶，在莎草科中可见。

总苞（involucre） 多指围绕在花序基部的环状或连续的苞片（有时很少），常见于雏菊科植物。也用于指莎草科植物中包围花序的苞片，苞片可能呈叶状、颖状或刺毛状，例如，在一些莎草科植物中叶状苞片包裹着花序。在草本科中，也可指围绕着小穗群的刺毛或刺，可见于蒺藜草属植物中。

（尤指叶的边）内卷的（involute） 叶片或苞片等的两边缘向内卷起（即卷向其上表面的中心线，见线图 17)。其对应词为“旋卷的”“外卷的”。

不整齐的（irregular） 指某些花辐射对称时，没有或只有一个对称面（例如许多兰科植物花朵的对称形状）（见线图 2d–f)。

等直径的（isodiametric） 指一种结构的直径相等（如一个细胞），或沿主茎长度相等。

反复生长的（iterauctant） 指一些竹类植物的花序是由下部叶腋内长有芽的假小苞片组成的，这些芽可能会长出更多的假小苞片。可以大致理解为“反复生长的”或“反复增长的”，其对应词为“单次生长的”。形成的花序可表现为密集的复合小穗簇，具有较短的支撑小枝，每个小穗基部有“额外长出的”颖片状苞片。每个“表面上的小穗”（假小穗）由几片包着芽的基部苞片、数量不等的颖片及一个顶生小穗组成。

有节的（jointed） 指植物的茎轴上有可断裂的节点，也指分节的。其对应词为“连续的”。

幼态叶（juvenile leaf） 幼嫩植物上的叶，通常与其成年植物的叶形状不同。常见于桉属植物中（见线图 84)。

龙骨瓣（keel） 指豌豆属植物的花冠，由两片近似合生的下部花瓣组成（见线图 65，66)。通常在两瓣相接处有一条褶，可见于草本植物外稃的背部，形似小船（见线图 38e)。

（坚果或子粒的）仁，核（kernel） 通常指核果坚硬内果皮里的种子（如樱桃的籽），但在农业上也指玉蜀黍属植物的谷粒。

（兰花）的唇瓣（labellum） 指兰花中与花柱对生的花瓣，通常与两侧的花瓣外观不同（见线图 24-28）。有时也用来描述其他种群中的变性花瓣。

唇形的（labiate） 指花冠中一个或多个花瓣形成唇状，还可见词条“二唇形的”。

锯齿状的（lacerate）指叶片边缘像被切出或被撕出不规则叶齿的样子（见线图 18）。该术语的义有时会发生变化。

条裂的（laciniate） 指叶片边缘像被削出或切成细窄尖裂片的样子。

腔隙（lacuna） 通常指间隙或空间，如叶片细胞间或茎秆组织内的气室。

梯状纤维的（ladder-fibrillose） 指在老的分裂鞘中（常见于某些薹草属植物），维管组织的纤维残余形成一股中央垂直束，其上长有近似水平的侧生缕。

葫芦状（烧瓶形）的（lageniform） 形状浑圆，似瓶身的。

叶片（lamina） 或苞片的另一术语，与叶鞘或叶柄不同。

具绵毛状的（lanate） 似毛状物覆盖的。

（叶）披针形的（lanceolate） 叶子的一种平面形状，其长度约为宽度的 5 倍，最宽的部分位于中下方，两端逐渐变细（见线图 16）。

披针形（lanceoloid） 具有披针形轮廓的立体形态。

侧压（lateral compression） 参见词条“压扁”。

乳液（latex） 指从某些植物的切块或碎块中渗出的乳状汁液，如奶蓟和蒲公英。

（花簇）疏松的（lax） 通常指一种花序处于不密集或不拥挤状态，因此排列松散，可能下垂。有时指叶或植物的习性，意味松弛的，其对应词为“刚硬的”或“不易弯曲的”。

叶（leaf） 茎的分枝，通常呈扁平状、绿色，带叶柄，或指草本植物和类似植物中的叶鞘，能够支撑延伸的叶片（见线图 14），主要功能为通过光合作用生产养料。

小叶（leaflet） 复叶的片段之一（见线图 14）。

叶鞘（leaf sheath） 指草本植物和其他草类物种的叶，叶基部（通常呈圆柱形）抱茎，起支撑叶片的作用。在如帚灯草科等植物科中，其叶子退化形成近似无叶的鞘。

（豆科植物的）长豆荚（legume） 一种从单一心皮中结出的干燥果实，成熟时沿接缝开裂。通常也指产生此种果实的任何植物，是典型的豆科植物。

外稃（lemma） 在禾本科植物中，指包裹花的两苞片中最外层的、通常较大的分枝（见线图 38e，39；图版 13b、e）。在退化的小花中外稃通常指最后剩下的部分。

（因双面突出）而呈扁豆状的（lenticular） 一种立体形态，形似小扁豆或双面凸透镜。轮廓近似圆形，中心部位比边缘厚。

瘦形的（leptomorph） 指一些竹类植物的根茎呈细长状、单轴的。与“粗形的”形成对照。具有此种根茎形式的物种在园艺中通常被称为“跑竹”。

藤本植物（liane） 一种木本攀缘植物或缠绕植物，尽管限制其自身直立生长会产生不利影响，但不寄生在其支撑植物上。

木质素（lignin） 在某些组织细胞壁中存在的酚类化合物，赋予植物强度和硬度。一种木质组织的主要成分，也存在于竹类植物和其他草本植物中。

木质茎（lignotuber） 茎基部的木质膨胀结构，其位置在地面或地面以下，若植物的地上部分受损，木质块茎可以促进植物再生。常见于桉属植物。

有叶舌的（ligulate） 被拉长时为两边平行的二维形状，通常被描述为带状的。

舌叶，舌状体（ligule） 在大多数草本植物和一些莎草科中，指叶鞘和叶片近轴面（上部）连接处的一种膜状的幼芽或茸毛环（见线图 38b）。在许多莎草科中，舌叶通常与叶片合生，只有一个小的离生边。某些草本植物中的背向舌叶（也称反舌叶）具有类似的结构，但位于鞘叶连接处的外侧（下部）。也指雏菊科中一些小花的花冠，一种细长的束状延伸（见线图 116–118，124–125；图版 32，33）。

冠檐（limb） 指花瓣狭窄基部中略宽的上部；或通常展开的上部，由合生的花瓣组成（见线图 2i、j）。在一些草本植物的芒中，较细的上部通常生长在较坚硬弯曲且位置较低的花柱上，与“刚毛”互为同义词。

（叶）长条形的（linear） 指又细又长、有平行边的形状。比如，当叶的长度约是宽度的 8 倍且边平行时（见线图 16）。

小舌（lingula） 小的舌状延伸，例如，可见于一些莎草科植物上与叶片对生的叶鞘顶端。

裂片（lobe） 通常可见于植物器官的任何部位，如与基部合生部分的离生上部（如花萼叶、花冠叶）；深裂叶片的一部分；全缘叶的突出组织，如草本植物外稃先端的齿叶。

室背开裂的，胞间裂开的（loculicidal） 指沿着每个内腔的中线纵裂的，如蒴果的每个瓣由相邻心皮的部分外壁组成。与其对应的词为“室间开裂的”。

子房室（loculus） 一个室或腔，如在子房内包含一个或多个胚珠（如线图 4a，23d；图版 9d，11c）。有时可参见词条“小室”。

倒伏（lodging） 植物的茎在基部作物成片发生歪斜，甚至全株匍倒在地的现象。最常见于草本植物。

浆片（lodicule） 草本植物中，位于花基部的外稃和内稃内的小鳞叶之一，通常可理解为退化的花被（见图版 13e）。大多数草本植物有两片浆叶，位于花的一侧，与外稃相邻。竹类植物的花通常有三片浆叶。

节荚（lomentum） 通常指一种不开裂的豆荚，由单一心皮生长而来，收缩于种子之间，其成熟时分裂成包有一籽的片囊（尽管最初被广泛地定义为豆荚状果实，可分裂，而非分裂成两半或根本不分裂的果实）。常见于豆科植物。

纵切面（longitudinal section） 实际上指取自一种结构或器官（如子房或叶）的长茎轴、通过侧面观察的“薄切片”。常简写成 L.S.（见图版 1f，3f；线图 21）。对应词为“横切面”。

带状的，舌状的（lorate） 中等长度，两边平行。

（细胞）腔（lumen） 内腔。

大头羽裂的，竖琴状的（lyrate） 指一种羽状半裂叶具有较大的圆形顶裂片和相对较小的侧裂片（见线图 18）。

灌状桉（mallee） 某些树种的一种生长形态，有许多由膨大的基部（木质块茎）长出的茎，如在各种桉属中；以这种桉树为主的植被类型。

（叶）枯萎的，凋谢但不掉落的（marcescent） 指凋谢而非掉落后留在植物上的结构（如叶）。

边缘的（marginal） 指叶脉近似平行或接近叶片、颖片、外稃的边缘。指沿子房一侧着生的胎座、胚珠（见线图 5a，66b；图版 15d）。

盛放期（mast flowering） 参见词条“聚生开花”。

（植物或真菌）有粉状颗粒的，粉状的（mealy） 表面有白色的粉状外观或纹理的。

正中面的（median） 位于中间的。

膜状的，膜质的（membranous） 形容植物的部分器官（如苞片）薄，柔软且富有弹性，通常近似半透明色，而非绿色。

双悬果（mericarp） 果实的一个单位，其成熟时分裂成由单个心皮生长而来的瓣（见图版 34h）。

分生组织（meristem） 一组能够主动分裂的未分化细胞。

雄心两性花序（mesandrous） 指在薹草属植物花序中雌雄同株的穗状花序，雄花朝向中心，雌花位于两端。与其对应词为“雌心两性花序”。

中果皮（mesocarp） 果皮的中间层。

雌心两性花序（misogynous) 指在薹草属植物花序中雌雄同株的穗状花序，雌花朝向中心，雄花位于两端。与其对应词为“雄心两性花序”。

输导组织鞘（mestome sheath） 束鞘细胞的内环。对应词为“薄壁组织鞘”。

中脉（midrib/midvein） 指叶、苞片、颖片或鳞片等（通常）凸出的、集中排列的主纵叶脉（维管组织）。

单体雄蕊的（monadelphous） 雄蕊通过花丝合生成一群的。与“二体雄蕊的”对应。

仅开一次花的（monocarpic） 形容植物在凋落前只开一次花、只结一次果的。

单歧聚伞花序（monochasium） 一种花序类型，茎轴只长成一朵花，随后的花从顶生花后的花蕾中生长出来。如果模式重复，则视为复合单歧聚伞花序（见线图 11）。

单子叶植物（monocotyledons） 有花植物的一个主要子群，其单片子叶中含有种子。

雌雄同株的（monoecious） 指植物或物种在同一植株上有双性的（雌性和雄性）单性花，如玉蜀黍。对应词为“雌雄异株的”。

（生物类群）单元的，单系类群的（monophyletic） 指由一个祖先系的所有后代组成的分类群。对应词为“（生物类群）多元的”“（生物类群）并系的”。

单轴的（monopodial） 一种生长形态（如根状茎或茎等），其主轴的顶端继续生长，并可产生侧枝。对应词为“合轴的”。

单种属的（monospecific） 只包含一种物种的属。

单顶端的（monotelic） 参见词条“花序”。

单型的，单种的（monotypic） 形容某一分类单元的下一级只含一个组成成员。如只含一个属的科，或只含一个种的属。

形态学（morphology） 通常指研究外部形态的学科。在植物分类学中，指对形状和结构等外部形态和植物各器官进行研究的学科。

黏液（mucilage） 一种黏稠的分泌物，有时保留在植物组织内。

尖，锐突（mucro） 较短的尖端，通常位于叶片或苞片上，有时易断（见线图 17）。

复果，聚花果（multiple fruit） 一种果实类型，每个果实都由一朵花中所有成熟的单片离生心皮分化而来，与“聚合果”互为同义词，但有时也与“复合果”互为同义词。

粗糙的，多刺的（muricate） 表面粗糙，有短硬突出物的。

无芒的，无刺的（muticous） 钝圆的，无尖的。

芜菁状的（napiform） 一种形似芜菁的立体形状，大体呈卵形，两端逐渐变窄。通常用来描述主根的形状。

本土的（native） 指植物或物种（或其他

种群）在某一区域自然生长。

驯化的（naturalised） 指从其他地区引进的植物或物种（或其他种群），在没有外界辅助的情况下，经生长和繁殖在该地扎根。

花蜜（nectar） 一种含糖的液体，通常由花产生，有时由植物的腺体分泌。

蜜腺（nectary） 分泌花蜜的腺体。

幼态成熟（neoteny） 形容植物表现出幼年特征的状态，常被视为发育受阻的表现。

叶脉（nerve） 如可见于叶或苞片上。

（植物，花）无性的，无蕊的（neuter） 缺乏功能性生殖器官（如草科小花）的，不育的。

节（node） 形容在茎的某些部位上，两个相连的节间长有叶或枝（见线图 13c），或长过叶和（或）枝的部分。在草本植物中，通常颜色鲜明，明显不同于相邻茎的颜色。

坚果（nut） 一种果实，通常被定义为一种坚硬干燥且不开裂的单籽果实，由两片或两片以上的合生心皮（如橡子）的雌蕊生长而来。该术语在实际应用中用法不一，因此有作者建议不再使用该术语。有时可与瘦果互换使用，其区别之一是果皮的硬度。

小坚果（尤指瘦果）（nutlet） 通常指由成熟的果实碎块生长而来的单籽个体，例如在唇形科（薄荷科）和马鞭草科中，但有时更广泛地用于较小的坚果，如莎草科植物的小坚果。

（叶）倒心形的（obcordate） 叶片的一种平面形状，呈心形，由尖端连接，最宽的部分朝向顶端（见线图 16）。

（叶）倒披针形的（oblanceolate） 叶片的一种平面形状，长度约为宽度的 5 倍，最宽的部分位于中上方，至叶基渐狭（见线图 16）。

专性的，固性的（obligate） 限定于（为符合某一标准而“约束的”）某一特定模式。与其对应词为“兼性的”。

（叶）歪的，两侧不对称的（oblique） 指叶片在基部不对称（见线图 17）。通常是倾斜的。

长圆形的（oblong） 一种平面形状（如叶片），长度是宽度的 2 至 3 倍，两边近似平行（见线图 16）。

倒卵形的（obovate） 一种平面形状（如叶片），长度约为宽度的 1.5 倍，最宽部分在中上方（见线图 16）。

倒卵球状的（obovoid） 一种立体形状（如叶片），呈蛋形，中上部位直径最长。

（器官等）正在退化的，发育不完全的（obsolescent） 几乎完生废退的，或正在退化的。

（生物特征的一部分）废退的，退化的（obsolete） 通常指结构缩小的，不具备功能性的，有时功能完全消失。

（叶、花瓣等）钝形的（obtuse） 圆形的或钝圆的（通常指结构的顶端或基部，如叶或苞片，见线图 17）。

托叶鞘（ochrea） 叶基部包围茎的鞘，由合生的托叶形成（见线图 15）。常见于蓼科植物。

个体发育的（ontogeny） 指（生物体或结构）当前一代的发育周期，如在一朵花内，其萼片或雄蕊从开始发育到完全成形的过程。

开放的，疏松的（open） 指叶鞘纵向地沿着一边分裂，因此没有形成包围茎的封闭圆柱。形容在草本植物的花序内，其枝干和小穗茎秆较长，间隔较宽，肉眼可见。在这种用法中，反义词通常为“密集的”或“紧缩的”。

萼盖（operculum） 通常指花蕾的盖（如在桉属植物中，见线图 85a、87b）。

（叶，芽）对生的（opposite） 指叶在每个节点成对，每对的一片叶在另一片叶茎的对置侧（见线图 15）。指一朵花内各器官半径相同，如图 1a 中的雄蕊和萼片。

口部刺毛（oral setae） 指竹类植物中出现在叶鞘顶端的刺毛状结构，与假柄连接。

（叶等）正圆形的（orbicular） 一种似圆形的形状（见线图 16）。

细胞器（organelle） 植物细胞内特有部分或个体，如叶绿体。

孔，开口（orifice） 通常指一个开口，如可见于叶鞘的先端或薹草属植物的胞囊中。

观赏植物（ornamental） 指因某种需要而培育的植物或物种。

（小藻类、菌类的）小孔，开口（ostiole） 指薹草属植物（莎草科）和相关属中的胞囊，花柱从顶端开口伸出。

卵形的（oval） 一种平面形状（如叶片），长度约为宽度的 2 倍，两端呈圆形（见线图 16），比椭圆还要宽一点。

子房（ovary） 心皮（或合生心皮）基部的中空部分，包含一颗或多颗胚珠（如线图 1，4，5d；图版 2e，4i、j）。

卵形的，卵圆形的（ovate） 一种平面形状（如叶），长度约为宽度的 1.5 倍，最宽处在中下方（见线图 16）。轮廓呈蛋形。

卵形的（ovoid） 似蛋形的，如立体图形的纵向轮廓表现出卵形的样子。

胚珠（ovules） 子房中包裹着卵细胞的结构，经受精和后续发育后形成种子（见线图 4）。

粗型的（pachymorph） 指某些竹类植物的根状茎短而增厚（至少部分如此），最终长成合轴的茎。具有这种根茎形式的品种在园艺中通常被称为“丛生竹”。

成对的（paired） 结构成对出现的。

内稃（palea） ①在菊科（雏菊科）中，指包围头状花序内小花的小鳞叶（见图版 33b），也指花托鳞片。②在禾本科植物（草本植物）中，内部的、（通常）较小的两枚苞片包裹着特有的花，通常有两片叶脉和两个龙骨状结构（见线图 39），有时无。

内稃（paleae） 在菊科（雏菊科）中，指花托上的小花间（或包围小花）的鳞叶，也称为被鳞叶的（见图版 33b）。

（叶）掌状的（palmate） 指叶有 5 片或更多的小叶（某些作者称为齿叶），从同一尖端展开，形似五指（见线图 14g）。也可描述从花梗顶端展开时的叶片脉序。

掌状半裂的（palmatifid） 一种全裂叶的齿叶展开时像手指的样子（但有时指裂口距离中心线不足一半）（见线图 18）。

掌状全裂的（palmatisect） 与掌状半裂的相似，但裂口更深，可能更接近于中心线。

圆锥花序（panicle） 通常指一种花序，具有多个分枝，且每朵花有柄。一些作者指出，由于主茎轴和侧枝是无限的（见线图 10c），因此可以认为圆锥花序是一个复合总状花序。其他作者认为主茎轴和侧轴的花序是有限的。在草本植物中，通常认为圆锥花序是一个多分枝的花序，小穗具柄。在草本植物及蜀黍族中，一些分枝的花序具有包围分枝的苞片，或指花序单位，通常由合生的总状花序组成。这些花序有时也称作假圆锥花序。

（植物的）乳突（papillae） 小而圆的乳头状突起。

冠毛（pappus） 在大多数雏菊科植物的小花中，指位于花冠基部的茸毛、刺毛或鳞叶，它们通常形成一个环，有时指变性的花萼（见线图 117b，118d，124c；图版 32e、k，33d、e）。某些草本植物外稃的上部长有长茸毛，果实适于风的传播。

侧分枝（paraclade） 复合花序的主茎轴上部（侧枝上部）与侧枝有相同的模式。参见花序之后的词条。

（生物类群）并系的，同祖线系的，同祖种族的（paraphyletic） 指一个分类群包括部分（或大部分）后代，但不包括其共同祖先的后代。与其对应词为“（生物类群）单源的”“（生物类群）多源的”。

寄生生物；寄生植物（parasite） 一种植物寄生于另一植物上，并从其身上获取养分。

薄壁组织（parenchyma） 有活性的成熟细胞通常具有薄壁，形成相对非特有的植物组织。

薄壁组织鞘（parenchyma sheath） 束鞘细胞的外环。对应词为“输导组织鞘”。

胎座附生在侧壁上的（parietal） 指胎座着生在子房室的外壁内侧上的（见线图 5g，131c；图版 4d、k）。

偶数羽状的（paripinnate） 指羽状叶在

尖端有偶数片（含一对）的羽状叶（见线图 14i）。

（尤指树叶）深裂的，分裂的（partite） 分裂成多个部分的，如 5 裂的花冠有 5 片花瓣。

（脉管、导管或孔）开放的，不闭合的（patent） 分枝等从母茎轴广泛伸展开（或近似直角）。

栉状的，篦齿状的（pectinate） 通常指叶的边缘呈梳状，有狭窄的、紧密排列的突出物——形似梳子的齿。

花梗，柄（pedicel） ①每朵花的花梗（单生或在花序内）。②在草本科、莎草科和部分帚灯草科中，指每个小穗的梗。

花序梗，花梗（peduncle） ①通常指多朵花的花序梗（见线图 10d、f），但此术语并不准确。②在草本植物中，有时指花序某些部位的梗。③在莎草科中，指某些薹草属植物花序中每个穗状花序的梗，或一组小穗的共用梗。

透明的（pellucid） 通常是透明的（呈部分或不完全透明），常用于描述叶表面的小斑点，这些小斑点可能是腺体或油腔。

盾形的，盾状的（peltate） 叶或其他器官有着生在下表面中间的茎（见线图 17，95a）。

下垂的，悬垂的（pendulous） ①通常指植物结构向下悬垂时，茎呈弯曲状。②指着生在子房顶部或接近子房顶部的胚珠（见线图 5b）。③指花药从花丝上悬挂时的样子（见线图 3d）。

有毛撮的，成毛撮的（penicillate） 植物结构（如花药）顶端长有一簇茸毛的。

（甜瓜或黄瓜类的）浆果，瓠果（pepo） 由下位子房生长而来的不开裂果实，侧膜胎座式，含有多个种子。果实通常较大，外皮坚硬，内部肉质，常见于葫芦科，如南瓜、黄瓜。

（植物或植物的一部分）多年生的（perennating） 植物器官的生长是跨季节的。在此期间，季节间活动减少属正常现象。

（植物）多年生的（perennial） 植物有正常存活周期，通常持续两年多或两个生长季节的。

（花）有雌雄蕊的，（花）完全的（perfect） 指一朵花同时具有雌性和雄性器官的表现形态和功能。

（茎）穿叶的；（叶）抱茎状的（perfoliate） 指叶基部抱茎，看起来像茎穿过了叶片（见线图 15）。

花被，总苞（perianth） 花的外部无繁殖功能的部分，通常包含一轮萼片和（或）一轮花瓣，或两轮被片（见线图 1b）。

果皮（pericarp） 由子房壁发育而来的果实壁。

果皮（pericarpium） 成熟的子房中没有任何附属结构或合生部分，如芒、苞片、花被、膨大的花托等。与其对应的词为“掺花果”。

花盖，花被（perigon/perigone/perigonium） ①花被的通称，萼片和花瓣不像在许多单子叶植物中那样明显分化。②在有百合状花的物种中，有时指蜜腺组织的位置（花被蜜腺）。③在莎草科中，有时指下位刺毛。④在香蒲（芦苇）属中，有时指子房下部茎上的茸毛（花被茸毛）。

雌器苞（perigynium） ①通常指围绕雌蕊的结构。②用于指花管，例如在桃金娘科（桃金娘属和桉属）中，花管通常与部分或全部子房壁合生。③或常用于薹草属植物（莎草属）及相关属中，指围绕雌蕊的结构，也称为胞囊。

（**植物，花**）**周位的**（perigynous） 花在上位子房周围具有杯状的花管，花被部分和雄蕊着生在萼部边缘（见线图8c；图版 3e）。

（**动植物某部位，如角、叶等**）**宿存的，不落的**（persistent） 保持附着状态不掉落，如某些树的树皮，或某些莎草科植物中的雄蕊花丝。

花瓣（petal） 花冠的一部分，花被的内轮（见线图 1b）。

花瓣状的（petaloid） 似花瓣的，通常颜色鲜艳。

叶柄，梗（petiole） 叶的柄（见线图 14a）。

小叶柄（petiolule） 小叶的柄。

韧皮部（phloem） 植物维管组织的组成部分，参与光合作用产物输导的细胞群。

光合作用（photosynthesis） 将含有叶绿体的细胞中的二氧化碳和水转化为碳水化合物的过程。所需的化学能在叶绿素作用下由太阳能产生。

总苞片（phyllary） 总苞内的苞片，常见于雏菊科植物中。

叶状柄（phyllode） 由叶柄生长而来的叶状器官；许多金合欢属植物的叶（见线图 58-61；图版 14f，h–j）。

基生叶可育的（phyllopodic） 形容可育分枝上位于下方的叶子能够长出正常叶。例如，许多薹草属植物（莎草属）在可育秆的基部有上一季叶片的残余。对应词为“基生叶退化的”。

系统发育，种系发生（phylogeny） ①生物体间的进化关系。②现今的关系，被视作进化史的结果。

黑色素（phytomelan） 一种类似木炭的物质，使某些植物的种皮呈黑色。一些作者认为其在分类上有重要意义。

分生段（phytomere） ①在草本植物中，指由一个节间组成的结构单位，其基部和先端有芽。②形态学概念之一，认为根据物种的习性，此植物由许多这样的单位组成。

具长茸毛的，具疏柔毛的（pilose） 表面具有柔软，适度长度的茸毛，通常不稠密。

羽片（pinna） 羽状小叶，或二回羽状叶的相等部分（见线图 14d、e）。

（复叶）羽状的（pinnate） 复叶在叶轴的两边各有一排小叶（见线图 14d、h、i）。

（叶）羽状半裂的（pinnatifid） 叶的形状表现出羽状分裂的样子，叶片沿着叶脉中线开裂（见线图 18）。

（叶）羽状分裂的（pinnatisect） 叶的形状表现出羽状分裂的样子，叶片沿着叶脉中线开裂（见线图 18）。

二回羽叶，小羽片（pinnule） 由羽片的羽状部形成的部分（见线图 14e）。

雌蕊（pistil） ①花中能够长出种子的功能单位。意思取决于语境，也可指每朵花的心皮（如果一朵花只有一片，或几片离生心皮）或指几片合生心皮的雌蕊（当此雌蕊被视作复合雌蕊时更佳）。②普遍认为它是花的"雌性"部分，参见雌蕊群下的注释。

（植物，花）只有雌蕊的，雌的（pistillate） 花或小花有可育的心皮但无功能雄蕊，雌鳞叶包围着雌花。对应词为"(植物，花)只有雄蕊的"。通常认为与"雌性的"互为同义词，参见雌蕊群下的注释。

退化雌蕊（pistillode） 不育的雌蕊。

（高等植物的）木髓，树心（pith） 通常位于茎和根内的基本组织，由薄壁细胞组成，常呈海绵状。

（花的）胎座（placenta） 子房内附着胚珠的组织（见线图 4a）。

胎座式（placentation） 胎座在子房内的排列方式（见线图 5）。根据胎座组织的位置，可以识别出不同的类型。

平凸型（planoconvex） 一种立体结构（如某些莎草科植物的叶片）当一边扁平、另一边浑圆（凸出）时的样子 。

小植物，小植株（plantlet） 较小的植物。草本植物和莎草科植物的小穗有时经过变性后成长为小植株，营养生殖的方式之一。

近祖性状（plesiomorphy） 遗传的特征（如植物的一个特征在进化过程中几乎没有发生变化），现在并不局限于任何特定的种群。对应词为"衍征"。

具褶的，折扇状的（plicate） 有褶的，纵向折叠若干次，形似手持风扇。

羽状的，多毛的（plumose） 像羽毛的（如在绒羽中），通常形容细刺毛表面覆盖有较长茸毛（见图版 32k）。

胚芽（plumule） 胚胎的幼芽，尚未发育成熟。

pluricaespitose 某些竹类的秆具有沿着长而纤细的根茎丛生的习性。

花粉（pollen） 在花药内生长的颗粒的总称。花粉粒中含有雄性生殖细胞核。

授粉，传粉（pollination） 亲和花粉从花药到柱头传播且授粉的过程。

花粉块（pollinium） 由薄膜包裹或被黏

稠物质粘在一起的一块花粉（见线图26b）。在授粉过程中，一个花粉块可能作为一个传播单位。

（植物）雌雄同株的（polygamous） 物种或植物在同一植株上有两性和单性的花。一些作者也将这一定义应用在不同植株上有不同花型的物种或植物上。

多态的，多形的（polymorphic） 物种或植物的部分或结构有不同的形态，是变异的。

（生物类群）多元的，多源的（polyphyletic） 分类群中包含不同的成员，种群并不局限于某一进化谱系的后代。对应词为“(生物类群) 单源的”“(生物类群) 并系的”。

（细胞，细胞核）多倍体的（polyploid） 物种或植物的每个细胞核有两组以上染色体。该术语包括三倍体的、四倍体的和六倍体的情况（分别有 3 对、4 对和 6 对染色体）。

多末端的（polytelic） 花序有无限的主茎轴和侧枝。参见花序下的注释。

梨果（pome） 一种不开裂的果实，其肉质层主要由花管发育而来，部分由子房壁发育而来，如苹果。

孔裂的（poricidal） 裂口中的内容物通过孔洞流出，如在罂粟属植物的孔裂胞蒴中（见图版 4e）。

（位置）后的，近茎轴一侧的（posterior） ①通常指方向朝向后面。②形容花的一侧与茎轴临近。

（植物的）刺，棘（prickle） 硬而尖的附器，没有维管组织。

（植物）爬地的，匍匐的（procumbent） 植物具有茎沿地面生长的习性，有时指植物在节上不生根。

（植物）分芽繁殖的（proliferous） 花序或叶等长有营养芽或离生形成独立植株的小植株。在一些草本植物中，花序中的小穗可变性为小植株。

延长的，拖长的（prolonged） 通常指结构是延伸的，如小穗上的小穗轴一直延伸超过了最上部的小花。

（无性）繁殖体，无性芽（propagule） 能长出新植株的结构，还可指种子、孢子等，有些作者将其定义为营养生殖，如通过根茎片段。

先出叶（prophyll） 通常指长出侧枝上的第一片叶，往往退化。在单子叶植物中通常是单片的，位于分枝的近轴侧 (有时也称为背向叶)，在“双子叶植物”中是成对的，在分枝的每一侧（横面）各有一片。在薹草属植物（莎草属）和相关属中，雌器苞 / 胞囊通常指变性叶（长出雌花的侧枝上的第一片“叶”）。

支柱根（prop roots） 由下部茎节发出的、支撑茎的不定根（见线图 120）。通常在大型草本植物中长势良好，如玉蜀黍（甜玉米、玉米）。

匍匐的，爬地的（prostrate） 形容茎或植物具有沿地生长的习性。

雄蕊先熟的（protandrous） 一种花（或长有此花的物种）在柱头接受授粉前，花药释放出花粉。对应词为“雌蕊先熟的”。

雌蕊先熟的（protogynous） 一种花（或长有此花的物种）的柱头在花药释放花粉之前是可受粉的。对应词为“雄蕊先熟的”。

近端的，近侧的（proximal） 位于或接近某种结构的着生端，与“离生端的（远端的）”相对。

（诸如葡萄等表面）有粉霜的，带白粉的（pruinose） 表面有苍白色的覆盖物（发白的“粉霜”）。

假单花（pseudanthium） 通常指像单瓣花的花序，如许多雏菊科植物的头状花序。每朵花的“真花”通常较小，且有点退化（有时严重退化）。

假鳞茎（pseudobulb） 通常指变性茎的一部分，呈鼓起状，功能为储存水分和营养物质，如许多兰科植物中的假鳞茎。

假秆（pseudoculm） 在某些薹草属植物（莎草科）中，近似结实的茎状结构只形成重叠的叶鞘。对应词为营养秆。

假侧齿（pseudolateral） 花序似乎从茎的侧面长出，但实际上最后只长成一片苞片，且不断重复上述模式，如在一些灯芯草属植物中。

假单心皮的（pseudomonomerous） 雌蕊似乎是由一片单心皮（严格来说是多片合生心皮）组成的，心皮数量未知。

假叶柄（pseudopetiole） 草本植物的叶片，基部较窄，像大多数真双子叶植物中的真叶柄，常见于竹类植物中。

假小穗（pseudospikelet） ①在一些竹类植物中，假小穗中较低处的颖片或苞片包裹着能发育为更多小穗的芽（这一过程可能重复，产生密集的穗丛）。②在一些莎草科植物中，指像其他同科植物小穗的某种结构，但其花和颖片的排列方式不同。

具柔毛的（pubescent） 表面覆盖有纤细、竖起的短柔毛，通常较为浓密。同义词为“被微柔毛的”。

叶枕，叶座（pulvinus） 在叶柄或小叶基部的凸出部分，有时呈腺状，能够进行一些活动，如高温或触摸等引起的应激反应。通常存在于金合欢属的叶状柄基部（如线图 61，62）。在草本植物的花序（如圆锥花序）中，通常存在于树枝基部，可以促进花序的开合。在莎草科中，有时存在于小穗的基部。

具点的，具刻点的；细孔状的（punctate） 表面有斑点的，如形容叶片表面有半透明的小腺体。同义词为“有小点的”。

尖锐的，锐利的（pungent） 有坚硬的尖端（在植物学中，与气味无关）。

梨形的，梨状的（pyriform） 像梨形的。

总状花序（raceme） 一种花序类型，通常指具柄的小花着生在细长的、不分枝的茎轴上，其顶端有着最不成熟的花（见线图10b）。通常被视作一种总状类型（有时称为总状花序），但有些作者认为它也可指最终只长成一朵花的总状花序，形容词意为“总状花序状的”。在草本植物中，不分枝的茎轴支撑着具柄小穗。如果小穗柄很短，一些作者将花序简称为穗状花序，从而模糊了穗状花序和（像穗状的）总状花序之间的界限。

（花簇）总状（分枝）的，总状排列的（racemose） 通常指许多花序的分枝模式，其中主茎轴无限生长，产生侧芽，这些侧芽会长成花或可重复生长的枝条（见线图10）。对应词为“聚伞状的”。一些作者认为其不可形容无限茎轴，而在理论上将其定义为从主茎轴生出的数量不限的侧轴。

小穗轴（rachilla） ①通常指小茎轴。②在草本科、莎草科和部分帚灯草科植物中，指小穗的茎轴（见线图38e）。③在二回羽状叶植物中，指分裂羽片的茎轴（见线图14e）。

花轴；叶轴；主轴（rachis） ①花序的主茎轴。②在草本植物中，有些作者将其定义为总状花序或穗状花序的茎轴。③在羽状叶中，指长有小叶的茎轴（见线图14d）。

径向的，辐射状的（radial） 形容花的对称，有时用来替代“辐射对称的”。

辐射状的（radiate） ①通常指从一个公共点延伸的结构。②头状花序（如在雏菊科中）有围绕花盘的伞形小花（见线图118a；图版32b、c，33a、g、j）。

根生的（radical） 叶子是从植物近基部长出（见线图15）。

胚根（radicle） 种子中胚芽的不成熟根。

羽枝（radioli） 在某些莎草科植物中，指长有小穗的复合花序的顶端分枝（尤其用于指一些莎草属植物的长侧枝聚伞花序）。

蔓生植物（rambler） 没有直立茎干的植物，沿地面或其他植物、篱笆等蔓延。

（支撑攀缘植物的）树枝（rame） 在某些草本植物（尤其在蜀黍族）的花序中，指成熟时分裂成散布单位的合生枝条。每个单位通常有一对小穗，一个小穗无柄，一个有柄。在较早的文献中，这种分枝通常被称为总状花序。

等级（rank） ①分类表中的任何级别。因此，科、属和种属于不同等级，科排在属前面，属又排在种前面。②在植物结构中，指垂直排列的部分，如“三排叶”。

伞形花序枝，射枝（ray） 伞状花序的主要分枝。

舌状花，（盘）边花（ray floret） 位于

头状花序边缘处的舌状小花，如在许多雏菊科植物中（见线图 116）。

花托（receptacle） ①花柄的末端，与花的部分相连（见线图 1），一些作者认为包括花管（前提条件是有花管）。②在有头状花序的物种（如菊科）中，指有点膨大的花序柄末端，花序柄上长有单朵小花（见线图 118b，122c）。

后弯的，下弯的（recurved） 向下弯曲的，如用来形容叶边（见线图 17）。

退化的（reduced） 小穗或小花（或其他结构）发育不完全，即部分结构缺失或较小，不可育，无法产生种子。

反折的，下弯的（reflexed） 形容从茎轴或着生点突然向后弯曲，形成与轴相对的小角。一些作者认为它也可指“突然向下弯曲的”。

（花）呈辐射状对称的（regular） 参见词条“辐射对称的”。

遥远的，疏远的（remote） 形容两个或两个以上的结构彼此分隔或相距较远，如花序内的分枝。

新生的；再生的（renascent） 形容植物或物种逐年消亡，最后变成地下器官。

肾形的（reniform） 肾状的，常形容叶（见线图 16）。

匍匐生根的（repent） 形容匍匐植物在伸展的茎节上扎根。同义词为“爬行的”。

胚座框（replum） ①子房内有侧膜胎座、纵脊或最终发育为假隔膜的凸缘，例如在许多十字花科（芸薹属）的果实中，壳和种子脱落后残留的胚座框（见图版 23g）。②一些作者认为它仅指边缘脊，其他作者认为也可指假隔膜。③还可指豆科植物果实在其余部分脱落或裂开后所留下的裂口线。

（叶、花、子实体等）倒置的（resupinate） 植物器官旋转 180 度时的样子，如花通过花柄或子房的旋转而看起来像颠倒的，常见于某些兰科植物。

网状的（reticulate） 似网状的。

向后弯的（retrorse） 通常指茸毛或其他的表面突出物向远离支撑器官顶端的方向弯曲。对应词为“顺向的，向上的”。

（顶端）微凹的（retuse） 形容钝圆的顶端有中心缺口（见线图 17）。有些作者将其限定于形容圆形的凹陷或缺口，与（尖端）微凹的相对。

（尤指叶子的边）外卷的；向后卷的（revolute） 向下卷的，如用来形容叶缘（见线图 17）。

叶轴（rhachides） 总状花序的茎轴（参见词“叶轴”）。

小穗轴（rhachilla） 参见“小花轴”。

叶轴，花轴（rhachis） 参见“rachis”。

扇状聚伞花序（rhipidium） 单歧聚伞花序中的一种，其中花位于锯齿状轴交替侧的一个平面上，常见于鸢尾科。

根状芽原体（rhizanthogene） 在一些草本植物中，指生于根茎上的变性小穗。

根状茎，根茎（rhizome） 地下茎，近似水平的，通常储存有养分，其中的节上长有鳞叶，生出根和（或）芽。

菱形的（rhombic） 形容一种形状，如叶大致呈菱形，长度约等于宽度（见线图 16）。

长菱形的（rhomboid） 形容四边形的对边平行，相邻的边长度不等（像斜长方形），有时也指风筝形的。

具棱的（ribbed） 叶子、苞片、茎等的表面有纵向凸起的线（通常由叶的纹理形成）。

河滨湿地（或沼泽地）的（riparian） 形容生长在小溪边或河边的植物、物种或植被等。

根冠（root cap） 当根穿土而出时，保护其顶端的细胞盖。

根毛（root hairs） 位于根尖面最外层细胞的分枝，具有吸水功能。

根状茎（rootstock） ①草本植物中根系和地上茎的交合部分。②在园艺中，指幼嫩植物的下部（根系和下茎），其上嫁接有另一植物的部分器官（通常为茎或芽）。

莲座（叶）丛（rosette） 通常基生的叶从中心呈辐射状展开（见图版 32f）。

（植物的）蕊喙（rostellum） 在某些兰科植物中，由第三柱头裂片生长而来的突起或脊，位于柱头和花药之间（见线图 26b）。

莲座状的（rosulate） 具有基生的莲座丛。

幅状的（rotate） 花冠具有短管和展开的冠檐（见线图 2h），同义词为"车轮形的"。

（植物）生长在荒地上（或垃圾堆上）的（ruderal） 形容在荒地或受干扰地生长的植物或物种。

未成熟的，尚未发展完全的（rudimentary） 形容器官不完全发育的。

多皱的；具皱纹的（rugose） 表面有皱纹，通常是粗糙的。同义词为"微皱的"。

（叶）向下锯齿状的（runcinate） 形容裂叶有顶端向下朝向叶柄（见线图 18）。

囊状的，具气囊的（saccate） 有囊的。

箭头形的，镞形的（sagittate） 形似一个箭头，基生裂片尖端向下（见线图 16）。

高脚碟状的（salver-shaped） 形容管状花冠有近似水平展开的裂片，如在草夹竹桃属植物中。

翅果（samara） 一种干燥的、不开裂的单籽果实，部分果壁延伸形成翼瓣，如白蜡属和槭属的果实。

腐生植物（saprophyte） 以动植物尸体或有机物为食的植物，通常不进行光合作用。

稍粗糙的（scabrid） 参见"粗糙的"。

粗糙的（scabrous / scabrid） 表面覆盖有粗糙的小凸起物或小硬毛，因此摸起来很粗糙。

鳞叶，鳞苞，鳞羽（scale） 通常用于指小而薄的叶状附属物而不是"苞片"，也指在某些莎草科植物中表现为花被的部位（下位鳞叶）。

攀缘的，附着的（scandent） 攀缘而登的。

花茎，花葶（scape） 蒲公英等无茎植物的开花茎。有时指刺叶树属的开花茎，其上叶片的着生点下方有较低的茎。

干膜质的（scarious） 薄而干燥，通常呈透明色，而非绿色。常用于描述其他草质苞片的类似边缘。

分果，分裂果（schizocarp） 由合生心皮子房发育而来的干果，成熟时分裂成单籽片段。

厚壁组织（sclerenchyma） 由厚壁细胞组成的支撑和（或）保护组织，通常是木质化的。

蝎尾状聚伞花序（scorpioid cyme） 参见前文的"蝎尾状聚伞花序"。

（木本植物的根或茎的）次生加厚（secondary thickening） 通过树皮下的圆柱形分生组织（形成层）的活动，在某些植物的茎中形成的附生组织，例如增加的树干周长。

偏向一边（侧）的（secund） 侧生的植物器官全转向或朝向一边（通常形容单边的花序）。

种子，籽（seed） 有花植物的常见繁殖单位，由受粉的胚珠发育而来，其中含有储存养分的胚。常用于草本植物，有时用来泛指果实。

子叶（seed leaf） 种子内叶状的器官。

（植物，物种）自交亲和的，自花授粉的（self-compatible） 形容植物能够自花授粉，即胚珠通过自花花粉而授粉的。

（植物，物种）自交不亲和的；不能自花授粉的（self-incompatible） 形容植物不能进行自花授粉，即胚珠不能通过自花花粉而授粉的。

自体授粉，自花传粉（self-pollination） 又称自花传粉，指柱头接受来自同一花或同一植物上的花粉，这意味着它们是自花授粉的。

一次发生的（semelauctant） 形容一些竹类植物的花序具有在基生苞片叶腋内的无芽小穗。大致可以理解为"一次生长的"或"一次增长的"。对应词为"反复发生的"。

萼片（sepal） 花萼或花被外层的部分，常为绿色（见线图 1）。

萼片状的（sepaline） 形似萼片或是属于萼片的。

萼片状的（sepaloid） 似萼片的。

有小结节的，有小瘤的（septatenodulose） 由于内隔膜，表面具有微小结块而变得粗糙，通常在植物体干燥时更为明显。

室间开裂的（septicidal） 形容果实（如蒴果）沿着与内隔膜相一致的纵线开裂，每片瓣膜由一片心皮外壁组成。对应词为室背开裂的。

隔膜（septum） ①通常指内部的分隔壁。②在植物结构中，指将一个子房分隔成两个或两个以上小室的壁（见线图30c，31c；图版5f，9d），作形容词时意为有隔膜分开的。

被绢毛的（sericeous） 形容表面覆盖有柔软的、富有光泽的附着毛，像丝绸一样有光泽。

锯齿状的（serrate） 形容叶子边缘呈现出规则的锯齿状，单个齿近似朝向叶端（见线图18）。同义词为“细锯齿状的”。

无柄的（sessile） ①通常形容不具柄的叶或花。②在草本植物和莎草科植物中，小穗通常不具柄。

刺毛，刚毛（seta） 刚毛或硬毛，有时指纤细而又坚挺的窄圆柱形叶片。

刚毛状的（setiform） 形容形状似刚毛。

叶鞘（sheath） 通常指包围着叶基部的管状结构，叶基在茎的周围形成管状外壳。

芽，苗，嫩枝（shoot） 通常指未成熟的、发育中的植物茎轴及其合生叶片等，如发芽种子产生的幼茎，或成熟茎产生的幼小侧枝。

肩脊（shoulder） 在一些竹类植物中，指茎鞘的上部，它比叶片宽，并突然变窄从而形成“肩脊”。

灌木（shrub） 通常指自给的多年生木本植物，无单个主干，从近地面的地方丛生出枝干，高度不超过5米。该描述性术语不够严格。

短角果（silicula） 与长角果相似，果实的长度不到宽度的3倍。

长角果（siliqua/silique） 一种干裂果，长度是宽度的3倍多，由两个合生心皮形成，上位子房有两个侧膜胎座，由一层薄膜（假隔膜）分隔为两部分，沿底部向上分裂为两瓣，如在十字花科（芸薹属，见图版23g）。对应词为“短角果”。

（雌玉米穗的）穗丝（silk） 指禾本科植物中玉蜀黍的共用柱头。

单的;（叶，茎）没有分枝的（simple） ①通常指结构是完整的。②形容叶片不可裂（但叶边可裂）。③形容花序只有一种分枝次序。

波状（或弯曲）边缘的，波曲的，具弯的（sinuate/sinuous） ①当叶片边缘与叶片在同一平面上呈浅而平滑的锯齿状时的样子（见线图18），同义词为“波动起伏的”。②形容茎轴朝一个方向匀称地弯曲，然后朝另一个方向平滑弯曲或微弯。

缺口，凹陷（sinus） ①通常指边缘上的缺口或凹陷。②在先端具有缺口的禾本植物颖片或外稃上，指两片侧叶间的“槽”或凹口。

（花或其他部分）单生的（solitary） 通常是单个的。每个植株或每个叶腋只开一花，或在同一植株上花单独或普遍分开。

肉穗；佛焰花序，肉穗花序（spadix） 一种花序类型，指在肉质轴上的穗状花序，这个穗状花序通常由一片叫作佛焰苞的大苞片包裹，例如马蹄莲（见图版 8d）。

佛焰苞（spathe） 包裹着佛焰花序的大苞片，如马蹄莲的白色部分“花”（见图版 8d）。也用于指其他一些单子叶植物中包围花序的苞片，如在禾本科及蜀黍族中，指包裹着（至少部分包裹）花序分枝的苞片，在帚灯草科中，指包围花序的一级苞片。

spathella 有时用来代替 spatheole（参见“佛焰苞”）。

剑形的（spathulate） 匙形的，或形似一个小铲。

物种，种（species） 分类的基本单位（参见第三章），通常被视作一种生物体。物种的特征通常包括：由许多形态极为相似的个体组成，拥有许多恒定的区别特征，以及易于在自然界中杂交以产生可育后代的能力。

复合种；集合种（species aggregate） 指一组紧密联系的个体，通常具有非常相似的形态，且不易区分。目前或实际上将其视作一种单物种种群。

种加词；种名形容词（specific epithet） 指双名法中生物体学名的第二个词。也指惯用名。

尖的，穗状的（spicate） 似穗状的。

穗状的（spiciform） 花序形状（通常为圆锥花序），具有或类似于穗状花序的形状，长度大于宽度，密集排列。

spicoid 指莎草科擂鼓簕亚科（金毛芒族和割鸡芒族）中的基本开花单位，由一个顶端为雌蕊的茎轴组成，茎轴近端有许多颖片/鳞叶，其中大部分包围着雄蕊。

苞片（spicoid bract） 指某些莎草科植物中包围 spicoid 的颖片状苞片。

穗，穗状花序（spike） ①花序（或其中的一部分）在一细长的不分枝茎轴上具有许多无柄花（见线图 10a）。②在禾本科植物中，一个细长的不分枝茎轴上有无柄小穗状花序（因此花序的整体或部分可能是一个穗状花序），尽管一些作者将其用于近无柄小穗，这模糊了穗状花序和类穗状花序之间的明显分界。③在莎草科中，通常无分枝的茎轴上有小穗状花序，常形成花序的一部分。④广泛地用作薹草属植物花序的主要单位。

小穗；小穗状花序（spikelet） ①本质上是一个“非常小的穗状花序”，短茎轴上长有由苞片包围的无柄花。②禾本科植物花序的基本单位，由一个短茎轴（小穗轴）组成，小穗轴上有两片空的基生颖片，一朵或多朵由两枚苞片（外稃和内稃）组成的小花以及封闭的花（见线图 38d，40c；图版 13a、b、d）。③也指许多莎草科和帚灯草科花序的基本单位，但这些科的小穗结构不同，在植物学上不视作禾本科。

植物上的刺（spine） 通常指变硬或变尖的变性叶片或托叶（有时包括改性枝），也可指维管组织的连续体。有时用来泛指其他坚硬的突出物。

长满小刺的（spinulose） 带有小刺的。

花距（spur） 一种短芽。也指从花被基部长出的圆锥形或管状分枝（通常是空心的），其中含有花蜜。

（上皮）鳞状的（squamose） 形容表面覆盖有重叠的小鳞叶（如线图 95）。同义词为“有小鳞片的”。

展开的（squarrose） 形容苞片、颖片、鳞片等（或只是其尖端）从茎轴向外扩展。在某些莎草科植物中，指小穗中颖片的顶端。

雄蕊（stamen） 两性花中繁殖器官的外轮，通常由茎（花丝）和含有花粉的花药组成（见线图 1,3）。参见词条“雄蕊群”。

（植物，花）只生雄蕊的（staminate） ①形容花或小花具有可育雄蕊但无功能性心皮。对应词为（植物，花）“只生雌蕊的”。通常将其视作“雄性的”同义词，参见雄蕊群下的注释。②用于说明包围雄蕊的苞片，如在“雄蕊鳞片”中。

退化雄蕊（staminode） 一种不育雄蕊，通常具有变性的（退化的）结构（见线图 3l）。

（蝶形花的）旗瓣（standard） 在蝶形花亚科植物（豌豆）中，位于花背面的花瓣，通常比其他四瓣大。有时也称为“旗瓣”（见线图 65，66）。

星状的，星形的（stellate） 形状像星星。常用于形容从中心点产生的一簇茸毛，或从中心点产生的具有许多分枝的茸毛。星状毛被指密被星状茸毛。

茎，干（stem） 植物地上或地下的茎轴，可生枝长叶开花。

不育的，不结果实的（sterile） ①通常形容生殖器官不可育。②形容不产生种子的植物，不产生花粉的雄蕊以及没有子房的花等。

（花的）柱头（stigma） 雌蕊群上的可受粉表面，表面上有可发芽的亲和花粉，常具小乳突和黏性物质（见线图 1b，4a）。它可能直接位于子房上（见图版 4c），或常在花柱的顶端（见图版 3e），或在花柱的分枝上。

（海藻植物的）茎状柄；菌柄；（蕨类植物的）叶柄（stipe） 通常指较小的柄，如用于指一些薹草属植物（莎草科）中胞囊基部的柄。

小托叶（stipel） 指复叶的小叶基部附近的两片叶状或苞片状附属物之一。

有柄的，具柄的（stipitate） 形容植物有柄（参见“叶柄”）。

托叶（stipule） 叶柄基部所着生的一对通常较小的苞片状附属物（见线图14a）。常见于豆科植物（如豌豆科，如线图 64；图版 16d、h）和蔷薇科（见线图 70a）。

匍匐茎（stolon） 通常指在地面上生长的一种水平茎，可长出鳞叶或更成熟的叶片和（或）节上的根和（或）芽。一些常见的禾本科植物的特征。与根状茎的区别仅在于它长在地面以上，但在莎草科中，“匍匐茎”一词可用来指一根细长的沿地平方向生长的地下茎，末端是块茎或地上茎。

气孔（stomata/stomates） 植物细胞外层促进气体交换的气孔。最常见于叶上，也见于许多草本植物的茎上。

从根株长出新苗的（stooling） 形容一簇丛生的草丛，其中朝向植物外部的秆在基部或在地面以下平卧并伸展。

系，品系；品种，种类（strain） 通常指现存物种（通常为禾本科植物）的某一品系，通过某些上位特征与其他植物区分开来。某一特定品系的发展往往是人工育种的结果。

麦秆色的（stramineous） 颜色似麦秆的。

有条纹的（striate） 形容有细的纵线或脊状凸起带。同义词为“有细条纹的”。

笔直的（strict） 形容植物直立的、不易弯曲的习性。

有糙伏毛的，具硬毛的（strigose） 形容表面覆盖有贴伏的、近似平行的硬毛。

（花的）花柱（style） 位于子房和柱头间的部分心皮或部分合生心皮的雌蕊群（如线图 1b，5d；图版 3e）。花柱通常位于子房顶部，但也可出现在其他地方，在某些不含花柱的物种中，柱头直接长在子房上（见图版 4a）。

柱基（style-base） 通常在莎草科中，指花柱基部的独有部分，在一些属中指成熟果实上的宿存部分。

柱基，柱脚（stylopodium） 在伞形科（芹属和胡萝卜属）中，指花柱中分泌花蜜的增大基部，位于子房顶部。

半灌木；小灌木（subshrub） 通常指较小的灌木；有时指有部分木质基部和部分草本茎的植物。

几无柄的（subsessile） 具有非常短的柄，几乎是没有柄的。对应词为“无柄的”。

亚种（subspecies） 在分类学上，指低于种但高于变种的等级。在种内，亚种通常比单独的种有更少或更不明显的特征，而且不同亚种的种群常常在地理学上或生态学上是隔离的。

包围（subtend） 位于同一茎轴的下方，靠近或高于同一茎轴，如在位于花基部的苞片中，叶片围着叶腋内的芽。

（部分）突锥状的；钻形的（subulate） 形容形状像锥子，从基部逐渐变细至形成尖端，横截面是圆形的。

（植物，尤指旱生植物）肉质的，多汁的/肉质植物（succulent） ①挤压时通常有大量汁液渗出，常形容叶或茎。②指具有厚而多肉且膨胀的茎和（或）叶的植物，能够适应干燥的环境。

有平行槽的，具深沟的（sulcate） 沿纵向具有沟槽或沟痕的。

（花的子房）上位的（superior） 形容子房上方有花被和雄蕊或三者的合生基部（见线图 8a、c；图版 1-4）。下位或周位的花有下位子房。对应词为（子房）下位的。

幼枝（surculus） 在某些具有丛生习性的莎草科植物中，指从基部生出的鞘外短侧枝，最初覆盖有鳞叶，不久便向上形成新的簇丛。在许多文献中，根状茎的定义中也可包括幼枝。在拉丁语中指嫩枝或萌芽。

裂口线（suture） 将两条边连接在一起的接缝或线。果实可能沿此线开裂。

草皮，草地（sward） 一种生长习性，通常指草状植物形成的连续草坪状覆盖物。

同域的；分布区重叠的（sympatric） 形容物种或其他分类群存在于相似的地理区域内，即分布区是重叠的。对应词为“异域的”。

（花朵，花冠）合瓣的（sympetalous） 形容花或物种有合生的花瓣。

合轴的（sympodial） 形容根状茎或茎等的生长方式，主茎轴很快便停止生长，紧接着侧枝生长，此过程循环往复。由此产生的“复合轴”不是一个生长端而是几个连续生长端及其茎轴的产物。对应词为“单轴的”。

聚药的（synandrous） 形容雄蕊是合生的。

共同衍征，共源性状（synapomorphy） 在进化意义上被视作高级的或衍生的植物特征，存在于一个群体的所有成员中。意为“共享的衍生特征”。

（花，果，子房）合生心皮的（syncarpous） 雌蕊群是由合生心皮组成的。

复伞形花序（synflorescence） 通常指一种复合花序。在最新的花序术语中，此术语意为“主花序和共花序系统”或“顶生花和侧枝系统”。参见词条“花序”。

聚药的（syngenesious） 形容由花药而合生的雄蕊，如在雏菊科中形成围绕花柱的管（见线图 117d；图版 32e、i）。

（分类学中的）同物异名，异名（synonym） ①植物命名法中，指除了当前的和正确的名称之外，适用于某一特定分类单元的名称。②在某些情况下，异名可成为正确的名称，如采用不同的分类法时。

系统分类学（systematics） 主要研究生物的不同种类和多样性及其进化关系的科学研究领域。

有尾的（tailed） 通常形容花药裂片或种子长有细长的基生附属物（见线图123c）。

直主根，主根系（tap root system） 有凸出主根和较小侧根的根系。

（**某些植物的**）**穗**（tassel） 禾本科玉蜀黍植物中的雄花序。

（**种、科、纲等**）**分类单元，分类单位**（taxon） 一个分类群的总称。分类中任何等级都可以称为一个分类单元。因此，种、属、部落和科都是不同级别的分类单位。一个特定的种或属等可被笼统地称为一个分类单位。

（**尤指生物**）**分类学；分类法**（taxonomy） 涉及生物定界、描述、命名和分类的科学研究领域。系统分类学的一个分支。

叶齿（teeth） 叶缘或先端上通常较小的锐利突出物。此术语用法不是特别明确，也很少使用单数形式。

（**植物的**）**卷须**（tendril） 一种器官，通常是经过变性的叶或茎，可以缠绕在外部支撑物上从而使植物攀缘（见线图64；图版8j）。

（**瓣状**）**被片**（tepal） 花被未明显地分化为花萼和花冠时的花被片段。

圆柱状的，圆筒形的（terete） 通常指圆柱形的，即有细长的圆形横截面。因为植物可能在某种程度上逐渐变窄，所以可能不是完全的圆柱形。

末端的（terminal） 位于尖端。形容生于茎轴顶端的花序。

三个的；具三小叶的（ternate） ①通常排列或分成三部分的。②形容“具三小叶的”的叶，每个小叶分为三个部分。

具方格斑纹的；棋盘格状的（tessellate） ①通常形容正方形或长方形表面有瓷砖式图案。②形容一些竹类植物的叶脉在纵向脉间有许多条交叉脉。③形容一些桉树的宿存树皮表面有许多纵向和近似水平的沟纹。

种皮，外种皮（testa） 种子的保护性外壳。

四分体；四合花粉（tetrad） 四粒黏着花粉组成的群组并作为一个整体从花粉囊中释放出来。

四倍体（tetraploid） 参见词条“多倍体”。

花托（thalamus） 位于花梗顶端，略呈膨大状，有时用作花管的同义词（参见词条“花管”）。

囊；子房室（theca） 花粉囊中含有花粉的裂片。

棘，棘刺（thorn） 一种短而尖的木质结构，由退化的树枝发育而来。

咽喉状部分（**尤指狭窄通道、进出窄路**）（throat） 管状花冠或花被中紧靠花管顶部的区域（见线图2j）。

聚伞圆锥花序（thyrse） 一种花序类型，具有总状主茎轴和有限侧枝（后者通常表现为小二歧聚伞花序）（见图版31b）。

（草类或禾本科植物的）分蘖（tiller） 在禾本科植物和莎草科植物中，指通常从簇生植物基部或根状茎或匍匐茎上生出的新叶枝。

被茸毛的（tomentose） 形容表面覆盖有浓密、柔软而又通常粗糙的茸毛。

有齿的（toothed） 形容叶边规则或尖锐地分裂（“叶齿”通常较小），或顶端有许多小而尖的叶齿。此术语不严谨。

花托（torus） 有时用作花管的同义词（参照“花管”）。

有横隔膜的，具横条的（trabeculate） 形容表面有许多纵向的棱或脊，与较小的横向脊相连。

过渡颖（transitional glumes） 在一些竹类植物中，指位于可育外稃下的小穗轴上的下部空苞片。这些苞片在数量上可能不等，在外观上像可育外稃。这个术语是为了区别有时小穗基部长有一对明显不同的“真正”颖片的情况。

半透明的（translucent） 近似透明的，允许一些光的穿透。

横切面（transverse section） 实际上指取自某个结构或器官（如叶或子房）短茎轴上的“薄切片”。从侧面看，是检查其内部构成的一种方式（见线图21）。通常缩写为T.S.

三分体（triad） ①通常指三个一组。②在常见花的花序中，指有三朵花的花序或二歧式分枝。

族（tribe） 在分类学中，处于属和科之间的一级。通常用于一个大科（如雏菊科或禾本科）。为了更明确，有时也将属调整为族。

（表皮）毛状体，藻丝，细胞列（trichome） 没有维管组织的表皮幼芽的总称，如茸毛或鳞叶等。

三叶的（trifoliate） 具有三片叶的。

有三小叶的（trifoliolate） 形容复叶是由三片叶组成的，如三叶草的叶（见线图14f；图版16）。

三棱的（trigonous） 横截面是三角形的，有圆角或钝角。对应词为“三角形的”。

三室的（trilocular） 形容子房有三个含有胚珠的腔（室）（见线图4e）。

三基数的，三出的（trimerous） 通常是成三个排列的。在许多单子叶植物中，每朵花的花轮上是有三朵小花的。

三回羽状的（tripinnate） 叶子呈三回羽状分裂的。

三倍体（triploid） 参见词条“多倍体”。

三角形的，三面形的（triquetrous） 形容某种结构的横截面为三角形并且成锐角。对应词为“三棱的”。

惯用名（trivial name） ①指双名法中生物体学名的第二个词。②种加词。

（叶、羽毛等）截形的（truncate） 末端突然变钝的，如在叶端中（见线图17）。

树干，干（trunk） 一种直立的，通常很结实的主干。常用来指树。

块茎（tuber） 膨胀的地下茎或其一部分，其中储存有养分，并形成季节性器官以确保植物能够存活。

结节，小块茎（tubercle） 通常为小而圆的突起。在禾本科荸荠属中，常指坚果上的宿存柱基。有些禾本科植物在基生小块茎上长有茸毛，每根都表现为从小的、圆拱形的或环状的基部长出的细茸毛。结节状的，形容表面覆盖有像瘤一样的突出物。

成簇的，簇生的，丛生的（tufted） 形容植物具有在致密丛中生长且大部分茎保持直立的习性。

被膜（tunic） 茎或鳞茎上的薄外层，通常松散，呈褐色和鳞片状。常见于鸢尾科和石蒜科中。

陀螺状的，倒锥形的（turbinate） 形状像陀螺的。

膨胀的（turgid） 膨起的。

草丛，草簇（tussock） 多年生植物具有丛生的习性，通常稠密且较为茁壮。常见于禾本科和莎草科及类似的植物中。

模式 / 模式种 / 模式属（type / type species / type genus） 当一种新的植物被正式命名后，出版的要求之一是设计一个特定的标本存放到认可的植物标本室，以作为该新名称的"模式"。无论未来有关这个标本或物种的分类是什么（如转移到另一个属），这个"新"名称仍然固定在模式标本上，并且根据《藻类、真菌和植物的国际命名规则和推荐标准》，新名称与模式标本紧密相关。属的模式包含在种中。科的模式包含在属中。这些问题只与名称的适用有关；一个模式标本，模式种或模式属可能并不是形态上"典型"的种，属或科。

伞形花序（umbel） 花序中的花梗生于同一花梗的一端（见线图 10f）。

伞形花序（umbelloid） 一种像伞形的花序。

钩状的，有钩的（uncinate） 形似钩子的；顶端有一个钩子的。

下层林木，下木（understorey） 生长在较高植物冠层下的植物的总称。

（尤指叶）波浪形表面的，波浪形边的（undulate） 形容叶具有波状的边缘，波形通常位于与叶面成直角的平面上（见线图 17）。

单面的（unifacial） 字面意思为"有一个表面的"，如叶沿着中线完全对折时近轴表面减少到只剩一条边，或叶呈圆柱形，从而使近轴表面退化为一条限定线或沟槽。对应词为"异面的"。

具一小叶的（unifoliolate） 形容复叶退化至一小叶。

单侧的（unilateral） 单面的。

单腔的；单室的（unilocular） 子房有一个小室的（含有一个或多个胚珠的腔），如禾本科植物、莎草科植物、山龙眼科植物以及豆科植物的子房。

（花）单性的（unisexual） ①形容花只有单性的繁殖器官。②形容花序或植物有单性的花。

瓮状的（urceolate） 形状像瓮一样，即像浑圆的花瓶，中间膨大，瓶嘴向外扩张。

胞囊，胞果（utricle） ①通常指一种具薄壁、呈瓶状或泡状的结构，松散地包裹着内容物。②在苋科中，指由合生心皮发育而来的果实，有一个单室上位子房，其中种子周围的果皮薄而疏松。③在薹草属（莎草科）及相关属中，指包裹果实的瓶状结构（这个术语来源于拉丁语，译作皮包）。

镊合状的，瓣裂的（valvate） 通常形容花瓣或萼片的边缘是相邻却不重叠的。

裂片（valve） 成熟蒴果的分隔"瓣"之一，为释放种子提供了开口。

（植物，树叶）有斑的，花斑的，彩斑的（variegated） 通常形容叶或茎具有五彩的斑纹，且为绿色和淡黄色的组合。

（植物）品种（variety） 在分类学中，指介于亚种和型之间的等级。通常用于指那些与同种中其他植物在相对次要的特征上有所区别，而且在地理上不一定是隔离的植物。

维管束（vascular bundle） 一种细长的组织束，专门用于在植物中输送水和营养物质。

植物性的；营养的（vegetative） 形容植物的某些器官与繁殖功能并不直接相关的，如根、茎、叶。

营养秆（vegetative culm） 在某些薹草属植物中（可能在莎草科中应用更为广泛），指营养枝上长有节和节间的细长茎。对应词为"假秆"。

叶脉（vein） ①叶或苞片中具有相关支持组织的维管束。②一束输导组织。

天鹅绒状的（velutinous） 形容密被短茸毛，因而像天鹅绒般柔软丝滑。

脉序；叶脉型（venation） 叶脉的排列方式或模式，通常指平行的或网状的叶。

腹面的，向下一面的（ventral） 着生或位于前部的。侧生器官的表面朝向叶腋、近轴面的。对应词为"背部的，上部的"。

幼叶卷叠式；多叶卷叠式（vernation） 芽中的叶是折叠的。在禾本科植物中，幼叶通常在完全发育和展开之前就已经是卷的或折叠的。

疣状的，具疣的（verrucose） 表面长有疣的。同义词为"多疣的"。

丁字着生的，能转动的（versatile） 当花药在花丝上的着生点很小时，是容易移动的。

轮生体（verticil） 从同一节上产生的3个或3个以上相似部分的花轮。轮生的，通常形容叶以轮的方式排列。

（器官，身体部位）退化的，发育不全的

（vestigial） 形容结构或器官似乎是残余的，即在尺寸和（或）功能上从典型情况减小或退化。

茸毛（状）的；被茸毛的（vestiture） 表面密被细长柔毛的。

黏性的（viscid） 通常形容表面是黏性的，有时用于形容某些莎草科植物的小穗、叶或茎的边缘表现为褐色分泌物时的样子。

油管（vitta） 含有芳香油的纵向管或渠，常见于伞形科植物的果实中（见线图132）。

胎萌（vivipary） 种子从亲本植株上脱落之前的萌发过程。有时更广泛地用于指分芽繁殖的结构。

凭证/凭证标本（voucher/voucher specimen） 通常存放在植物标本室中的参考标本，保留自用作其他目的和研究的植物材料。它证实了研究材料的身份。

野草（weed） 定义并不严格，但通常用来指一种生长在不需要它的地方的植物。有些物种具有促进野草生长的特征，如竞争力强，繁殖率高。外来植物能够入侵，定植并且同本地生态系统竞争的外来物种可称为环境野草。

蛛网状物（web） 一些禾本科植物外稃（特别是在早熟禾属中）上细长且柔软的卷曲毛，产生于基部的愈伤组织区域。

轮生（whorl） 茎轴附近生长于同一平面的几个相似器官，如萼轮、花轮（见线图1）或叶轮。

轮生的（whorled） 形容由一个节产生的三片或更多的叶围绕着茎排列（见线图15）。

翼瓣，翅（wing） ①通常沿某种结构边缘（如线图115c）可见的瓣或组织的薄层延伸部分，或膨大的扁平突出物。②在豌豆花中，指两侧的花瓣（见线图66，68c）。

（植物或根茎等）木质的，木本的（woody） 通常用来形容茎是坚硬而结实的，反义词为“草本的”。

旱生结构的（xeromorphic） 形容植物或物种适应于干旱栖息地的。

木质部（xylem） ①植物维管组织的组成部分。②参与（大部分）水分输导的细胞群。

左右对称的（zygomorphic） 形容花非完全对称的，只能沿着一个纵向面分成左右相等的两半（见线图2d-f）。

受精卵（zygote） 已授粉的卵细胞。

图书在版编目（CIP）数据

给花起个名字：有花植物图鉴 /（澳）伊恩·克拉克，（澳）海伦·李著；柳菁，万佳译．-- 北京：北京联合出版公司，2024.12. --ISBN 978-7-5596-8137-9

Ⅰ. Q949.408-64

中国国家版本馆 CIP 数据核字第 2024CL9089 号

给花起个名字：有花植物图鉴

作　　者：（澳）伊恩·克拉克 （澳）海伦·李
译　　者：柳 菁 万 佳
出 品 人：赵红仕
责任编辑：牛炜征
特约编辑：苏雪莹
装帧设计：字里行间设计工作室

北京联合出版公司出版
（北京市西城区德外大街 83 号楼 9 层　100088）
济南新先锋彩印有限公司印刷　新华书店经销
字数 198 千字　889 毫米 ×1194 毫米　1/16　24.25 印张
2024 年 12 月第 1 版　2024 年 12 月第 1 次印刷
ISBN 978-7-5596-8137-9
定价：198.00 元
